中 国 国 家 标 准 汇 编

2017年修订-57

中国标准出版社　编

中国标准出版社
北　京

图书在版编目(CIP)数据

中国国家标准汇编:2017年修订.57/中国标准出版社编.—北京:中国标准出版社,2019.5
ISBN 978-7-5066-9333-2

Ⅰ.①中… Ⅱ.①中… Ⅲ.①国家标准-汇编-中国-2017 Ⅳ.①T-652.1

中国版本图书馆CIP数据核字(2019)第126906号

中国标准出版社出版发行
北京市朝阳区和平里西街甲2号(100029)
北京市西城区三里河北街16号(100045)

网址 www.spc.net.cn
总编室:(010)68533533 发行中心:(010)51780238
读者服务部:(010)68523946

中国标准出版社秦皇岛印刷厂印刷
各地新华书店经销

*

开本 880×1230 1/16 印张 31.5 字数 954 千字
2019年5月第一版 2019年5月第一次印刷

*

定价 220.00 元

出 版 说 明

《中国国家标准汇编》是一部大型综合性国家标准全集。自1983年起，每年按国家标准顺序号分册汇编出版，分为"制定"卷和"修订"卷两种形式。

"制定"卷收入上一年度我国发布的、新制定的国家标准，视篇幅分成若干分册，封面和书脊上注明"20××年制定"字样及分册号，分册号一直连续。各分册中的标准是按照标准编号顺序连续排列的，如有标准顺序号缺号的，除特殊情况注明外，暂为空号。

"修订"卷收入上一年度我国发布的、被修订的国家标准，视篇幅分成若干分册，但与"制定"卷分册号无关联，仅在封面和书脊上注明"20××年修订-1，-2，-3，……"字样。"修订"卷各分册中的标准，仍按标准编号顺序排列(但不连续)；如有遗漏的，均在当年最后一分册中补齐。需提请读者注意的是，个别非顺延前年度标准编号的新制定国家标准没有收入在"制定"卷中，而是收入在"修订"卷中。

读者购买每年出版的《中国国家标准汇编》"制定"卷和"修订"卷则可收齐由我社出版的上一年度制定和修订的全部国家标准。

2017年我国制修订国家标准共3 811项。本分册为《中国国家标准汇编》"2017年修订-57"，收入新制修订的国家标准25项。

中国标准出版社

2019年3月

目　　录

ICS 91.140.90
Q 78

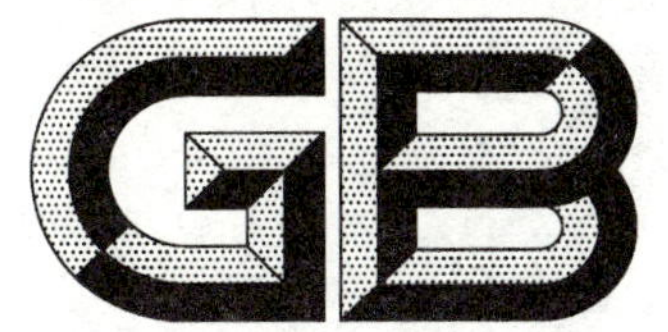

中华人民共和国国家标准

GB/T 30559.2—2017/ISO 25745-2:2015

电梯、自动扶梯和自动人行道的能量性能 第2部分:电梯的能量计算与分级

Energy performance of lifts, escalators and moving walks—
Part 2: Energy calculation and classification for lifts (elevators)

(ISO 25745-2:2015, IDT)

2017-10-14 发布 2018-05-01 实施

中华人民共和国国家质量监督检验检疫总局
中国国家标准化管理委员会 发布

前　言

GB/T 30559《电梯、自动扶梯和自动人行道的能量性能》包括以下部分：

——第1部分：能量测量与验证；

——第2部分：电梯的能量计算与分级；

——第3部分：自动扶梯和自动人行道的能量计算与分级。

本部分为GB/T 30559的第2部分。

本部分按照GB/T 1.1—2009给出的规则起草。

本部分使用翻译法等同采用ISO 25745-2:2015《电梯、自动扶梯和自动人行道的能量性能　第2部分：电梯的能量计算与分级》(英文版)。

与本部分中规范性引用的国际文件有一致性对应关系的我国文件如下：

——GB/T 30559.1—2014　电梯、自动扶梯和自动人行道的能量性能　第1部分：能量测量与验证(ISO 25745-1:2012,IDT)

本部分与ISO 25745-2:2015相比作了下列编辑性修改：

——删除了引言中不适合我国国情的内容，因为其存在与否并不影响本部分的使用；

——在引言中，增加了条款编号，以便于引用；

——在第4章中，增加了条款编号，以便于引用；

——对调了附录A与附录C的顺序，以符合GB/T 1.1—2009的规定；

——修改了附录C(资料性附录)表C.1中"典型建筑物和使用"和"典型的额定速度"，以适合我国国情。

本部分由全国电梯标准化技术委员会(SAC/TC 196)提出并归口。

本部分起草单位：通力电梯有限公司、上海三菱电梯有限公司、中国建筑科学研究院建筑机械化研究分院、上海交通大学、奥的斯机电电梯有限公司、迅达(中国)电梯有限公司、日立电梯(中国)有限公司、奥的斯电梯(中国)投资有限公司、康力电梯股份有限公司、广东省特种设备检测院、上海市特种设备监督检验技术研究院、永大电梯设备(中国)有限公司、广州广日电梯工业有限公司、东南电梯股份有限公司、深圳市特种设备安全检验研究院、巨人通力电梯有限公司、华升富士达电梯有限公司、苏州帝奥电梯有限公司、蒂森克虏伯扶梯(中国)有限公司、菱王电梯股份有限公司、申龙电梯股份有限公司、西子电梯集团有限公司、上海新时达电气股份有限公司、国家电梯质量监督检验中心、丹佛斯自动控制管理(上海)有限公司、苏州默纳克控制技术有限公司、广州日滨科技发展有限公司、日立电梯(广州)自动扶梯有限公司、上海现代电梯制造有限公司。

本部分主要起草人：王明凯、钱国荣、何新民、陈凤旺、张鹏、温爱民、阚毅、文江鸿、唐晓彬、孟庆东、林进展、曹奕刚、沈毅君、苏国明、赵震、张怀继、胡平、郭辉、唐林钟、黄新宇、钟兴浓、唐志荣、张红兵、金辛海、焦洋、马建新、刘春凯、雷嘉伟、李淼、曹玲燕。

引　言

0.1　本部分是为应对能源有效使用需求的迅速增加制定的。

0.2　本部分提供了：

a)　估算电梯每天和每年的能量消耗的方法；

b)　对新安装电梯、在用电梯或者改装电梯的能量性能分级的方法。

0.3　本部分可为下列相关方提供相应的指导：

a)　评估各种电梯能量消耗的建筑物开发商或业主；

b)　对电梯进行包括降低能量消耗在内的改装的业主和服务公司；

c)　电梯的安装和维护单位；

d)　参与确定电梯规格的顾问和建筑师；

e)　提供能量性能分级服务的检验人员和其他第三方机构。

0.4　电梯整个生命周期总能量消耗包括制造、安装、使用和产品报废处理所需的能量消耗。然而，本部分仅考虑使用电梯过程中(运行、空闲和待机)的能量性能。

本部分仅考虑采用曳引式、液压和强制式的电梯，但也可为运用其他技术的电梯提供参考。

0.5　采用本部分评估电梯的能量性能时，基于下列假设：

a)　电梯所有部件都按常规的工程实践和计算规范设计；

b)　所有部件都具有合理的机械、电气结构；

c)　所有部件的组成材料具有足够的强度以及合适的质量；

d)　所有部件均无缺陷；

e)　所有部件的保养状况良好且工作正常；

f)　所有部件的选型和安装已经考虑了可预见的环境影响和特殊工作条件。

电梯、自动扶梯和自动人行道的能量性能 第2部分:电梯的能量计算与分级

1 范围

GB/T 30559的本部分规定了:

a) 估算能量消耗的方法,该方法是在测量数据、计算或模拟的基础上对单台曳引式、液压和强制式电梯的年度能量消耗进行估算;

b) 基于单台新安装、在用和改装的曳引式、液压和强制式电梯的能量性能分级方法。

本部分适用于额定速度大于0.15 m/s的乘客电梯和载货电梯,而且只考虑在生命周期内使用阶段的能量性能。

注1:对于其他品种电梯,例如杂物电梯等,本部分可以作为参考。

本部分未考虑下列影响能量测量、计算和模拟的方面:

a) 井道照明;

b) 轿厢的供热和制冷设备;

c) 机器空间照明;

d) 机器空间的供热、通风和空调装置;

e) 非电梯显示系统和安保闭路电视摄像头等;

f) 非电梯监视系统(例如:楼宇管理系统等);

g) 电梯群控分配对能量消耗的影响;

h) 环境条件;

i) 电源插座上的能量消耗;

j) 具有快行区域的电梯。

注2:快行区域不一定影响平均轿厢载荷,但会明显影响平均运行距离。

2 规范性引用文件

下列文件对于本文件的应用是必不可少的。凡是注日期的引用文件,仅注日期的版本适用于本文件。凡是不注日期的引用文件,其最新版本(包括所有的修改单)适用于本文件。

ISO 25745-1 电梯、自动扶梯和自动人行道的能量性能 第1部分:能量测量与验证(Energy performance of lifts, escalators and moving walks—Part 1: Energy measurement and verification)

3 术语和定义

ISO 25745-1界定的以及下列术语和定义适用于本文件。

注:相关符号参见附录A。

3.1

平均循环 average cycle

目标电梯包含一次上行和一次下行的循环,每次运行分别行驶平均运行距离,该循环包括两次完整的开关门操作。

3.2

快行区域　express zone

长度超过三倍的平均楼层高度且其间不停靠的井道段。

3.3

载荷系数　load factor

轿厢运载平均载荷时消耗的能量和轿厢空载运行时消耗的能量之间的比值。

注：表3给出了轿厢承载的平均载荷百分比。

3.4

短循环　short cycle

空轿厢在提升高度的中点附近，运行距离不小于提升高度的四分之一，然后返回到起点的循环。该循环需有足够的距离以保证电梯在两个方向上均能达到额定速度，并且包括两次完整的开关门操作。

3.5

行程　trip(s)

从出发(离开)层站到下一个停止(到达)层站的运动不包括再平层。

4　数据采集和分析工具

4.1　用于估算年度能量消耗的值(运行能量、空闲功率、5 min待机功率以及30 min待机功率)可以通过ISO 25745-1规定的方法测量，或者通过计算或模拟得到。

能量测量可以在新电梯调试期间、在用电梯生命周期内的使用阶段或测试设施上进行。

4.2　运行能量的测量可以通过以下方法实现：

a)　参考循环测量：根据ISO 25745-1的规定，将空载轿厢从底层端站运行到顶层端站，再回到底层端站的过程，包含两次完整的开关门操作；和

b)　短循环测量：根据ISO 25745-1所规定的测量步骤，将空载轿厢从一个规定的层站运行到井道中的预设点，然后返回规定层站的过程，包含两次完整的开关门操作。

每个循环包含两段行程。

短循环的运行能量由在提升高度中点附近的规定层站和预设点之间的运行确定，以便减小因悬挂方式或者随行电缆等影响所产生的误差。短循环的运行距离不应小于提升高度的四分之一，且在这个循环中电梯应能达到额定速度。对于只有两个层站的电梯，因为电梯总是全程运行，所以无需进行短循环评估。

短循环测量可以在测试设施上进行，该测试设施应满足目标电梯从短循环的一个端站到另一个端站的运行过程中能达到额定速度。

4.3　当电梯有耗能部件超过5 min才切换到低耗能水平时，应进行30 min待机功率测定。

待机功率值的确定应考虑电梯在使用中各耗能部件进入能耗降低模式的时间顺序。待机模式的转换时间应在电梯使用说明书中指出。

注：根据进入能耗降低模式的时间顺序和恢复时间，某些制造商可能设定了多种待机状态。

5　能量消耗的计算

5.1　总则

本章规定了一种年度能量消耗的计算方法。

该方法可用于新安装电梯和在用电梯，且仅适用于单台电梯的计算。该方法还可以对改装后的电梯进行再评估。

该方法适用于通过测量得到的数值,也适用于由制造商的模型数据提供的数值。

对于群控电梯,每一台电梯都应视为单台电梯。在群控电梯中共用部件的能量消耗应在多台电梯之间平均分配。

5.2～5.6 给出了计算过程。对于计算示例,参见附录 B。

其中 5.2～5.5 所述的方法适用于完全由电网直接供电进行正常运行和非运行操作的电梯。对于在正常运行或者非运行操作中全部或部分由能量储存系统供电的电梯系统,计算每天的总能量消耗的方法见 5.6。对重(平衡重)不能视为能量储存系统。

注:对于目标电梯而言,计算值与测量值之间可能存在偏差。该情况可能是由所做的假设导致的。如果偏差超过 20%,需分析误差的原因。

5.2 每天运行能量消耗的计算

5.2.1 每天的使用情况和运行次数

单台电梯的使用情况应根据表 1 按每天估算的运行次数进行分类。根据观察结果或者从运行计数器中可以得出每天大致的运行次数。如果得不到该数值,可以根据附录 C 的特定使用类别来估算。

表 1 每天运行次数分类

使用类别	1	2	3	4	5	6
使用强度/频率	非常低	低	中等	高	非常高	特别高
每天运行次数 n_d (典型范围)	50 (n_d<75)	125 (75≤n_d<200)	300 (200≤n_d<500)	750 (500≤n_d<1 000)	1 500 (1 000≤n_d<2 000)	2 500 (n_d≥2 000)

注:运行次数分类的目的是为了在不同机构间进行能量评估时获得可比较的结果。

对于使用情况和每天的运行次数已知的电梯,例如在现有建筑物中的电梯,相关方应对偏离表 1 规定的每天运行次数达成一致,然后再评估电梯的年度能量消耗和分级。在这种情况下,需要根据第 8 章的要求记录所选择的运行次数。

5.2.2 平均运行距离

目标电梯的平均运行距离(S_{av})是按 ISO 25745-1 规定的参考循环的单程运行距离乘以对应的平均运行距离百分比(见表 2)。

表 2 平均运行距离百分比

使用类别	1～3	4	5	6
层站数	平均运行距离百分比			
2	100%			
3	67%			
>3	49%	44%	39%	32%

注:对于交通模式已知的电梯,涉及的各方可以就具体的平均运行距离百分比达成一致,以便评估年度能量消耗。在这样的情况下,记录所选择的百分比数值(参见附录 B)。

5.2.3 每米的平均运行能量消耗

每米平均运行能量消耗应在电梯以额定速度运行的条件下确定。

每米的平均运行能量消耗由式(1)计算得出:

$$E_{rm}=\frac{E_{rc}-E_{sc}}{2(S_{rc}-S_{sc})} \qquad (1)$$

式中:

E_{rm}——每米的平均运行能量消耗,单位为瓦时每米(W·h/m);

E_{rc}——ISO 25745-1 规定参考循环的运行能量消耗,单位为瓦时(W·h);

E_{sc}——短循环的运行能量消耗,单位为瓦时(W·h);

S_{rc}——ISO 25745-1 规定参考循环的单程运行距离,单位为米(m);

S_{sc}——短循环的单程运行距离,单位为米(m)。

注:S_{rc}和S_{sc}是每个方向上的单程运行距离,因此一个完整循环的运行距离需要计算两次。

5.2.4 启动/停止能量消耗

启动/停止能量消耗包括使电梯从停止状态加速到额定速度的能量消耗、在目的层站从额定速度减速到停止状态的能量消耗、开/关门的能量消耗以及该循环内保持电梯在目的层站停留的空闲能量消耗,减去电梯在加速运行区间和减速运行区间假定以额定速度运行所消耗的能量得到。

每次运行的启动/停止能量消耗由式(2)计算得出:

$$E_{ssc}=\frac{1}{2}(E_{rc}-2\times E_{rm}\times S_{rc}) \qquad (2)$$

式中:

E_{ssc}——每次运行的启动/停止能量消耗,单位为瓦时(W·h)。

5.2.5 空载轿厢时平均循环的运行能量消耗

目标电梯的平均循环运行能量消耗由式(3)计算得出:

$$E_{rav}=2\times E_{rm}\times S_{av}+2\times E_{ssc} \qquad (3)$$

式中:

E_{rav}——目标电梯平均循环的运行能量消耗,单位为瓦时(W·h);

S_{av}——目标电梯的单程平均运行距离,单位为米(m)。

注:平均循环的运行能量可以直接通过测量、计算或模拟来确定。在这种情况下就不需要进行上述评估。

如果短循环的运行距离不能使目标电梯达到额定速度,则目标电梯的平均循环的运行能量消耗由式(4)计算得出:

$$E_{rav}=E_{rc}\times\frac{S_{av}}{S_{rc}} \qquad (4)$$

5.2.6 每天的运行能量消耗

每天的运行能量消耗由式(5)计算得出:

$$E_{rd}=\frac{k_L\times n_d\times E_{rav}}{2} \qquad (5)$$

式中:

E_{rd}——每天的运行能量消耗,单位为瓦时(W·h);

k_L——载荷系数;

n_d——根据表1选择的使用类别得出的每天运行次数。

注1：平均运行距离是指目标电梯的期望运行距离。一个循环包含两段运行，所以计算时要除以2。

载荷系数(k_L)值应使用式(6)～式(11)计算得出，其中平均轿厢载荷百分比(%Q)从表3中获得。

平衡系数为50%的曳引式电梯

$$k_L = 1 - (\%Q \times 0.0164) \quad \cdots\cdots(6)$$

平衡系数为40%的曳引式电梯

$$k_L = 1 - (\%Q \times 0.0192) \quad \cdots\cdots(7)$$

平衡系数为30%的曳引式电梯

$$k_L = 1 - (\%Q \times 0.0197) \quad \cdots\cdots(8)$$

无平衡重液压电梯

$$k_L = 1 + (\%Q \times 0.0071) \quad \cdots\cdots(9)$$

平衡重为35%轿厢重量的液压电梯

$$k_L = 1 + (\%Q \times 0.0100) \quad \cdots\cdots(10)$$

平衡重为70%轿厢重量的液压电梯

$$k_L = 1 + (\%Q \times 0.0187) \quad \cdots\cdots(11)$$

注2：可以采用插值方法获取中间平衡系数的k_L值。

注3：无对重的曳引式电梯和强制式电梯可视为无平衡重的液压电梯，然后进行相应的计算。

表3 平均轿厢载荷百分比

使用类别	1～3	4	5	6
额定载重量/kg	平均轿厢载荷百分比%Q			
≤800	7.5	9.0	13.0	19.0
>800且≤1 275	4.5	6.0	8.2	13.5
>1 275且≤2 000	3.0	3.5	5.0	9.0
>2 000	2.0	2.2	3.0	6.0

5.3 每天的非运行(空闲/待机)能量消耗的计算

5.3.1 每天的运行时间

每天的总运行时间由式(12)估算得出：

$$t_{rd} = n_d \times \frac{t_{av}}{3\,600} \quad \cdots\cdots(12)$$

式中：

t_{rd}——每天的总运行时间，单位为小时(h)；

t_{av}——目标电梯运行经过平均运行距离所需的时间，包括开关门时间，单位为秒(s)。

运行平均距离所需的时间t_{av}由式(13)计算得出：

$$t_{av} = \frac{S_{av}}{v} + \frac{v}{a} + \frac{a}{j} + t_d \quad \cdots\cdots(13)$$

式中：

v——额定速度，单位为米每秒(m/s)；

a——平均加减速度值，单位为米每二次方秒(m/s²)；

j——平均加加速度值，单位为米每三次方秒(m/s³)；

t_d——电梯在停靠时开门、保持开门状态及关门的时间，单位为秒(s)。

a 和 j 的值可以从制造商提供的规范表格中获取。如果没有 a、j 和 t_d 数值，应通过测量获得。

5.3.2 每天的非运行时间

要计算电梯在空闲/待机模式时每天使用的能量，就应确定出每天的非运行时间。电梯每天非运行的时间是指当轿厢停在某一层站的一段时间：包括门打开后乘客进入或离开轿厢的时间，或门关闭时处于空闲或待机模式的时间。非运行时间通常是 24 h 减去运行时间，计算见式(14)：

$$t_{nr} = 24 - t_{rd} \tag{14}$$

式中：

t_{nr}——每天的非运行(空闲和待机)时间，单位为小时(h)。

如果电梯在预定的时间内关闭，则应针对这种具体状况算出非运行时间。

5.3.3 空闲/待机模式的时间比

每天的非运行(空闲/待机)能量消耗由三部分组成：

a) 空闲的时间，即从停止到进入 5 min 待机模式的时间；

b) 从 5 min 待机模式到 30 min 待机模式的时间(如果有)；

c) 30 min 待机模式之后的时间。

应从表 4 中获取电梯在每天的非运行(空闲/待机)模式下所耗费的时间比。对于某些特定情况，可通过单个交通模拟来确定其时间比。在这种情况下，应在第 8 章规定的报告中记录相应的时间比。

表 4 非运行(空闲/待机)模式下所耗费的时间比

使用类别		1	2	3	4	5～6
时间比/%	R_{id}	13	23	36	45	42
	R_{st5}	55	45	31	19	17
	R_{st30}	32	32	33	36	41

5.3.4 每天的非运行(空闲/待机)能量消耗

每天的非运行(空闲/待机)消耗由式(15)计算得出：

$$E_{nr} = \frac{t_{nr}}{100}(P_{id}R_{id} + P_{st5}R_{st5} + P_{st30}R_{st30}) \tag{15}$$

式中：

E_{nr} ——每天非运行(空闲/待机)的能量消耗，单位为瓦时(W·h)；

P_{id} ——空闲模式下的功率，单位为瓦(W)；

R_{id} ——空闲时间消耗功率 P_{id} 的时间比，%；

P_{st5} ——在 5 min 后的待机功率，单位为瓦(W)；

R_{st5} ——5 min 时间消耗功率 P_{st5} 的时间比，%；

P_{st30}——在 30 min 后的待机功率，单位为瓦(W)；

R_{st30}——30 min 时间消耗功率 P_{st30} 的时间比，%。

注：如果在电梯的最后一次运行后，5 min 待机功率和 30 min 待机功率无变化，则 R_{st30} 时间比就可以直接加到先前的 R_{st5} 时间比中；或者，如果空闲功率和 5 min 待机功率无变化，则时间比 R_{st5} 就可以直接加到先前的时间比 R_{id} 中。

5.4 每天的总能量消耗

每天的总能量消耗由式(16)计算得出：

$$E_d = E_{rd} + E_{nr} \qquad (16)$$

式中：

E_d——每天的总能量消耗，单位为瓦时（W·h）。

5.5 每年的总能量消耗

每年的总能量消耗由式(17)计算得出：

$$E_y = E_d \times d_{op} \qquad (17)$$

式中：

E_y——每年的总能量消耗，单位为瓦时（W·h）；

d_{op}——每年的使用天数。

如果在某些特定的日子（例如周末或节假日）关停电梯，每年的使用天数应减去当年的停梯天数。

5.6 确定具有能量储存系统的电梯每天能量消耗的方法

对于使用能量储存装置进行正常运行或非运行操作的电梯系统，在24 h操作期间的能量消耗即电梯系统所消耗的全部能量，应基于以下条件进行测量、计算，或模拟：

a) 能量储存装置在24 h的开始以及结束时应处于相同能量状态。

b) 电梯的每天运行次数应从表1获得。

c) 电梯的平均运行距离应从表2获得。

d) 轿厢内的平均载荷应从表3获得。

e) 处于空闲和所有待机状态的非运行时间百分比应从表4获得。

当按照第6章的方法进行能量性能等级分级时，应仅使用表7中的分级方法。每天的总能量消耗应直接与表7中规定的分类阈值进行比较来确定电梯的分级。

6 能量性能分级

6.1 基本原则

本章规定了目标电梯的分级方法。

该方法适用于新安装电梯、在用电梯的分级和改装后电梯的重新分级，且仅适用于单台电梯。

无论能量消耗值是在单台电梯上测量得到的还是根据制造商的模型数据模拟或计算出来的，本方法均适用。

运行能量消耗（针对某个参考循环或平均循环）的标准值可以用运行能量消耗除以额定载荷及两倍的单程运行距离来得到。这种标准方法为将要安装的电梯给出了清晰的数值，这个数值给将要安装该电梯的建筑物提供参考。对于新安装电梯或考虑改装的电梯，这种能量消耗的标称（标准）值可以在不同投标商之间进行比较。

注1：安装在不同建筑物内的相同电梯可能产生不同的能量消耗数值。

注2：对于标准值的示例，参见式(18)和式(19)。

6.2 运行能量性能等级

平均循环的特定运行能量消耗由式(18)计算得出：

$$E_{spc} = \frac{1\,000 \times k_L \times E_{rav}}{2 \times Q \times S_{av}} \qquad (18)$$

式中：

E_{spc}——平均循环的特定运行能量消耗，单位为毫瓦时每千克米[mW·h/(kg·m)]；

Q ——额定载重量，单位为千克(kg)。

目标电梯在平均循环内的特定运行能量消耗的能量性能等级根据表 5 来确定。

表 5 运行能量性能等级

平均循环内的运行能量消耗 mW·h/(kg·m)	≤0.72	≤1.08	≤1.62	≤2.43	≤3.65	≤5.47	>5.47
性能等级	1	2	3	4	5	6	7

6.3 空闲/待机的能量性能等级

表 6 确定空闲 P_{id}、待机 P_{st5} 以及待机 P_{st30} 的能量性能等级。

表 6 空闲/待机的能量性能等级

空闲和待机功率 W	≤50	≤100	≤200	≤400	≤800	≤1 600	>1 600
性能等级	1	2	3	4	5	6	7

6.4 电梯的能量性能分级

根据 5.4 或 5.6 得到每天的总能量消耗，并将其与依照表 5 和表 6 得到的阈值进行比较，对电梯的能量性能进行分级。

当通过测量或者规格书得到准确的运行次数(n_d)时，应采用该 n_d 数值对表 7 中的阈值进行计算。

当不知道准确的运行次数(n_d)，但是已经知道了估计或预计的使用类别时，应采用表 1 中 n_d 的中位数对表 7 中的阈值进行计算。

注：在规划阶段通过计算获得的能量消耗等级可能在运行期间存在向上或向下一级的变化。

表 7 能量性能分级

能量性能等级	每天的总能量消耗/(W·h)
A	$E_d \leqslant 0.72 \times Q \times n_d \times S_{av}/1\ 000 + 50 \times t_{nr}$
B	$E_d \leqslant 1.08 \times Q \times n_d \times S_{av}/1\ 000 + 100 \times t_{nr}$
C	$E_d \leqslant 1.62 \times Q \times n_d \times S_{av}/1\ 000 + 200 \times t_{nr}$
D	$E_d \leqslant 2.43 \times Q \times n_d \times S_{av}/1\ 000 + 400 \times t_{nr}$
E	$E_d \leqslant 3.65 \times Q \times n_d \times S_{av}/1\ 000 + 800 \times t_{nr}$
F	$E_d \leqslant 5.47 \times Q \times n_d \times S_{av}/1\ 000 + 1\ 600 \times t_{nr}$
G	$E_d > 5.47 \times Q \times n_d \times S_{av}/1\ 000 + 1\ 600 \times t_{nr}$

7 参考循环的特定运行能量消耗

根据 ISO 25745-1 所测得的能量消耗(E_{rc})来计算参考循环的特定运行能量消耗(E_{spr})，由式(19)

计算得出：

$$E_{spr}=\frac{1\ 000\times E_{rc}}{2\times Q\times S_{rc}} \qquad \cdots\cdots\cdots\cdots(19)$$

式中：

E_{spr}——参考循环的特定运行能量消耗，单位为毫瓦时每千克米[mW·h/(kg·m)]。

8 报告

能量性能评估的结果应形成报告，并应包括下列内容：

a) 制造商名称；
b) 电梯的安装位置；
c) 电梯的品种；
d) 驱动系统类型；
e) 额定载重量，单位为千克(kg)；
f) 额定速度，单位为米每秒(m/s)；
g) 平均加减速度值，单位为米每二次方秒(m/s^2)；
h) 平均加加速度值，单位为米每三次方秒(m/s^3)；
i) 提升高度，单位为米(m)；
j) 层站数；
k) 每天的运行次数；
l) 使用类别；
m) 空闲功率，单位为瓦(W)；
n) 待机功率(P_{st5})，单位为瓦(W)；
o) 待机功率(P_{st30})，单位为瓦(W)；
p) 进入待机模式的时间，单位为秒(s)；
q) 从待机模式恢复的时间，单位为秒(s)；
r) 每年的使用天数；
s) 估算的每年能量消耗，单位为千瓦时(kW·h)；
t) 平均循环的特定运行能量消耗，单位为毫瓦时每千克米[mW·h/(kg·m)]；
u) 电梯能量性能分级(见表7)；
v) 参考循环的特定运行能量消耗，单位为毫瓦时每千克米[mW·h/(kg·m)]；
w) 评估日期。

附 录 A
（资料性附录）
符 号

a ——平均加减速度值，单位为米每二次方秒（m/s^2）；

d_{op} ——每年的使用天数；

E_d ——每天的总能量消耗，单位为瓦时（W·h）；

E_{nr} ——每天非运行（空闲/待机）的能量消耗，单位为瓦时（W·h）；

E_{rav} ——目标电梯平均循环的运行能量消耗，单位为瓦时（W·h）；

E_{rc} ——ISO 25745-1 规定参考循环的运行能量消耗，单位为瓦时（W·h）；

E_{rd} ——每天的运行能量消耗，单位为瓦时（W·h）；

E_{rm} ——每米的平均运行能量消耗，单位为瓦时每米（W·h/m）；

E_{sc} ——短循环的运行能量消耗，单位为瓦时（W·h）；

E_{spc} ——平均循环的特定运行能量消耗，单位为毫瓦时每千克米［mW·h/（kg·m）］；

E_{spr} ——参考循环的特定运行能量消耗，单位为毫瓦时每千克米［mW·h/（kg·m）］；

E_{ssc} ——每次运行的启动/停止能量消耗，单位为瓦时（W·h）；

E_y ——每年的总能量消耗，单位为瓦时（W·h）；

j ——平均加加速度值，单位为米每三次方秒（m/s^3）；

k_L ——载荷系数；

n_d ——根据表 1 选择的使用类别得出的每天运行次数；

P_{id} ——空闲模式下消耗的功率，单位为瓦（W）；

P_{st5} ——在 5 min 后的待机功率，单位为瓦（W）；

P_{st30} ——在 30 min 后的待机功率，单位为瓦（W）；

Q ——额定载重量，单位为千克（kg）；

R_{id} ——空闲时间消耗功率 P_{id} 的时间比，%；

R_{st30} ——30 min 时间消耗功率 P_{st30} 的时间比，%；

R_{st5} ——5 min 时间消耗功率 P_{st5} 的时间比，%；

S_{av} ——目标电梯的单程平均运行距离，单位为米（m）；

S_{rc} ——ISO 25745-1 规定参考循环的单程运行距离，单位为米（m）；

S_{sc} ——短循环的单程运行距离，单位为米（m）；

t_{av} ——目标电梯运行经过平均运行距离所需的时间，包括开关门时间，单位为秒（s）；

t_d ——电梯在停靠时开门、保持开门状态及关门的时间，单位为秒（s）；

t_{nr} ——每天的非运行（空闲和待机）时间，单位为小时（h）；

t_{rd} ——每天的总运行时间，单位为小时（h）；

v ——额定速度，单位为米每秒（m/s）。

附 录 B
（资料性附录）
计 算 示 例

B.1 电梯参数

电梯品种:曳引式电梯。
额定载重量:1 500 kg。
额定速度:2.50 m/s。
提升高度:75 m。
层站数:20。
平衡系数:50%。
平均加速度:1.0 m/s^2。
平均加加速度:1.25 m/s^3。
开关门时间:8.0 s。

B.2 测量、模拟或计算得到的数据

每天运行次数:750(类别 4)。
空闲功率:500 W。
待机功率(5 min 后):300 W。
待机功率(30 min 后):120 W。
参考循环的能量消耗:170 W·h。
短循环距离:50 m。
短循环能量消耗:120 W·h。

B.3 取自表中的数据

平均运行距离:44%(取自表 2);
平均轿厢载荷:3.5%(取自表 3);
载荷系数(k_L):0.94(取自 5.2.6)。

B.4 计算

$$S_{av}=0.44\times75=33\ \text{m}$$

$$E_{rm}=\frac{E_{rc}-E_{sc}}{2(S_{rc}-S_{sc})}=\frac{170-120}{2(75-50)}=1\ \text{W}\cdot\text{h/m}$$

$$E_{ssc}=\frac{1}{2}(E_{rc}-2\times E_{rm}\times S_{rc})=\frac{1}{2}(170-2\times1\times75)=10\ \text{W}\cdot\text{h}$$

$$E_{rav}=2\times E_{rm}\times S_{av}+2\times E_{ssc}=2\times1\times33+2\times10=86\ \text{W}\cdot\text{h}$$

$$E_{rd}=\frac{k_L\times n_d\times E_{rav}}{2}=\frac{0.94\times750\times86}{2}=30\ 315\ \text{W}\cdot\text{h}$$

$$t_{av}=\frac{S_{av}}{v}+\frac{v}{a}+\frac{a}{j}+t_d=\frac{33}{2.5}+\frac{2.5}{1}+\frac{1}{1.25}+8=24.5\ \text{s}$$

$$t_{rd}=n_d\times\frac{t_{av}}{3\ 600}=750\times\frac{24.5}{3\ 600}=5.10\ \text{h}$$

$$t_{nr}=24-t_{rd}=24-5.10=18.90\ \text{h}$$

$$E_{nr}=\frac{t_{nr}}{100}(P_{id}R_{id}+P_{st5}R_{st5}+P_{st30}R_{st30})=\frac{18.90}{100}(500\times45+300\times19+120\times36)=6\ 146\ \text{W}\cdot\text{h}$$

$$E_d=E_{rd}+E_{nr}=30\ 315+6\ 146=36\ 461\ \text{W}\cdot\text{h}$$

分类的阈值：

A：$E_d\leqslant0.72\times Q\times n_d\times S_{av}/1\ 000+50\times t_{nr}=0.72\times1\ 500\times750\times33/1\ 000+50\times18.90=27\ 675\ \text{W}\cdot\text{h}$

B：$E_d\leqslant1.08\times Q\times n_d\times S_{av}/1\ 000+100\times t_{nr}=1.08\times1\ 500\times750\times33/1\ 000+100\times18.90=4\ 1985\ \text{W}\cdot\text{h}$

C：……

B.5　电梯为 B 级

$$E_y=E_d\times d_{op}=36\ 461\times365=13\ 308\ \text{kW}\cdot\text{h}\text{（365 天使用）}$$

$$E_{spc}=\frac{1\ 000\times k_L\times E_{rav}}{2\times Q\times S_{av}}=\frac{1\ 000\times0.94\times86}{2\times1\ 500\times33}=0.82\ \text{mW}\cdot\text{h/(kg}\cdot\text{m)}$$

$$E_{spr}=\frac{1\ 000\times E_{rc}}{2\times Q\times S_{rc}}=\frac{1\ 000\times170}{2\times1\ 500\times75}=0.76\ \text{mW}\cdot\text{h/(kg}\cdot\text{m)}$$

附　录　C
（资料性附录）
特定使用类别

表 C.1 规定了每天的运行次数（和每年的使用天数）。

表 C.1　每天的运行次数（和每年的使用天数）

使用类别	1	2	3	4	5	6
使用强度/频率	非常低	低	中等	高	非常高	特别高
每天的运行次数 n_d 典型范围	50 (n_d<75)	125 (75 ≤n_d<200)	300 (200≤n_d<500)	750 (500≤n_d<1 000)	1 500 (1 000≤n_d<2 000)	2 500 (n_d≥2 000)
典型建筑物和使用（每年的使用天数 d_{op}）	不多于 6 户的住宅(360)； 护理养老院(360)； 很少使用的小型办公楼或行政楼(260)	不多于 20 户的住宅(360)； 2 层～5 层楼的小型办公楼或行政楼(260)； 办公楼停车场(260)； 公共停车场(360)； 图书馆(312)； 娱乐中心(360)； 体育场(间歇)	不多于 50 户的住宅(360)； 大学(260)； 一级医院(360)；小型旅馆(360)	多于 50 户的住宅(360)； 大中型旅馆[a](360)； 大中型办公楼或行政楼(260)；娱乐中心[a](360)	超过 100 m 的非常大的办公楼或行政楼(260)； 大型机场[a](360)	超过 100 m 的非常大的办公楼或行政楼(260)； 购物中心[a](360)； 二级/三级医院[a](360)
典型的额定速度	≤1.00 m/s	1.00 m/s	1.60 m/s	2.50 m/s	5.00 m/s	5.00 m/s

[a] 本表中的建筑物主要考虑运行次数。

参 考 文 献

[1] Ana Lorente Lafuente,Life Cycle Analysis and Energy Modeling of Lifts.Doctoral thesis,including:New methodological approach for the assessment of the lifts usage phase based on the influence of traffic;Proposed summary tables for regulatory use fitting existing building classification systems;Product Category Rules proposal for conducting comparable LCAs and issue of Type Ⅲ environmental statements

[2] Energy-Efficient Elevators and Escalators(E4)(https://ec.europa.eu/energy/intelligent/projects/en/projects/e4)

[3] Energy consumption and efficiency potentials of lifts.Swiss agency for efficient energy use (SAFE)

[4] VDI 4707-1,Lifts Energy efficiency.March 2009

[5] Motz H.D.On the kinematics of the ideal motion of lifts.Foerdern und Heben 26(1),(1976) (inGerman)

[6] Motz H.D.On the kinematics of the ideal motion of lifts.Elevatori(January 1991)(in English and Italian)

ICS 91.140.90
Q 78

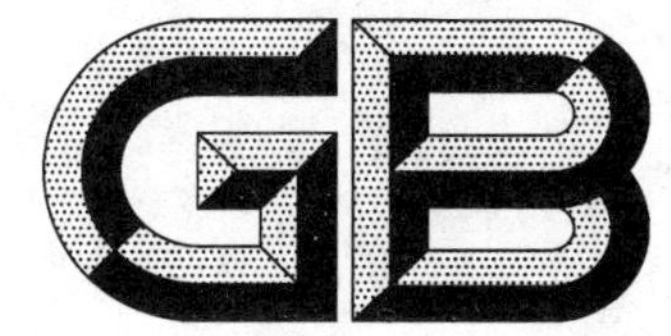

中华人民共和国国家标准

GB/T 30559.3—2017/ISO 25745-3:2015

电梯、自动扶梯和自动人行道的能量性能　第3部分:自动扶梯和自动人行道的能量计算与分级

Energy performance of lifts, escalators and moving walks—Part 3: Energy calculation and classification of escalators and moving walks

(ISO 25745-3:2015, IDT)

2017-10-14 发布　　2018-05-01 实施

中华人民共和国国家质量监督检验检疫总局
中国国家标准化管理委员会　发布

前　　言

GB/T 30559《电梯、自动扶梯和自动人行道的能量性能》包括以下部分：

——第 1 部分：能量测量与验证；

——第 2 部分：电梯的能量计算与分级；

——第 3 部分：自动扶梯和自动人行道的能量计算与分级。

本部分为 GB/T 30559 的第 3 部分。

本部分按照 GB/T 1.1—2009 给出的规则起草。

本部分使用翻译法等同采用 ISO 25745-3:2015《电梯、自动扶梯和自动人行道的能量性能　第 3 部分：自动扶梯和自动人行道的能量计算与分级》。

与本部分中规范性引用的国际文件有一致性对应关系的我国文件如下：

——GB/T 30559.1—2014　电梯、自动扶梯和自动人行道的能量性能　第 1 部分：能量测量与验证(ISO 25745-1:2012,IDT)。

本部分与 ISO 25745-3:2015 相比作了下列编辑性修改：

——删除了引言中不适合我国国情的内容，因为其存在与否并不影响本部分的使用；

——在引言中，增加了条款编号，以便于引用；

——修改了 1.3 注中的数值，以便符合我国国情；

——在第 3 章中，增加了部分术语和定义所出自的文件，以便于应用；

——删除了表 1 中的第二列内容，因为该列内容已包括在该表第三列中；

——在 5.1 和 5.2 中，分别增加了下一级编号，以便于引用；

——将表 A.3 中的分表合为一个表，以符合 GB/T 1.1—2009 的规定；

——将表 A.4 中的分表合为一个表，以符合 GB/T 1.1—2009 的规定。

本部分由全国电梯标准化技术委员会(SAC/TC 196)提出并归口。

本部分负责起草单位：康力电梯股份有限公司。

本部分参加起草单位：通力电梯有限公司、中国建筑科学研究院建筑机械化研究分院、上海三菱电梯有限公司、奥的斯电梯(中国)投资有限公司、迅达(中国)电梯有限公司、东芝电梯(中国)有限公司、江苏省特种设备安全监督检验研究院苏州分院、广东省特种设备检测研究院、深圳市特种设备安全检验研究院、江南嘉捷电梯股份有限公司、永大电梯设备(中国)有限公司、奥的斯机电电梯有限公司、东南电梯股份有限公司、日立电梯(广州)自动扶梯有限公司、华升富士达电梯有限公司、蒂森克虏伯扶梯(中国)有限公司、上海市特种设备监督检验技术研究院、广州广日电梯工业有限公司、巨人通力电梯有限公司、沈阳远大智能工业集团股份有限公司、上海新时达电气股份有限公司、菱王电梯股份有限公司、苏州默纳克控制技术有限公司、西子电梯科技有限公司、昆山通祐电梯有限公司。

本部分主要起草人：孟庆东、毛林、钱国荣、陈凤旺、顾海强、许开胜、翁雪炜、闻艳、陈明涛、林进展、邢箭、张志雁、张崇杰、李俊、赵震、李淼、郭辉、黄成建、虞烽、许磊、胡平、韩鹏、金辛海、钟兴浓、刘春凯、唐小利、王明福。

引　言

0.1　本部分是为应对能源有效使用需求的迅速增加制定的。

0.2　本部分提供了：

a）估算自动扶梯和自动人行道每天和每年的能量消耗的方法；

b）对新安装的、在用的或者改装的自动扶梯和自动人行道的能量性能分级的方法；

c）降低能量消耗的指南，以便为建筑物环境和能量分级系统提供支持。

0.3　本部分可为下列相关方提供相应的指导：

a）评估自动扶梯和自动人行道能量消耗的建筑物开发商或业主；

b）对自动扶梯和自动人行道进行包括降低能量消耗在内的改装的建筑物业主和服务公司；

c）自动扶梯和自动人行道的安装和维护单位；

d）参与确定自动扶梯和自动人行道规格的顾问和建筑师；

e）提供能量性能分级服务的检验人员和其他第三方机构。

0.4　自动扶梯和自动人行道整个生命周期所消耗的总能量包括制造、安装、使用和报废处理过程中消耗的能量。然而，本部分仅考虑使用过程中（运行和待机）的能量性能。

电梯、自动扶梯和自动人行道的能量性能　第3部分:自动扶梯和自动人行道的能量计算与分级

1　范围

1.1　本部分规定了:

a)　用于估算自动扶梯和自动人行道能量消耗的方法。

b)　用于对新安装的、在用的或改装的自动扶梯和自动人行道进行能量性能分级的统一方法。

1.2　本部分考虑的是自动扶梯和自动人行道在其生命周期中的使用阶段的能量性能。它不包含辅助设备的能量消耗和分级,例如:

a)　除梳齿板照明、梯级照明和运行指示灯以外的照明;

b)　冷却、加热和机房通风设备;

c)　报警装置和应急电源(电池)装置等;

d)　环境条件;

e)　电源插座的消耗。

注1:梳齿板照明、梯级照明和运行指示灯被视为设备运行的必要部分,因此不定义为辅助设备。

注2:可能还有其他和自动扶梯或自动人行道无关的电气负载,它们不应包含在其中。

1.3　本部分考虑所有提升高度不超过8 m的自动扶梯、倾斜自动人行道和长度不超过60 m的水平自动人行道。

注:这包含了全国大约93%的已安装的设备。

2　规范性引用文件

下列文件对于本文件的应用是必不可少的。凡是注日期的引用文件,仅注日期的版本适用于本文件。凡是不注日期的引用文件,其最新版本(包括所有的修改单)适用于本文件。

ISO 25745-1　电梯、自动扶梯和自动人行道的能量性能　第1部分:能量测量与验证(Energy performance of lifts, escalators and moving walks—Part 1: Energy measurement and verification)

3　术语、定义和符号

3.1　术语和定义

ISO 25745-1界定的以及下列术语和定义适用于本文件。

3.1.1

辅助能量　ancillary energy

辅助设备消耗的能量。

[GB/T 30559.1—2014,定义2.2]

3.1.2

辅助设备　ancillary equipment

包括照明、风扇、加热设备、报警装置和应急电源(电池)装置等设备。

[GB/T 30559.1—2014,定义 2.3]

3.1.3

自动启动状态　auto start condition

自动扶梯或自动人行道处于静止但已通电,准备因检测到乘客而触发启动的状态。

3.1.4

能量　energy

一段时间内的电能消耗。

[GB/T 30559.1—2014,定义 2.6]

3.1.5

有载状态　load condition

自动扶梯或自动人行道有乘客的运行状态。

[GB/T 30559.1—2014,定义 2.9]

3.1.6

空载状态　no load condition

自动扶梯或自动人行道无乘客时以名义速度运行的状态。

[GB/T 30559.1—2014,定义 2.11]

3.1.7

自动扶梯或自动人行道的名义速度　nominal speed of escalator/moving walk

由制造商设计确定的,自动扶梯或自动人行道的梯级、踏板或胶带在空载(例如:无人)情况下的运行速度。

[GB/T 30559.1—2014,定义 2.12.1]

3.1.8

断电状态　power-off condition

通过主开关切断设备供电的状态。例如:在晚上。

3.1.9

磨合期　running-in period

为使机械部件达到最佳性能所需的时间。

3.1.10

低速状态　slow speed condition

自动扶梯或自动人行道在没有乘客时的低速运行状态。

[GB/T 30559.1—2014,定义 2.15]

3.1.11

待机状态　standby condition

自动扶梯或自动人行道静止但已通电,可由被授权人员启动的状态。

[GB/T 30559.1—2014,定义 2.16]

3.2　符号

表 1 中的符号和说明适用于本文件。

表 1　符号和说明

符号	说明	单位	备注
A	每米长度扶手带在水平方向上的分力	N/m	
B	扶手带在水平方向上拉力的常量部分	N	
C	梯级链反向拉力的常量部分	kN	
CF	设备下行方向对 η 的校正系数	—	乘客数量≤10 000 人次/d 或非能量回馈驱动技术:CF=0;乘客数量>10 000 人次/d:CF=0.5
D	梯级或踏板节距	m	默认值=0.405
$E_{ancillary}$	辅助设备的总能量消耗	kW·h	
$E_{auto\ start}$	自动启动状态的能量消耗	kW·h	
E_{load}	运送乘客的能量消耗	kW·h	下行为负;上行为正
E_{main}	除辅助能量以外的设备总能量消耗	kW·h	
$E_{no\ load}$	空载状态的能量消耗	kW·h	
$E_{slow\ speed}$	低速状态的能量消耗	kW·h	
$E_{standby}$	待机状态的能量消耗	kW·h	
E_{total}	包含辅助能量的设备总能量消耗	kW·h	
H	自动扶梯或自动人行道出入口两楼层板之间的垂直距离	m	
L	梳齿交叉线之间距离	m	
m	乘客平均重量	kg	75 kg/人
m_{chain}	每米链条的质量	kg/m	
$m_{SB/PB}$	梯级/踏板的质量	kg	
N	观测期间内运送的平均每天乘客数量	人次/d	
$P_{no\_load\_control}$	空载状态下控制系统总参考功率	kW	
$P_{no\_load\_handrail}$	空载状态下扶手带系统的总参考功率	kW	
$P_{no\_load\_ref}$	空载状态下设备总参考功率	kW	
$P_{no\_load\_spec}$	特定设备空载状态下所计算或测量的总功率	kW	
$P_{standby}$	待机状态下的总参考功率	kW	
$P_{no\_load\_step/pallet}$	空载状态下梯级/踏板系统的总参考功率	kW	
$t_{ancillary}$	辅助系统耗能的时间	h	
$t_{auto\ start}$	观测期间内自动启动状态的时间	h	
$t_{nominal\ speed}$	观测期间内以名义速度运行的时间	h	
$t_{power\ off}$	观测期间内断电状态的时间	h	
$t_{slow\ speed}$	观测期间内低速状态的时间	h	

表 1(续)

符号	说明	单位	备注
t_{standby}	观测期间内待机状态的时间	h	
t_{total}	观测期间内的耗能时间	h	
α	梯级、踏板或胶带运动方向与水平面的最大角度	(°)	
η	有载状态的效率	—	不同负载状态下的平均值
$\eta_{\text{no load}}$	空载状态的效率	—	
μ	有载状态的摩擦系数	—	不同负载状态的平均值
$\mu_{\text{SB/PB}}$	梯级/踏板系统的摩擦系数	—	不同负载状态的平均值
v	自动扶梯或自动人行道的名义速度	m/s	

4 能量消耗的估算

4.1 测量或计算的功率用于确定能量消耗,能量消耗是功率乘以一段特定的时间。

附录 A 给出了估算自动扶梯和自动人行道能量消耗的计算方法。用这些公式计算出的能量消耗是基于各系数的平均值。用这些方法计算得出的能量是估算值,与实际值可能有差别,因实际值主要受客流量、技术和载荷因素的影响。

对于特定的设备,计算值与测量值之间可能存在偏差。该情况可能是由所做的假设导致的。如果偏差超过 20%,应进行调查。

4.2 提供以下两种估算能量消耗的方法:

——以规划为目的的基于默认值的计算方法;

——基于功率测量的计算方法。

估算结果报告的范围和内容参见附录 A。

4.3 表 A.3 和表 A.4 上的所有信息均应包含在报告中,推荐包括应用技术的附加信息。

5 能量性能分级

5.1 总则

5.1.1 本章规定了自动扶梯和自动人行道能量性能分级的方法。

5.1.2 通过下列步骤进行能量性能的分级:

a) 规范单台设备功率的计算或测量:

——参考功率的计算(5.2);

——特定设备的功率计算或测量(5.3);

——能量性能比的计算(5.4)。

b) 规范单台设备运行模式的功率:

——参考运行模式性能比的计算(5.5)。

c) 考虑辅助功率性能:

——根据 5.6c)考虑。

5.1.3 该分级方法适用于新安装的、在用的自动扶梯和自动人行道,无论这些数值是测量得到的还是由制造商提供的。该方法也可以用于改装设备的重新评级。

5.2 参考功率的计算

5.2.1 一台设备的总参考功率($P_{no\_load\_ref}$)是在空载状态下的计算结果,为下列数值之和,见式(1):

——扶手带系统的参考功率;

——梯级/踏板系统的参考功率;

——控制系统的参考功率(参考值见表 2)。

$$P_{no\_load\_ref} = P_{no\_load\_handrail} + P_{no\_load\_step/pallet} + P_{no\_load\_control} \quad \cdots\cdots(1)$$

其中,扶手带系统的总参考功率($P_{no\_load\_handrail}$)和梯级/踏板系统的总参考功率($P_{no\_load\_step/pallet}$)计算,分别使用式(2)和式(3):

$$P_{no\_load\_handrail} = \frac{2 \times \cos(\alpha) \times \left(A \times \dfrac{H}{\tan(\alpha)} + B\right) \times v}{1\ 000 \times \eta_{no\_load}} \quad \cdots\cdots(2)$$

$$P_{no\_load\_step/pallet} = \frac{\left[\left(2 \times \left(\dfrac{m_{SB/PB}}{D} + 2 \times m_{chain}\right) \times \dfrac{9.81}{1\ 000} \times \mu_{SB/PB} \times \dfrac{H}{\tan(\alpha)} + C\right) \times v\right]}{\eta_{no\_load}} \quad \cdots\cdots(3)$$

注:对于水平自动人行道式(2)和式(3)中 $H/\tan(\alpha)$ 用 L(人行道的长度)代替。

5.2.2 应根据表 2 中的参考数值进行参考功率的计算。对于已经确定规格参数的,应用上述公式以及下述参考值得到表 A.2 中给出的值。

表 2 参考数值

项目	自动扶梯 $v<0.65$ m/s 所有倾斜角	自动扶梯 $v \geqslant 0.65$ m/s[a] 所有倾斜角	倾斜的自动人行道 $3° < \alpha \leqslant 12°$	水平自动人行道 $0° \leqslant \alpha \leqslant 3°$	单位
A	9	5	4	5	N/m
B	400	400	400	300	N
C	0.1	0.1	0.1	0.1	kN
D	0.405	0.405	0.405	0.405	m
$\eta_{no\ load}$	0.3	0.25	0.34	0.4	—
$\mu_{SB/PB}$	0.05	0.05	0.05	0.05	—
$m_{SB/PB}$	14	14	14	14	kg
m_{Chain}	5.5	7	5.5	5.5	kg/m
$P_{no\_load\_control}$	0.4	0.4	0.4	0.4	kW

[a] 名义速度大于或等于 0.65 m/s 的自动扶梯常用在公共交通场合。

5.3 特定设备的功率计算或测量

对于特定设备的功率计算,可以使用 5.2 规定的计算模型。这种情况下,表 2 中的参考数值由特定设备的特定数值取代。

也可以采用任何其他等效的计算方法。

或者,对于在用的设备,功率也可以由 ISO 25745-1 规定的测量方法来确定,并应增加下列测量

条件:

——在设备 1 000 h 的磨合期后;

——至少连续运行了 30 min(直到机器温度稳定);

——环境温度 10 ℃～30 ℃。

运行指示灯、梯级照明以及梳齿板照明(如果有)应包括在计算和/或测量中。

计算或测量的结果定义为 $P_{no\_load\_spec}$。

5.4 能量性能比的计算

能量性能比是由特定功率(见 5.3)除以设备参考功率(见 5.2)得出的。

能量性能比是 $\frac{P_{no\_load\_spec}}{P_{no\_load\_ref}}\times 100\%$。

5.5 参考运行模式性能比的计算

对于参考运行模式性能比的计算,采用表 3 的参考使用时间分配。

表 3 参考使用时间分配

运行模式	断电	低速	自动启动	连续运行
设备规格	根据表 A.3			
	参考使用时间分配			
t_{total}	24 h	24 h	24 h	24 h
$t_{nominal\ speed}$	12 h	10 h	10 h	12 h
$t_{standby}$	0 h	12 h	12 h	12 h
$t_{power\ off}$	12 h	—	—	—
$t_{slow\ speed}$	—	2 h	—	—
$t_{auto\ start}$	—	—	2 h	—
能量消耗[a]	30.1 kW·h/d	30.0 kW·h/d	28.1 kW·h/d	32.5 kW·h/d
运行模式性能比	93%	92%	86%	100%

注:低速模式与自动启动模式组合产生的另一种模式未予以考虑。

[a] 不包含输送乘客的能量消耗(E_{load})。

运行模式性能比随着使用时间分配的变化而变化,但不影响能量性能比。运行模式性能比的分类仅采用表 3。

对于不同于表 3 的参考使用时间分配,可根据表 A.3 计算。

5.6 能量性能分级

采用以下指标进行能量性能分级:

a) 能量性能等级标志

该分级标志表述了自动扶梯或自动人行道的部件或系统中主动部件的效率和被动摩擦的共同影响,应用表 4 进行分级。等级标志在 A+++到 E 的范围内,其中 A+++为最优能量性能。根据表 A.2 的参考能量消耗对应能量性能等级 D(100%)。

表 4 能量性能等级标志

能量性能比	≤55%	≤60%	≤65%	≤70%	≤80%	≤90%	≤100%	>100%
能量性能等级标志	A+++	A++	A+	A	B	C	D	E

b) 运行模式标志

应通过标志标示设备具有的运行模式。

运行模式标志表述了设备具有一种或几种运行模式(见图 1)。

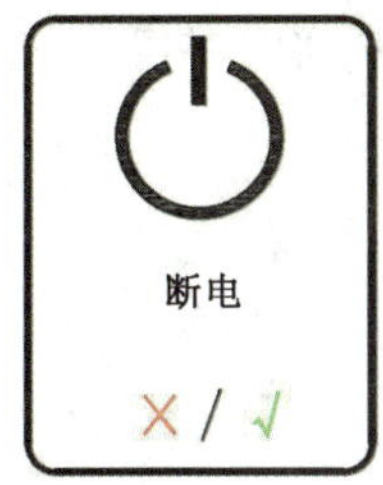

a) 断电模式

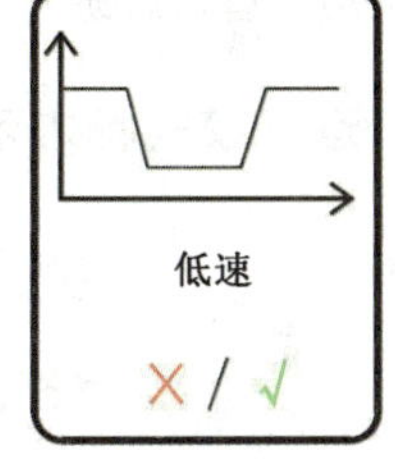

b) 低速模式

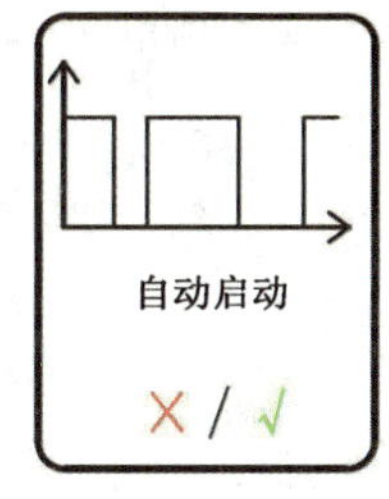

c) 自动启动模式

注:具有该运行模式,在对应模式标志上打√,否则打×。

图 1 运行模式标志

c) 辅助设备的能量性能标志

未定义针对自动扶梯或自动人行道辅助设备的能量性能标志。

在能量性能分级中不涉及任何辅助设备能量消耗的测量。

6 报告

6.1 能量评估文件

能量性能评估结果文件应包括下列内容:

a) 制造商提供的设备技术规格数据;

b) 空载状态下的计算或测量的功率;

c) 能量性能等级标志;

d) 按照设备可选择的运行模式,在运行模式性能标志中用×或√进行标示;

e) 自动扶梯或自动人行道的运行方向。

6.2 示例

用提升高度 4.5 m、倾斜角度 30°、名义速度 0.5 m/s 的自动扶梯作为报告示例。特定设备计算功率为 1 780 W。

按照表 A.2 的参考值,能量性能比为 1 780 W/2 505 W=71%,因而设备的能量性能等级为 B 级。

设备具有自动启动模式和低速模式。

下面给出能量评估报告数据示例:

——提升高度 4.5 m;

——倾斜角度 30°;

——名义速度 0.5 m/s。

a） 空载状态下的功率：1.78 kW；

b） 能量性能等级标志：B；

c） 运行模式标志见图 2。

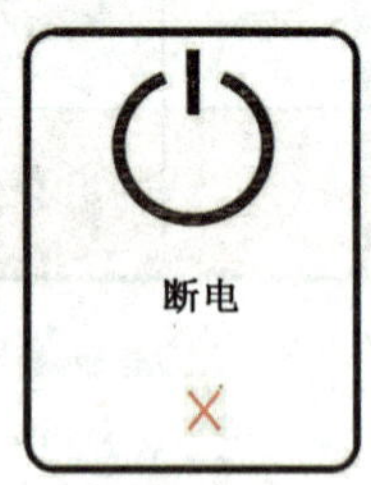

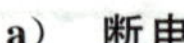
a） 断电

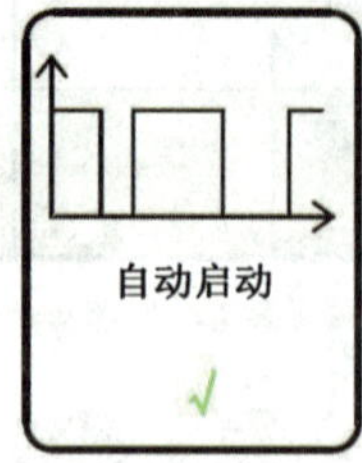

b） 自动启动

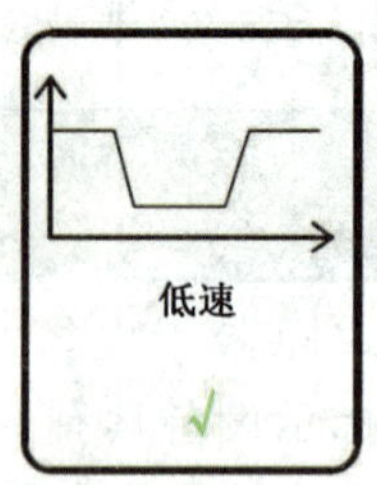

c） 低速

图 2 运行模式标志示例

附 录 A
（资料性附录）
能量消耗计算

A.1 总则

A.1.1 提示

以下公式适用于任何应用情况下的自动扶梯和自动人行道。

A.1.2 默认值

为编制规划，给出默认值用于能量消耗的估算。该默认值为平均值。这些值可能根据不同的产品应用和规格而变化。

应提供每天乘客人数的平均值（N），或根据表 A.1 获得。

注：本部分中，计算时采用的时间为 1 d。也可采用其他时间段。

表 A.1 典型的使用场合及功率默认值

乘客数量/d(N)	典型使用场合
<3 000	商场、博物馆、图书馆、休闲场所或体育场
不超过 10 000	百货公司、购物中心、地区机场或二等火车站
不超过 20 000	主要机场、一等火车站或主要地铁站
>20 000	大型主要机场、特等火车站或大都市地铁站
功率(kW)	典型默认值
$P_{standby}$	0.2 kW
$P_{auto\ start}$	0.3 kW
$P_{no\ load}$	参照表 A.2
$P_{slow\ speed}$	$P_{no\ load} \times 0.5$

A.2 以规划为目的的基于默认值的计算方法

为编制规划，一台自动扶梯或自动人行道的总能量消耗应通过以下公式确定：

$$E_{total} = E_{main} + E_{ancillary} \tag{A.1}$$

式中：

E_{total} ——包含辅助能量消耗的设备总能量消耗，单位为千瓦时(kW·h)；

E_{main} ——不包含辅助能量消耗的设备总能量消耗，单位为千瓦时(kW·h)；

$E_{ancillary}$ ——辅助设备的总能量消耗，单位为千瓦时(kW·h)。

$$E_{main} = E_{standby} + E_{auto\ start} + E_{slow\ speed} + E_{no\ load} + E_{load} \tag{A.2}$$

式中：

$E_{standby}$ ——自动扶梯或自动人行道在待机状态下的能量消耗，单位为千瓦时(kW·h)，其值为

0.2 kW 乘以观测期间待机状态的时间长度；

注 1：0.2 kW 为待机状态的功率默认值。当制动器、接触器和其他设备未被触发时，该值为 $E_{no\ load\ control}$ 的 50%。

$E_{auto\ start}$ ——自动扶梯或自动人行道自动启动状态下的能量消耗，单位为千瓦时(kW·h)，其值为 0.3 kW 乘以观测期间自动启动状态的时间长度；

注 2：0.3 kW 为自动启动状态的功率默认值。当制动器、接触器和其他设备未被触发，但运行指示灯工作时，该值为 $E_{no\ load\ control}$ 的 75%。

$E_{no\ load\ control}$ ——自动扶梯或自动人行道空载状态下控制系统的能量消耗，单位为千瓦时(kW·h)，其值为 $P_{no\_load\_control}$(见表 2)乘以相应时间长度；

$E_{slow\ speed}$ ——自动扶梯或自动人行道低速状态下的能量消耗，单位为千瓦时(kW·h)，其值为 $P_{no\ load}/2$(见表 A.2)乘以观测期间低速状态的时间长度；

$E_{no\ load}$ ——自动扶梯或自动人行道空载状态下的能量消耗，单位为千瓦时(kW·h)，其值为 $P_{no\ load}$(表 A.2) 乘以观测期间空载运行的时间长度；

E_{load} ——自动扶梯或自动人行道运送乘客时的能量消耗，单位为千瓦时(kW·h)，根据表 A.1和表 A.3 得出。

表 A.2 根据 5.2 得出的空载状态的参考功率

提升高度 H/m	自动扶梯($\alpha=30°$)	
	v=0.5 m/s	v=0.65 m/s
3.0	2 243 W	3 222 W
4.5	2 505 W	3 602 W
6.0	2 766 W	3 983 W
8.0	3 114 W	4 490 W
提升高度 H/m	倾斜式自动人行道($\alpha=12°$)	
	v=0.5 m/s	v=0.65 m/s
3.0	2 788 W	—
4.5	3 333 W	—
6.0	3 878 W	—
长度 L/m	水平式自动人行道($\alpha=0°$)	
	v=0.5 m/s	v=0.65 m/s
30	3 326 W	4 204 W
45	4 352 W	5 538 W
60	5 378 W	6 871 W
注 1：对于中间的提升高度或长度或倾斜角度或其他速度，应采用参考公式以及表 A.1 的参考值。 注 2：以上的功率包括 $P_{no\_load\_control}$。		

表 A.3 为编制规划对自动扶梯和自动人行道能量消耗进行估算的计算方法

主要数据	参数	示例	单位	备注
建筑物地址		采样建筑物		
产品类别(自动扶梯/自动人行道)		自动扶梯		

表 A.3(续)

主要数据	参数	示例	单位	备注
设备用途(商用/公共交通)		商用		
提升高度	H	4.5	m	
长度	L	不适用	m	
倾斜角度	α	30	(°)	
观测期间内运送的平均每天乘客数量	N	8 000	人次/d	
乘客平均重量	m	75	kg	
运行方向(上行/下行/水平)		上行		
梯级宽度	W	1 000	mm	
名义速度		0.5	m/s	
额定电机功率	P	7.5	kW	
观测时间(天/周/月/年)		1	d	
耗能时间	t_{total}	24	h	
待机状态时间	$t_{standby}$	12	h	
自动启动状态时间	$t_{auto\ start}$	0	h	
名义速度运行时间	$t_{nominal\ speed}$	10	h	
低速状态运行时间	$t_{slow\ speed}$	2	h	
待机状态的能量消耗	$E_{standby}$	0.2×12=2.4	kW·h	$E_{standby}=P_{standby}\times t_{standby}$ $P_{standby}=0.2$(根据表 A.1)
自动启动状态的能量消耗	$E_{auto\ start}$	0.3×0=0	kW·h	$E_{auto\ start}=P_{auto\ start}\times t_{auto\ start}$ $P_{auto\ start}=0.3$(根据表 A.1)
空载状态的能量消耗	$E_{no\ load}$	2.505×10=25.1	kW·h	$E_{no\ load}=P_{no\ load}\times t_{nominal\ speed}$ $P_{no\ load}$根据表 A.2
低速状态的能量消耗	$E_{slow\ speed}$	1.250×2=2.5	kW·h	$E_{slow\ speed}=P_{slow\ speed}\times t_{slow\ speed}$ $P_{slow\ speed}$根据表 A.1
自动扶梯或倾斜式自动人行道上行输送乘客时的能量消耗		(8 000×75×9.81×4.5)×1/(3 600 000×0.75)×(1+0.05/0.577)=10.7	kW·h	默认 $\eta=0.75$ 默认 $\mu=0.05$ $E_{load}=N\times m\times g\times H\times 1/(3\ 600\ 000\times\eta)\times(1+\mu/\mathrm{tg}\alpha)$
自动扶梯或倾斜式自动人行道下行输送乘客时的能量消耗	E_{load}	(8 000×75×9.81×4.5×0.75×0)×1/(3 600 000)×(−1+0.05/0.577)=0	kW·h	默认 $\eta=0.75$ 默认 $\mu=0.05$ 校正系数 CF 根据 3.2 $E_{load}=N\times m\times g\times H\times\eta\times CF/(3\ 600\ 000)\times(-1+\mu/\mathrm{tg}\alpha)$
水平式自动人行道($\alpha=0$)输送乘客时的能量消耗				默认 $\eta=0.75$ 默认 $\mu=0.05$ $E_{load}=N\times m\times g\times L\times\mu/(3\ 600\ 000\times\eta)$

表 A.3（续）

主要数据	参数	示例	单位	备注
不包含辅助能量消耗的自动扶梯上行主要能量消耗	E_{main}	2.4＋0＋25.1＋2.5＋10.7＝40.7	kW·h	$E_{main}=E_{standby}+E_{auto\ start}+E_{slow\ speed}+E_{no\ load}+E_{load}$
不包含辅助能量消耗的自动扶梯下行主要能量消耗		2.4＋0＋25.1＋2.5＋0＝30.0	kW·h	$E_{main}=E_{standby}+E_{auto\ start}+E_{slow\ speed}+E_{no\ load}+E_{load}$（$E_{load}<0$）

注：辅助设备的能量消耗是由项目决定的，需基于各个项目分别计算。

A.3 基于功率测量的计算方法

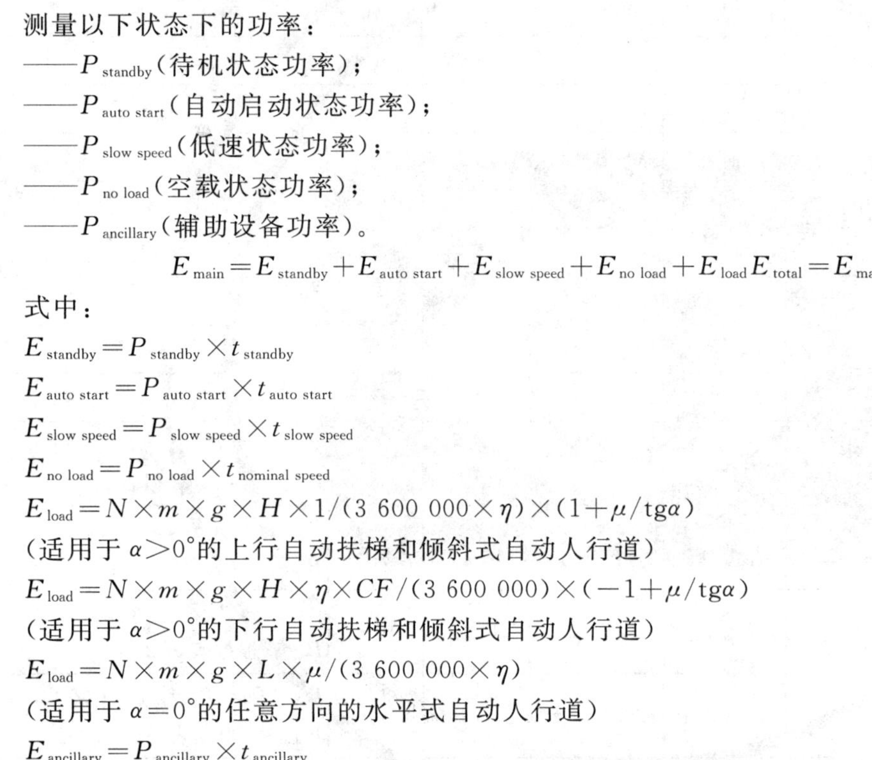

测量以下状态下的功率：

——$P_{standby}$（待机状态功率）；

——$P_{auto\ start}$（自动启动状态功率）；

——$P_{slow\ speed}$（低速状态功率）；

——$P_{no\ load}$（空载状态功率）；

——$P_{ancillary}$（辅助设备功率）。

$$E_{main}=E_{standby}+E_{auto\ start}+E_{slow\ speed}+E_{no\ load}+E_{load}\quad E_{total}=E_{main}+E_{ancillary}$$

式中：

$E_{standby}=P_{standby}\times t_{standby}$

$E_{auto\ start}=P_{auto\ start}\times t_{auto\ start}$

$E_{slow\ speed}=P_{slow\ speed}\times t_{slow\ speed}$

$E_{no\ load}=P_{no\ load}\times t_{nominal\ speed}$

$E_{load}=N\times m\times g\times H\times 1/(3\ 600\ 000\times\eta)\times(1+\mu/\mathrm{tg}\alpha)$

（适用于 $\alpha>0°$ 的上行自动扶梯和倾斜式自动人行道）

$E_{load}=N\times m\times g\times H\times\eta\times CF/(3\ 600\ 000)\times(-1+\mu/\mathrm{tg}\alpha)$

（适用于 $\alpha>0°$ 的下行自动扶梯和倾斜式自动人行道）

$E_{load}=N\times m\times g\times L\times\mu/(3\ 600\ 000\times\eta)$

（适用于 $\alpha=0°$ 的任意方向的水平式自动人行道）

$E_{ancillary}=P_{ancillary}\times t_{ancillary}$

表 A.4 用于验证自动扶梯和自动人行道能量消耗的基于功率测量的计算方法

主要数据(示例)	参数	示例	单位	备注
建筑物地址		采样建筑物		
产品类别(自动扶梯/自动人行道)		自动扶梯		
初始测量/检验验证		初始测量		
序列号		样品编号		
产品品牌和型号		样品型号		
制造日期		年—月—日		
设备安装地点(室内/半室外/室外)		室内		

表 A.4(续)

主要数据(示例)	参数	示例	单位	备注
设备用途(商用/公共交通)		商用		
提升高度	H	4.5	m	
长度	L	不适用	m	
倾斜角度	α	30	(°)	
观测期间内运送的平均每天乘客人数	N	8 000	人次/d	
乘客平均重量	m	75	kg	
运行方向(上行/下行/水平)		上行		
梯级宽度	W	1 000	mm	
名义速度		0.5	m/s	
电机额定功率	P	7.5	kW	
观测时间(天/周/月/年)		1	d	运行时间(示例)
耗能时间	t_{total}	24	h	
待机状态时间	t_{standby}	12	h	
自动启动状态时间	$t_{\text{auto start}}$	0	h	
名义速度运行时间	$t_{\text{nominal speed}}$	10	h	
低速状态时间	$t_{\text{slow speed}}$	2	h	
辅助设备耗能时间	$t_{\text{ancillary}}$	12	h	
测量日期和时间		年-月-日 时:分		测量情况(示例)
测量负责人姓名		张××		
测量设备(品牌、型号、序列号和设置)		设备型号		
环境温度	T	20	℃	
最近保养日期		年-月-日		
观测				
待机状态功率	P_{standby}	0.15	kW	测量数据(示例)
自动启动状态功率	$P_{\text{auto start}}$	0.28	kW	
低速状态功率	$P_{\text{slow speed}}$	0.8	kW	
空载状态功率	$P_{\text{no load}}$	1.8	kW	
辅助设备的功率	$P_{\text{ancillary}}$	0.3	kW	
其他观测				
待机状态的能量消耗	E_{standby}	测量功率值 0.15×12=1.8	kW·h	E_{standby}=测量功率值×t_{standby}
自动启动状态的能量消耗	$E_{\text{auto start}}$	测量功率值 0.28×0=0	kW·h	$E_{\text{auto start}}$=测量功率值×$t_{\text{auto start}}$
空载状态的能量消耗	$E_{\text{no load}}$	测量功率值 1.8×10=18.0	kW·h	$E_{\text{no load}}$=测量功率值×$t_{\text{nominal speed}}$
低速状态的能量消耗	$E_{\text{slow speed}}$	测量功率值 0.8×2=1.6	kW·h	$E_{\text{slow speed}}$=测量功率值×$t_{\text{slow speed}}$

表 A.4（续）

主要数据(示例)	参数	示例	单位	备注
自动扶梯或倾斜式自动人行道上行输送乘客时的能量消耗	E_{load}	(8 000×75×9.81×4.5)×1/(3 600 000×0.75)×(1+0.05/0.577) =10.7	kW·h	默认 $\eta=0.75$ 默认 $\mu=0.05$ $E_{load}=N\times m\times g\times H\times 1/(3\ 600\ 000\times\eta)\times(1+\mu/\text{tg}\alpha)$
自动扶梯或倾斜式自动人行道下行输送乘客时的能量消耗		(8 000×75×9.81×4.5×0.75×0)×1/(3 600 000)×(−1+0.05/0.577) =0	kW·h	默认 $\eta=0.75$ 默认 $\mu=0.05$ 校正系数 CF 根据 3.2 $E_{load}=N\times m\times g\times H\times\eta\times CF/(3\ 600\ 000)\times(-1+\mu/\text{tg}\alpha)$
水平式自动人行道($\alpha=0$)输送乘客时的能量消耗			kW·h	默认 $\eta=0.75$ 默认 $\mu=0.05$ $E_{load}=N\times m\times g\times L\times\mu/(3\ 600\ 000\times\eta)$
辅助设备的能量消耗	$E_{ancillary}$	0.3×12=3.6	kW·h	$E_{ancillary}$=测量功率值×$t_{ancillary}$
除辅助设备外,上行的主要能量消耗	E_{main}	1.8+0+18.0+1.6+10.7=32.1	kW·h	$E_{main}=E_{standby}+E_{auto\ start}+E_{slow\ speed}+E_{no\ load}+E_{load}$
除辅助设备外,下行的主要能量消耗		1.8+0+18.0+1.6+0=21.4	kW·h	$E_{main}=E_{standby}+E_{auto\ start}+E_{slow\ speed}+E_{no\ load}+E_{load}$ ($E_{load}<0$)
包含辅助设备在内,上行的总能量消耗	E_{total}	32.1+3.6=35.7	kW·h	$E_{total}=E_{main}+E_{ancillary}$
包含辅助设备在内,下行的总能量消耗		21.4+3.6=25.0	kW·h	$E_{total}=E_{main}+E_{ancillary}$

ICS 29.240.99
K 46

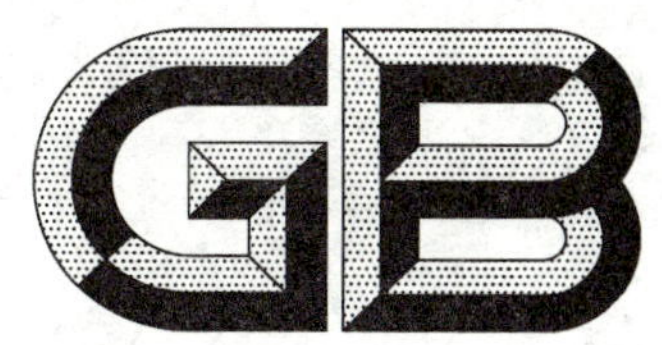

中华人民共和国国家标准

GB/T 30843.3—2017

1 kV 以上不超过 35 kV 的通用变频调速设备 第3部分:安全规程

Variable-frequency drive above 1 kV and not exceeding 35 kV—
Part 3: Safety requirements

2017-09-29 发布 2018-04-01 实施

中华人民共和国国家质量监督检验检疫总局
中国国家标准化管理委员会 发布

前　　言

《通用变频调速设备》系列国家标准预计结构如下：

——《1 kV 及以下通用变频调速设备》；

——《1 kV 以上不超过 35 kV 的通用变频调速设备》。

GB/T 30843《1 kV 以上不超过 35 kV 的通用变频调速设备》拟分部分出版。目前计划发布如下几部分：

——第 1 部分：技术条件；

——第 2 部分：试验方法；

——第 3 部分：安全规程。

本部分为 GB/T 30843 的第 3 部分。

本部分按照 GB/T 1.1—2009 给出的规则起草。

本部分由中国电器工业协会提出。

本部分由全国变频调速设备标准化技术委员会(SAC/TC 518)归口。

本部分负责起草单位：天津电气科学研究院有限公司、山东新风光电子科技发展有限公司、中冶赛迪电气技术有限公司、北京利德华福电气技术有限公司、北京合康亿盛变频科技股份有限公司、上海雷诺尔科技股份有限公司、山东泰开自动化有限公司、深圳市英威腾电气股份有限公司、北京 ABB 电气传动系统有限公司、上海辛格林纳新时达电机有限公司、辽宁荣信电气传动技术有限责任公司、希望森兰科技股份有限公司、国家电控配电设备质量监督检验中心。

本部分主要起草人：楚子林、柴青、赵树国、张胜民、倚鹏、陈秋泉、陈国成、张庆、李凯、董瑞勇、魏华、宋吉波、戚永意、杜俊明。

1 kV以上不超过35 kV的通用变频调速设备　第3部分:安全规程

1　范围

GB/T 30843的本部分规定了通用变频调速设备或其元件有关电气、热和能量等除供电电源以外安全方面的要求。本部分不覆盖用于牵引和电动车辆的变频调速设备、电动机等。

本部分适用于额定输入电压在交流1 kV～35 kV之间,额定输入频率为50 Hz或60 Hz,输出电压不超过35 kV,输出频率小于120 Hz的通用变频调速设备(以下简称"变频调速设备")。

2　规范性引用文件

下列文件对于本文件的应用是必不可少的。凡是注日期的引用文件,仅注日期的版本适用于本文件。凡是不注日期的引用文件,其最新版本(包括所有的修改单)适用于本文件。

GB/T 311.1—2012　绝缘配合　第1部分:定义、原则和规则

GB/T 2423.2—2008　电工电子产品环境试验　第2部分:试验方法　试验B:高温

GB/T 2423.3—2006　电工电子产品环境试验　第2部分:试验方法　试验Cab:恒定湿热试验

GB/T 2423.10—2008　电工电子产品环境试验　第2部分:试验方法　试验Fc:振动(正弦)

GB 2894—2008　安全标志及其使用导则

GB/T 2900.1—2008　电工术语　基本术语

GB/T 2900.73—2008　电工术语　接地与电击防护

GB/T 2900.83—2008　电工术语　电的和磁的器件

GB/T 3048.14—2007　电线电缆电性能试验方法　第14部分:直流电压试验

GB/T 4207—2003　固体绝缘材料在潮湿条件下相比电痕化指数和耐电痕化指数的测定方法

GB/T 4208—2017　外壳防护等级(IP代码)

GB/T 4728.1—2005　电气简图用图形符号　第1部分:一般要求

GB/T 5169.10—2006　电工电子产品着火危险试验　第10部分:灼热丝/热丝基本试验方法　灼热丝装置和通用试验方法

GB/T 5169.13—2013　电工电子产品着火危险试验　第13部分:灼热丝/热丝基本试验方法　材料的灼热丝起燃温度(GWIT)试验方法

GB/T 5169.16—2008　电工电子产品着火危险试验　第16部分:试验火焰　50 W水平与垂直火焰试验方法

GB/T 5169.17—2008　电工电子产品着火危险试验　第17部分:试验火焰　500 W火焰试验方法

GB 5226.3—2005　机械安全　机械电气设备　第11部分:电压高于1 000 Va.c.或1 500 Vd.c.但不超过36 kV的高压设备的技术条件

GB/T 5465.2—2008　电气设备用图形符号　第2部分:图形符号

GB/Z 6829—2008　剩余电流动作保护器的一般要求

GB/T 11918.1—2014　工业用插头插座和耦合器　第1部分:通用要求

GB/T 12113—2003　接触电流和保护导体电流的测量方法

GB/T 12668.1—2002 调速电气传动系统 第1部分:一般要求 低压直流调速电气传动系统额定值的规定

GB/T 12668.2—2002 调速电气传动系统 第2部分:一般要求 低压交流变频电气传动系统额定值的规定

GB/T 12668.4—2006 调速电气传动系统 第4部分:一般要求 交流电压1 000 V以上但不超过35 kV的交流调速电气传动系统额定值的规定

GB/T 12668.501—2013 调速电气传动系统 第5-1部分:安全要求 电气、热和能量

GB/T 14048.7—2006 低压开关设备和控制设备 第7-1部分:辅助器件 铜导体的接线端子排

GB/T 14048.8—2006 低压开关设备和控制设备 第7-2部分:辅助器件 铜导体的保护导体接线端子排

GB/T 16895.1—2008 低压电气装置 第1部分:基本原则、一般特性评估和定义

GB/T 16895.10—2010 低压电气装置 第4-44部分:安全防护 电压骚扰和电磁骚扰防护

GB/T 16935.1—2008 低压系统内设备的绝缘配合 第1部分:原理、要求和试验

GB/T 16935.3—2005 低压系统内设备的绝缘配合 第3部分:利用涂层、罐封和模压进行防污保护

GB/T 16935.4—2011 低压系统内设备的绝缘配合 第4部分:高频电压应力考虑事项

GB/T 17627.1—1998 低压电气设备的高电压试验技术 第1部分:定义和试验要求

GB/T 18802.12—2014 低压电涌保护器(SPD) 第12部分:低压配电系统的电涌保护器 选择和使用导则

GB/T 19214—2008 电器附件 家用和类似用途剩余电流监视器

GB/T 30843.2—2014 1 kV以上不超过35 kV的通用变频调速设备 第2部分:试验方法

DL/T 879—2004 带电作业用便携式接地和接地短路装置

ISO 7000:2004 设备用图形符号 索引和一览表(Graphical symbols for use on equipment—Index and synopsis)

IEC 62271-102 高压开关设备和控制设备 第102部分:交流断路开关和接地开关(High-voltage switchgear and controlgear—Part 102: Alternating current disconnectors and earthing switches)

3 术语和定义

下列术语和定义适用于本文件。

3.1

变频器 frequency converter

改变与电能相关的频率(不包括零频率)的电能变换器。

[GB/T 2900.83—2008,定义151-13-43]

3.2

整流器 rectifier

将单相或多相交流电流变换成单一方向电流的电能变换器。

[GB/T 2900.83—2008,定义151-13-45]

3.3

逆变器 inverter

将直流电流变换成单相或多相交流电流的电能变换器。

[GB/T 2900.83—2008,定义151-13-46]

3.4

基本传动模块　basic drive module;(BDM)

由功率变换器部分和控制部分组成,用于控制电动机的速度、转矩、电流、电压等的传动部件。参见图1。

注1:模块化的变频调速设备是BDM的一种型式。

注2:改写GB/T 12668.501—2013,定义3.2。

3.5

成套传动模块　complete drive module;CDM

由(但不限于)BDM和诸如馈电部分和辅助设备等组成的传动系统,不包括电动机和以机械方式耦合于其轴上的传感器(见图1)。

带有馈电开关等外延部件的柜装式的变频调速设备是CDM的一种型式。

注:改写GB/T 12668.501—2013,定义3.4。

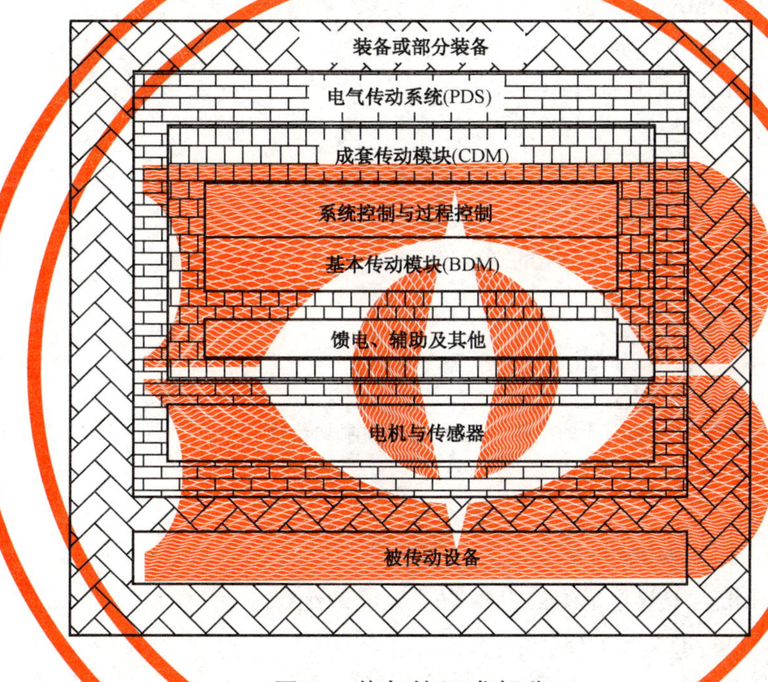

图1　装备的组成部分

3.6

电气传动系统　power drive system;(PDS)

包括CDM和电动机,但不包括被传动设备的电动机速度控制系统。参见图1。

[GB/T 12668.501—2013,定义3.20]

3.7

装备　installation

至少包括PDS和被传动设备两者的一台或数台设备。参见图1。

注:"installation"这个词还用来表示安装PDS/CDM/BDM的过程。

[GB/T 12668.501—2013,定义3.14]

3.8

变频调速设备　variable-frequency drive

由变频器作为功率变换部分构成的CDM或BDM;或由整流器加逆变器作为功率变换部分构成的CDM或BDM。

注:本部分用缩写VFD表示"变频调速设备"。

3.9

高压 VFD　high-voltage VFD

额定电源电压为交流大于 1 kV 并不超过 35 kV，额定电源频率 50 Hz 或 60 Hz 的产品。

3.10

低压 VFD　low-voltage VFD

额定电源电压为交流 1 k V 及以下，额定电源频率 50 Hz 或 60 Hz 的产品。

3.11

功能绝缘　functional insulation

电路正常工作所必需的位于电路中导电部件之间的绝缘，此绝缘不提供电击防护功能。

[GB/T 12668.501—2013，定义 3.12]

3.12

基本绝缘　basic insulation

带电部分上对防触电起基本保护作用的绝缘。

注：本概念不适用于仅用作功能性目的的绝缘。

[GB/T 2900.1—2008，定义 3.5.70]

3.13

附加绝缘　supplementary insulation

除了基本绝缘外，用于故障防护附加的单独绝缘。

[GB/T 2900.1—2008，定义 3.5.71]

3.14

双重绝缘　double insulation

注 1：既有基本绝缘又有附加绝缘构成的绝缘。基本绝缘和附加绝缘是分开的，都用来对防触电起基本保护作用。

注 2：改写 GB/T 2900.1—2008，定义 3.5.72。

3.15

加强绝缘　reinforced insulation

危险带电部分具有相当于双重绝缘的电击防护等级的绝缘。

[GB/T 2900.1—2008，定义 3.5.73]

3.16

保护隔离　protective separation

在电路之间通过基本保护和附加保护措施(基本绝缘加附加绝缘或保护屏蔽)或一种等效保护措施(例如加强绝缘)实现隔离。

[GB/T 12668.501—2013，定义 3.32]

3.17

电气击穿　electrical breakdown

在承受电应力状态下的绝缘失效，放电电荷直接将绝缘两侧连接起来，致使绝缘两侧的电压几乎降至零。

[GB/T 16935.1—2008，定义 1.3.20]

3.18

0 类保护　protective class 0

在设备中，防触电保护只依赖于基本绝缘。

注：当基本绝缘失效时，这类设备就变得危险了。

[GB/T 12668.501—2013，定义 3.24]

3.19

Ⅰ类保护　protective class Ⅰ

在设备中，防触电保护不仅依赖于基本绝缘，而且还包括附加安全预防措施，为外露导电部件与装备固定布线中保护(接地)导线的连接提供手段，这样即使基本绝缘失效，可触及导电部件也不会带电。

[GB/T 12668.501—2013，定义 3.25]

3.20

Ⅱ类保护　protective class Ⅱ

在设备中，防触电保护不仅依赖于基本绝缘，而且还提供诸如附加绝缘或加强绝缘等附加安全预防措施，没有保护接地措施或者不依赖电气安装的条件。

[GB/T 12668.501—2013，定义 3.26]

3.21

Ⅲ类保护　protective class Ⅲ

在设备中，防触电保护依赖于 ELV 电源，而且不产生高于 ELV 的电压，没有保护接地措施。

[GB/T 12668.501—2013，定义 3.27]

3.22

保护接地　protective earthing；PE

为了电气安全，将系统、装置或设备的一点或多点接地。

[GB/T 2900.1—2008，定义 3.5.9]

3.23

保护接地导体　protective earthing conductor

用于保护接地的保护导体。

[GB/T 2900.73—2008，定义 195-02-11]

3.24

保护阻抗　protective impedance

连接在带电部件和外露导电部件之间的阻抗，其值应在正常使用和可能的故障条件下将电流限制在某一安全值以下，而且其结构保证在设备的整个寿命周期内维持其可靠性。

[GB/T 12668.501—2013，定义 3.30]

3.25

保护屏蔽　protective screening

用与保护接地导体连接的导电屏蔽体将电气回路和/或导体与危险带电部件隔开，并提供电击防护。

[GB/T 2900.73—2008，定义 195-06-18，已修订]

3.26

保护联结　protective bonding

为安全起见在导电部件之间设置的电气连接。

[GB/T 12668.501—2013，定义 3.23]

3.27

工作电压　working voltage

设计时考虑的在额定电源电压(不考虑波动)及最坏运行状态下出现在电路中或绝缘两端的电压。

注：工作电压可以是直流或交流。使用方均根值和重复峰值。

[GB/T 12668.501—2013，定义 3.43]

3.28

系统电压　system voltage

用来确定绝缘要求的电压。

注：关于系统电压的进一步研究，见 4.3.6.2.1。

[GB/T 12668.501—2013，定义 3.38]

3.29

暂时过电压　temporary overvoltage

持续相对长时间的工频过电压。

[GB/T 16935.1—2008，定义 3.7.1，已修改]

3.30

现场调试试验　commissioning test

在现场对某台部件或设备进行的试验，以验证安装和运行的正确性。

[GB/T 12668.501—2013，定义 3.6]

3.31

出厂试验　routine test

在制造期间或制造之后对各个部件进行的试验，用于确定其是否符合某一准则。

[GB/T 12668.501—2013，定义 3.34]

3.32

抽样试验　sample test

从一批产品中随机抽取少量产品（样本）进行试验。

[GB/T 12668.501—2013，定义 3.36]

3.33

型式试验　type test

对按照某一设计制造的一个或数个产品进行的试验，用于证明该设计满足特定的技术要求。

[GB/T 12668.501—2013，定义 3.41]

3.34

界定电压等级　decisive voltage class；DVC

为确定电击防护措施类别而划分的电压范围。

[GB/T 12668.501—2013，定义 3.7]

3.35

特低电压　extra low voltage；ELV

不超过交流方均根值 50 V 和直流 120 V 的任何电压。

注 1：纹波电压方均根值不大于直流分量的 10%。

注 2：在本部分中，防触电保护取决于界定电压等级。ELV 的电压范围中包含有 DVC A 和 B。

[GB/T 12668.501—2013，定义 3.9]

3.36

保护性 ELV（PELV）电路　protective ELV（PELV） circuit

同时具有下列特点的电路：

——在单一故障条件下以及在正常条件下电压不持续超过 ELV；

——与非 PELV 或 SELV 的电路保护隔离；

——有 PELV 电路的接地措施、或其外露导电部件的接地措施、或两者都有。

[GB/T 12668.501—2013，定义 3.21]

3.37

安全ELV(SELV)电路　safety ELV (SELV) circuit

同时具有下列特点的电路：

——电压不超过ELV；

——与非SELV或PELV的电路保护隔离；

——没有SELV电路或其外露导电部件的接地措施；

——SELV电路与地和PELV电路基本绝缘。

[GB/T 12668.501—2013，定义3.35]

3.38

(对地)泄漏电流　(earth) leakage current

在没有绝缘故障的情况下从装备的带电部件流向地的电流。

[GB/T 12668.501—2013，定义3.16]

3.39

接触电流　touch current

在人体或动物身体接触到电气装备或电气设备的一个或数个可触及部分时通过的电流。

[GB/T 12668.501—2013，定义3.40]

3.40

预期短路电流　prospective short-circuit current

在尽可能靠近PDS/CDM/BDM电源端子的位置用一根可忽略阻抗的导线使电路电源短路时所通过的电流。

[GB/T 12668.501—2013，定义3.22]

3.41

封闭的电气操作区域　closed electrical operating area

仅限于专业人员或受过培训人员使用钥匙或工具开门或移动障碍才能进入，并具有明显的适当警告标志的电气设备用房间或区域。

[GB/T 12668.501—2013，定义3.5]

3.42

预期寿命　expected lifetime

在额定条件下安全性能特性有效的最小持续时间。

[GB/T 12668.501—2013，定义3.11]

3.43

带电部件　live part

规定在正常使用时带电的导体或导电部件，包括中性导线，但不包括保护接地中性线。

[GB/T 12668.501—2013，定义3.17]

3.44

开放式(产品)　open type (product)

预定安装在将提供接近防护的外壳或组件内的(产品)。

[GB/T 12668.501—2013，定义3.19]

3.45

用户端子　user terminal

为PDS/CDM/BDM的外部连接提供的端子。

[GB/T 12668.501—2013，定义3.42]

3.46

等电位联结区域　zone of equipotential bonding

将所有可同时触及的导电部件电气连接起来以防在它们之间出现危险电压的区域。

注：就等电位连接而言，没有必要将相关的部件接地。

[GB/T 12668.501—2013，定义 3.44]

4　设计和制造的安全要求

4.1　一般要求

本条款规定了对变频调速设备设计和制造的最低要求，以保证其在预期寿命期间内，在安装过程中、在正常工作条件下以及设备维护过程中的安全。同时也考虑相应的措施，使由可合理预见的错用导致的危险减到最小。

表 1 中给出了变频调速设备 CDM 和 BDM 与本章中的安全要求的对应关系。

表 1　对 CDM/BDM 的要求的相关性

分　条　款	标　　题	CDM/BDM
4.2	故障状态下危险的防护	A
4.3.1	界定电压等级	A
4.3.2	保护隔离	A
4.3.3	直接接触防护	C
4.3.4	直接接触情况下的防护	C
4.3.5.1	间接接触防护　一般要求	A
4.3.5.2	间接接触防护　带电部件与可触及导电部件之间的绝缘	C
4.3.5.3	间接接触防护　保护联结电路	C
4.3.5.4	间接接触防护　保护接地导体	A
4.3.5.5	间接接触防护　保护接地导体的连接方法	A
4.3.5.6	间接接触防护　Ⅱ类保护设备的特点	C
4.3.6	绝缘	A
4.3.7	输出短路要求	A
4.3.8	剩余电流保护装置(RCD)或剩余电流监控装置(RCM)的兼容性	C
4.3.9	电容器放电	A
4.3.10	高压 VFD 的接近条件	C
4.4	热危险防护	A
4.4.3	外壳材料的可燃性	C
4.4.5	对液体冷却 VFD 的特殊要求	A
4.5.1	机械能量危险	C
4.5.2	外壳要求	C
4.6	运行危险的防护	A
4.7.2	电气连接要求	A

A——要求始终相关。

C——如果 CDM 或 BDM 不是安装到一个能够提供所需保护的组件中，则要求相关。

4.2 故障状态下危险的防护

在设计 VFD 时,应考虑能够避免可能导致故障的运行方式或顺序,以及部件损坏引起的某种危险,除非装备提供了防止危险的其他措施。

在单一故障条件下以及在正常工作条件下,热危险防护和防触电保护措施不能失效。

应当进行电路分析,以辨别出哪些部件(包括绝缘结构)出现故障可能会导致热危险或触电危险。电路分析应当包括部件的短路及开路两种情况,但分析无需包括已经在短路试验中完成等效测试的功率半导体器件、或者已经确定在 VFD 的预期寿命期间出现故障的可能性小的部件。

注:分析可能未发现危险部件。在这种情况下,无需进行部件故障试验。

应当对与 VFD 的主要部件(如含电机的旋转部件、变压器和电容器油的可燃性)相关联的潜在安全危险给予考虑。

4.3 电击危险的防护

4.3.1 界定电压等级

4.3.1.1 界定电压等级(DVC)的使用

防触电保护措施视表 2 中所列电路的界定电压等级而定。表 2 列出了电路内工作电压限值与 DVC 的相互关系。DVC 同样也决定电路保护所需的最低电压。

4.3.1.2 DVC 的限值

DVC 的限值参见表 2。其中字母下标的定义参见 4.3.1.4。

表 2 界定电压等级的限值一览表

DVC	工作电压限制 V			分条款
	交流电压(方均根值) U_{ACL}	交流电压(峰值) U_{ACPL}	直流电压(平均值) U_{DCL}	
A[a]	25	35.4	60	4.3.4.2、4.3.4.4
B	50	71	120	4.3.5.3.1 a)、b)
C	1 000	4 500[b]	1 500	—
D	> 1 000	> 4 500	> 1 500	

[a] 对于只有一个 DVC A 电路的设备,其电压有效值和峰值的限值应当分别为 30 V 和 42.4 V。

[b] 4 500 V 的峰值使得表 8 能够覆盖所有的低压 VFD(可能的反射电压达 $3\times\sqrt{2}\times1\ 000\ \text{V}=4\ 242\ \text{V}$)。

4.3.1.3 保护要求

表 3 列出了根据所考虑的电路以及相邻电路的 DVC 对使用基本绝缘或保护隔离的要求。

表 3 所考虑电路的保护要求

所考虑电路的 DVC	所需的直接接触防护	与接地部分的绝缘	与未接地外露导电部件的绝缘	与 DVC 如下的相邻电路的绝缘			
				A	B	C	D
A	否	a*	a	f*	b	p‡	p
B	是	b	p		b	p‡	p
C	是	b	p			b	p
D	是	b	p				b

a 绝缘不是安全所必需的，但由于功能原因可能是所需要的。

f 较高电压电路用功能绝缘。

b 较高电压电路用基本绝缘。

p 较高电压电路用保护隔离。

* 如果规定所考虑的电路为 SELV 电路，则需要与地并与 PELV 电路的基本绝缘。

‡ 如果是通过较高电压电路所用的基本绝缘或附加绝缘，将直接接触防护应用于所考虑的电路，则允许为较高电压电路使用基本绝缘。

4.3.1.4 电路评估

4.3.1.4.1 一般要求

考虑下述三种波形情况对某一特定电路的 DVC 进行评估。

4.3.1.4.2 交流工作电压(见图 2)

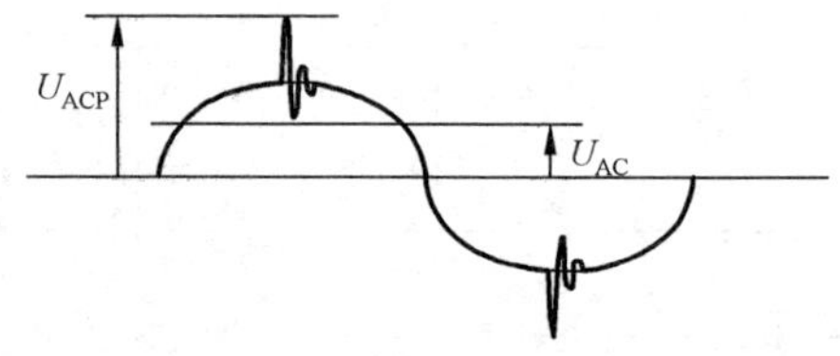

说明：

U_{AC}——电压方均根值；

U_{ACP}——重复峰值电压。

图 2 交流工作电压的典型波形

交流工作电压的方均根值为 U_{AC}，重复峰值为 U_{ACP}。

当满足下列两个条件时，DVC 是表 2 中最低电压所在行的等级：

——$U_{AC} \leqslant U_{ACL}$；

——$U_{ACP} \leqslant U_{ACPL}$。

4.3.1.4.3 直流工作电压(见图 3)

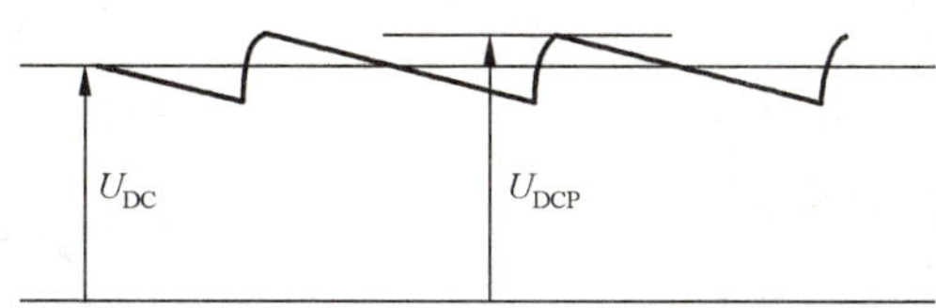

说明：

U_{DC}——电压平均值；

U_{DCP}——重复峰值电压。

图 3 直流工作电压的典型波形

直流工作电压的平均值为 U_{DC}，其上叠加不大于 U_{DC} 的 10% 方均根值的纹波电压，纹波电压的重复峰值为 U_{DCP}。

当满足下列两个条件时，DVC 是表 2 中最低电压所在行的等级：

——$U_{DC} \leqslant U_{DCL}$；

——$U_{DCP} \leqslant 1.17 \times U_{DCL}$。

4.3.1.4.4 脉冲工作电压(见图 4)

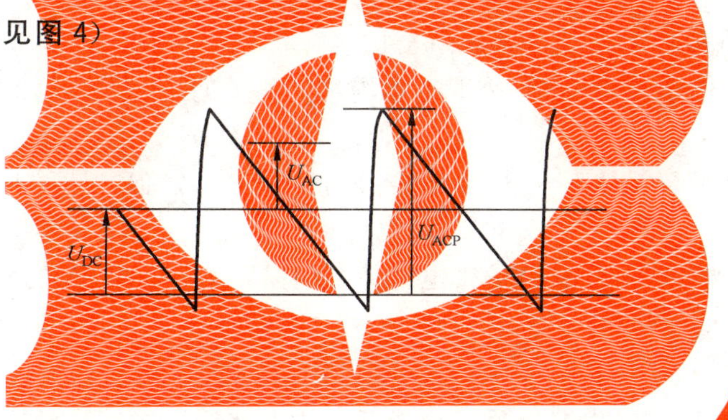

说明：

U_{DC}——电压平均值；

U_{ACP}——重复峰值电压。

图 4 脉冲工作电压的典型波形

脉冲工作电压的平均值为 U_{DC}，其上叠加大于 U_{DC} 的 10% 方均根值的纹波电压 U_{AC}，纹波电压引起的重复峰值为 U_{ACP}。

当满足下列两个条件时，DVC 是表 2 中最低电压所在行的等级：

——$U_{AC}/U_{ACL} + U_{DC}/U_{DCL} \leqslant 1$；

——$U_{ACP}/U_{ACPL} + U_{DC}/(1.17 \times U_{DCL}) \leqslant 1$。

4.3.2 保护隔离

应当采用抗老化材料以及特殊的结构措施和下列措施来实现电路的保护隔离：

——使用双重绝缘或加强绝缘；或者

——使用保护屏蔽，即将屏蔽导体连接到 VFD 的保护联结，或将屏蔽导体连到接地母线，参见表 4，而该屏蔽导体至少要通过基本绝缘与带电部件隔离；或者

——使用 4.3.4.3 规定的包括放电能量限制和电流限制的保护阻抗，或者 4.3.4.4 规定的电压限制。

在 VFD 所有的预期使用条件下，应保证保护隔离不失效。

4.3.3 直接接触防护

4.3.3.1 一般要求

直接接触防护用来防止人员接触到未满足 4.3.4 要求的带电部件。应当采用在 4.3.3.2 和4.3.3.3中给出的一种或多种措施来提供直接接触防护。

4.3.3.2 使用绝缘材料对带电部件的防护

如果带电部件的工作电压大于 DVC A 的最大极限值，或者如果带电部件没有与 DVC C 或 D 的相邻电路的保护隔离，则带电部件应当用绝缘包覆。应当按照冲击电压、暂时过电压或工作电压中最严酷的要求来确定这种绝缘的额定值(见 4.3.6.2.1)。此绝缘应安装牢固，只有靠使用工具才能将其拆除。

任何导体，如果没有靠至少是基本绝缘与带电体分开，则都被认为是带电部件。如果一个金属可触及部分的表面是裸露的或者是使用不符合基本绝缘要求的绝缘层覆盖，则该金属可触及部分被认为是导电的。

绝缘等级(基本绝缘、双重绝缘或加强绝缘)取决于：

——带电部件或相邻电路的 DVC；以及

——导电部件通过保护联结与地的连接。

考虑到下列三种情况：

a 情况：可触及部分导电并通过保护联结与地连接。

——在可触及部分与带电部件之间需要基本绝缘。相关的电压是带电部件的电压。见表 4 的方格 1)a、2)a、3)a。

b 情况和 c 情况：可触及部分不导电(b 情况)或导电但不通过保护联结与地连接(c 情况)。这两种情况需要的绝缘是：

——在可触及部分与 DVC C 或 D 的带电部件之间需要双重绝缘或加强绝缘。相关的电压是带电部件的电压。见表 4 的方格 1)b、1)c、2)b、2)c。

——在可触及部分与 DVC A 或 B 电路的带电部件之间需要附加绝缘，DVC A 或 B 电路通过基本绝缘与 DVC C 的相邻电路隔离。相关的电压是相邻电路的最高电压。见表 4 方格 3)b、3)c 的上格。

——在可触及部分与 DVC B 电路的带电部件之间需要基本绝缘，DVC B 电路与 DVC C 或 D 的相邻电路之间有保护隔离。相关的电压是带电部件的电压。见表 4 方格 3)b、3)c 的下格。

表 4 直接接触防护的实例

绝缘类型	绝缘配置		
	a 可触及部分导电 并通过保护联结接地	b 可触及部分不导电	c 可触及部分导电， 但不通过保护联结接地
1) 固体或液体绝缘	A B M S I	D A B Z A R ABMZ S	D A B Z M I A R M A R M *

表 4（续）

<table>
<tr><td rowspan="2">绝缘类型</td><td colspan="3">绝缘配置</td></tr>
<tr><td>a
可触及部分导电
并通过保护联结接地</td><td>b
可触及部分不导电</td><td>c
可触及部分导电，
但不通过保护联结接地</td></tr>
<tr><td>2）全部或局部利用电气间隙绝缘</td><td>S A M L1 I</td><td>A Z L1 A M Z L1 S</td><td>A Z M L1 I L2 I L1 I A M A Z M L2 I L2 *</td></tr>
<tr><td rowspan="2">3）相邻电路的绝缘：
电路 A：较低电压电路
电路 C：较高电压电路

上排：仅 DVC C
下排：DVC C 或 D</td><td>C Bc A B M S I</td><td>C Bc A Zc S</td><td>C Bc A Zc M S I</td></tr>
<tr><td>C Rc A B M S I</td><td>C Rc A B S</td><td>C Rc A B M S I</td></tr>
<tr><td>4）对外壳内孔隙的要求</td><td>A M L1 T F</td><td>A Z L1 T L2</td><td>A B M L1 T A M L2 T L1</td></tr>
<tr><td colspan="4">A——带电部件；
B——电路 A 用基本绝缘；
Bc——电路 C 用基本绝缘；
C——相邻电路；
D——电路 A 用双重绝缘；
I——少于 B 的绝缘；
L_1——基本绝缘用间隙；
L_2——加强绝缘用间隙；
M——导电部件；
R——电路 A 用加强绝缘；
Rc——电路 C 用加强绝缘；
S——设备的表面；
T——试指（GB/T 4208—2017 的第 12 条）；
Z——电路 A 用附加绝缘；
Zc——电路 C 用附加绝缘；
*——也适用于塑料螺丝；
F——电路 A 用功能绝缘。</td></tr>
<tr><td colspan="4">注 1：在 c 栏中，塑料螺丝如同金属螺丝一样对待，因为用户可能会在设备的寿命期间用金属螺丝替换。
注 2：在 4）行中，插入的试指 T 被认为能代表第一个故障。</td></tr>
</table>

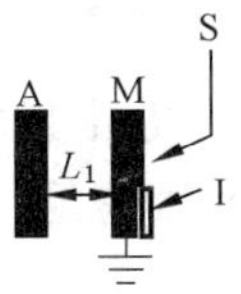

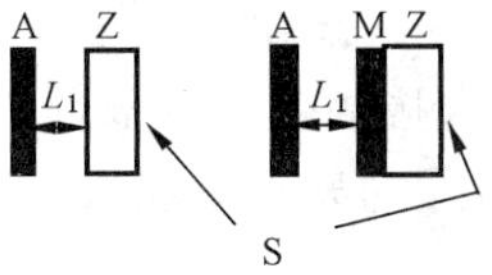

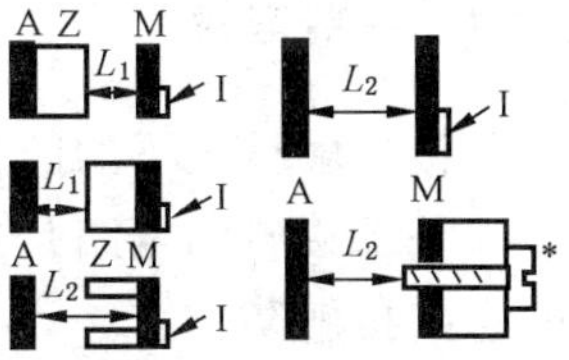

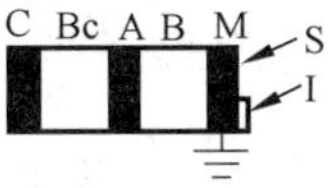

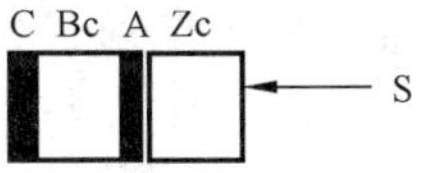

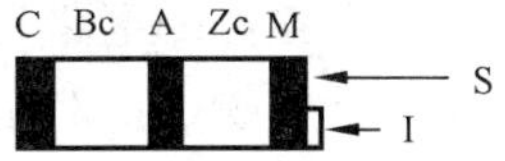

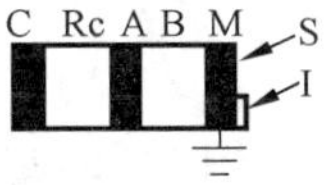

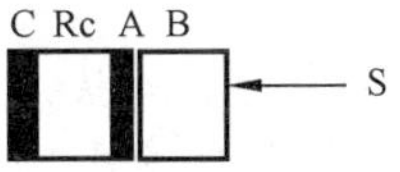

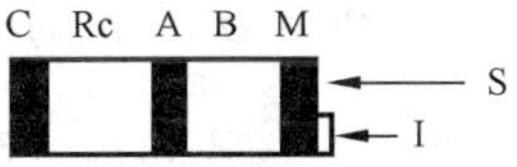

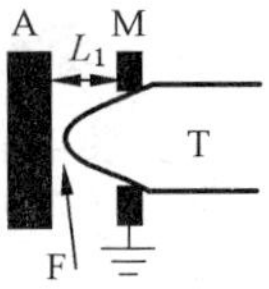

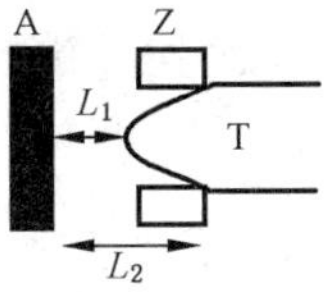

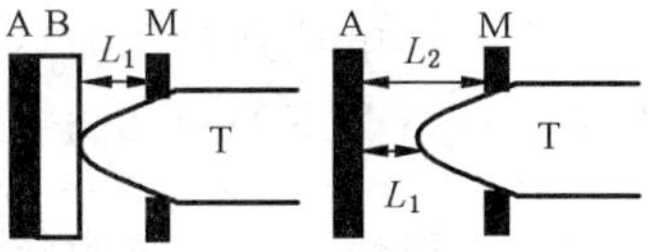

4.3.3.3 利用外壳和隔板的防护

DVC B、C 或 D 的带电部件应当安置在外壳里，或者固定在外壳或隔板的后面。这种外壳或隔板应满足防护等级至少 IPXXB 的要求。在设备通电时可能触及的外壳或隔板的顶部表面，应当在垂直方向满足防护等级至少 IP3X 的要求。如需打开柜门或拆卸隔板，应在带电部件断电之后且应依靠使用钥匙或工具。

如果是在安装或维护过程中需要打开柜门同时保持 VFD 通电的场合：

a） 对于 DVC B、C 或 D 的可触及带电部件，应当采取防护等级至少为 IPXXA 的保护；

b） 对于在进行调整时可能接触到的 DVC B、C 或 D 的带电部件，应当采取防护等级至少为 IPXXB 的保护；

c) 应当保证使人员意识到可能触及 DVC B、C 或 D 的带电部件。

对于开放式组件和器件，不需要采取直接接触防护措施。

对于预定用于安装在 3.41 中所定义的封闭电气操作区域并包含 DVC A、B 或 C 电路的产品，不需要采取直接接触防护措施。

对于预定用于安装在封闭电气操作区域并包含 DVC D 电路的产品，另有附加要求(见 4.3.10)。

4.3.4 直接接触情况下的防护

4.3.4.1 一般要求

直接接触情况下的防护是要求接触带电零部件之后不能产生电击危险。

如果所接触的电路是按 4.3.1.3 的要求与所有其他电路隔离并满足下列条件之一，就无需 4.3.3 规定的直接接触防护：

——所接触的电路是 DVC A 电路并符合 4.3.4.2 的要求；或者

——所接触的电路是按照 4.3.4.3 的规定通过保护阻抗进行电流限制；或者

——所接触的电路是按照 4.3.4.4 的规定进行电压限制。

注：这些分条款的要求适用于包括电源和任何关联外围设备的整个电路。

4.3.4.2 利用 DVC A 的防护

DVC A 的不接地电路以及在等电位连接区域(见 3.46)内使用的 DVC A 的接地电路，都不需要提供直接接触情况下的防护。参见附录 E 的图 E.1。

不在等电位连接区域内的 DVC A 的接地电路，需要采取 4.3.4.3 或 4.3.4.4 给出的措施之一来保证直接接触情况下的附加防护，其目的是在这些 DVC A 电路的对地基准电位不同的情况下提供防护。

4.3.4.3 利用保护阻抗的防护

可触及带电部件与 DVC B、C 或 D 电路的连接，或者与不在等电位连接区域内使用的 DVC A 接地电路的连接，只能通过保护阻抗完成。参见图 E.2。

适用于保护阻抗结构和方案的结构措施，应当与适用于保护隔离结构和方案的结构措施相同。即使单个部件出现故障，也不应当超过下述电流值。在利用保护阻抗保护的可同时触及部件之间储存的电荷，不应当超过 50 μC。

保护阻抗的设计应当使在可触及带电部件上可通过它们获得的电流不超过交流 3.5 mA 或直流 10 mA。

保护阻抗的设计应当耐受它们所连接电路的冲击电压和暂时过电压并经过试验。

4.3.4.4 利用限制电压的防护

这类防护指的是利用分压技术，从被直接接触防护电路分压，使输出对地电压不大于 DVC A。参见图 E.3。

这种电路应当设计成：即使在分压电路中的单个部件出现故障时，跨接在输出端的电压以及对地电压也不会变得大于 DVC A 电路的对地电压。在这种情况下应当采用与保护隔离中相同的结构措施。

限制电压的防护不应当用在Ⅱ类保护的情况下，因为限制电压的防护依赖于保护接地的连接。

4.3.5 间接接触防护

4.3.5.1 一般要求

为了防止在绝缘失效时接触到可触及导电部件引起触电电流，需要提供间接接触防护。这种保护应当符合Ⅰ类、Ⅱ类或Ⅲ类保护的要求。

将满足4.3.5.2、4.3.5.3和4.3.5.3.2要求的VFD或其部件定义为Ⅰ类保护。

将满足4.3.5.6要求的VFD或其部件定义为Ⅱ类保护。

将满足SELV要求的VFD或其部件定义为Ⅲ类保护。

只有在说明书保证满足4.3.3.3(封闭电气操作区域)的要求时,0类保护才适用于VFD或其部件。就高压VFD而言,有特殊要求(见4.3.10)。

4.3.5.2 带电部件与可触及导电部件之间的绝缘

设备的可触及导电部件至少应当采用基本绝缘或者按照4.3.6.4规定的间隙与带电部件隔离。

4.3.5.3 保护联结电路

4.3.5.3.1 一般要求

除下列的a)或b)情况外,设备的可触及导电部件与保护接地导体之间应当提供保护联结:

a) 利用4.3.4.2~4.3.4.4中的措施之一为可触及导电部件提供保护;

b) 利用双重绝缘或加强绝缘使可触及导电部件与带电部件隔离。

注:磁芯、螺钉、铆钉、铭牌和电缆夹就是这类导电部件的一些实例。

图5是一个VFD/CDM/BDM组件及其相关联的保护联结的示例。

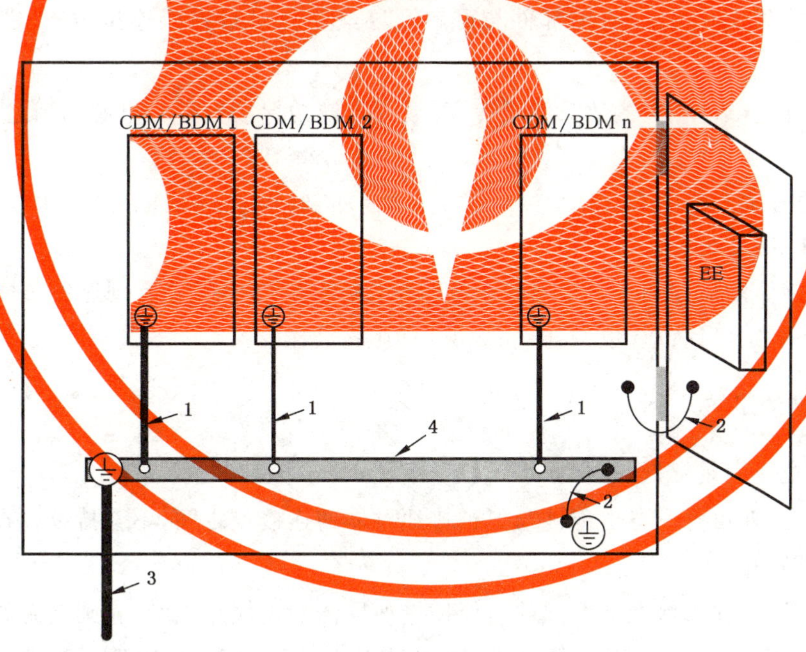

说明:

1——CDM/BDM保护接地导体(按照CDM/BDM要求确定尺寸);

2——保护联结;

3——系统保护接地导体,接至装备接地点;

4——接地母线;

EE——其他电气设备(作为与本装置相关的设备连接)。

图5 保护联结的示例

应当通过下列一种或多种方式实现与保护接地导体的电连接：

——通过直接金属接触；

——通过在按预期用途使用 VFD 时未拆除的其他可触及导电部件；

——通过一根专用保护联结导体；

——通过 VFD 的其他金属部件。

注：如果几个喷涂表面(尤其是粉末喷涂表面)连成一体，则为了可靠接触应当分别进行接地连接。

在电气设备安装在盖、门或盖板上的场合，应当保证保护联结电路的连续性，建议使用一根专用导体。否则应当使用具有低电阻的紧固件、绞链或滑动触点。

柔性或刚性结构的金属导管和金属护套不能用作保护连接的导体。

对于高压 VFD 而言，所有连接电缆的金属导管和金属护套(例如电缆铠装、铅套)都应当通过保护联结电路接地。如果这种导管或护套仅仅有一端接地，则不允许碰触另一端。对于这种情况，应当将电缆的另一端经过一个阻抗到保护联结电路接地，将感应电压限制在最大 50 V 交流以内。

保护联结电路中不应当包括开关器件、过流器件(例如开关、熔断器)或者用于这类器件的电流检测装置。

4.3.5.3.2 保护联结的电流额定值

保护联结应当能耐受在 VFD 有关部件与可触及导电部件进行错误连接时，可能出现的最高热应力和动应力。

只要与可触及导电部件相关的故障继续存在，或在上游的保护器件将电源切断之前，保护联结应当一直保持有效。

注：在保护联结是通过小截面导体(例如，印制线路板印制线)接线的场合，应当特别注意，应确保即使出现故障，保护联结电路也不能出现未被检出的损坏。

如果保护联结导体的截面与 4.3.5.4 规定的保护接地导体的截面相同，则这些条件将得到满足。

另一方面，保护联结可以设计成符合 4.3.5.3.3 的阻抗要求。

4.3.5.3.3 保护联结的阻抗

保护联结的阻抗应当足够低，这样：

——正常工作时，在可触及导电部件与保护接地导体的连接点之间，不会持续存在超过 5 V 交流或 12 V 直流的电压；以及

——在故障条件下，在可触及导电部件与保护接地导体的连接点之间，直到上游的保护器件将电源切断之前，不会继续存在超过图 6 中 AC-2 或 DC-2 的电压。针对这一要求而考虑的上游保护器件应当具有 6.3.6 规定的安装手册所要求的特性。

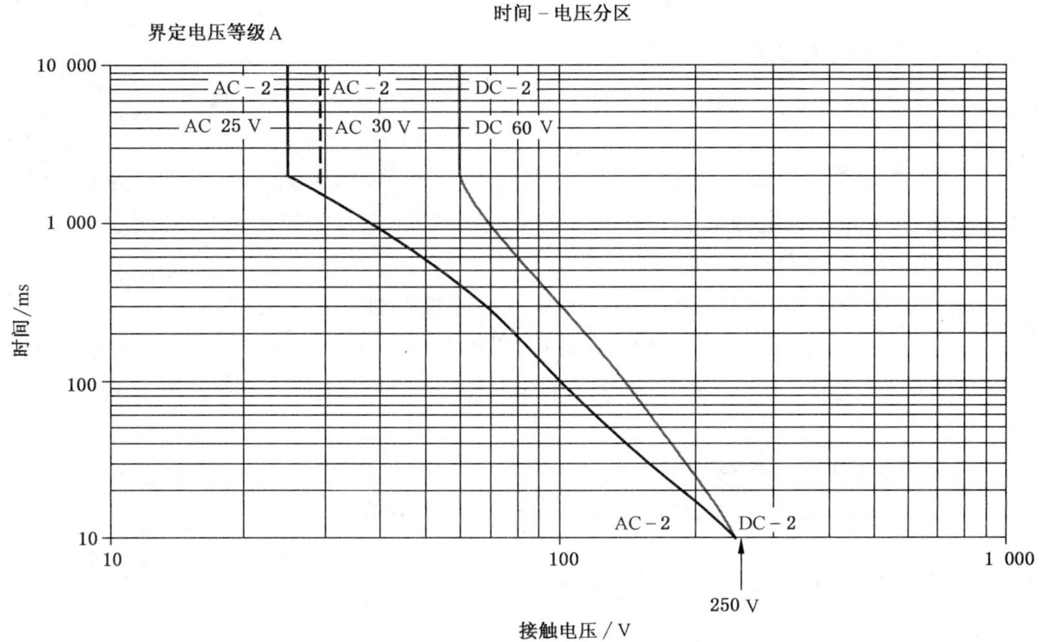

注：AC-2 的虚线适用于只存在一个 DVC A 电路的场合；而实线则适用于存在多个 DVC A 电路的场合。

图 6　故障条件下可触及导电部件的电压极限值

4.3.5.4　保护接地导体

除 VFD 符合Ⅱ类保护的要求(见 4.3.5.6)之外，在给 VFD 供电时保护接地导体应当一直连通(参见图 5)。除非当地布线规程另有规定，否则应当采用表 5 规定的计算方法确定保护接地导体的截面积。

如果保护接地导体是通过插头和插座或者类似断路装置走线，除非受保护部件的电源也同时断开，否则不允许断开该保护接地导体。

表 5　保护接地导体的截面积

VFD 的相导体的截面积 S mm^2	相应保护接地导体的最小截面积 S_P mm^2
$S \leqslant 16$	S
$16 < S \leqslant 35$	16
$35 < S$	$S/2$
注：只有在保护接地导体与相导体均由相同的金属材料制造时，表 5 中的值才有效。如果不是相同金属，则确定保护接地导体截面积的方式应当是：它所允许的额定电流与表中导体的额定电流一致。	

在任何情况下，每一根保护接地导体的截面积，如果不是供电电缆中的部分导体或电缆外套，都不得小于：

——2.5 mm^2，在有机械保护情况下；或者

——4 mm^2，在无机械保护情况下。对于用电缆线连接的设备，应当采取措施使电缆线中的保护接地导体在应力消除机构失效的情况下成为最后断开的导体。

对于特殊的系统拓扑结构,VFD的设计者应当对所需的保护接地导体的截面进行验证。

4.3.5.5 保护接地导体的连接方法

4.3.5.5.1 综述

对于每一个需要通过保护联结接地的VFD或其组件来说,都应当安装用于连接保护接地导体的部件,此部件需位于相应的供电导体端子附近。这种连接部件应当耐腐蚀,且应当适用于连接表5所规定的电缆。这种保护接地导体用的连接部件不应当用作该设备机械组合的一部分,也不应当用于其他连接。对于每个保护接地导体,都应当提供一个单独的连接部件。

对于高压VFD来说,高压电缆的保护屏蔽应当具有符合GB 5226.3—2005和GB/T 12668.4—2006规定的保护联结接地措施。这种保护联结方案应当由供应商和用户商定,而且应当符合装备安装地区当地的要求。

连接和连接点的设计应当使接地导体的载流能力不因受机械影响、化学影响或电化学影响而降低。在使用铝或铝合金作外壳和导体的场合,应当特别注意电解腐蚀的问题。

4.3.5.5.2 保护接地导体发生故障情况下的接触电流

对于所有VFD而言,除非能够表明接触电流低于3.5 mA交流或10 mA直流,否则应当采用下列措施。

使用固定连接以及:

——保护接地导体的截面至少为10 mm^2(铜线)或16 mm^2(铝线);或者

——在保护接地导体中断情况下电源自动切断;或者

——提供一个附加端子用于连接截面积与原保护接地导体相同的保护接地导体。

4.3.5.6 Ⅱ类保护设备的特点

如果按照4.3.3.2的要求,设备在带电部件与可触及表面之间使用双重绝缘或加强绝缘,且满足如下几条,则这种设计符合Ⅱ类保护要求:

——设计为Ⅱ类保护的设备不应具有保护接地导体用连接装置。然而,如果有保护接地导体穿过此Ⅱ类保护设备串联连接到与之临近的设备上,这项要求就不适用。在后一种情况下,保护接地导体及其连接装置应与该设备的可触及表面采用基本绝缘并与按照4.3.4的要求采用保护隔离、超低电压、保护阻抗及限制放电能量的电路绝缘。这种基本绝缘应当对应于串联连接设备的额定电压。

——金属外壳的Ⅱ类保护设备可以在其外壳上具有等电位连接导体的连接措施。

——为了功能的原因或者为了抑制过电压,Ⅱ类保护设备可以具有接地导体的连接措施;然而,它应当如同带电部件一样被绝缘。

——Ⅱ类保护设备应根据6.3.5.6的要求使用附录B的符号标示。

4.3.6 绝缘

4.3.6.1 一般要求

4.3.6.1.1 影响绝缘的因素

本条款根据GB/T 16935.1—2008和GB/T 311.1—2012的原则给出绝缘的最低要求。

在VFD的设计和安装过程中,应当考虑制造公差。

应当在考虑到下列影响之后选择绝缘:

——污染等级；
——过电压类别；
——电源接地系统；
——绝缘电压；
——绝缘位置；
——绝缘类型。

根据5.2.2.1、5.2.3.1、5.2.3.2和5.2.3.3对绝缘进行验证。

4.3.6.1.2 使用环境的污染等级

在由电气间隙和爬电距离提供绝缘时，绝缘会受VFD的预期寿命期间发生的污染影响。将使用环境污染定义为4个等级，参见表6。

表6 污染等级的定义

污染等级	说明
1	无污染或只发生干燥、不导电污染。这种污染对绝缘没有影响
2	通常，只发生不导电污染。但有时要预计到在VFD不工作时会由凝露引起暂时性导电
3	导电污染或预期的由于凝露使非导电污染变成导电污染
4	污染会引发(例如由导电灰尘或雨雪引起)持续导电

按照GB/T 12668.1—2002、GB/T 12668.2—2002和GB/T 12668.4—2006的要求，标准VFD应当是为用于污染等级2而设计的。为安全起见，在确定绝缘时应当假定为污染等级3。这样的VFD就可用于污染等级1、2和3的环境。

如果要求在污染等级4环境中工作，则应当利用适当的外壳提供保护。

4.3.6.1.3 过电压类别

过电压类别的概念(基于GB/T 16895.10—2010和GB/T 16935.1—2008)用于由电网供电的设备。分成4种类别，参见表7。

表7 过电压类别的定义

过电压类别	说明
Ⅳ	是指永久连接在电源进线端的设备(主配电柜的上游设备)，例如电表、一次过电流保护设备和其他直接连接到户外明线上的设备
Ⅲ	是指永久连接在固定安装装备中的设备(主配电柜及其下游设备)，例如工业装备中的开关设备和其他设备
Ⅱ	是指未固定连接到固定安装装备上的设备，例如电器、便携式工具和其他插接连接设备
Ⅰ	是指连接到一个已经采取措施将瞬时过电压减至低水平的电路上的设备

注：对于不是直接由电网供电的VFD而言，应当根据应用场合的要求确定适当的过电压类别。

4.3.6.1.4 电源接地系统

GB/T 16895.1—2008描述了三种基本类型的接地系统。它们是：

——TN系统：有一个点直接接地，装备的可触及导电部件通过保护导体连接到那个点上。有三种类型的 TN 系统，根据中性线和保护导体的配置定义为 TN-C、TN-S 和 TN-C-S。

——TT 系统：只有一个点直接接地，装备的可触及导电部件与独立于电源系统接地的接地极连接。

——IT 系统：所有带电部件都与地隔离，或者有一个点通过一个阻抗接地。装备的可触及导电部件单独或集中与接地系统连接。

4.3.6.1.5 绝缘电压

绝缘材料的耐压性能可通过冲击电压试验或交直流耐压实验验证。表 8 和表 9 根据所考虑电路的系统电压和过电压类别定义绝缘材料耐受冲击电压以及暂时过电压的值。

注：冲击电压的定义参见 5.2.3.1。

表 8 低压电路的绝缘电压

系统电压 V	冲击电压过电压类别/V				暂时过电压 (峰值/方均根值)[a] V
	Ⅰ	Ⅱ	Ⅲ	Ⅳ	
≤50	330	500	800	1 500	1 770/1 250
100	500	800	1 500	2 500	1 840/1 300
150	800	1 500	2 500	4 000	1 910/1 350
300	1 500	2 500	4 000	6 000	2 120/1 500
600	2 500	4 000	6 000	8 000	2 550/1 800
1 000	4 000	6 000	8 000	12 000	3 110/2 200

注 1：不允许使用插值法。

注 2：最后一行只适用于单相系统或者三相系统中的相间电压。

[a] 这些值是根据 GB/T 16935.1—2008 采用公式(1 200 V+系统电压)得出的。

表 9 高压电路的绝缘电压

系统电压 V	冲击电压过电压类别/V				暂时过电压 (峰值/方均根值) V
	Ⅰ	Ⅱ	Ⅲ	Ⅳ	
>1 000	4 000	6 000	8 000	12 000	4 250/3 000
3 600	9 000 [a]	16 000 [a]	20 000 [b]	40 000 [b]	14 150/10 000 [b]
7 200	17 500 [a]	29 000 [a]	40 000 [b]	60 000 [b]	28 300/20 000 [b]
12 000	29 000 [a]	42 500 [a]	60 000 [b]	75 000 [b]	39 600/28 000 [b]
17 500	40 000 [a]	55 000 [a]	75 000 [b]	95 000 [b]	53 750/38 000 [b]
24 000	52 000 [a]	75 000 [a]	95 000 [b]	125 000 [b]	70 700/50 000 [b]
36 000	75 000 [a]	95 000 [a]	125 000 [b]	145 000 [b]	99 000/70 000 [b]

注 1：允许使用插值法。

[a] 这些值是从 IEC 62103:2003 的表 4 和表 5 得出或外推出来的。

[b] 这些值是从 GB/T 311.1—2012 的表 2 得出或外推出来的。

4.3.6.2 与周边电路的绝缘

4.3.6.2.1 一般要求

在电路与其周围环境之间的基本绝缘、附加绝缘和加强绝缘应按下列电压设计：

——冲击电压；或者

——暂时过电压；或者

——电路的工作电压。

注1：对于爬电距离，应当使用工作电压的有效值；而对于电气间隙和固体绝缘，则应当使用工作电压的重复峰值，如4.3.6.2.2～4.3.6.2.4中所述。

注2：工作电压与交流、直流和重复峰值相结合的实例有交-直-交电压型变频器的直流环节、晶闸管缓冲器的衰减振荡、或开关电源的内部电压。

冲击电压和暂时过电压取决于电路的系统电压，而且冲击电压还取决于过电压类别，如表8(用于低压VFD)和表9(用于高压VFD)中所示。

这两个表第一栏中的系统电压是：

——对于表8

- 在TN和TT系统中：相与地之间的额定电压方均根值；

  注：角接地系统是单相接地的TN系统，其中的系统电压是不接地相与地之间的额定电压方均根值(即相-相间电压)。

- 在三相IT系统中：
  - 对于冲击电压的确定，使用相与人工中性点(各相相同阻抗的一个假想结点)之间的额定电压方均根值；

    注：对于大多数系统而言，这个值等于相-相间电压除以$\sqrt{3}$。

  - 对于暂时过电压的确定，使用相-相间额定电压方均根值；
- 在单相IT系统中：相间额定电压方均根值。

——对于表9：相-相间额定电压方均根值。

注3：对于这两个表，当电源电压为交流经过整流的直流时，如果考虑到电源接地系统，则系统电压为整流之前的电源电压交流方均根值。

注4：为确定冲击电压，VFD中使用的与电网电位隔离的变压器二次绕组电压也被认为是系统电压。

注5：对于具有串联二极管桥路(12脉冲、18脉冲等)的VFD而言，系统电压为二极管桥路的交流电压之和。

4.3.6.2.2 直接连接到电网上的电路

对于直接连接到电网上的电路与周围环境之间的绝缘，应当按照冲击电压、暂时过电压、工作电压重复峰值三者中要求最严酷的电压值设计。

通常，在对这种绝缘进行估算时要能够耐受过电压类别Ⅲ的冲击电压，只有在VFD放置在整个装备的开始端时，才应当使用过电压类别Ⅳ。过电压类别Ⅱ可以用于连接到无特殊可靠性要求的非工业用途电源上的插入式设备。

如果采取措施将过电压类别Ⅳ的冲击电压值降低到类别Ⅲ的值或者将类别Ⅲ的值降低到类别Ⅱ的值，那么基本绝缘或附加绝缘可以是为降低后的值而设计的。如果用于这种目的的器件可能遭受过电压或重复冲击电压损坏，进而使其降低冲击电压的能力下降，则应当对这些器件进行监控并提供其状态指示。对于低压应用场合，GB/T 18802.12—2014提供了有关这类器件选择和应用的信息。

在提供降低冲击电压的措施时，对双重绝缘或加强绝缘的要求不应当降低。

注：通过符合4.3.4.3要求的保护阻抗或者通过符合4.3.4.4要求的电压限制措施连接到电网上的电路，不被认为是直接连接到电网上的电路。

4.3.6.2.3 不直接连接到电网上的电路

对于由隔离变压器供电的电路与周围环境之间的绝缘，应当按照采用变压器二次电压作为系统电压确定的冲击电压或工作电压中更严酷要求的电压设计。

通常，在对这种绝缘进行估算时要能够耐受过电压类别Ⅱ的冲击电压，只有在 VFD 放置在整个装备的开始端时，才应当使用过电压类别Ⅲ。

如果采取措施将过电压类别Ⅲ的冲击电压降低到类别Ⅱ的值或者只针对低压 VFD 将类别Ⅱ的值降低到类别Ⅰ的值，那么基本绝缘或附加绝缘可以是为降低后的值而设计的。如果用于这种设计的器件可能遭受过电压或重复冲击电压损坏，进而使其降低冲击电压的能力下降，则应当对这些器件进行监控并提供其状态指示。对于低压应用场合，GB/T 18802.12—2014 提供了有关这类器件选择和应用的信息。

在提供降低冲击电压的措施时，对双重绝缘或加强绝缘的要求不应当降低。

对于由变压器以不同于电网频率的频率供电或者由提供与电网电位隔离的其他方式供电的 DVC A 或 B 电路与周围环境之间的绝缘，应当按照电路的工作电压（重复峰值）进行估算。

4.3.6.2.4 电路之间的绝缘

两个电路之间的绝缘应当根据需要较高绝缘的那个电路对绝缘要求进行设计。

4.3.6.3 功能绝缘

对于受外部瞬态电压影响不大的部件或电路而言，功能绝缘应当按照绝缘两端之间的工作电压进行设计。

而对于受外部瞬态电压影响大的部件或电路而言，功能绝缘则应当按照过电压类别Ⅱ的冲击电压进行设计。只有在 VFD 放置在整个装备的开始端时，才应当使用过电压类别Ⅲ。

在采取措施将电路内的瞬时过电压从类别Ⅲ的值降低到类别Ⅱ的值或者将类别Ⅱ的值降低到类别Ⅰ的值的场合，功能绝缘可按降低的值设计。

4.3.6.4 电气间隙

4.3.6.4.1 确定

表 10 用来定义提供功能绝缘、基本绝缘或附加绝缘所要求的最小电气间隙（电气间隙的示例见 GB/T 12668.501—2013 中的附录 C）。

用于 2 000 m～9 000 m 之间海拔时的电气间隙应当采用附录 A 中规定的校正系数进行计算。之所以在这里重述这一点，是因为根据帕邢定律电气间隙是随大气压力的变化而变化的。表 10 中提供的电气间隙在 2 000 m 以下海拔时有效。2 000 m 以上海拔时的电气间隙必须乘以表 A.1 中给出的系数。

为了从表 10 中确定加强绝缘的电气间隙：

——对于 VFD 中的低压电路而言，应当采用对应于较其高一挡冲击电压的值、或 1.6 倍于暂时过电压的值、或 2.0 倍于工作电压的值；

——对于 VFD 高压电路而言，应当采用对应于 1.6 倍于冲击电压、暂时过电压或工作电压的值。

即使是在采取措施降低瞬时过电压时，直接连接到电网上的电路与其他电路之间的加强绝缘的电气间隙也不应当减小。

应当通过目视检查（见 5.2.2.1）并在必要时执行 5.2.3.1 的冲击电压试验和 5.2.3.2 的交流或直流电压试验对电气间隙的符合性进行验证。

图 C.1 和表 C.1 为 30 kHz 以上不同频率时电气间隙的确定提供了资料性导则。

表 10　电气间隙

冲击电压 （表 8、表 9、4.3.6.3） V	暂时过电压（峰值） 用于确定电路与周围环境之间的绝缘 或者 工作电压（重复峰值） 用于确定功能绝缘 V	工作电压（重复峰值） 用于确定电路与周围环境之间的绝缘 V	最小电气间隙 mm 污染等级 1	 2	 3
N/A	≤110	≤71	0.01	0.20 [a]	0.80
N/A	225	141	0.01	0.20	0.80
330	340	212	0.01	0.20	0.80
500	530	330	0.04	0.20	0.80
800	700	440	0.10	0.20	0.80
1 500	960	600	0.50	0.50	0.80
2 500	1 600	1 000	1.5		
4 000	2 600	1 600	3.0		
6 000	3 700	2 300	5.5		
8 000	4 800	3 000	8.0		
12 000	7 400	4 600	14		
20 000	12 000	7 600	25		
40 000	26 000	16 000	60		
60 000	37 000	23 000	90		
75 000	48 000	30 000	120		
95 000	61 000	38 000	160		
125 000	80 000	50 000	220		
145 000	99 000	60 000	270		

注 1：允许使用插值法。

注 2：电气间隙的示例在 GB/T 12668.501—2013 中的附录 C 中给出。

注 3：暂时过电压和工作电压的电气间隙是从 GB/T 16935.1—2008 的表 A.1 中得出的。在第 2 栏中，电压大约为耐受电压的 80%；而在第 3 栏中，电压大约为耐受电压的 50%。

[a] 印制线路板上为 0.10 mm。

4.3.6.4.2　电场的均匀性

表 10 中给出的电气间隙适用于在此间隙两端之间的电场是非均匀的情况，这也是通常的实际情

况。如果是均匀分布电场,并且直接连接到电网上的电路时的冲击电压等于或大于 6 000 V 或者在一个电路内的冲击电压等于或大于 4 000 V,那么基本绝缘或附加绝缘的电气间隙可以减小到不小于 GB/T 16935.1—2008 中表 F.2 的情况 B 所要求的值。然而在这种情况下,对于这种电气间隙应当进行 5.2.3.1 的冲击电压试验。

加强绝缘的电气间隙不能因均匀电场而减小。

4.3.6.4.3 与导电外壳的电气间隙

任何未绝缘带电部件与金属外壳壁之间的电气间隙都应当在进行 5.2.2.5 的变形试验后,符合 4.3.6.4.1 的要求。

如果设计的电气间隙至少为 12.7 mm,并且 4.3.6.4.1 所要求的电气间隙不超过 8 mm,那么变形试验可以省略。

4.3.6.5 爬电距离

4.3.6.5.1 一般要求

爬电距离应当足够大,以防止固体绝缘体表面绝缘随使用时间的增加产生的退化。爬电距离至少应满足表 11 的要求。

对于功能绝缘、基本绝缘和附加绝缘,可直接使用表 11 中的值。对于加强绝缘,表 11 中的爬电距离应当加倍。

如果按表 11 确定的爬电距离小于 4.3.6.4.1 所要求的电气间隙或者小于通过冲击试验(见 5.2.3.1)确定的电气间隙,则应当将爬电距离增大到该电气间隙。

对于爬电距离应当通过测量或检查(见 5.2.2.1)进行验证(爬电距离的实例见 GB/T 12668.501—2013 中的附录 C)。

表 C.2 为 30 kHz 以上不同频率时爬电距离的确定提供了资料性导则。

4.3.6.5.2 材料

按照 GB/T 4207—2003 的 6.2 进行试验,可将绝缘材料对应于它们的相比漏电起痕指数(CTI)分成四组:

——绝缘材料组别Ⅰ:CTI≥600;

——绝缘材料组别Ⅱ:600>CTI≥400;

——绝缘材料组别Ⅲa:400>CTI≥175;

——绝缘材料组别Ⅲb:175>CTI≥100。

暴露于污染等级 3 环境条件中的印制线路板(PWB)上的爬电距离应当根据表 11“其他绝缘体”下的污染等级 3 确定。

如果绝缘材料表面为筋状结构设计,那么组别Ⅰ的绝缘材料的爬电距离可以适用于使用组别Ⅱ的绝缘材料,组别Ⅱ的绝缘材料的爬电距离可以适用于使用组别Ⅲ的绝缘材料。除污染等级 1 外,筋状物的高度应当至少为 2 mm。筋状物的间距应当等于或大于 GB/T 12668.501—2013 表 C.1 中的尺寸 X 值。

对于不起痕的无机绝缘材料,例如玻璃或陶瓷,爬电距离可以等于如表 10 所确定的相关电气间隙。

表 11　爬电距离

单位为毫米

<table>
<tr><th rowspan="3">工作电压
（方均根值）

V</th><th colspan="2">印制线路板[a]
污染等级</th><th colspan="9">其　他　绝　缘　体
污　染　等　级</th></tr>
<tr><th>1</th><th>2</th><th>1</th><th colspan="4">2</th><th colspan="4">3</th></tr>
<tr><th rowspan="2">[b]</th><th rowspan="2">[c]</th><th rowspan="2">[b]</th><th colspan="4">绝缘材料组别</th><th colspan="4">绝缘材料组别</th></tr>
<tr><th></th><th></th><th></th><th>Ⅰ</th><th>Ⅱ</th><th>Ⅲa</th><th>Ⅲb</th><th>Ⅰ</th><th>Ⅱ</th><th>Ⅲa</th><th>Ⅲb</th></tr>
<tr><td>≤2</td><td>0.025</td><td>0.04</td><td>0.056</td><td>0.35</td><td>0.35</td><td colspan="2">0.35</td><td>0.87</td><td>0.87</td><td colspan="2">0.87</td></tr>
<tr><td>5</td><td>0.025</td><td>0.04</td><td>0.065</td><td>0.37</td><td>0.37</td><td colspan="2">0.37</td><td>0.92</td><td>0.92</td><td colspan="2">0.92</td></tr>
<tr><td>10</td><td>0.025</td><td>0.04</td><td>0.08</td><td>0.40</td><td>0.40</td><td colspan="2">0.40</td><td>1.0</td><td>1.0</td><td colspan="2">1.0</td></tr>
<tr><td>25</td><td>0.025</td><td>0.04</td><td>0.125</td><td>0.50</td><td>0.50</td><td colspan="2">0.50</td><td>1.25</td><td>1.25</td><td colspan="2">1.25</td></tr>
<tr><td>32</td><td>0.025</td><td>0.04</td><td>0.14</td><td>0.53</td><td>0.53</td><td colspan="2">0.53</td><td>1.3</td><td>1.3</td><td colspan="2">1.3</td></tr>
<tr><td>40</td><td>0.025</td><td>0.04</td><td>0.16</td><td>0.56</td><td>0.80</td><td colspan="2">1.1</td><td>1.4</td><td>1.6</td><td colspan="2">1.8</td></tr>
<tr><td>50</td><td>0.025</td><td>0.04</td><td>0.18</td><td>0.60</td><td>0.85</td><td colspan="2">1.20</td><td>1.5</td><td>1.7</td><td colspan="2">1.9</td></tr>
<tr><td>63</td><td>0.04</td><td>0.063</td><td>0.20</td><td>0.63</td><td>0.90</td><td colspan="2">1.25</td><td>1.6</td><td>1.8</td><td colspan="2">2.0</td></tr>
<tr><td>80</td><td>0.063</td><td>0.10</td><td>0.22</td><td>0.67</td><td>0.95</td><td colspan="2">1.3</td><td>1.7</td><td>1.9</td><td colspan="2">2.1</td></tr>
<tr><td>100</td><td>0.10</td><td>0.16</td><td>0.25</td><td>0.71</td><td>1.0</td><td colspan="2">1.4</td><td>1.8</td><td>2.0</td><td colspan="2">2.2</td></tr>
<tr><td>125</td><td>0.16</td><td>0.25</td><td>0.28</td><td>0.75</td><td>1.05</td><td colspan="2">1.5</td><td>1.9</td><td>2.1</td><td colspan="2">2.4</td></tr>
<tr><td>160</td><td>0.25</td><td>0.40</td><td>0.32</td><td>0.80</td><td>1.1</td><td colspan="2">1.6</td><td>2.0</td><td>2.2</td><td colspan="2">2.5</td></tr>
<tr><td>200</td><td>0.40</td><td>0.63</td><td>0.42</td><td>1.0</td><td>1.4</td><td colspan="2">2.0</td><td>2.5</td><td>2.8</td><td colspan="2">3.2</td></tr>
<tr><td>250</td><td>0.56</td><td>1.0</td><td>0.56</td><td>1.25</td><td>1.8</td><td colspan="2">2.5</td><td>3.2</td><td>3.6</td><td colspan="2">4.0</td></tr>
<tr><td>320</td><td>0.75</td><td>1.6</td><td>0.75</td><td>1.6</td><td>2.2</td><td colspan="2">3.2</td><td>4.0</td><td>4.5</td><td colspan="2">5.0</td></tr>
<tr><td>400</td><td>1.0</td><td>2.0</td><td>1.0</td><td>2.0</td><td>2.8</td><td colspan="2">4.0</td><td>5.0</td><td>5.6</td><td colspan="2">6.3</td></tr>
<tr><td>500</td><td>1.3</td><td>2.5</td><td>1.3</td><td>2.5</td><td>3.6</td><td colspan="2">5.0</td><td>6.3</td><td>7.1</td><td colspan="2">8.0</td></tr>
<tr><td>630</td><td>1.8</td><td>3.2</td><td>1.8</td><td>3.2</td><td>4.5</td><td colspan="2">6.3</td><td>8.0</td><td>9.0</td><td colspan="2">10.0</td></tr>
<tr><td>800</td><td>2.4</td><td>4.0</td><td>2.4</td><td>4.0</td><td>5.6</td><td colspan="2">8.0</td><td>10.0</td><td>11</td><td>12.5</td><td rowspan="15">[e]</td></tr>
<tr><td>1 000</td><td>3.2</td><td>5.0</td><td>3.2</td><td>5.0</td><td>7.1</td><td colspan="2">10.0</td><td>12.5</td><td>14</td><td>16</td></tr>
<tr><td>1 250</td><td>4.2</td><td>6.3</td><td>4.2</td><td>6.3</td><td>9</td><td colspan="2">12.5</td><td>16</td><td>18</td><td>20</td></tr>
<tr><td>1 600</td><td rowspan="12">[f]</td><td rowspan="12">[f]</td><td>5.6</td><td>8.0</td><td>11</td><td colspan="2">16</td><td>20</td><td>22</td><td>25</td></tr>
<tr><td>2 000</td><td>7.5</td><td>10.0</td><td>14</td><td colspan="2">20</td><td>25</td><td>28</td><td>32</td></tr>
<tr><td>2 500</td><td>10.0</td><td>12.5</td><td>18</td><td colspan="2">25</td><td>32</td><td>36</td><td>40</td></tr>
<tr><td>3 200</td><td>12.5</td><td>16</td><td>22</td><td colspan="2">32</td><td>40</td><td>45</td><td>50</td></tr>
<tr><td>4 000</td><td>16</td><td>20</td><td>28</td><td colspan="2">40</td><td>50</td><td>56</td><td>63</td></tr>
<tr><td>5 000</td><td>20</td><td>25</td><td>36</td><td colspan="2">50</td><td>63</td><td>71</td><td>80</td></tr>
<tr><td>6 300</td><td>25</td><td>32</td><td>45</td><td colspan="2">63</td><td>80</td><td>90</td><td>100</td></tr>
<tr><td>8 000</td><td>32</td><td>40</td><td>56</td><td colspan="2">81</td><td>100</td><td>110</td><td>125</td></tr>
<tr><td>10 000</td><td>40</td><td>50</td><td>71</td><td colspan="2">100</td><td>125</td><td>140</td><td>160</td></tr>
<tr><td>12 500</td><td>50</td><td>63</td><td>90</td><td colspan="2">125</td><td rowspan="3">[d]</td><td rowspan="3">[d]</td><td rowspan="3">[d]</td></tr>
<tr><td>16 000</td><td>63</td><td>80</td><td>110</td><td colspan="2">150</td></tr>
<tr><td>20 000</td><td>80</td><td>100</td><td>140</td><td colspan="2">200</td></tr>
</table>

表 11（续）

单位为毫米

工作电压（方均根值）	印制线路板[a]污染等级		其他绝缘体污染等级								
	1	2	1	2				3			
				绝缘材料组别				绝缘材料组别			
V	[b]	[c]	[b]	Ⅰ	Ⅱ	Ⅲa	Ⅲb	Ⅰ	Ⅱ	Ⅲa	Ⅲb
25 000			100	125	180	250					
32 000			125	160	220	320					

注：允许使用插值法。

[a] 这两栏也适用于印制线路板上的部件和零件，而且也适用于其他采用类似容差控制的爬电距离。

[b] 所有材料组别。

[c] 除 Ⅲb 外的所有材料组别。

[d] 对于这个范围，爬电距离的值未确定。

[e] 组别Ⅲb 的绝缘材料一般不推荐用于 630 V 以上污染等级 3。

[f] 适当时，1 250 V 以上工作电压使用第 4 栏～第 11 栏的值。

4.3.6.6 涂层

涂层可以用来提供绝缘、保护表面防止污染并允许减小爬电距离和电气间隙。参见 4.3.6.8.4.2 和 4.3.6.8.6。

4.3.6.7 印制线路板的功能绝缘间距

当满足所有下列要求时，印制线路板上的功能绝缘间距可以不需要满足 4.3.6.4 和 4.3.6.5 的要求：

——印制线路板具有 V-0 的可燃性额定值(见 GB/T 5169.16—2008)；

——印制线路板基材的最小 CTI 值为 100；

——设备符合印制线路板短路试验的要求(5.2.2.2)。

在印制线路板上，如果印制导线涂敷有合适的涂层，则允许按污染等级 1 对功能绝缘在工作电压低于 80 V(方均根值)或 110 V(重复峰值)时的爬电距离和电气间隙进行估算。

4.3.6.8 固体绝缘

4.3.6.8.1 一般要求

用于固体绝缘的绝缘材料应当能够耐受可能出现的应力，这些应力包括在正常使用中预计到的机械、电气、热和气候的应力。绝缘材料还应当在 VFD 的预期寿命期间抗老化。

为保证绝缘性能不在设计或制造过程中受到损害，应当对采用固体绝缘的元件和组件进行试验。

如果使用的元件符合某个与本部分的要求等同的相关标准，则无需进行单独评估。而对于包含这类元件的组件，则应当按照本部分的要求进行试验。

4.3.6.8.2 对电气耐受能力的要求

4.3.6.8.2.1 基本绝缘或附加绝缘

基本绝缘或附加绝缘的验证可酌情采用下列方法：

——采用对应 5.2.3.1 表 19 中第 2 栏或第 4 栏规定的冲击耐受电压进行冲击电压试验；

——采用对应 GB/T 30843.2—2014 的 5.3.3.2 表 1 中第 2 列或第 3 列规定的交流或直流电压进行交流或直流电压试验。

4.3.6.8.2.2 双重绝缘或加强绝缘

双重绝缘或加强绝缘的验证可酌情采用下列方法：

——适当时，按照 5.2.3.1 表 19 中第 3 栏或第 5 栏规定的冲击耐受电压进行冲击电压试验；

——适当时，按照 GB/T 30843.2—2014 的 5.3.3.2 表 1 中第 4 列或第 5 列规定的交流或直流电压进行交流或直流电压试验；

——如果绝缘两端之间的重复峰值工作电压大于 750 V 且绝缘上的电压应力大于 1 kV/mm，则应按照 5.2.3.3 的规定进行局部放电试验。

注：电压应力为重复峰值电压除以不同电位的两个部件之间的距离。

这种情况下，应当将局部放电试验作为一项型式试验，在所有元件、组件和印制线路板上进行试验。此外，如果绝缘是由单层材料组成，则应当进行一次抽样试验。

双重绝缘应当设计成即使基本绝缘或附加绝缘失效也不会导致剩余绝缘部分的绝缘能力降低。

4.3.6.8.2.3 功能绝缘

功能绝缘应当符合 4.3.6.3 的要求。除 4.2 所要求的电路分析表明绝缘失效可能会导致危险的场合之外，无需进行试验。在这些情况下，绝缘应当符合对基本绝缘的要求和试验。

4.3.6.8.3 薄膜和带状绝缘材料

4.3.6.8.3.1 一般要求

4.3.6.8.3 适用于薄膜或带状材料在诸如缠绕部件和功率母线这类组件中的应用。

假如能够防止其损坏而且在正常使用条件下不会承受机械应力，则允许使用由薄膜（小于 0.75 mm）或带状材料组成的绝缘。

在使用多层绝缘的场合，对于所有绝缘层是否为相同材料没有要求。

注 1：以超过 50% 的重叠率缠绕的一层绝缘带，被认为是构成双层绝缘。

注 2：薄膜材料构成的预装配绝缘系统可以作为基本绝缘、附加绝缘和双重绝缘使用。

4.3.6.8.3.2 厚度不小于 0.2 mm 的材料

——基本绝缘或附加绝缘应当由至少一层材料组成，这层材料能满足 4.3.6.8.1 和 4.3.6.8.2.1 的要求；

——双重绝缘应当由至少两层材料组成，每一层材料都能满足 4.3.6.8.1 和 4.3.6.8.2.1 的要求以及 4.3.6.8.2.2 的局部放电要求，并且两层材料在一起能满足 4.3.6.8.2.2 的冲击电压和交流或直流电压要求；

——加强绝缘应当由单层材料组成，这种单层材料能满足 4.3.6.8.1 和 4.3.6.8.2.2 的要求。

注：本条的要求表明双重绝缘厚度至少为 0.4 mm，而加强绝缘厚度则允许为 0.2 mm。

4.3.6.8.3.3 厚度小于 0.2 mm 的材料

——基本绝缘或附加绝缘应当由至少一层材料组成，这层材料能满足 4.3.6.8.1 和 4.3.6.8.2.1 的要求；

——双重绝缘应当由至少三层材料组成。每一层材料都能满足4.3.6.8.1和4.3.6.8.2.1的要求，并且任何两层材料在一起应当满足4.3.6.8.2.2的要求；

——加强绝缘不允许由单层材料组成。

4.3.6.8.3.4 符合性

通过进行5.2.3.1～5.2.3.3中所述的试验，检查是否符合标准。

如果元件或组件使用了薄膜绝缘材料，则允许对元件而不是对材料进行试验。

4.3.6.8.4 印制线路板(PWB)

4.3.6.8.4.1 一般要求

双面单层印制线路板、双面多层印制线路板和内嵌金属层的印制线路板中导体层之间的绝缘，应当满足4.3.6.8.1的要求。基本绝缘、附加绝缘、双重绝缘和加强绝缘应当满足4.3.6.8.2.1或4.3.6.8.2.2的适当要求；印制线路板中的功能绝缘则应当满足4.3.6.8.2.3的要求。

对于多层印制线路板的内层，同一层上相邻印制导线之间的绝缘应当被看作是下列情形之一：

——污染等级1时的爬电距离和电气间隙(见GB/T 12668.501—2013附录C的实例C.14)；

——固体绝缘。在这种情况下，印制线路板应当满足在4.3.6.8.1和4.3.6.8.2中的要求。

4.3.6.8.4.2 使用涂层材料

用来提供功能绝缘、基本绝缘、附加绝缘和加强绝缘的涂层材料应当满足以下要求：

1型保护(如GB/T 16935.3—2005中所定义的)用来改进处于受保护状态的部件的微观环境。表10和表11针对污染等级1规定的电气间隙和爬电距离适用于受保护状态的情况。在两个导电部件之间，要求一个或两个导电部件连同它们之间的所有间隔一起都应采取保护措施加以保护。

2型保护被认为与固体绝缘类似。处于保护状态时，4.3.6.8中对固体绝缘规定的要求适用，而间隔应当不低于GB/T 16935.3—2005的表1中规定的那些值。表10和表11针对污染等级1规定的电气间隙和爬电距离不适用。在两个导电部件之间，要求两个导电部件连同它们之间的所有间隔一起都应采取保护措施加以保护，这样在保护材料、导电部件与印制线路板之间就不存在电气间隙。

用来提供1型和2型保护的涂层材料应当设计成能够耐受可以预料在VFD的预期寿命期间出现的应力。应当按照GB/T 16935.3—2005第5章的规定在有代表性的印制线路板上进行一次型式试验。对于冷态试验(GB/T 16935.3—2005中5.7.1)，所使用的温度应当为－25 ℃；而对于温度快速变化试验(GB/T 16935.3—2005中5.7.3)，所使用的温度应当为－25 ℃～＋125 ℃。

4.3.6.8.5 绕制部件

导线的清漆或瓷漆绝缘不能用作基本绝缘、附加绝缘、双重绝缘或加强绝缘。

绕制部件应当满足4.3.6.8.1和4.3.6.8.2的要求。

部件本身应当符合在4.3.6.8.1和4.3.6.8.2中给出的要求。如果部件具有加强绝缘或双重绝缘，则应当将5.2.3.2的电压试验作为一项出厂试验。

4.3.6.8.6 灌封材料

灌封材料可以用来提供绝缘，或者用作保护涂层防止污染。如果用作固体绝缘，则应当符合

4.3.6.8.1和 4.3.6.8.2 的要求。如果用来防止污染,则 4.3.6.8.4.2 中对 1 型保护的要求适用。

4.3.6.9 频率为 30 kHz 以上时的绝缘要求

在绝缘两端之间电压的基波频率大于 30 kHz 的场合,需要进一步考虑。对于低压电路,GB/T 16935.4—2011 中提供了指导。

附录 C 包含有用于确定这些情况下的电气间隙的流程图。同时,在该附录中还提供了 GB/T 16935.4—2011 的表 1 和表 2,可供参考。

4.3.7 输出短路要求

在 VFD 的功率输出端出现短路情况下,VFD 不得造成热、触电或能量危险。在某些情况下,可以通过外部措施提供短路保护,这些外部措施的特性应当由制造商规定。

对于与上游保护器件的配合,制造商应当规定一个对应于 VFD 每个功率输出的最大预期短路电流额定值。如果必须使用具有特殊特性的保护器件,则应当对这些保护器件加以规定。

注:最大预期短路电流额定值是指给 VFD 供电电源的能力。

4.3.8 剩余电流保护装置(RCD)或剩余电流监控装置(RCM)的兼容性

在某些家用和工业用装备中,除了由所安装设备提供的保护之外,RCD 和 RCM 还用来提供绝缘故障防护。

绝缘故障或者与 VFD 中某些电路的直接接触,可能引起具有直流分量的电流在保护接地导体中流动,并因此而使型式 A 或 AC 的 RCD 或 RCM(见 GB/Z 6829—2008 和 GB/T 19214—2008)为装备中的其他设备提供这种防护的能力降低。

变频调速装置应当满足下列条件之一:

a) 额定输入电流小于或等于 16 A、不采用 GB/T 11918.1—2014 规定的工业用连接器来插接的单相 VFD,应当设计成能够在正常和故障条件下不使型式 A 的 RCD 或 RCM 为装备中的其他设备提供防护的能力降低;
b) 对于不同于 a)且采用 GB/T 11918.1—2014 规定的工业用连接器来插接 VFD 以及具有固定连接的 VFD 而言,如果在保护接地导体中可能存在一个直流电流,应当在用户手册中有警告提示和 GB 2894—2008 表 2-24 规定的警告符号,同时应当在 VFD 上设置同样的警告符号(见 6.3.5.7 和附录 B)。信息和标记要求见 6.3.5.7。

注:如果其他设备使用了 B 型的 RCD 和 RCM,就不会受直流电流分量的影响。

4.3.9 电容器放电

变频调速装置里的电容器应当在其断电之后 5 s 时间内放电到电压低于 60 V,或者放电到剩余电荷小于 50 μC。如果由于功能或其他原因不能达到这个要求,则 6.5.2 的信息和标记要求适用。试验见 5.2.3.7。

注:对于功率因数校正、滤波器等用到的电容器,这个要求也适用。

如果使用了不借助工具就可以断开的插头或类似器件,拔出这种器件会导致导体(例如插头脚)外露,因而放电时间应当不超过 1 s。否则这样的导体应当采用至少 IPXXB 的直接接触防护。如果既不能达到 1 s 的放电时间也不能达到至少 IPXXB 的保护,则应当使用附加断开装置或者一种适当的警告信息,参见 6.5.2。

4.3.10 高压 VFD 的接近条件

按照 GB 5226.3—2005 关于人身安全的规定，高压部分（变压器、变流器、电动机等）应当采用适当的外壳加以保护。

a) 工作条件

当高压主断路器接通时，或者如果带电部件没有接地[参见 b)]，则具有互锁机构的门应当防止人员以任何形式接近高压 VFD 内部的带电部件。

b) 接近设备进行维护——接地规程

接地操作在变流器制造商声明的正常放电时间之后进行。注意应该保证：即使在放电电路发生故障的情况下，这种操作也是安全的。同时还应当注意：在人员接近带电部件之前，输入和输出侧的电缆、变压器、电动机等具有杂散电容的部件都应当放电。参考 4.3.9。

为便于在高压 VFD 的带电部件上安全地开展工作，应当提供足够数量的接地器件（接地开关和/或接地电缆）。这些接地器件应当符合 IEC 62271-102 或 DL/T 879—2004 的相关要求。

在维护人员接近设备之前，维护人员应当能够看到接地触点是否闭合、或者能够看到开关触点闭合的指示信号。

注：在特殊情况下（例如负载换相逆变器），可能需要两个接地器件（电网侧一个、负载侧一个）。

c) 放电指示信号

对于电源电压在 1 000 V～3 000 V 的 VFD 可不使用 a) 中规定的开门断电联锁及 b) 中规定的接地措施，而是通过保护隔离将 DVC D 的带电部件放到隔板后面，并保证隔板足够牢固，必须依靠使用工具才能移除。这样处理后，工作时可开柜门进行相关操作，不关柜门设备可正常运行。

这种情况下，必须使用放电指示信号来表明电容电压的大小。设备正常工作时应保证指示灯正常发光，且能够被维护人员看到。

放电指示信号可使用发光二极管正常发光表示电容电压在正常范围，发暗表示电压降低，不亮表示电压较低。电源断电并且放电指示信号熄灭后，再经过适当的放电时间，才能进行设备维护。

应按 6.5.2 设置提示信息，同时说明放电指示信号熄灭后多长时间才能进行拆除隔板等维护操作。

对于没有通过接地开关直接接地的部件，制造商应当提供安全规程以便进行接地（见 6.3.5.6）。

4.4 热危险防护

4.4.1 将着火风险降到最低

应当通过部件的适当选择和使用以及采用合适的结构使由高温引起的着火危险最小化。

在使用电气部件时，应当使电气元件在正常负载条件下的最大工作温度小于导致电气部件可能接触的周围材料着火所必需的温度。对于周围材料，不应当超过表 13 的温度极限。

在防止部件故障条件下过热不切实际的场合，所有与这些部件接触的材料都应当是GB/T 5169.16—2008 规定的可燃性等级为 V-1 或更好的材料。

4.4.2 绝缘材料

所使用的绝缘材料的 CTI 值应当大于或等于 100。

如果按照表 12 的规定使用通用材料，则无需进行进一步评估。

表 12 用于直接支撑未绝缘带电部件的通用材料

通用材料	最小厚度/mm	最大温度/℃
任何冷模制合成物	无限制	无限制
陶瓷、瓷	无限制	无限制
邻苯二甲酸二烯丙酯	0.7	105
环氧树脂	0.7	105
三聚氰胺	0.7	130
三聚氰胺酚醛	0.7	130
酚醛	0.7	150
无填料耐纶	0.7	105
无填料聚碳酸酯	0.7	105
尿素甲醛	0.7	100

在其他情况下，绝缘材料应当符合 5.2.5.2 中所述的、试验温度为 850 ℃时的灼热丝试验的要求。也可以选择采用 5.2.5.3 的热丝着火试验。

在绝缘材料用于一个有开关触点的器件中以及绝缘材料在触点的 12.7 mm 以内的场合，绝缘材料应当符合 5.2.5.1 的大电流电弧着火试验的要求。

制造商可提供绝缘材料供应商给出的数据，用以说明使用的材料符合上述要求。在这种情况下，无需进行进一步试验。

4.4.3 外壳材料的可燃性

用来作 VFD 外壳的材料应当符合 5.2.5.4 的可燃性试验要求。

金属、陶瓷材料、经耐热强化处理或有金属线的层压玻璃被认为是符合本部分，无需试验。

如果所使用的某材料在最小厚度时其可燃性等级为 GB/T 5169.17—2008 规定的 5 VA，则材料被认为是符合本部分，无需试验。

制造商可提供绝缘材料供应商给出的数据，用以说明使用的材料符合上述要求。在这种情况下，无需进行进一步试验。

4.4.4 温度极限

4.4.4.1 装置内部各部分的温度

当按照设备的额定值进行试验时，设备及其组成部分所达到的温度应当不超过表 13 中给出的温度。

表 13 装置内部材料和部件的最大测量温度

材料和部件	温度计测温法 ℃	电阻测温法 ℃
1 橡胶绝缘导线或热塑绝缘导线 [a]	75	
2 用户端子 [b]	[c]	
3 母线和连接片或接线柱	[d]	

表 13（续）

材料和部件	温度计测温法 ℃	电阻测温法 ℃
4 绝缘系统		
A 级(105)	105	125
E 级(120)	120	135
B 级(130)	125	145
F 级(155)	135	155
H 级(180)	155	175
R 级(220)	195	215
5 酚醛合成物 [a]	165	
6 在外露电阻材料上	415	
7 电容器	[e]	
8 电力半导体开关	[f]	
9 印制线路板	[g]	
10 液体冷却介质	[h]	

[a] 对酚醛合成物、橡胶绝缘和热塑绝缘的限制不适用于经过试验研究断定符合更高温度要求的化合物。

[b] 接线端子或接线片上的温度，需在实际使用中在最可能由所安装导线的绝缘所接触的危险部位进行测量。

[c] 最大的端子温度应当不超过制造商规定的导线或电缆绝缘温度额定值以上 15 ℃。

[d] 最大允许温度由连接导线或其他部件的支撑材料或绝缘的温度极限确定。建议最大温度为 140 ℃。

[e] 对于电容器而言，应当不超过制造商规定的最大温度。

[f] 管壳的最大温度应当是半导体制造商规定的外加功率耗散的最大管壳温度。

[g] 应当不超过印制线路板的最大工作温度。

[h] 应当不超过冷却介质制造商规定的或者由冷却介质的已知特性确定的冷却介质最大温度。

表 13 中所规定的温度测量用电阻测温法包括使用下列方程式的绕组温升计算：

$$\Delta t = \frac{r_2}{r_1}(k + t_1) - (k + t_2)$$

式中：

Δt ——温升；

r_2 ——试验结束时的电阻，单位为欧姆(Ω)；

r_1 ——试验开始时的电阻，单位为欧姆(Ω)；

t_1 ——试验开始时的环境温度，单位为摄氏度(℃)；

t_2 ——试验结束时的环境温度，单位为摄氏度(℃)；

k ——铜为 234.5，电导体级(EC 级)铝为 225.0；对于其他导体，应当确定其常数值。

4.4.4.2 变频调速设备的外部温度

可触及的 VFD 外壳等外部组成部分的最大温度应当符合表 14 的要求。对于可能超过表 14 极限温度的表面，应当用附录 B 中的高温警告符号(参见 GB/T 5465.2—2008)标识出来。用户手册也应当包含相关信息。在任何情况下可触及部分的温度都不应当超过 150 ℃。

表 14 变频调速设备外部组成部分的最大测量温度

部　　分	材　　料	
	金属材料 ℃	热塑材料或玻璃 ℃
用户操作器件(按钮、手柄、开关、显示器等)	55	65
用户可能碰触的外壳部分	70	80
因安装而与建筑材料相接触的外壳部分	90	90

4.4.5 对液体冷却 VFD 的特殊要求

注：用来将热量从热部件传递到散热器的密封热管冷却系统，在本部分中不被认为是液体冷却系统。然而，在进行 4.2 的电路分析过程中应当考虑这类部件可能的故障。

4.4.5.1 冷却剂

所规定的冷却剂(见 6.2)应当适用于预期环境温度。冷却剂的工作温度应当不超过表 13 中规定的极限值。

4.4.5.2 设计要求

4.4.5.2.1 耐腐蚀性

冷却系统的所有部件都应当适合与所规定的冷却剂一起使用。这些部件应当耐腐蚀而且不应当由于电解作用或长期暴露在冷却剂和/或空气中而发生腐蚀。

4.4.5.2.2 管路、接头和密封件

冷却系统的管路、接头和密封件应当设计成能够在设备寿命期间内防止在压力偏离额定值的过程中发生泄漏。

4.4.5.2.3 对冷凝的预防措施

在正常工作或维护过程中出现内部冷凝的场合，应当采取措施防止绝缘退化。在预料到出现这种冷凝的那些区域内，应当至少针对一种污染等级 3 的环境(见表 6)对电气间隙和爬电距离进行评估，并且应当采取预防措施(例如装一个排水孔)防止积水。

4.4.5.2.4 冷却剂泄漏

在预期寿命期间由于正常工作、维护或者软管或冷却系统其他部件松动，应当采取措施防止冷却剂泄漏到带电部件上。如果装有压力释放机构，则其固定方式应当保证在其被激活时没有冷却剂泄漏到带电部件上。

4.4.5.2.5 冷却剂流失

冷却剂从冷却系统中流失不应当导致热危险、爆炸或触电危险。

4.4.5.2.6 冷却剂的导电性

在冷却剂必须与带电部件(例如未接地散热器)接触时,则应当连续对冷却剂的导电性能进行监控,以避免危险电流流过冷却剂。

4.4.5.2.7 对冷却剂软管的绝缘要求

如果冷却剂与带电部件(例如未接地散热器)接触,则冷却剂软管就构成绝缘系统的一个组成部分。视这些软管的位置不同,4.3.6 对功能绝缘、基本绝缘或保护隔离的相关要求在这里适用。

4.5 机械危险的防护

4.5.1 机械能量危险

由于临界速度问题或扭振问题而引起的机械故障可能会产生对操作人员的危险。这些问题会随着设备规格尺寸的增大而越来越显著。适当时,应当考虑临界扭矩转速问题,以及进行启动或特定故障情况下的瞬时转矩分析。

4.5.2 外壳要求

4.5.2.1 一般要求

外壳应有足够的机械强度,良好的防护和相应的稳定性,以及适应运输的结构。

金属外壳应当具有如 4.5.2.2 或 4.5.2.3 中规定的厚度。

聚合物外壳或者电气外壳的聚合物部分,应当符合 4.4.3 的可燃性要求和 5.2.2.5 中撞击试验的要求。

外壳应当适合应用于其预定环境中。制造商应当规定预定环境(见 6.3.3)和外壳的额定 IP 等级。

4.5.2.2 金属铸件

除了导管用螺纹孔处要求最小厚度为 6.4 mm 外,钢模金属铸件应当:

——在面积大于 155 cm^2 时或者有大于 150 mm 的任何尺寸时,厚度不小于 2.0 mm;

——在面积等于或小于 155 cm^2 而且没有大于 150 mm 的尺寸时,厚度不小于 1.2 mm。

可以通过使用加强筋连接将一个较大的面积细分,以满足上述要求。

除了导管用螺纹孔处要求最小厚度为 6.4 mm 外,可锻铸铁或硬模铸铝、黄铜、青铜或锌合金铸件应当:

——在面积大于 155 cm^2 时或者有大于 150 mm 的任何尺寸时,厚度至少为 2.4 mm;

——在面积等于或小于 155 cm^2 时而且没有大于 150 mm 的尺寸时,厚度至少为 1.5 mm。

除了导管用螺纹孔处要求最小厚度为 6.4 mm 外,砂铸金属外壳的最小厚度应为 3.0 mm。

4.5.2.3 钣金件

外壳使用的金属板的厚度,在布线系统所需连接处,钢板无涂层时应当不小于 0.8 mm,在镀锌钢板时应当不小于 0.9 mm,在有色金属板时应当不小于 1.2 mm。

除了布线系统所需连接处以外,外壳厚度应当不小于表 15 或表 16 中规定的厚度。

对于表 15 和表 16 而言,支撑框架是一种由金属板材制成的角形或槽形或者折叠式型材结构,与外壳表面刚性连接,具有与外壳表面相同的外部尺寸,而且具有扭转刚性,能够耐受外壳表面受力变形时所施加的弯曲力矩。

表 15 外壳用金属板材的厚度——碳钢板或不锈钢板

无支撑框架时[a]		有支撑框架时[a]		最小厚度 mm
最大宽度 mm [b]	最大长度 mm [c]	最大宽度 mm [b]	最大长度 mm [c]	
100 120	不限 150	160 170	不限 210	0.6 [d]
150 180	不限 220	240 250	不限 320	0.75[d]
200 230	不限 290	310 330	不限 410	0.9
320 350	不限 460	500 530	不限 640	1.2
460 510	不限 640	690 740	不限 910	1.4
560 640	不限 790	840 890	不限 1 090	1.5
640 740	不限 910	990 1 040	不限 1 300	1.8
840 970	不限 1 200	1 300 1 370	不限 1 680	2.0
1 070 1 200	不限 1 500	1 630 1 730	不限 2 130	2.5
1 320 1 520	不限 1 880	2 030 2 130	不限 2 620	2.8
1 600 1 850	不限 2 290	2 460 2 620	不限 3 230	3.0

[a] 见 4.5.2.3。

[b] 宽度是指作为外壳组成部分的矩形金属板材件的较小尺寸。外壳的相邻表面可以具有共用支撑并用单板制成。

[c] 只有在表面边棱有至少 12.7 mm 的凸缘或者固定到在使用中通常不拆卸的相邻表面时,“不限”才适用。

[d] 室外用外壳的钢板厚度应当不小于 0.86 mm。

与采用角形或槽形框架制成的同样刚性的结构具有等效加强作用,没有支撑框架的结构包括:

——具有单一成形凸缘的单板——成形的边棱;

——波纹状或肋状结构的单板;

——(例如用弹簧夹)松散固定到框架上的外壳表面;

——具有非支撑边棱的外壳表面。

表 16 外壳用金属板材的厚度——铝板、铜板或黄铜板材

无支撑框架时[a]		有支撑框架时[a]		最小厚度 mm
最大宽度 mm [b]	最大长度 mm [c]	最大宽度 mm [b]	最大长度 mm [c]	
75 90	不限 100	180 220	不限 240	0.6 [d]
100 125	不限 150	250 270	不限 340	0.75
150 165	不限 200	360 380	不限 460	0.9
200 240	不限 300	480 530	不限 640	1.2
300 350	不限 400	710 760	不限 950	1.5
450 510	不限 640	1 100 1 150	不限 1 400	2.0
640 740	不限 1 000	1 500 1 600	不限 2 000	2.4
940 1 100	不限 1 350	2 200 2 400	不限 2 900	3.0
1 300 1 500	不限 1 900	3 100 3 300	不限 4 100	3.9

[a] 见 4.5.2.3。

[b] 宽度是指作为外壳组成部分的矩形金属板材件的较小尺寸。外壳的相邻表面可以具有共用支撑并用单板制成。

[c] 只有在表面边棱有至少 12.7 mm 的凸缘或者固定到在使用中通常不拆卸的相邻表面时,“不限”才适用。

[d] 室外用外壳的铝板、铜板或黄铜板材的厚度应当不小于 0.74 mm。

4.5.3 机械零部件要求

应采取适当的措施,避免 VFD 中机械零部件上的尖角、毛刺、棱以及粗糙的表面可能引起的伤害。

4.5.4 机械强度要求

变频调速设备的外部结构应有足够的机械强度,以保证电气设备在使用中不会由于操作疏忽而造成外壳破坏,或爬电距离、电气间隙减小到不允许的程度,甚至触及到带电部件。

4.5.5 机械稳定性

变频调速设备的结构应有足够的稳定性。在不能确定是否稳定的场合,应考虑和地面或其他安装平面的固定措施。

4.6 运行危险的防护

4.6.1 运动部件危险的防护

对运动的部件,例如冷却风扇,应考虑适当防护措施,避免可能的伤害。

4.6.2 噪声发射

产品设计时,应考虑尽量降低设备运行时产生的噪声。以 20 μPa 为参考声压,如果测得的声压超过 85 dBA,则说明书中要包括有关如何降低听力损害危险的说明,而且应在 VFD 产品外壳上设置警示标志,参见附录 B。

4.6.3 振动和抗振

应通过平衡、减振等措施降低 VFD 产生的振动。

通过使用弹簧垫、减振垫等措施减少外来振动对 VFD 的影响。

4.7 其他危险的防护

4.7.1 电能危险

变频调速设备内任何部件的故障都不应当释放足以引起危险的能量,例如将材料喷溅到有人员的区域。

同时,应当考虑到在被传动设备不受 VFD 控制时能量从电动机传递到 VFD 上的可能性。

4.7.2 电气连接要求

4.7.2.1 一般要求

在电气安装过程中,应当保护设备各部分之间以及各个部分内部的布线和连接免受机械损伤。设备所有导线的绝缘、导体和布线都应当适用于使用的电气、机械、热和环境条件。能够相互接触的导体应当具备为相关电路的 DVC 要求而确定的绝缘。

应当通过对整体结构和数据表的目视检查来确认是否符合 4.7.2.2～4.7.2.8 的要求。

注:电的反射作用可能会使脉宽调制(PWM)源与电动机连接的电缆上出现高电压,在进行 VFD 部件选择时应当考虑到这种情况。

4.7.2.2 导线敷设

绝缘导线穿过金属壁板时,金属壁板的开孔应当配备有平滑的绝缘护套或绝缘垫圈,或者具有平滑的表面支撑以减少绝缘磨损的危险。功率连线穿过金属壁板时,应保证在正常工作时同一个开孔中穿过的相关连线的电流代数和为 0,例如应将三相功率线穿过同一个孔及将直流电源的+/－线穿过同一个孔。同时在大功率的 VFD 场合考虑柜体本身不能形成磁回路(应断磁),避免出现额外的发热。

导线敷设应当远离尖锐边棱、螺纹、毛刺、飞边、移动部件、抽屉以及可能磨损导线绝缘的其他类似部件。导线弯曲时不能小于导线制造商规定的最小弯曲半径。

装置内部用于固定导线的金属或非金属线夹和导板,应具备平滑的流线型边缘。这样的夹紧作用和支撑表面应当不会出现绝缘的磨损或遇冷变形现象。如果为小于 0.8 mm 的热塑性绝缘导线使用金属线夹,则应采用不导电的机械防护措施。

4.7.2.3 导线的颜色

除了构成带状电缆或多芯信号电缆所必需的绝缘导线之外,用黄绿标识出的绝缘导线只能用于保护联结。

注：使用绿色或绿/黄色用于保护联结已由国家标准规定。

4.7.2.4 接头和联结

所有的接头和联结在机械上都应当是可靠的，而且都应当具备电连续性。

电气连接应当采用锡焊、熔焊、压接或其他可靠的连接方式。另外，除了印制线路板上的元件之外，锡焊点应具有机械可靠性。

在将多股绞合导线连接到接线螺钉上时，应当保证松散的导线股不接触到：

——电位可能与导线不同的其他未绝缘带电部件；或

——不带电的金属部件。

在采用螺钉端子连接时，可能需要日常维护（拧紧）。在维护说明书中应当对此特别提出（见6.5.1）。

4.7.2.5 可触及的连接

通常，应当通过检查和试插入对连接器、插头和插座的不可互换性和防极性颠倒保护进行确认。

4.7.2.6 变频调速设备各部分之间的互连

除了符合4.7.2.1～4.7.2.5中给出的要求之外，为VFD各部分之间的互连所提供的措施应当符合下列要求或者4.7.2.7的要求。

为设备各部分之间或系统各单元之间的互连所提供的成型电缆和软线应当适用于所涉及的应用。在电缆从外壳中引出时应当保护电缆免受外力损坏。

插头连接器与插座连接器的错位、多针插头连接器插入到非指定插座连接器中以及操作者可触及部分的其他操作都不应当导致机械损坏或者热危险、电击或人员伤害的危险。

如果外部互连电缆端接在一个插头中与外壳外表面上的一个插座配套使用，在断电时，在插头或插座的可触及触点上应当不存在电击危险。

注：电缆的一端一旦断开，联锁电路就使可触及触点断电，这样的联锁电路满足上述要求。

4.7.2.7 电源的连接

与电源永久连接的VFD应当具有与安装场所的要求相适应的可用布线连接措施，所提供的联结点应当具有适当的结构。

4.7.2.8 端子

4.7.2.8.1 结构要求

端子中保持接触和承载电流的所有部分都应当由具有适当机械强度的金属制成。

端子连接的方式应当使导线能够借助于螺丝、弹簧或其他等效物连接，保证维持所需的接触压力。

端子的结构应当使导线能够在适当的表面之间夹紧，而不会给导线或端子带来任何明显损伤。

端子应当不允许导线错位或者以不利于设备运行的方式自己移位，而且其绝缘不应当降低至额定值以下。

使用符合GB/T 14048.7—2006或GB/T 14048.8—2006要求的端子，可以满足本条的要求。

4.7.2.8.2 连接能力

所提供的端子应当能够连接在安装和维护手册中规定的导线（见6.3.5.4）以及符合装备适用布线规则的电缆。端子应当满足5.2.3.8的温升试验要求。按照附录D中表D.1，所选的端子应当适合连接同一类型至少大两个规格的导线，即端子的选用应留有一定的裕量。

圆铜导线截面的标准值在附录D中给出，该附录还给出了ISO公制和AWG/MSM线规之间的近似关系。

4.7.2.8.3 连接

用来连接外部接线的端子应在安装中易于接线。

夹紧螺钉和螺母不应当用来固定任何其他元件，不过可以将端子固定就位或者防止端子转动。

4.7.2.8.4 10 mm² 和更大截面导线的弯曲间距

用低压电缆连接的VFD各部分之间以及VFD与主电源之间的连接用导体的最小导线弯曲间距应当至少为表17中规定的值。

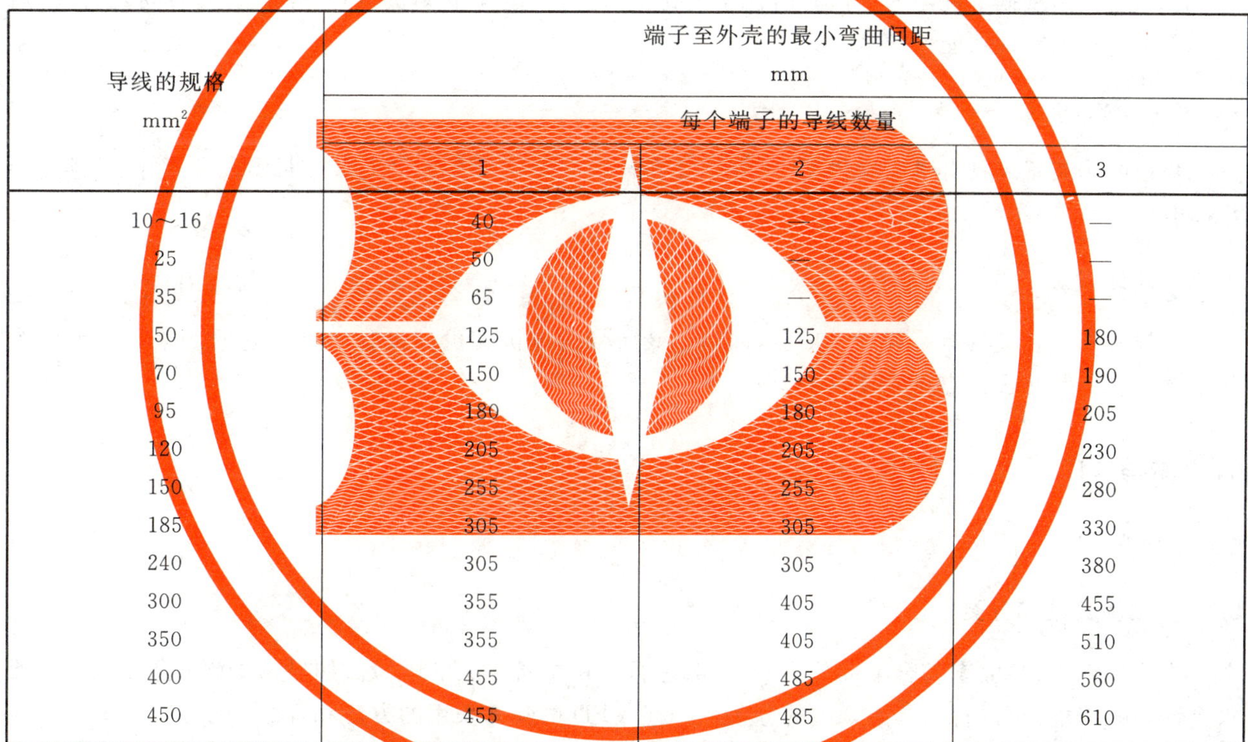

表17 端子至外壳的导线弯曲间距

导线的规格 mm²	端子至外壳的最小弯曲间距 mm		
	每个端子的导线数量		
	1	2	3
10~16	40	—	—
25	50	—	—
35	65	—	—
50	125	125	180
70	150	150	190
95	180	180	205
120	205	205	230
150	255	255	280
185	305	305	330
240	305	305	380
300	355	405	455
350	355	405	510
400	455	485	560
450	455	485	610

用高压电缆连接的高压VFD各部分之间以及VFD与主电源之间的互连用导体的最小导线弯曲间距应当是：

——非屏蔽导线总直径的8倍，或者；

——屏蔽导线或铅皮导线总直径的12倍。

4.7.3 供电电源故障

在VFD设计过程中应考虑当给其供电的电源出现故障时，装置的安全措施。

4.7.4 环境应力的防护

变频调速装置应当不存在由于所规定的环境应力引起的任何危险。作为最低要求，VFD应当满足5.2.6规定的环境试验的要求。更为苛刻的要求可以由制造商规定，在这种情况下，无需进行本部分中要求不太苛刻的试验项目。

4.8 安全功能

4.8.1 一般要求

变频调速装置至少应内置如下的安全功能，以确保设备的安全运行，并在需要时控制电机安全停止。

4.8.2 安全停止

变频调速装置应有如下停止功能：

——系统封锁功能。通过封锁系统及驱动脉冲，安全停止力矩输出。此时相应电机轴上不再有力矩输出，电机自由停车。

——安全停止功能。VFD启动电动机减速，并控制（或监视）电机的加速度在设定的限值内，当电动机速度低于规定的限值时启动系统封锁功能；或启动电动机减速，在规定的时间延时后，启动系统封锁功能。

4.8.3 过流保护

变频调速装置应具有过流保护功能，并保证在输出电流超过某个设定值的时候，启动系统封锁功能并报出相应故障。

4.8.4 跳频设定

变频调速装置应具有跳频设定功能，以防止其所带的电机和机械设备运行在它们的某一个或几个共振频率上。跳频设定点至少要有一个。

5 检验与验证

5.1 一般要求

5.1.1 试验目的和分类

为了证明VFD完全符合本部分的要求，需进行本章中所定义的试验。如果第4章分条款的相关要求允许，相关试验可以省略。本章中的分条款描述VFD试验需采用的方法和程序。

试验项目分类成：

——型式试验；

——出厂试验；

——抽样试验。

制造商和/或检测机构应当保证：在充分考虑到公差和测量不准确度的情况下，采用规定的最大和/或最小环境（或试验）值。

警告：这些试验可能会引起危险情况。必须采取适当的预防措施避免人身伤害。

5.1.2 试验样品的选择

在对一种类型或一个系列的类似产品进行试验时，没有必要对该类型或系列中的所有型号进行试验。应当针对一个型号或者对该特定试验项目而言足以代表整个类型或系列的机械和电气特性的型号进行每项试验。

5.1.3 试验顺序

通常，既不需要对试验的顺序进行要求，也不要求所有试验都在同一个样机上进行。然而，某些试验的通过准则要求这些试验需要后续的一个或更多试验。

5.1.4 接地条件

制造商应当规定可为 VFD 所接受的接地系统（见 4.3.6.1.4）。应当使用制造商所允许的最不利情况（最大应力）的接地系统来确定试验要求。接地系统可能包括：

——中性点对地；

——线对地；

——中性点通过高阻抗对地；

——绝缘（不接地）。

不可接受的接地系统应当表示为：

——禁止；

——需修改将要通过型式试验验证的值和/或安全等级。

5.1.5 符合性

VFD 是否符合本部分要求，应当通过执行在本章中规定的试验进行验证。

只有通过了所有（强制执行条款）的相关试验，才能声明符合标准。

结构要求的符合性以及由制造商提供信息的符合性，应当通过适当的检验、外观检查和/或测量进行验证。

只要设计更改或部件更改对符合性具有潜在影响，就应当进行新的型式试验来确认符合性。最好是将修改过的产品标识出来，例如，如 6.2 中所述那样，通过使用适当的日期代码或序列号标识出来。

5.1.6 试验项目综述

表 18 给出了对电子元件、器件和 VFD 的型式试验、出厂试验和抽样试验的项目综述，表中“×”表示有此实验项目。

表 18 试验项目综述

试验	型式试验	出厂试验	抽样试验	要求	条款
外观检查	×	×	×		5.2.1
机械试验					5.2.2
电气间隙和爬电距离	×			4.3.6.1、4.3.6.4、4.3.6.5	5.2.2.1
印制线路板短路	×			4.3.6.7	5.2.2.2
不可接近性	×			4.3.3.3	5.2.2.3
外壳的完整性	×			4.5.2.1	5.2.2.4
变形试验				4.3.6.4.3	5.2.2.5
撞击	×			4.5.2.1	5.2.2.5
电气试验				4.3.4.1，4.3.6.8.2	5.2.3
冲击电压	×		×	4.3.3.2，4.3.4.3，4.3.6.1，4.3.6.8.2.1，4.3.6.8.2.2，4.3.6.8.3	5.2.3.1

表 18（续）

试验	型式试验	出厂试验	抽样试验	要求	条款
交流或直流电压	×	×		4.3.3.2,4.3.4.3,4.3.6.1,4.3.6.8.2.1,4.3.6.8.2.2,4.3.6.8.4.2	5.2.3.2
局部放电	×		×	4.3.6.1,4.3.6.8.2.2,4.3.6.8.3	5.2.3.3
保护阻抗测量	×	×		4.3.4.3	5.2.3.4
接触电流测量	×			4.3.5.5.2	5.2.3.5
短路试验	×			4.3.7	5.2.3.6
部件击穿	×			4.2	5.2.3.6
电容器放电	×			4.3.9	5.2.3.7
温升	×			4.3.8.8.2、4.4.2.1	5.2.3.8
保护联结	×	×		4.3.5.3	5.2.3.9
非正常工作试验				4.2	5.2.4
缺相	×			4.2	5.2.4.4
风机停止运行	×			4.2	5.2.4.5.2
过滤器阻堵塞	×			4.2	5.2.4.5.3
冷却剂流失	×			4.4.5.2.5	5.2.4.5.4
材料试验					5.2.5
大电流电弧着火	×			4.4.2	5.2.5.1
灼热丝	×			4.4.2	5.2.5.2
热丝着火	×			4.4.2	5.2.5.3
可燃性	×			4.4.3	5.2.5.4
环境试验				4.7.4	5.2.6
干热	×			4.7.4	5.2.6.3.1
湿热	×			4.7.4	5.2.6.3.2
振动试验	×			4.7.4	5.2.6.4
流体静压	×	×		4.4.5.2.2	5.2.7

5.2 试验技术要求

5.2.1 外观检查

应当进行外观检查，以达到下列目的：

——作为出厂试验，检查诸如标志、警告和其他安全性方面的特性是否考虑周全；

——作为型式试验、抽样试验或出厂试验的接收准则，验证是否已经满足了本部分的要求。

出厂试验可以是生产或装配过程的组成部分。

进行型式试验之前，应当进行一次检查，确认交付型式试验的 VFD 在电源电压、输入和输出范围等方面是否和预期的一样。

5.2.2 机械试验

5.2.2.1 电气间隙和爬电距离

应当通过测量或外观检查验证电气间隙和爬电距离是否符合表 10 和表 11 的规定。测量的实例见 GB/T 12668.501—2013 的附录 C。在不能执行这项验证的场合,应当在所考虑的电路之间进行一次冲击电压试验(见 5.2.3.1)。

5.2.2.2 印制线路板短路试验

在印制线路板上,应对小于表 10 和表 11 中规定的电气间隙和爬电距离(见 4.3.6.7)的间距提供的功能绝缘进行如下所述的型式试验。

应按计划将一台包含有印制线路板组件的设备样品连接到一个为模拟最终使用条件而确定规格和保护措施的电源电路上。如果 VFD 是不带外壳供货的,则可以使用一个金属丝网罩来模拟预定外壳,这个金属丝网罩的尺寸为正在测试部分的各个直线尺寸的 1.5 倍。

应在外壳外部的所有孔口、手柄、铰链、接头和类似部位以及(可能使用的)金属丝网罩上以一种对冷却影响不大的方式铺上脱脂棉。

对于减小的间距,应在具有代表性的样品上一次使其中的一个短路,而且应当保持短路直到没有另外的损坏产生为止。

作为印制线路板短路试验的结果,VFD 应当符合下列要求:

——应当没有火焰发出或金属熔融现象;

——脱脂棉指示物应当没有着火;

——接地连接应当没有断开;

——门或盖应当没有冲开;

——在试验过程中和之后,可触及 SELV 电路和 PELV 电路所出现的电压应当不大于图 6 的时间相关电压;

——在试验过程中和之后,带电部分在电压大于界定电压等级 A 时不应当变成可触及部分。

不要求 VFD 在经过试验之后能工作,而且可能出现其外壳会发生变形的情况。构成 VFD 所必需的或者与 VFD 一起使用所要求的过电流保护装置允许断开。

5.2.2.3 不可接近性试验

这项试验用来证明按照 4.3.3.3 的要求利用外壳和隔板进行保护的带电部分的不可接近性。

应当作为 VFD 外壳的一项型式试验,按照 GB/T 4208—2017 中对防止接近危险部分的外壳分类的规定执行这项试验。例外情况为:

——在只从垂直方向 ±5°探测时,IP3X 的试验探头不应贯穿外壳的顶部表面。

5.2.2.4 外壳的完整性试验

应当对所声明的外壳 IP 等级进行验证。验证试验作为 VFD 外壳的一项型式试验,按照 GB/T 4208—2017 中对外壳分类的规定执行。

5.2.2.5 变形试验

变形试验包括挠曲试验和撞击试验,相关的试验要求及方法参见 GB/T 12668.501—2013 的 5.2.2.5。

5.2.3 电气试验

5.2.3.1 冲击电压试验

冲击电压试验使用一个具有1.2/50 μs波形的电压进行(见GB/T 3048.14—2007的图6),并用来模拟大气条件下的过电压。这项试验也覆盖由于设备开关操作引起的过电压。相关的试验方法见GB/T 30843.2—2014的5.3.4。试验电压参见表19。

表19 高压VFD的冲击试验电压

第1栏	第2栏	第3栏	第4栏	第5栏
系统电压(见4.3.6.2.1) V	电路与其周围电路之间的绝缘 符合过电压类别Ⅲ要求的冲击耐受电压		电路与其周围电路之间的绝缘 符合过电压类别Ⅳ要求的冲击耐受电压	
	基本绝缘或附加绝缘 V	加强绝缘 V	基本绝缘或附加绝缘 V	加强绝缘 V
>1 000	8 000	12 800	12 000	19 200
3 600	20 000	32 000	40 000	64 000
7 200	40 000	64 000	60 000	96 000
12 000	60 000	96 000	75 000	120 000
17 500	75 000	120 000	95 000	152 000
24 000	95 000	152 000	125 000	200 000
36 000	125 000	200 000	145 000	232 000
注1:允许采用插值法。 注2:过电压类别Ⅰ和Ⅱ用的试验电压可以采用类似的方法从表9中得出。				

5.2.3.2 交流或直流电压试验

这项试验用来验证部件或已装配好的VFD的电气间隙和固体绝缘具有足够耐受过电压条件的介电强度。

对于直接连接到电网的VFD,试验电压参见GB/T 30843.2—2014的表1。

对于不直接连接到电网的VFD,试验电压参见表20。

试验方法参见GB/T 30843.2—2014的5.3.2和5.3.3。

表20 不直接连接到电网上的电路使用的交流或直流试验电压

第1栏	第2栏[a]		第3栏[a]	
工作电压(重复峰值)(见4.3.6.2.1) V	在对采用基本绝缘的电路进行型式试验时和进行所有出厂试验时所采用的电压[a]		在对采用保护隔离的电路以及在电路与可触及表面之间进行型式试验时所采用的电压(可触及表面为非导电或导电表面但不连接到保护接地线上,4.3.5.6要求的Ⅱ类防护)[a]	
	交流方均根值 V	直流 V	交流方均根值 V	直流 V
≤71	80	110	160	220
141	160	225	320	450

表 20（续）

第1栏	第2栏[a]		第3栏[a]	
工作电压 （重复峰值） （见 4.3.6.2.1） V	在对采用基本绝缘的电路进行型式试验时和进行所有出厂试验时所采用的电压[a]		在对采用保护隔离的电路以及在电路与可触及表面之间进行型式试验时所采用的电压（可触及表面为非导电或导电表面但不连接到保护接地线上，4.3.5.6 要求的Ⅱ类防护）[a]	
	交流方均根值 V	直流 V	交流方均根值 V	直流 V
212	240	340	480	680
330	380	530	760	1 100
440	500	700	1 000	1 400
600	680	960	1 400	1 900
1 000	1 100	1 600	2 200	3 200
1 600	1 800	2 600	2 900	4 200
2 300	2 600	3 700	4 200	5 900
3 000	3 400	4 800	5 400	7 700
4 600	5 200	7 400	8 300	11 800
7 600	8 500	12 000	14 000	19 000
16 000	18 000	26 000	29 000	42 000
23 000	26 000	37 000	42 000	59 000
30 000	34 000	48 000	54 000	77 000
38 000	43 000	61 000	69 000	98 000
50 000	57 000	80 000	91 000	130 000
60 000	70 000	99 000	109 000	154 000

注 1：允许采用插值法。

注 2：如 GB/T 16935.1—2008 的表 A.1 所提供的，本表中的试验电压是以表 10 中对应间隙的耐受电压的 80% 为基础。

[a] 符合 GB/T 17627.1—1998 的 7.2.2.2 要求的一个短路电流至少为 0.1 A 的电压源用于这项试验。

5.2.3.3 局部放电试验

局部放电试验用于验证在电路的保护隔离用部件和组件中使用的固体绝缘（见 4.3.6.8），在规定的电压范围内保持无局部放电状态（见表 21）。

这项试验应当作为一项型式试验和抽样试验进行。如果绝缘材料（例如陶瓷）不会因局部放电而退化，则可以不做这项试验。

局部放电起始电压和熄灭电压受气候因素（如温度和湿度）、设备发热和制造公差影响。在某些条件下，这些影响因素可能至关重要，因此在型式试验过程中应当给予考虑。

表 21 局部放电试验

主 题	试 验 条 件
试验的依据	GB/T 16935.1—2008 的 6.1.3.5
要求的依据	4.3.6.8
预先处理	样品应当按照 GB/T 16935.1—2008 中 6.1.3.2 方法 b)的要求进行预先处理。 属于同一电路的带电部分应当连接在一起。 建议在冲击电压试验(见 5.2.3.1)之后进行局部放电试验,以便冲击电压试验引起的任何损坏能够显而易见。 局部放电试验最好是在将部件或器件插入设备中之前进行,因为通常在设备装配好后是不可能进行局部放电试验的
初始测量	按部件或器件的技术条件
试验设备 试验电路 试验电压 试验方法 试验设备的校准	经过校准的电荷测量设备或者不带加权滤波器的无线电干扰测量仪。 GB/T 16935.1—2008 的 C.1。 交流 50 Hz 或 60 Hz 的峰值。 GB/T 16935.1—2008 的 6.1.3.5.1:$F_1=1.2$;F_2,$F_3=1.25$;试验程序按 GB/T 16935.1—2008 的 6.1.3.5.3。 GB/T 16935.1—2008 的 C.4
测量 验证	应当从低于额定放电电压 U_{PD}[a] 的一个值开始使电压线性增大到 U_{PD} 的 1.875 倍并保持一个 5 s 的最大时间。 然后使电压线性减小至 U_{PD} 的 1.5 倍(± 5%)并保持一个 15 s 的最大时间,在这段时间内对局部放电进行测量。 如果在测量时间内局部放电小于 10 pC,则应当认为试验已经成功通过 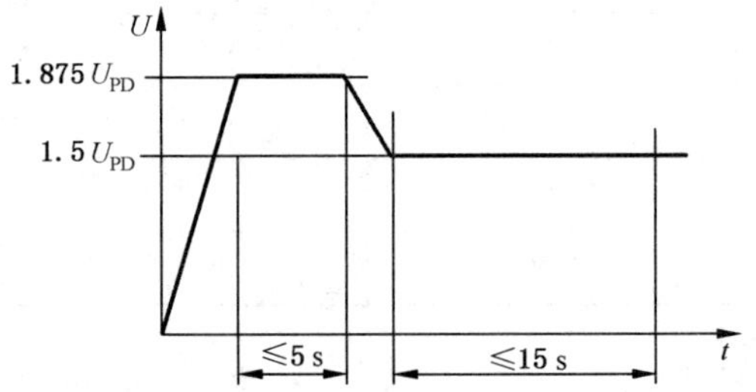 U 1.875 U_{PD} 1.5 U_{PD} ≤5 s ≤15 s t
[a] 额定放电电压是采用绝缘隔离的每个电路中的重复峰值电压的总和。	

5.2.3.4 保护阻抗测量

应进行一次型式试验来验证在正常工作条件下,通过一个保护阻抗的最大电流不超过 4.3.4.3 中给出的值。这项试验应当使用 GB/T 12113—2003 图 4 给出的电路进行。

注:GB/T 12113—2003 申明没有对使用单个网络对交直流组合进行测量的情况进行研究,但没有对这种情况下的测量提出建议。

应当作为一项出厂试验来验证保护阻抗的值。

5.2.3.5 接触电流测量

应对接触电流进行测量,以明确是否无需采取保护措施(见 4.3.5.5.2)。测试时,应将 VFD 输出端悬空。

VFD应当在没有任何与地连接的情况下以绝缘状态安装，而且应当以额定输出电压工作。在这些条件下，应当使用GB/T 12113—2003中图4的测量网络对VFD的接地点和测量现场实际的保护接地导体之间对接触电流进行测量：

——对于需连接到中线接地系统的VFD，试验现场电源的中性线应当直接连接到试验现场的保护接地导体上。

——对于需连接到隔离系统或阻抗接地系统的VFD，中性线应当通过一个1 kΩ电阻连接到试验现场的保护接地导体上，且此保护接地导体应当依次连接到每个输入相上。测量结果取最高值。

——对于需连接到一个角接地系统上的VFD，试验现场的保护接地导体应当依次连接到每个输入相上。测量结果取最高值。

——对于具有特殊接地系统的VFD，在试验过程中电源接地系统应当按所预期的那样工作。

——如果VFD预定连接到多种电源接地系统上，则应当使用这些不同电源接地系统中的每一个(或者，如果能够确定的话，使用最不利情况)来进行接触电流测量。

接触电流测量试验应当作为一项型式试验进行。

5.2.3.6 输出短路和部件击穿试验

在考虑在VFD正常运行，其输出侧短路或功率回路中使用的元器件发生断路或击穿的情况下，热、电击及能量危险的防护时，可通过计算或仿真进行评估。评估须在对主电路进行充分的分析，并且在对能够代表在VFD主回路中使用的器件的一些器件进行一系列实验的基础上进行。在选择试验元件、试验项目和试验条件时，应当保证试验结果足够可信，以便将这些试验结果(例如通过从较低功率换算成较高功率)移植到正在考虑的VFD上。

5.2.3.7 电容器放电

可以通过一次型式试验和/或采用计算方法对如4.3.9所要求的电容器放电时间进行验证。

5.2.3.8 温升试验

该试验用来保证VFD的组成部分和可触及表面不超过4.4中规定的温度极限值，并保证不超过制造商针对安全相关部分规定的温度极限值。

温升试验的方法参见GB/T 30843.2—2014的5.13。

在试验过程中，热断路器、过载检测功能和器件应当不动作。

5.2.3.9 保护联结

应当在PE端子与作为每个保护联结电路组成部分的相关点之间采用加至少10 A电流的方法对每个保护联结电路的阻抗进行测量，所用电源的输出应当不接地，其最大空载电压为24 V。

如果保护联结已经是采用4.3.5.4的横截面规则设计的，则阻抗不应当超过0.1 Ω。

如果保护联结已经是采用4.3.5.3.3的规则设计的，则阻抗不应当超过为符合图7的时间相关电压极限值所要求的值。

注1：如果使用输出有一个点接地的电源，则可能会产生使人误解的结果。

注2：使用较大的测试电流，可以提高试验结果的精度，尤其是在测量小电阻时。例如，导体有较大的横截面积和/或较短的导体长度。

注3：由于所测的电阻很小，测量时应当注意探头的位置。

在任何一点如果借助于单一紧固件实现保护联结的连续性，则这项试验应当作为一项出厂试验进行。

5.2.4 非正常工作试验

5.2.4.1 一般要求

在进行所有的运行试验之前，试验样品需按温升试验中所述的那样安装和操作。

如果所提供的VFD没有外壳，则可以使用为所研究的VFD部分各个直线尺寸1.5倍的金属丝网罩对预期使用的外壳进行模拟试验。

VFD以及(可能使用的)金属丝网罩应当按照4.3.5.3.2的要求接地。

应当在外壳外部的所有孔口、手柄、铰链、接头和类似部位以及(可能使用的)金属丝网罩上以一种对冷却影响不大的方式铺上脱脂棉。

5.2.4.2 试验持续时间

应当进行各个试验项目，直至由一个保护器件或机构(内部或外部)终止、出现一个部件故障或者温度达到稳定状态为止。

5.2.4.3 接收准则

作为非正常工作试验的结果，VFD应当符合下列每一个要求：

——应当没有火焰发出或金属熔融现象；

——脱脂棉指示物应当没有着火；

——接地连接应当没有断开；

——门或盖应当没有被冲开；

——在试验过程中和试验之后，可触及SELV电路和PELV电路所出现的电压应当不大于图6的时间相关电压；

——在试验过程中和之后，带电部分在电压大于界定电压等级A时不应当变成可触及部分。

不要求VFD在经过试验之后能工作。注意，可能会出现外壳发生变形的情况。

5.2.4.4 缺相

采用在输入端依次使各相线断开(包括可能使用的中线)的方式使多相VFD运行。这项试验应当在电力变流设备以其最大正常负载运行的情况下，通过断开一根相线的方式执行(这项特殊要求不适用于高压VFD，但可以对额定输入电流大于500 A的低压VFD进行模拟仿真)。应当在断开一根引线的情况下，以初次使器件通电的方式重复这项试验。

5.2.4.5 冷却故障试验

5.2.4.5.1 一般要求

如果VFD的冷却机构是由以下几种方式组合而成，应当执行所有相关的试验。没有必要同时执行这些试验。

5.2.4.5.2 风机电动机停止运行

对于具有强迫通风的VFD而言，应当通过停止供电的方式阻止一台或多台风机的运转，而VFD以额定负载运行。

注：本条款要求，VFD额定运行且冷却风机不能送风情况下VFD要满足5.2.4.3。

5.2.4.5.3 过滤器堵塞

具有过滤通风口的封闭式VFD应当在以额定负载运行情况下，使通风口阻塞运行，以表示过滤器堵塞。此试验需进行两次：

——将通风口阻塞50%的情况下执行这项试验；

——在完全阻塞的条件下重复执行这项试验。

5.2.4.5.4 冷却剂流失

液体冷却的VFD应当以额定负载运行。应当通过阻断冷却剂流通或者禁止系统冷却剂泵运行的方式对冷却剂流失进行模拟仿真。在冷却剂流失试验终止之后执行5.2.3.2的交流或直流电压试验。

5.2.5 材料试验

5.2.5.1 大电流电弧着火试验

参见GB/T 12668.501—2013中的5.2.5.1。

5.2.5.2 灼热丝试验

应当在4.4.2中规定的条件下按照GB/T 5169.10—2006和GB/T 5169.13—2013的要求进行灼热丝试验。

注：如果需要在同一样品上的一个以上部位进行这项试验，则应当注意保证由前面的试验引起的变形不影响要进行的试验。

5.2.5.3 热丝着火试验(灼热丝试验的替代方法)

参见GB/T 12668.501—2013中的5.2.5.3。

5.2.5.4 可燃性试验

参见GB/T 12668.501—2013中的5.2.5.4。

5.2.6 环境试验

5.2.6.1 一般要求

为了证实VFD在其将要承受的环境类别的极端条件下的安全性，需要进行环境试验。

如果从规格尺寸或功率考虑，不允许整套VFD试验时，允许对其每一部分分别进行试验。

5.2.6.2 接收准则

应当满足下列接收准则：

——VFD的任何安全相关部件没有退化；

——VFD在试验过程中没有潜在危险状态；

——没有部件过热迹象；

——应当没有带电部分变成可触及部分；

——外壳中没有裂纹，而且没有损坏或松动的绝缘子；

——通过5.2.3.2的出厂交流或直流电压试验；

——通过5.2.3.9的保护联结试验；

——VFD在试验之后运行时没有潜在危险状态。

5.2.6.3 气候试验

5.2.6.3.1 干热试验(稳态)

干热(稳态)试验应当按表 22 执行。

表 22 干热试验(稳态)

主　　题	试 验 条 件
试验的依据	GB/T 2423.2—2008 的试验 Bd
要求的依据	4.7.4
预先处理	按 5.1.2 和 5.2.1
工作条件 温度 精度 湿度 暴露持续时间	在额定条件下工作 40 ℃或制造商规定的最大温度,以较高温度为准 ±2 ℃(见 GB/T 2423.2—2008 的 37.1) 按 GB/T 2423.2—2008 的试验 Bd (16±1) h
恢复方法 ——时间 ——气候条件 ● 温度 ● 相对湿度 ● 大气压力 ——电源	 最少 1 h 15 ℃～35 ℃ 25%～75% 86 kPa～106 kPa 电源不连接

5.2.6.3.2 湿热试验(稳态)

为了证明耐湿性,VFD 应当经受一次表 23 规定的湿热试验(稳态)。

表 23 湿热试验(稳态)

主　　题	试 验 条 件
试验的依据	GB/T 2423.3—2006 的试验 Cab
要求的依据	4.7.4
预先处理	按 5.1.2 和 5.2.1
工作条件 特殊预防措施 温度 湿度 暴露持续时间	电源断开 如果在试样中内部电压源所产生的热可以忽略不计,则内部电压源可以保持连接 (40±2) ℃(按 GB/T 2423.3—2006) (93^{+2}_{-3})%,无冷凝 4 d
恢复方法 ——时间 ——气候条件 ● 温度 ● 相对湿度 ● 大气压力 ——电源 ——冷凝	 最少 1 h 15 ℃～35 ℃ 25%～75% 86 kPa～106 kPa 电源断开 在执行交流或直流电压试验或者将 CDM 重新连接到电源上之前,应当通过气流去除所有外部和内部冷凝

5.2.6.4 振动试验

为了验证机械强度,应当作为一项型式试验按表 24 采用一个滑移频率执行一次振动试验。

对于质量大于 100 kg 的 VFD 而言,可以基于组件进行这项试验。

表 24 振动试验

主 题	试 验 条 件
试验的依据	GB/T 2423.10—2008 试验 Fc
要求的依据	4.7.4
预先处理	按 5.1.2 和 5.2.1
条件 运动 振动幅度/加速度 10 Hz≤f≤57 Hz 57 Hz<f≤150 Hz 振动持续时间 固定方式	电源不连接 正弦 0.075 mm 振幅 1 g 在 3 个相互垂直轴的每个轴向 10 个扫描周期 按制造商的技术规范
在制造商规定的振动级大于上述值的场合,应当使用较大振动级进行试验。接收准则不应当改变。	

5.2.7 流体静压

对于型式试验,应当以一个渐变率使液体冷却 VFD 的冷却系统(见 4.4.5.2.2)内部的压力增大,直至有一个(可能装备的)压力释放机构动作或者所达到的压力为系统运行压力值的 2 倍或系统最大压力额定值的 1.5 倍时为止,以较大的压力为准。

对于出厂试验,应当使压力增大到其运行压力值。

压力应当维持至少 1 min。

应当没有由试验引起的热、电击或其他危险。在试验过程中应当没有明显的冷却剂泄漏或压力损失,但在型式试验过程中压力释放机构的冷却剂泄漏或压力损失除外。

6 资料和标志的要求

6.1 一般要求

本条款的目的是定义变频调速设备安全选用、安装、调试、运行与维护所必需的资料和标志的要求。表 25 列出了相关信息,说明了从哪些资料或标志给出这些信息。表中"×"表示要有此信息。

表 25 信息要求

信 息	参照分条款	信息出现的位置[a,b]					参照技术分条款
		1	2	3	4	5	
选用信息	**6.2**						
制造商名称和目录号	6.2	×	×	×	×	×	
电压额定值	6.2	×		×	×	×	

表 25（续）

信　　息	参照分条款	信息出现的位置[a,b]					参照技术分条款
		1	2	3	4	5	
电流额定值	6.2	×		×		×	
功率额定值	6.2	×		×		×	
IP 等级	6.2	×		×		×	4.3.3.3,4.5.2.1
标准引用	6.2			×			
日期代码或序列号	6.2	×					
说明书引用	6.2			×	×	×	
安装与调试信息	**6.3**						
尺寸(SI 单位)	6.3.2			×		×	
质量(SI 单位)	6.3.2		×	×		×	
安装详图(SI 单位)	6.3.2			×		×	
工作和储存环境	6.3.3			×		×	
外壳详情	6.3.3			×		×	4.3.3.3,4.4.3,4.5.2.1
装卸运输和安装要求	6.3.4		×	×		×	
互连和布线图	6.3.5.2			×		×	
电缆要求	6.3.5.3			×		×	4.7.2
端子详情	6.3.5.4	×		×		×	4.7.2.8.2
防护要求	6.3.5.5			×		×	4.3
接地	6.3.5.6	×		×		×	4.3.5.3,4.3.5.3.2,4.3.10
保护接地导体电流	6.3.5.7	×		×		×	4.3.5.5.2,4.3.8
特殊要求	6.3.5.8			×		×	
电源过载保护	6.3.6	×		×		×	
电动机过载保护	6.3.7			×		×	
调试信息	6.3.8			×			
使用信息	**6.4**						
一般要求	6.4.1			×		×	
调整	6.4.2			×	×	×	
标识、符号和信号	6.4.3	×		×	×	×	
维护信息	**6.5**						
维护程序	6.5.1					×	4.3.3.3
维护计划	6.5.1				×	×	
组件和部件位置	6.5.1					×	
修理与更换程序	6.5.1					×	
调整程序	6.5.1			×	×	×	

表 25（续）

信　息	参照分条款	信息出现的位置[a,b]					参照技术分条款
		1	2	3	4	5	
特殊工具一览表	6.5.1				×	×	
电容器放电	6.5.2	×		×		×	4.3.9
自动再起动/旁路	6.5.3			×	×	×	
PT/CT 连接	6.5.4	×		×		×	
其他危险	6.5.5	×				×	

[a] 位置：
1——在产品上(见 6.4.3)；
2——在包装上；
3——在安装手册中；
4——在用户手册中；
5——在维护手册中。

[b] 适当时，安装手册、用户手册和维护手册可以合并；而且，如果顾客接受，也可以采用电子版格式提供这些手册。在给一个顾客提供多台产品时，只要顾客接受，则无需为每一台产品提供一份手册。

鉴于任何电气设备都可以采用可能出现危险状况的方式安装或运行，因而符合本部分的设计要求本身并不保证是一种安全装备。但是，在适当选择符合本部分要求的设备并正确安装和操作时，危险将会减至最低程度。

所有的信息都应当使用适当的语言，并且所有的文件都应当具有识别标志。图形符号应当符合 GB/T 5465.2—2008 或 GB/T 4728.1—2005 的要求。

6.2 选用信息

作为独立产品提供的 VFD 的每个部件，都应当具备与其功能、电气特性和预期使用环境有关的信息，以便能够确定其用途的适宜性和与 VFD 其他部分的兼容性。这种信息包括但不限于：

——制造商、供应商或进口商的名称或商标；
——目录号或等效编号；
——输入和输出电压范围、电流和功率额定值以及电流过载能力信息，包括：
- 相数；
- 频率范围；

——保护类别；
——VFD 可能连接到的供电系统的类型(例如，TN、IT 等)；
——预期短路电流额定值和保护器件特性；
——现场电源要求(如果有的话)；
——液体冷却产品用的冷却剂类型和设计压力；
——IP 等级；
——工作和储存环境；
——对相关制造、试验或使用标准的引用；
——可以确定制造日期的日期代码或序列号；
——对安装、使用和维护说明书的引用。

6.3 安装与现场调试信息

6.3.1 一般要求

提供安全和可靠的安装是安装者、VFD制造商和/或用户的责任。VFD的制造商应当提供用来支持这一任务的资料。这种资料应当是无歧义的，而且可以采用图解形式。

6.3.2 外形及安装图

制造商应当编制下列图样：

——尺寸图，包括产品的重量信息；

——安装图。

尺寸、重量等应当使用国际单位(SI)制。

6.3.3 环境要求

应当为正常运行、运输和储存规定下列环境条件：

——气候(温度、湿度、海拔、污染、紫外线，等等)；

——机械条件；

——电气条件。

注：适当时，可以使用如GB/T 4796—2001中所规定的环境类别。

6.3.4 装卸和安装

为了防止伤害或设备损坏，安装文件应当包括对在安装过程中可能遇到的任何危险的警告。必要时，应当为下列工作提供说明书：

——包装和拆包装；

——移动；

——起吊；

——安装表面的强度和刚度；

——紧固；

——提供用于操作、调整和维护的适当通道。

6.3.5 接线

6.3.5.1 一般要求

应当给安装者提供能够对VFD进行安全电气连接的资料。这些资料中应当包括对在安装、运行或维护过程中可能遇到的危险(例如，触电或能量危险)进行保护的信息。

6.3.5.2 互连和接线图

安装与维护手册应当包含全部接线的详细信息，以及建议采用的互连图。

6.3.5.3 导线(电缆)的选择

安装手册应当定义出VFD所有接线的电压和电流等级以及电缆绝缘要求。这些电压和电流等级应当是在考虑到过电流和过载条件，以及非正弦电流的可能影响时的最不利情况的值。

6.3.5.4 端子容量和标记

安装与维护手册应当指出适用于每个端子的导线规格和类型(单股线或多股线)，还应当指出端子可以同时连接的导线最大数量。对于用户端子,手册应当规定对拧紧力矩值的要求以及对导线或电缆的绝缘温度额定值要求。

所有用户端子的标记应当直接或者用一个紧贴在端子上的标签标识在 VFD 上。

6.3.5.5 保护要求

安装、使用与维护手册应当标示出电压高于 ELV 的任何可触及部分,而且应当说明保护所要求的绝缘和隔离措施。VFD 中采用 0 类保护的可触及 ELV 部分也应当清楚地标示出来,而且在安装手册中应说明提升间接接触防护水平应当采取的措施。

手册还应当指出为确保在安装过程中保持 ELV 连接的安全性需要采取的预防措施。

手册应当提供在等电位连接区域内使用 PELV 电路的说明。

如果采用某种 4.3.4.2～4.3.4.4 提到的方法进行防护,则与该防护电路相关的所有外部端子均需在安装、使用与维护手册中标示出来。

6.3.5.6 接地

安装手册应当规定对 VFD 安全接地的要求。

安装与维护手册应当提供为确保在维护过程中安全接近而使用的接地开关的说明。

保护接地导体的连接端子应当用符合 GB/T 5465.2—2008 中的符号(见附录 B)、或用字母 PE、或者用绿色或绿黄色色标持久清楚地标出。这种标记不应当放置在连接导线时可能卸下的螺钉、垫圈或其他零件上,也不应当使用在连接导线时可能卸下的螺钉、垫圈或其他零件固定。

Ⅱ类保护的设备应当用符合 GB/T 5465.2—2008 中的符号(见附录 B)标示出来。在这类设备由于功能原因而具有接地导体的连接措施(见 4.3.5.6)的场合,应当用符合 GB/T 5465.2—2008 中的符号(见附录 B)标示出来。

6.3.5.7 保护接地导体电流

在保护接地导体中的接触电流(见 4.3.5.5.2)超过交流 3.5 mA 或直流 10 mA 的场合,应当在安装与维护手册中对此加以说明。此外,还应当在产品上放置一个“小心”警告符号(GB 2894—2008 表 2-1,见附录 B);而且在安装手册中应当有一条警告提示,向用户说明保护接地导体的最小规格应当符合当地有关高保护接地导体电流设备的安全规程。

安装与维护手册应当说明与 RCD 的兼容性(见 4.3.8)。

6.3.5.8 特殊要求

如果有对电缆和接线的特殊要求,应该在安装与维护手册中明确指出。

6.3.6 过电流或短路保护

在必须使用外部设备作过电流或短路保护的场合,安装手册应当规定相关器件的特性。

6.3.7 电动机过载保护

对于内部装有电动机过载保护装置的 VFD 而言,其安装与维护手册应当以满载电流的百分比和持续时间说明所提供的过载保护特性。如果这种保护装置是可调的,手册中应当包括对调整的说明。

对于内部没有安装电动机过载保护装置,而是确定与外部或远程过载保护装置一起使用的 VFD,其手册应当指出需由使用者提供这样的保护装置。

总之,VFD 手册应当包含对电机过载保护的相关说明。

6.3.8 现场调试

如果现场调试试验是为保证VFD的电气和热安全所必需的,则应当为VFD的每个部分提供用来支持这些试验的资料。这些资料可能取决于特定的装备,因此要求在制造商、安装者与用户之间进行密切联络。

现场调试资料应当包括对在现场调试过程中可能遇到的危险的说明,例如6.4和6.5中提到的信息。

6.4 使用信息

6.4.1 一般要求

用户手册应当包括有关VFD安全运行的所有信息。特别是应当指出任何危险材料以及任何触电、过热、爆炸、过度噪声等危险。

手册还应当指出任何由可合理预见的VFD误用而造成的危险。

6.4.2 参数调整

用户手册中应当给出供用户使用的所有与安全相关参数调整的详细信息。各种控制或指示器件以及熔断器的标号或功能都应当在器件附近标示出来。不能在产品上标示出来的场合,应当在手册中用图给出这些信息。

在用户手册中也可以对维护相关要求进行描述,但应当清楚地指出这些维护只能由有相应资格的合格人员完成。

对于过度调整可能导致VFD出现危险状态的场合,应当给出清楚的警告。

对于进行调整所必需的任何专用设备,应当做出规定和说明。

6.4.3 标识、符号和信号

6.4.3.1 一般要求

标识应当符合良好的人体工效原则,因而警告提示、控制器件、指示器件、试验装置、熔断器等应当置于明显位置,而且应当合乎逻辑地分组以便于正确无误地识别出来。

所有与安全相关的设备标识,都应当放置在设备安装好后可以看见的位置,或者放置在在开门或卸下盖板后容易看见的位置。

在卸下盖板后存在危险的场合,应当在设备上设置一个警告标识。在盖板卸下之前,这个标识应当可以看见。

标识应当:

——在任何可能的场合,使用GB 2894—2008、ISO 7000:2004或GB/T 5465.2—2008给出的国际通用符号;

——如果没有国际通用符号可用,则用一种合适的语言或者一种与特定技术领域相关的语言表达;

——显著、字迹清楚且耐久;

——简明且无歧义;

——阐明所涉及的危险,并给出能够减少危险的方法。

在向有关人员说明关于以下几个方面时:

——**避免什么**:措词应当包括“不(no)”“不要(do not)”或“禁止(prohibited)”;

——**应做什么**:措词应当包括“应当(shall)”或“必须(must)”;

——**危险的性质**:措词应当适当包括“小心(caution)”“警告(warning)”或“危险(danger)”;

——**安全条件的性质**：措词应当包括与安全设备相称的名词。

安全标志符号应符合 GB 2894—2008 的规定。

应当使用下列标志符号用语并遵守以下分级结构：

——**危险**(DANGER)，提醒注意高度危险，例如“高压(High voltage)”；

——**警告**(WARNING)，提醒注意中度危险，例如“这个表面可能是热的”；

——**小心**(CAUTION)，提醒注意低度危险，例如“本部分中规定的一些试验项目牵涉到使用某些步骤，这些步骤会对相关人员产生危险”。

VFD 上的危险、警告和小心标志应当大小适当，标题文字“危险(DANGER)”“警告(WARNING)”或“小心(CAUTION)”的字体高度不小于 3.2 mm。这类标志中其他文字的高度应当不小于 1.6 mm。

6.4.3.2 隔离开关

在隔离装置不是用来切断负载电流的场合，应当使用一条警告标志声明：

不要带负载断开(DO NOT OPEN UNDER LOAD)。

下列要求适用于不是连接在 VFD 总进线的任何电源隔离装置：

——如果隔离装置安装在柜内，有可供在外部操作的手柄，则应当靠近操作手柄设置一个警告标识，声明它不用来切断所有的 VFD 电源；

——在控制电路断路器由于尺寸和位置原因而可能与电源电路断路器发生混淆的场合，应当靠近控制电路断路器操作手柄设置一个警告标识，声明它不用来切断所有的 VFD 电源。

6.4.3.3 声光报警信号

可见信号(例如闪光信号灯)和可听信号(例如警报器)可以用来表示 VFD 出现故障或报警。

这些信号必须：

——无歧义；

——能够被明显觉察到；

——能够被用户清楚辨认。

注：建议为较高优先级信息使用较高频率的闪光。

6.4.3.4 炽热表面

对于可能超过表 14 的温度极限的表面，应当用警告符号(GB 2894—2008 表 2-24，见附录 B)标示出来。用户手册也应当包含这一信息。

6.4.3.5 设备标志

每一种控制或指示器件和熔断器的标识都应当在其附近标记出来。对于可替换的熔断器，应当标明其额定值和时间特性。在不能在产品上做出标识的场合，应当在手册中提供图形信息。

在每个可移动连接器的上面或附近，应当标记有适当的标识。

对于测试点，应当单独标明参考电路图。

对于任何带极性装置的极性，应当靠近装置标识出来。

6.5 维护信息

6.5.1 一般要求

在维护手册中应当提供包括下列内容在内的安全信息：

——预防性维护的程序和计划；

——维护过程中的安全预防措施(例如为高压 VFD 使用接地开关)；
——可能在维护过程中(例如,在卸下盖板时)可触及的带电部件的位置；
——调整程序；
——组件和部件的修理和更换程序；
——任何其他相关信息。

6.5.2 电容器放电

如果 4.3.9 第一句的要求得不到满足,则应当在外壳、电容器保护隔板上的某个清晰可见位置或者在靠近相关电容器的某一点(视结构而定),设置警告符号(GB 2894—2008 表 2-27,见附录 B)和一个放电时间标记(例如 45 s、5 min)。在安装与维护手册中应当对该符号加以解释并对在 VFD 切断电源之后电容器放电所需的时间加以说明。

6.5.3 自动再起动/旁路连接

如果 VFD 被配置成能保证自动再起动或自动旁路连接,则安装、使用与维护手册应当包含适当的警告信息。

对于设定成能在切断电源之后保证自动再起动或自动旁路连接的 VFD,应当在装备上清楚地标识出来。

注：此处的旁路是指通过接触器切换直接将电机接到电网,VFD 与电机脱离。

6.5.4 PT/CT 连接

对于具有监控功能的 VFD,如果使用了连接到高压电网的电压互感器(PT)或用于测量大电流的电流互感器(CT),则应当清楚地标识出来,以说明在二次回路断开之后可能出现瞬时高电压的危险。对于这些危险,也应当在安装与维护手册中予以说明。

6.5.5 其他危险

VFD 制造商应当确定,VFD 中需要采取特殊措施以防止危险的任何部件和材料。

附 录 A
（资料性附录）
针对海拔的电气间隙修正

根据帕邢定律，空气中不同电压所需的电气间隙是随大气压力的变化而变化的。表10中给出的电气间隙在海拔2 000 m以下有效。海拔2 000 m以上的电气间隙必须乘以表A.1中给出的系数。

表A.1 海拔在2 000 m～9 000 m电气间隙的修正系数（见4.3.6.4.1）

海拔 m	标准大气压力 kPa	间隙的倍乘系数
2 000	80.0	1.00
3 000	70.0	1.14
4 000	62.0	1.29
5 000	54.0	1.48
6 000	47.0	1.70
7 000	41.0	1.95
8 000	35.5	2.25
9 000	30.5	2.62

在海拔2 000 m以下为验证电气间隙而执行的冲击试验必须使用已经针对空气压力（海拔）修正的试验电压。针对三个海拔高度修正的试验电压在表A.2中给出。就固体绝缘的冲击试验而言，无需针对海拔进行试验电压的修正。表A.2的电压值仅适用于电气间隙的验证。

表A.2 对不同海拔时的电气间隙进行验证所用的试验电压

冲击电压 （引自表9） kV	0海拔时的 冲击试验电压 kV	200 m海拔时的 冲击试验电压 kV	500 m海拔时的 冲击试验电压 kV
0.33	0.36	0.36	0.35
0.50	0.54	0.54	0.53
0.80	0.93	0.92	0.90
1.50	1.8	1.7	1.7
2.50	2.9	2.9	2.8
4.00	4.9	4.8	4.7
6.00	7.4	7.2	7.0
8.00	9.8	9.6	9.4
12.00	15	14	14
20	25	24	24
40	50	49	47
60	75	73	71

表 A.2（续）

冲击电压 （引自表 9） kV	0 海拔时的 冲击试验电压 kV	200 m 海拔时的 冲击试验电压 kV	500 m 海拔时的 冲击试验电压 kV
75	94	92	88
95	119	116	112
125	156	152	148
145	181	177	171

注 1：关于影响因素（空气压力、海拔、温度、湿度）相对于间隙的电气强度的解释在 GB/T 16935.1—2008 的 6.1.2.2.1.3 中给出。

注 2：在对间隙进行试验时，相关联的固体绝缘将承受试验电压。随着冲击试验电压相对于额定冲击电压而增大，将对固体绝缘进行相应的设计。这样得到的结果是增大的固体绝缘冲击耐受能力。

注 3：上面给出的值已经由 GB/T 16935.1—2008 中 6.1.2.2.1.3 的计算舍入取整。

注 4：本表的计算基于电气间隙 100 mm 以下的数据。因此，表中冲击电压 75 kV 及以上的相关数据仅供参考。

附　录　B
（资料性附录）
本部分中使用的符号

本部分中使用的符号见表 B.1。

表 B.1　使用的符号

符　号	引用标准	说　明	分条款
	GB/T 5465.2—2008	保护接地	6.3.5.6
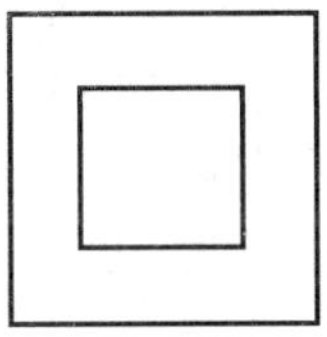	GB/T 5465.2—2008	Ⅱ类（双重绝缘）设备	6.3.5.6
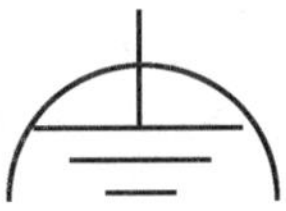	GB/T 5465.2—2008	功能接地	6.3.5.6
	GB 2894—2008 表 2-1	小心	6.3.5.7
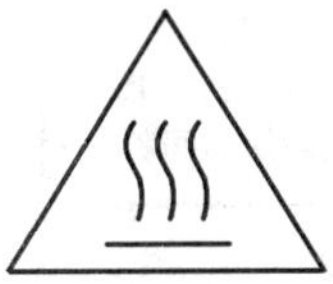	GB 2894—2008 表 2-24	小心，高温表面	6.4.3.4
	GB 2894—2008 表 2-7	危险电压	6.5.2
	GB 2894—2008 表 3-5	注意听力危险，佩戴听力保护装置	4.6.2

附 录 C
（规范性附录）
频率高于 30 kHz 时电气间隙和爬电距离的确定

C.1 电气间隙

当工作电压的基波频率大于 30 kHz 时，可参照图 C.1 确定电气间隙。非均匀电场条件下的电气间隙参见表 C.1。

注：对于超过 30 kHz 的频率，当导电部分的曲率半径 r 大于或等于电气间隙的 20% 时，则认为存在一个近似均匀场。

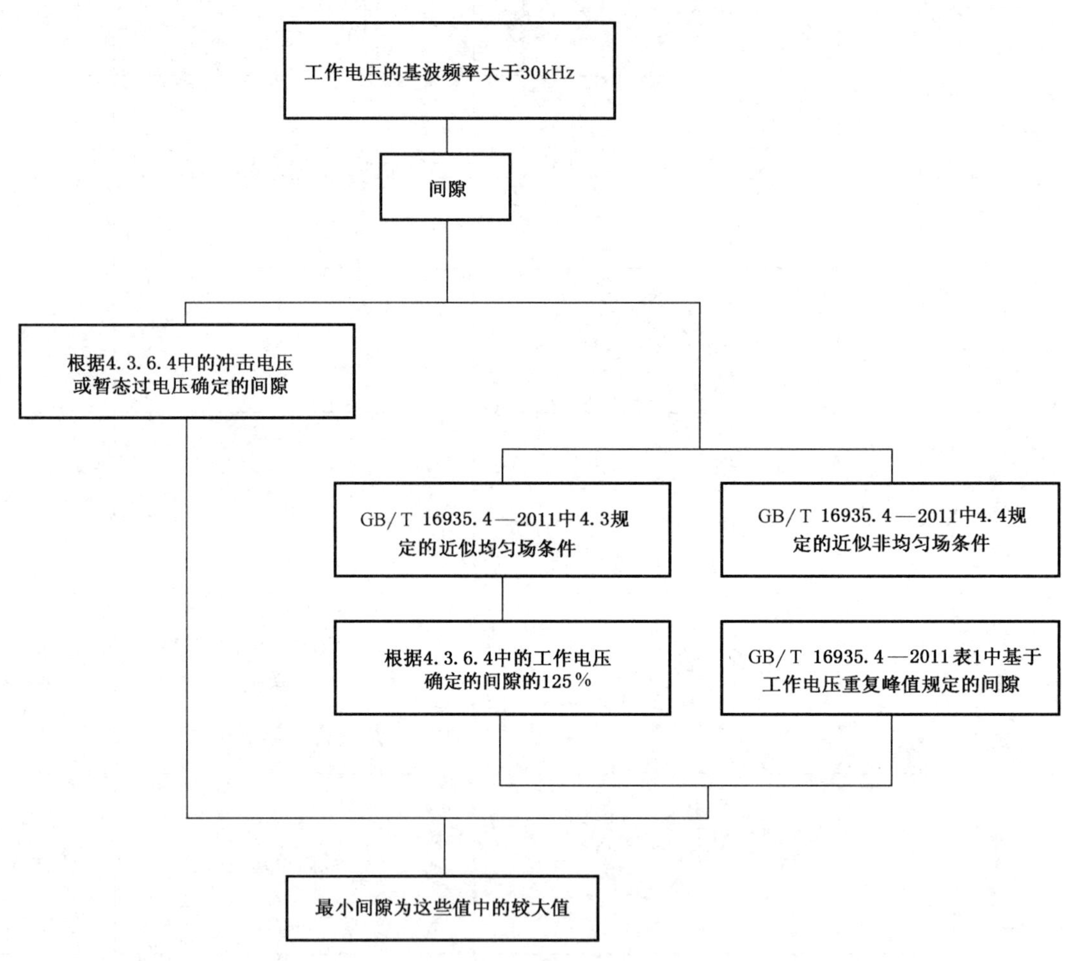

图 C.1 频率高于 30 kHz 时电气间隙的确定

表 C.1　大气压力下非均匀场条件时电气间隙的最小值(GB/T 16935.4—2011 的表 1)

峰值电压[a] kV	间隙 mm
≤0.6[b]	0.065
0.8	0.18
1.0	0.5
1.2	1.4
1.4	2.35
1.6	4.0
1.8	6.7
2.0	11.0

[a] 对于本表中规定值之间的电压,允许采用插值法。

[b] 对于小于 0.6 kV 的峰值电压,没有数据可用。

C.2　爬电距离

当工作电压的基波频率大于 30 kHz 时,基于工作电压重复峰值的爬电距离参见表 C.2。

表 C.2　不同频率范围时爬电距离的最小值(GB/T 16935.4—2011 的表 2)

峰值电压 kV	爬电距离[a,b] mm						
	30 kHz< f≤100 kHz	100 kHz< f≤0.2 MHz	0.2 MHz< f≤0.4 MHz	0.4 MHz< f≤0.7 MHz	0.7 MHz< f≤1 MHz	1 MHz< f≤2 MHz	2 MHz< f≤3 MHz
0.1	0.016 7						0.3
0.2	0.042					0.15	2.8
0.3	0.083	0.09	0.09	0.09	0.09	0.8	20
0.4	0.125	0.13	0.15	0.19	0.35	4.5	
0.5	0.183	0.19	0.25	0.4	1.5	20	
0.6	0.267	0.27	0.4	0.85	5		
0.7	0.358	0.38	0.68	1.9	20		
0.8	0.45	0.55	1.1	3.8			
0.9	0.525	0.82	1.9	8.7			
1	0.6	1.15	3	18			
1.1	0.683	1.7	5				
1.2	0.85	2.4	8.2				
1.3	1.2	3.5					
1.4	1.65	5					

表 C.2（续）

峰值电压 kV	爬电距离[a,b] mm						
	30 kHz< f≤100 kHz	100 kHz< f≤0.2 MHz	0.2 MHz< f≤0.4 MHz	0.4 MHz< f≤0.7 MHz	0.7 MHz< f≤1 MHz	1 MHz< f≤2 MHz	2 MHz< f≤3 MHz
1.5	2.3	7.3					
1.6	3.15						
1.7	4.4						
1.8	6.1						

[a] 本表中的爬电距离值是用于污染等级 1。对于污染等级 2，应当使用倍乘系数 1.2；对于污染等级 3，应当使用倍乘系数 1.4。

[b] 在两栏之间允许使用插值法。

附 录 D
（资料性附录）
圆导体的截面

圆铜导体的标准截面值如表D.1中所示，这个表还给出了ISO公制尺寸与AWG/MCM线号之间的近似关系。

表D.1 圆导体的标准截面

ISO标准截面 mm^2	AWG/MCM	
	线 号	等效截面 mm^2
0.2	24	0.205
—	22	0.324
0.5	20	0.519
0.75	18	0.82
1.0	—	—
1.5	16	1.3
2.5	14	2.1
4.0	12	3.3
6.0	10	5.3
10	8	8.4
16	6	13.3
25	4	21.2
35	2	33.6
50	0	53.5
70	00	67.4
95	000	85.0
—	0000	107.2
120	250 MCM	127
150	300 MCM	152
185	350 MCM	177
240	500 MCM	253
300	600 MCM	304
注：所出现的短划线，在考虑到连接容量时当作一个尺寸(见4.7.2.8.2)。		

附 录 E
（资料性附录）
直接接触情况下防护的实例

图 E.1～图 E.3 示出了在直接接触情况下所采用防护方法的实例（见 4.3.4）。图 E.1～图 E.3 中线型说明如下：

－－－－－直接接触防护；

—·—·—与需要直接接触防护的电路保护隔离。

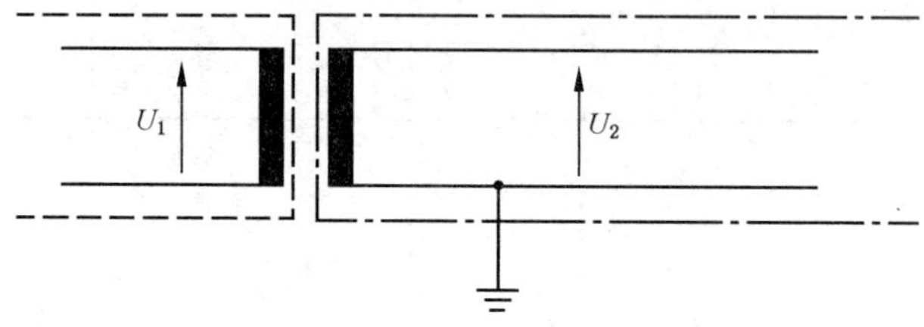

说明：

U_1——接地或不接地的危险电压；

U_2——≤交流 30 V。

图 E.1 有保护隔离时利用 DVC A 的防护

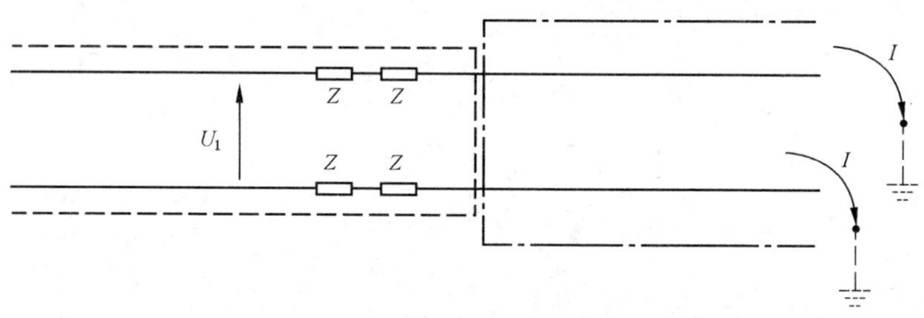

说明：

U_1——接地或不接地的危险电压；

I ——≤交流 3.5 mA、直流 10 mA。

注：用于在单一故障条件下提供防护，$I=U_1/Z$。

图 E.2 利用保护阻抗的防护

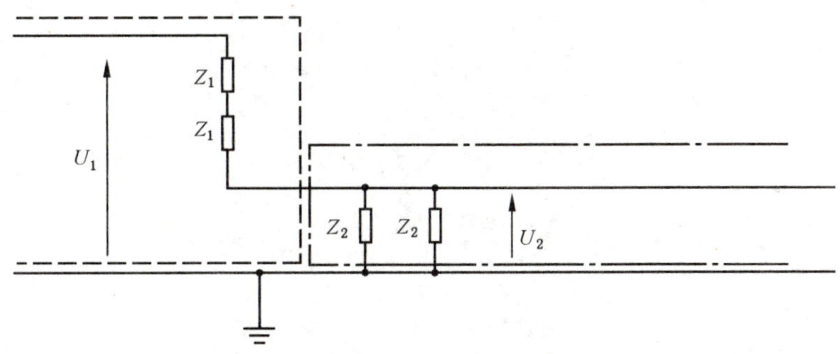

说明：

U_1——接地的危险电压；

U_2——≤交流 30 V、直流 60 V。

注：用于在单一故障条件下提供防护，$U_2=U_1Z_2/(2Z_1+Z_2)$ 或 $U_2=U_1Z_2/2(Z_1+Z_2/2)$。

图 E.3　利用限制电压的防护

ICS 29.240.99
K 46

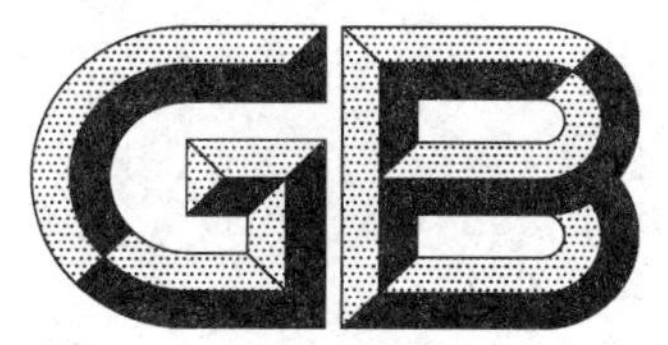

中华人民共和国国家标准

GB/T 30844.3—2017

1 kV 及以下通用变频调速设备 第3部分:安全规程

Variable-frequency drive of 1 kV and below—
Part 3: Safety requirements

2017-09-07 发布 2018-04-01 实施

中华人民共和国国家质量监督检验检疫总局
中国国家标准化管理委员会 发布

前言

《通用变频调速设备》系列国家标准预计结构如下：

——《1 kV 及以下通用变频调速设备》；

——《1 kV 以上不超过 35 kV 的通用变频调速设备》。

GB/T 30844 拟分成部分出版。目前计划发布以下 3 部分：

—— 第 1 部分：技术条件；

—— 第 2 部分：试验方法；

—— 第 3 部分：安全规程。

本部分为 GB/T 30844 的第 3 部分。

本部分按照 GB/T 1.1—2009 给出的规则起草。

本部分由中国电器工业协会提出。

本部分由全国变频调速设备标准化技术委员会（SAC/TC 518）归口。

本部分负责起草单位：天津电气科学研究院有限公司、希望森兰科技股份有限公司、上海雷诺尔科技股份有限公司、北京 ABB 电气传动系统有限公司、上海辛格林纳新时达电机有限公司、北京合康亿盛变频科技股份有限公司、山东泰开自动化有限公司、国家电控配电设备质量监督检验中心、深圳市英威腾电气股份有限公司、武汉港迪电气有限公司、深圳市正弦电气股份有限公司、山东新风光电子科技发展有限公司。

本部分主要起草人：楚子林 、张庆、韩东明、杜俊明、陈国成、温湘宁、金辛海、董天舒、陈秋泉、李凯、董瑞勇、谢鸣、张晓光、赵树国。

1 kV及以下通用变频调速设备
第3部分:安全规程

1 范围

GB/T 30844的本部分规定了通用变频调速设备或其元件有关电气、热和能量等除供电电源以外安全方面的要求。本部分不覆盖用于牵引和电动车辆的变频调速设备、电动机等。

本部分适用于额定输入电压为交流1 kV等级及以下,额定输入频率为50 Hz或60 Hz,输出电压不超过1 kV,输出频率小于600 Hz的通用变频调速设备(以下简称变频调速设备)。

注:交流额定电压1 140 V的变频调速设备可参照本部分执行。有关的性能等要求由制造厂和用户协商确定。

2 规范性引用文件

下列文件对于本文件的应用是必不可少的。凡是注日期的引用文件,仅注日期的版本适用于本文件。凡是不注日期的引用文件,其最新版本(包括所有的修改单)适用于本文件。

GB/T 311.1—2012 绝缘配合 第1部分:定义、原则和规则

GB/T 2423.2—2008 电工电子产品环境试验 第2部分:试验方法 试验B:高温

GB/T 2423.3—2006 电工电子产品环境试验 第2部分:试验方法 试验Cab:恒定湿热试验

GB/T 2423.10—2008 电工电子产品环境试验 第2部分:试验方法 试验Fc:振动(正弦)

GB 2894—2008 安全标志及其使用导则

GB/T 3048.14—2007 电线电缆电性能试验方法 第14部分:直流电压试验

GB/T 4207—2012 固体绝缘材料耐电痕化指数和相比电痕化指数的测定方法

GB/T 4208—2017 外壳防护等级(IP代码)

GB/T 4728.1—2005 电气简图用图形符号 第1部分:一般要求

GB/T 4796—2008 电工电子产品环境条件分类 第1部分:环境参数及其严酷程度

GB/T 5169.10—2006 电工电子产品着火危险试验 第10部分:灼热丝/热丝基本试验方法 灼热丝装置和通用试验方法

GB/T 5169.13—2013 电工电子产品着火危险试验 第13部分:灼热丝/热丝基本试验方法 材料的灼热丝起燃温度(GWIT)试验方法

GB/T 5169.16—2008 电工电子产品着火危险试验 第16部分:试验火焰 50 W水平与垂直火焰试验方法

GB/T 5169.17—2008 电工电子产品着火危险试验 第17部分:试验火焰 500 W火焰试验方法

GB/T 5465.2—2008 电气设备用图形符号 第2部分:图形符号

GB/Z 6829—2008 剩余电流动作保护器的一般要求

GB/T 11918.1—2014 工业用插头插座和耦合器 第1部分:通用要求

GB/T 12113—2003 接触电流和保护导体电流的测量方法

GB/T 12668.1—2002 调速电气传动系统 第1部分:一般要求 低压直流调速电气传动系统额定值的规定

GB/T 12668.2—2002 调速电气传动系统 第2部分:一般要求 低压交流变频电气传动系统额

定值的规定

GB/T 12668.4—2006 调速电气传动系统 第4部分:一般要求 交流电压1 000 V以上但不超过35 kV的交流调速电气传动系统额定值的规定

GB/T 12668.501—2013 调速电气传动系统 第5-1部分:安全要求 电气、热和能量

GB/T 14048.7—2006 低压开关设备和控制设备 第7-1部分:辅助器件 铜导体的接线端子排

GB/T 14048.8—2006 低压开关设备和控制设备 第7-2部分:辅助器件 铜导体的保护导体接线端子排

GB/T 16895.1—2008 低压电气装置 第1部分:基本原则、一般特性评估和定义

GB/T 16895.10—2010 低压电气装置 第4-44部分:安全防护 电压骚扰和电磁骚扰防护

GB/T 16935.1—2008 低压系统内设备的绝缘配合 第1部分:原理、要求和试验

GB/T 16935.3—2005 低压系统内设备的绝缘配合 第3部分:利用涂层、罐封和模压进行防污保护

GB/T 16935.4—2011 低压系统内设备的绝缘配合 第4部分:高频电压应力考虑事项

GB/T 17627.1—1998 低压电气设备的高电压试验技术 第一部分:定义和试验要求

GB/T 18802.12—2014 低压电涌保护器(SPD) 第12部分:低压配电系统的电涌保护器 选择和使用导则

GB/T 19214—2008 电器附件 家用和类似用途剩余电流监视器

GB/T 30843.2—2014 1 kV以上不超过35 kV的通用变频调速设备 第2部分:试验方法

GB/T 30844.2—2014 1 kV及以下通用变频调速设备 第2部分:试验方法

ISO 7000:2004 设备用图形符号 索引和一览表

3 术语和定义

下列术语和定义适用于本文件。

3.1

变频器 converter, adjustable frequency

用于改变频率的变流器。

[GB/T 12668.2—2002,定义2.2.5]

3.2

整流器 rectifier

将单相或多相交流电流变换成单一方向电流的电能变换器。

[GB/T 2900.83—2008,定义151-13-45]

3.3

逆变器 inverter

将直流电流变换成单相或多相交流电流的电能变换器。

[GB/T 2900.83—2008,定义151-13-46]

3.4

基本传动模块 basic drive module; BDM

由功率变换器部分和控制部分组成,用于控制电动机的速度、转矩、电流、电压等的传动部件。参见图1。

注1:模块化的变频调速设备是BDM的一种型式。

注2:改写GB/T 12668.501—2013,定义3.2。

3.5

成套传动模块　complete drive module;CDM

由(但不限于)BDM和诸如馈电部分和辅助设备等组成的传动系统,不包括电动机和以机械方式耦合于其轴上的传感器(参见图1)。

注1:带有馈电开关等外延部件的柜装式的变频调速设备是CDM的一种型式。

注2:改写GB/T 12668.501—2013,定义3.4。

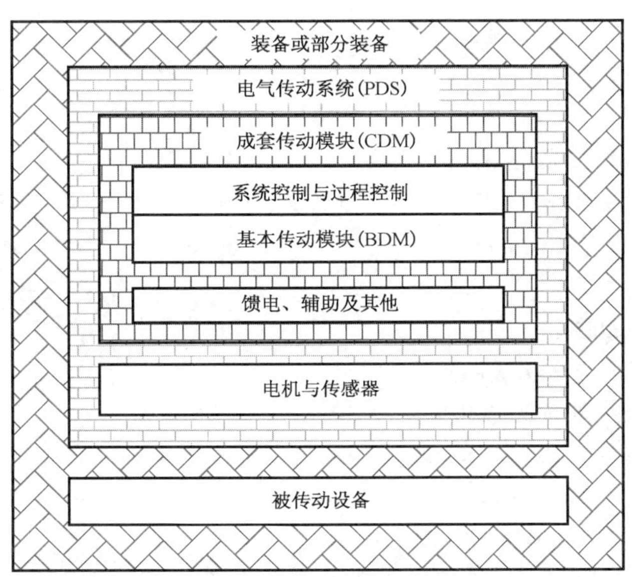

图1　装备的组成部分

3.6

电气传动系统　power drive system;PDS

包括CDM和电动机,但不包括被传动设备的电动机速度控制系统。参见图1。

[GB/T 12668.501—2013,定义3.20]

3.7

装备　installation

至少包括PDS和被传动设备两者的一台或数台设备。参见图1。

注:"installation"这个词还用来表示安装PDS/CDM/BDM的过程。

[GB/T 12668.501—2013,定义3.14]

3.8

变频调速设备　variable-frequency drive

由变频器作为功率变换部分构成的CDM或BDM;或由整流器加逆变器作为功率变换部分构成的CDM或BDM。

注:本部分用缩写VFD表示"变频调速设备"。

3.9

高压VFD　high-voltage VFD

额定电源电压为交流大于1 kV并不超过35 kV,额定电源频率50 Hz或60 Hz的VFD产品。

3.10

低压VFD　low-voltage VFD

额定电源电压为交流1 kV及以下,额定电源频率50 Hz或60 Hz的VFD产品。

3.11

功能绝缘 functional insulation

电路正常工作所必需的位于电路中导电部件之间的绝缘，此绝缘不提供电击防护功能。

注：改写 GB/T 12668.501—2013，定义 3.12。

3.12

基本绝缘 basic insulation

能够提供基本防护的危险带电部分上的绝缘。

注：本概念不适用于仅用作功能性目的的绝缘。

[GB/T 2900.1—2008，定义 3.5.70]

3.13

附加绝缘 supplementary insulation

除了基本绝缘外，用于故障防护附加的单独绝缘。

[GB/T 2900.1—2008，定义 3.5.71]

3.14

双重绝缘 double insulation

既有基本绝缘又有附加绝缘构成的绝缘。

注 1：基本绝缘和附加绝缘是分开的，都用来对防触电起基本保护作用。

注 2：改写 GB/T 2900.1—2008，定义 3.5.72。

3.15

加强绝缘 reinforced insulation

危险带电部分具有相当于双重绝缘的电击防护等级的绝缘。

[GB/T 2900.1—2008，定义 3.5.73]

3.16

保护隔离 protective separation

在电路之间通过基本保护和附加保护措施（基本绝缘加附加绝缘或保护屏蔽）或一种等效保护措施（例如加强绝缘）实现隔离。

[GB/T 12668.501—2013，定义 3.32]

3.17

电气击穿 electrical breakdown

在承受电应力状态下的绝缘失效，放电电荷直接将绝缘两侧连接起来，致使绝缘两侧的电压几乎降至零。

注：改写 GB/T 12668.501—2013，定义 3.10。

3.18

0 类防护 protective class 0

在设备中，电击防护只依赖于基本绝缘。

注：当基本绝缘失效时，这类设备就变得危险了。

[GB/T 12668.501—2013，定义 3.24]

3.19

Ⅰ类防护 protective class Ⅰ

在设备中，电击防护不仅依赖于基本绝缘，而且还包括附加安全预防措施，即为装备中外露导电部件与保护（接地）导体间的固定导体连接提供手段，这样即使基本绝缘失效，可触及导电部件也不会带电。

注：改写 GB/T 12668.501—2013，定义 3.25。

3.20

Ⅱ类防护 protective class Ⅱ

在设备中，电击防护不仅依赖于基本绝缘，而且还提供诸如附加绝缘或加强绝缘等附加安全预防措施，没有保护接地措施或者不依赖电气安装的条件。

[GB/T 12668.501—2013，定义 3.26]

3.21

Ⅲ类防护 protective class Ⅲ

在设备中，电击防护依赖于 ELV 电源，而且不产生高于 ELV 的电压，没有保护接地措施。

[GB/T 12668.501—2013，定义 3.27]

3.22

保护接地 protective earthing；PE

为了电气安全，将系统、装置或设备的一点或多点接地。

[GB/T 2900.1—2008，定义 3.5.9]

3.23

保护接地导体 protective earthing conductor

用于保护接地的保护导体。

[GB/T 2900.73—2008，定义 195-02-11]

3.24

保护阻抗 protective impedance

连接在带电部件和外露导电部件之间的阻抗，其值应在正常使用和可能的故障条件下将电流限制在某一安全值以下，而且其结构保证在设备的整个寿命周期内维持其可靠性。

[GB/T 12668.501—2013，定义 3.30]

3.25

[电气]保护屏蔽 （electrically） protective screening；（electrically） protective shielding（US）

用与保护接地导体连接的导电屏蔽体将电气回路和/或导体与危险带电部件隔开，并提供电击防护。

注：改写 GB/T 2900.73—2008，定义 195-06-18。

3.26

保护联结 protective bonding

为安全起见在导电部件之间设置的电气连接。

注：改写 GB/T 12668.501—2013，定义 3.23。

3.27

工作电压 working voltage

设计时考虑的在额定电源电压（不考虑波动）及最坏运行状态下出现在电路中或绝缘两端的电压。

注 1：工作电压可以是直流或交流。使用方均根值和重复峰值。

注 2：改写 GB/T 12668.501—2013，定义 3.43。

3.28

系统电压 system voltage

用来确定绝缘要求的电压。

注：关于系统电压的进一步研究，见 4.3.6.2.1。

[GB/T 12668.501—2013，定义 3.38]

3.29

暂时过电压 temporary overvoltage

持续相对长时间的工频过电压。

注：改写 GB/T 16935.1—2008,定义 3.7.1。

3.30

现场调试试验 commissioning test

在现场对某台部件或设备进行的试验,为验证安装和运行的正确性。

[GB/T 12668.501—2013,定义 3.6]

3.31

出厂试验 routine test

在制造期间或制造之后对各个部件进行的试验,用于确定其是否符合某一准则。

[GB/T 12668.501—2013,定义 3.34]

3.32

抽样试验 sample test

从一批产品中随机抽取少量产品(样本)所进行的试验。

[GB/T 12668.501—2013,定义 3.36]

3.33

型式试验 type test

对按照某一设计制造的一个或数个产品进行的试验,用于证明该设计满足特定的技术要求。

[GB/T 12668.501—2013,定义 3.41]

3.34

界定电压等级 decisive voltage class;DVC

为确定电击防护措施类别而划分的电压范围。

[GB/T 12668.501—2013,定义 3.7]

3.35

特低电压 extra low voltage;ELV

不超过交流方均根值 50 V 和直流 120 V 的任何电压。

注 1：纹波电压方均根值不大于直流分量的 10%。

注 2：在本部分中,电击防护取决于界定电压等级。ELV 的电压范围中包含有 DVC A 和 B。

[GB/T 12668.501—2013,定义 3.9]

3.36

保护性 ELV(PELV)电路 protective ELV (PELV) circuit

同时具有下列特点的电路：

——在单一故障条件下以及在正常条件下电压不持续超过 ELV;

——与非 PELV 或 SELV 的电路之间有保护隔离;

——有 PELV 电路的接地措施、或其外露导电部件的接地措施、或两者都有。

注：改写 GB/T 12668.501—2013,定义 3.21。

3.37

安全 ELV(SELV)电路 safety ELV (SELV) circuit

同时具有下列特点的电路：

——电压不超过 ELV;

——与非 SELV 或 PELV 的电路之间有保护隔离;

——没有 SELV 电路或其外露导电部件的接地措施;

——SELV 电路与地和 PELV 电路之间有基本绝缘。

注：改写 GB/T 12668.501—2013，定义 3.35。

3.38

（对地）泄漏电流　(earth) leakage current

在没有绝缘故障的情况下从装备的带电部件流向地的电流。

[GB/T 12668.501—2013，定义 3.16]

3.39

接触电流　touch current

在人体或动物身体接触到电气装备或电气设备的一个或数个可触及部分时通过的电流。

[GB/T 12668.501—2013，定义 3.40]

3.40

预期短路电流　prospective short-circuit current

在尽可能靠近 PDS/CDM/BDM 电源端子的位置用一根可忽略阻抗的导线使电路电源短路时所通过的电流。

[GB/T 12668.501—2013，定义 3.22]

3.41

封闭的电气操作区域　closed electrical operating area

仅限于专业人员或受过培训人员使用钥匙或工具开门或移动障碍才能进入、并具有明显的适当警告标志的电气设备用房间或区域。

[GB/T 12668.501—2013，定义 3.5]

3.42

预期寿命　expected lifetime

在额定条件下安全性能特性有效的最小持续时间。

[GB/T 12668.501—2013，定义 3.11]

3.43

带电部件　live part

规定在正常使用时带电的导体或导电部件，包括中性导线，但不包括保护接地中性线。

[GB/T 12668.501—2013，定义 3.17]

3.44

开放式（产品）　open type (product)

预定安装在将提供接近防护的外壳或组件内的（产品）。

[GB/T 12668.501—2013，定义 3.19]

3.45

用户端子　user terminal

为 PDS/CDM/BDM 的外部连接提供的端子。

[GB/T 12668.501—2013，定义 3.42]

3.46

等电位联结区域　zone of equipotential bonding

将所有可同时触及的导电部件电气连接起来以防在它们之间出现危险电压的区域。

注：就等电位联结而言，没有必要将相关的部件接地。

[GB/T 12668.501—2013，定义 3.44]

4 设计和制造的安全要求

4.1 一般要求

本条规定了对变频调速设备设计和制造的最低要求，以保证其在预期寿命期间内，在安装过程中、在正常工作条件下以及设备维护过程中的安全。同时也考虑相应的措施，使由可合理预见的错用导致的危险减到最小。

表1中给出了变频调速设备CDM和BDM与本章中的安全要求的对应关系。

表1 对CDM/BDM的要求的相关性

分条款	标题	CDM/BDM
4.2	故障状态下危险的防护	A
4.3.1	界定电压等级	A
4.3.2	保护隔离	A
4.3.3	直接接触防护	C
4.3.4	直接接触情况下的防护	C
4.3.5.1	一般要求	A
4.3.5.2	带电部件与可触及导电部件之间的绝缘	C
4.3.5.3	保护联结电路	C
4.3.5.4	保护接地导体	A
4.3.5.5	保护接地导体的连接方法	A
4.3.5.6	Ⅱ类防护设备的特点	C
4.3.6	绝缘	A
4.3.7	输出短路要求	A
4.3.8	剩余电流保护装置(RCD)或剩余电流监控装置(RCM)的兼容性	C
4.3.9	电容器放电	A
4.4	热危险防护	A
4.4.3	外壳材料的可燃性	C
4.4.5	对液体冷却VFD的特殊要求	A
4.5.1	机械能量危险	C
4.5.2	外壳要求	C
4.6	运行危险的防护	A
4.7.2	电气连接要求	A
A:要求始终相关。 C:如果CDM或BDM不是安装到一个能够提供所需保护的组件中，则要求相关。		

4.2 故障状态下危险的防护

在设计VFD时，应考虑能够避免可能导致故障的运行方式或顺序，以及部件损坏引起的某种危险，除非装备提供了防止危险的其他措施。

在单一故障条件下以及在正常工作条件下，热危险防护和防触电保护措施不能失效。

宜进行电路分析，以辨别出哪些部件（包括绝缘结构）出现故障可能会导致热危险或触电危险。电路分析应包括部件的短路及开路两种情况，但分析无需包括已经在短路试验中完成等效测试的功率半导体器件，或者已经确定在VFD的预期寿命期间出现故障可能性小的部件。

注：分析可能未发现危险部件。在这种情况下，无需进行部件故障试验。

宜对与VFD的主要部件（如含电机的旋转部件、变压器和电容器油的可燃性）相关联的潜在安全危险给予考虑。

4.3 电击危险的防护

4.3.1 界定电压等级

4.3.1.1 界定电压等级(DVC)的使用

防触电保护措施视表2中所列电路的界定电压等级而定。表2列出了电路内工作电压限值与DVC的相互关系。DVC同样也决定电路保护所需的最低电压。

4.3.1.2 DVC的限值

DVC的限值参见表2。表2字母下标中“L”表示“限值”，4.3.1.4中使用了这些值。

表2 界定电压等级的限值一览表

DVC	工作电压限值 V			分条款
	交流电压（方均根值） U_{ACL}	交流电压（峰值） U_{ACPL}	直流电压（平均值） U_{DCL}	
A[a]	25	35.4	60	4.3.4.2、4.3.4.4
B	50	71	120	4.3.5.3.1 a)、4.3.5.3.1 b)
C	1 000	4 500 [b]	1 500	
D	>1 000	>4 500	>1 500	

[a] 对于只有一个DVC A电路的设备，其电压有效值和峰值的限值应分别为30 V和42.4 V。

[b] 4 500 V的峰值使得表8能够覆盖所有的低压VFD（可能的反射电压达$3\times\sqrt{2}\times1\ 000\ V=4\ 242\ V$）。

4.3.1.3 保护要求

表3列出了根据所考虑的电路以及相邻电路的DVC对使用基本绝缘或保护隔离的要求。

表3 所考虑电路的保护要求

所考虑电路的DVC	所需的直接接触防护	与接地部分的绝缘	与未接地外露导电部件的绝缘	与DVC如下的相邻电路的绝缘			
				A	B	C	D
A	否	a*	a	f*	b	p‡	p
B	是	b	p		b	p‡	p
C	是	b	p			b	p

表 3（续）

所考虑电路的 DVC	所需的直接接触防护	与接地部分的绝缘	与未接地外露导电部件的绝缘	与 DVC 如下的相邻电路的绝缘			
				A	B	C	D
D	是	b	p				b

ᵃ 绝缘不是安全所必需的，但由于功能原因可能是所需要的。
* 如果规定所考虑的电路为 SELV 电路，则需要与地并与 PELV 电路的基本绝缘。
f 较高电压电路用功能绝缘。
b 较高电压电路用基本绝缘。
p 较高电压电路用保护隔离。
‡ 如果是通过较高电压电路所用的基本绝缘或附加绝缘，将直接接触防护应用于所考虑的电路，则允许为较高电压电路使用基本绝缘。

4.3.1.4 电路评估

4.3.1.4.1 一般要求

考虑下述三种波形情况对某一特定电路的 DVC 进行评估：

4.3.1.4.2 交流工作电压(见图 2)

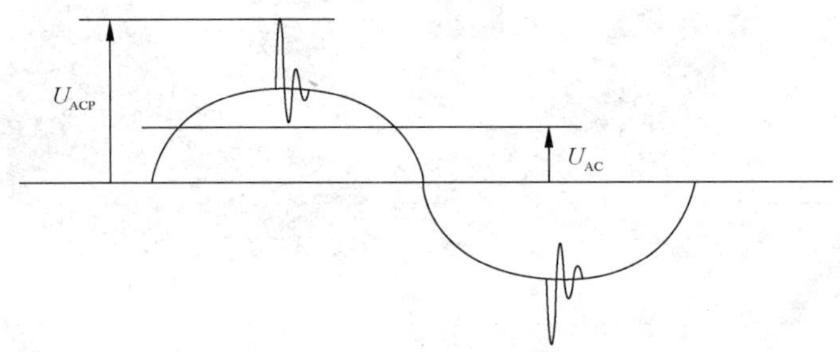

说明：
U_{AC} ——电压方均根值；
U_{ACP} ——重复峰值电压。

图 2 交流工作电压的典型波形

交流工作电压的方均根值为 U_{AC}，重复峰值为 U_{ACP}。

当满足下列两个条件时，DVC 是表 2 中最低电压所在行的等级：

——$U_{AC} \leqslant U_{ACL}$；

——$U_{ACP} \leqslant U_{ACPL}$。

4.3.1.4.3 直流工作电压(见图3)

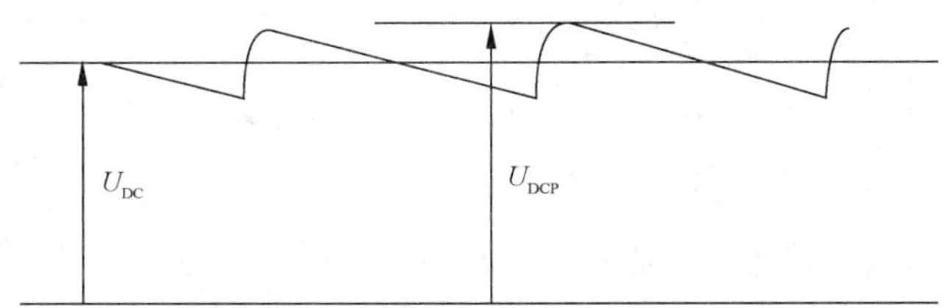

说明:

U_{DC} ——电压平均值;

U_{DCP} ——重复峰值电压。

图3 直流工作电压的典型波形

直流工作电压的平均值为 U_{DC},其上叠加不大于 U_{DC} 的10%方均根值的纹波电压,纹波电压的重复峰值为 U_{DCP}。

当满足下列两个条件时,DVC是表2中最低电压所在行的等级:

——$U_{DC} \leqslant U_{DCL}$;

——$U_{DCP} \leqslant 1.17 \times U_{DCL}$。

4.3.1.4.4 脉冲工作电压(见图4)

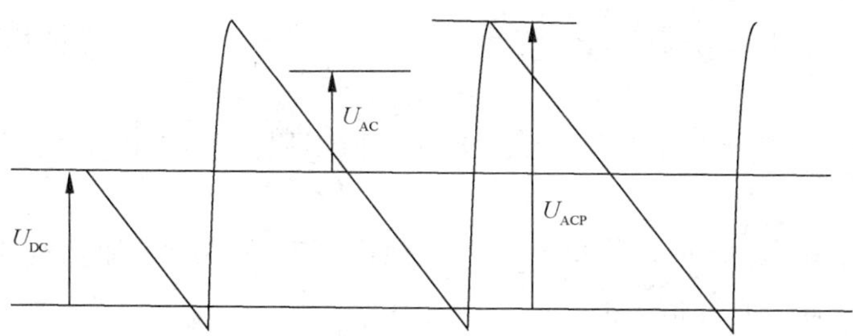

说明:

U_{DC} ——电压平均值;

U_{ACP} ——重复峰值电压。

图4 脉冲工作电压的典型波形

脉冲工作电压的平均值为 U_{DC},其上叠加大于 U_{DC} 的10%方均根值的纹波电压 U_{AC},纹波电压引起的重复峰值为 U_{ACP}。

当满足下列两个条件时,DVC是表2中最低电压所在行的等级:

——$U_{AC}/U_{ACL}+U_{DC}/U_{DCL} \leqslant 1$;

——$U_{ACP}/U_{ACPL}+U_{DC}/(1.17 \times U_{DCL}) \leqslant 1$。

4.3.2 保护隔离

宜采用抗老化材料以及特殊的结构措施和下列措施来实现电路的保护隔离:

——使用双重绝缘或加强绝缘;或者

——使用保护屏蔽,即将屏蔽导体连接到VFD的保护联结,或将屏蔽导体连到接地母线,参见表

4,而该屏蔽导体至少要通过基本绝缘与带电部件隔离;或者

——使用 4.3.4.3 规定的包括放电能量限制和电流限制的保护阻抗,或者 4.3.4.4 规定的电压限制。

在 VFD 所有的预期使用条件下,应保证保护隔离不失效。

4.3.3 直接接触防护

4.3.3.1 一般要求

直接接触防护用来防止人员接触到未满足 4.3.4 要求的带电部件。宜采用在 4.3.3.2 和 4.3.3.3 中给出的一种或多种措施来提供直接接触防护。

4.3.3.2 使用绝缘材料对带电部件的防护

如果带电部件的工作电压大于 DVC A 的最大极限值,或者如果带电部件没有与 DVC C 或 D 的相邻电路的保护隔离,则带电部件应使用绝缘包覆。应按照冲击电压、暂时过电压或工作电压中最严酷的要求来确定这种绝缘的额定值(见 4.3.6.2.1)。此绝缘应安装牢固,只有靠使用工具才能将其拆除。

任何导体,如果没有靠至少是基本绝缘与带电体分开,则都被认为是带电部件。如果一个金属可触及部分的表面是裸露的或者是使用不符合基本绝缘要求的绝缘层覆盖,则该金属可触及部分被认为是导电的。

绝缘等级(基本绝缘、双重绝缘或加强绝缘)取决于:

——带电部件或相邻电路的 DVC;

——导电部件通过保护联结与地的连接。

考虑到下列 3 种情况:

a 情况:可触及部分导电并通过保护联结与地连接。

在可触及部分与带电部件之间需要基本绝缘。相关的电压是带电部件的电压。见表 4 的方格 1)a、2)a、3)a。

b 情况和 c 情况:可触及部分不导电(b 情况)或导电但不通过保护联结与地连接(c 情况)。这两种情况需要的绝缘是:

——在可触及部分与 DVC C 或 D 的带电部件之间需要双重绝缘或加强绝缘。相关的电压是带电部件的电压。见表 4 的方格 1)b、1)c、2)b、2)c。

——在可触及部分与 DVC A 或 B 电路的带电部件之间需要附加绝缘,DVC A 或 B 电路通过基本绝缘与 DVC C 的相邻电路隔离。相关的电压是相邻电路的最高电压。见表 4 方格 3)b、3)c 的上格。

——在可触及部分与 DVC B 电路的带电部件之间需要基本绝缘,DVC B 电路与 DVC C 或 D 的相邻电路之间有保护隔离。相关的电压是带电部件的电压。见表 4 方格 3)b、3)c 的下格。

表 4 直接接触防护的实例

绝缘类型	绝缘配置		
	a 可触及部分导电 并通过保护联结接地	b 可触及部分不导电	c 可触及部分导电, 但不通过保护联结接地
1) 固体或液体绝缘	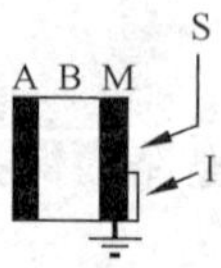 A B M S I	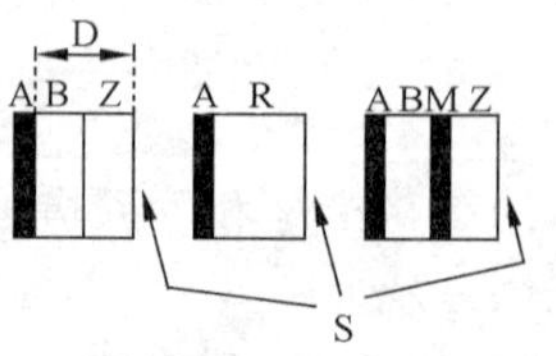 D A B Z A R ABM Z S	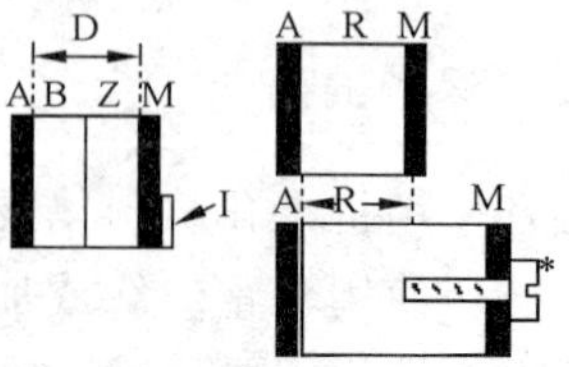 D A B Z M I A R M A R M *

表 4（续）

<table>
<tr><td rowspan="2">绝缘类型</td><td colspan="3">绝缘配置</td></tr>
<tr><td>a
可触及部分导电
并通过保护联结接地</td><td>b
可触及部分不导电</td><td>c
可触及部分导电，
但不通过保护联结接地</td></tr>
<tr><td>2） 全部或局部利用电气间隙绝缘</td><td> </td><td> 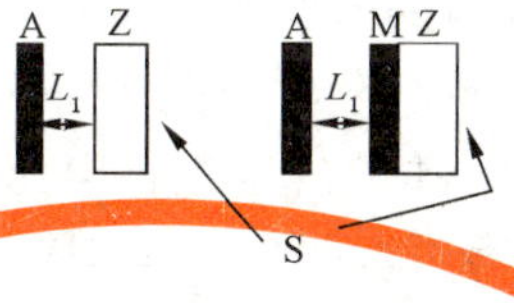</td><td> 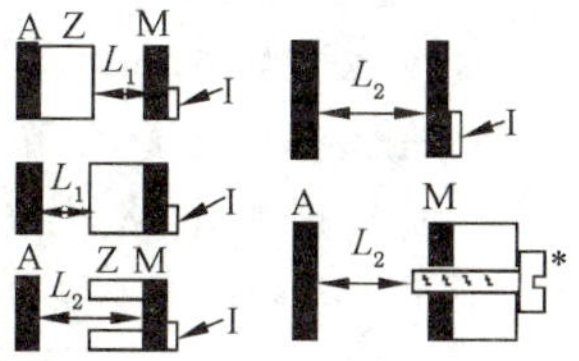</td></tr>
<tr><td>3） 相邻电路的绝缘：
电路 A：较低电压电路
电路 C：较高电压电路</td><td> </td><td> 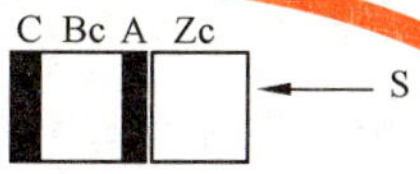</td><td> 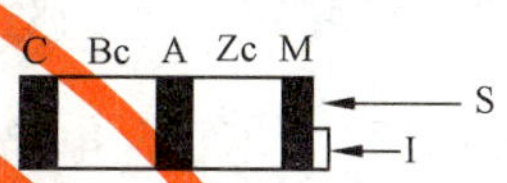</td></tr>
<tr><td>上排：仅 DVC C
下排：DVC C 或 D</td><td> </td><td> 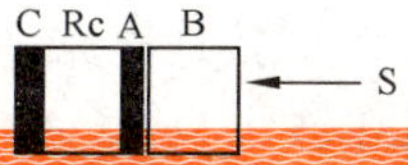</td><td> </td></tr>
<tr><td>4） 对外壳内孔隙的要求</td><td> </td><td> 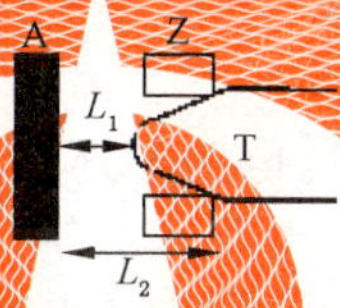</td><td> 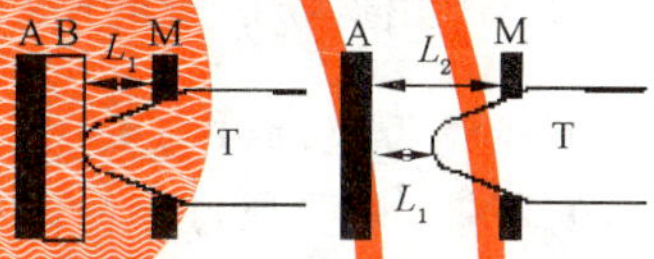</td></tr>
<tr><td colspan="4">A ——带电部件　　L_1 ——基本绝缘用间隙　　T ——试指(GB/T 4208—2017 的第 12 章)
B ——电路 A 用基本绝缘　　L_2 ——加强绝缘用间隙　　Z ——电路 A 用附加绝缘
Bc ——电路 C 用基本绝缘　　M ——导电部件　　Zc ——电路 C 用附加绝缘
C ——相邻电路　　R ——电路 A 用加强绝缘　　* ——也适用于塑料螺丝
D ——电路 A 用双重绝缘　　Rc ——电路 C 用加强绝缘　　F ——电路 A 用功能绝缘
I ——少于 B 的绝缘　　S ——设备的表面</td></tr>
<tr><td colspan="4">注 1：在 c 栏中，塑料螺丝如同金属螺丝一样对待，因为用户可能会在设备的寿命期间用金属螺丝替换。
注 2：在 4)行中，插入的试指 T 被认为能代表第一个故障。</td></tr>
</table>

4.3.3.3 利用外壳和隔板的防护

DVC B、C 或 D 的带电部件应安置在外壳里，或者固定在外壳或隔板的后面。这种外壳或隔板应满足防护等级至少 IPXXB 的要求。在设备通电时可能触及到的外壳或隔板的顶部表面，应在垂直方向满足防护等级至少 IP3X 的要求。如需打开柜门或拆卸隔板，需在带电部件断电之后且依靠使用钥匙或工具。

在安装或维护过程中需要打开柜门同时保持 VFD 通电的场合：

a） 对于 DVC B、C 或 D 的可触及带电部件，应采取防护等级至少为 IPXXA 的保护；

b） 对于在进行调整时可能接触到的 DVC B、C 或 D 的带电部件，应采取防护等级至少为 IPXXB 的保护；

c） 应保证使人员意识到可能触及 DVC B、C 或 D 的带电部件。

对于开放式组件和器件，不需采取直接接触防护措施。

对于预定用于安装在 3.41 中所定义的封闭电气操作区域并包含 DVC A、B 或 C 电路的产品，不需采取直接接触防护措施。

4.3.4 直接接触情况下的防护

4.3.4.1 一般要求

直接接触情况下的防护要求是，在人员接触带电零部件之后不能产生电击危险。

如果所接触的电路是按4.3.1.3所述与所有其他电路隔离并满足下列条件之一，就无需4.3.3规定的直接接触防护：

——所接触的电路是DVC A电路并符合4.3.4.2的要求；

——所接触的电路是按照4.3.4.3的规定通过保护阻抗进行电流限制；

——所接触的电路是按照4.3.4.4的规定进行电压限制。

注：这些分条款适用于包括电源和任何关联外围设备的整个电路。

4.3.4.2 利用DVC A的防护

DVC A的不接地电路以及在等电位联结区域(见3.46)内使用的DVC A的接地电路，都不需提供直接接触情况下的防护。参见E.1。

不在等电位联结区域内的DVC A的接地电路，宜采取4.3.4.3或4.3.4.4给出的措施之一来保证直接接触情况下的附加防护，其目的是在这些DVC A电路的对地基准电位不同的情况下提供防护。

4.3.4.3 利用保护阻抗的防护

可触及带电部件与DVC B、C或D电路的连接，或者与不在等电位联结区域内使用的DVC A接地电路的连接，只能通过保护阻抗完成。参见E.2。

适用于保护阻抗结构和方案的结构措施，应与适用于保护隔离结构和方案的结构措施相同。即使单个部件出现故障，也不宜超过下述电流值。在利用保护阻抗保护的可同时触及部件之间储存的电荷，不宜超过50 μC。

保护阻抗的设计应使在可触及带电部件上可通过它们获得的电流不超过交流3.5 mA或直流10 mA。

保护阻抗的设计应能耐受它们所连接电路的冲击电压和暂时过电压，并经过试验。

4.3.4.4 利用限制电压的防护

这类防护指的是利用分压技术，从被直接接触防护电路分压，使输出对地电压不大于DVC A。参见E.3。

这种电路宜设计成：即使在分压电路中的单个部件出现故障，跨接在输出端的电压以及对地电压也不会变得大于DVC A电路的对地电压。在这种情况下宜采用与保护隔离中相同的结构措施。

限制电压的防护不宜用在Ⅱ类防护的情况下，因为限制电压的防护依赖于保护接地的连接。

4.3.5 间接接触防护

4.3.5.1 一般要求

为了防止在绝缘失效时接触到可触及导电部件引起触电电流，需提供间接接触防护。这种保护应符合Ⅰ类、Ⅱ类或Ⅲ类防护的要求。

将满足4.3.5.2、4.3.5.3要求的VFD或其部件定义为Ⅰ类防护。

将满足4.3.5.6要求的VFD或其部件定义为Ⅱ类防护。

将满足SELV要求的VFD或其部件定义为Ⅲ类防护。

只有在说明书保证满足4.3.3.3(封闭电气操作区域)的要求时，0类防护才适用于VFD或其部件。

4.3.5.2 带电部件与可触及导电部件之间的绝缘

设备的可触及导电部件至少应采用基本绝缘或者按照4.3.6.4规定的间隙与带电部件隔离。

4.3.5.3 保护联结电路

4.3.5.3.1 一般要求

除下列的a)或b)情况外，设备的可触及导电部件与保护接地导体之间应提供保护联结：

a) 利用4.3.4.2～4.3.4.4中的措施之一为可触及导电部件提供保护；

b) 利用双重绝缘或加强绝缘使可触及导电部件与带电部件隔离。

注1：磁芯、螺钉、铆钉、铭牌和电缆夹就是这类导电部件的一些实例。

图5是一个VFD/CDM/BDM组件及其相关联的保护联结的示例。

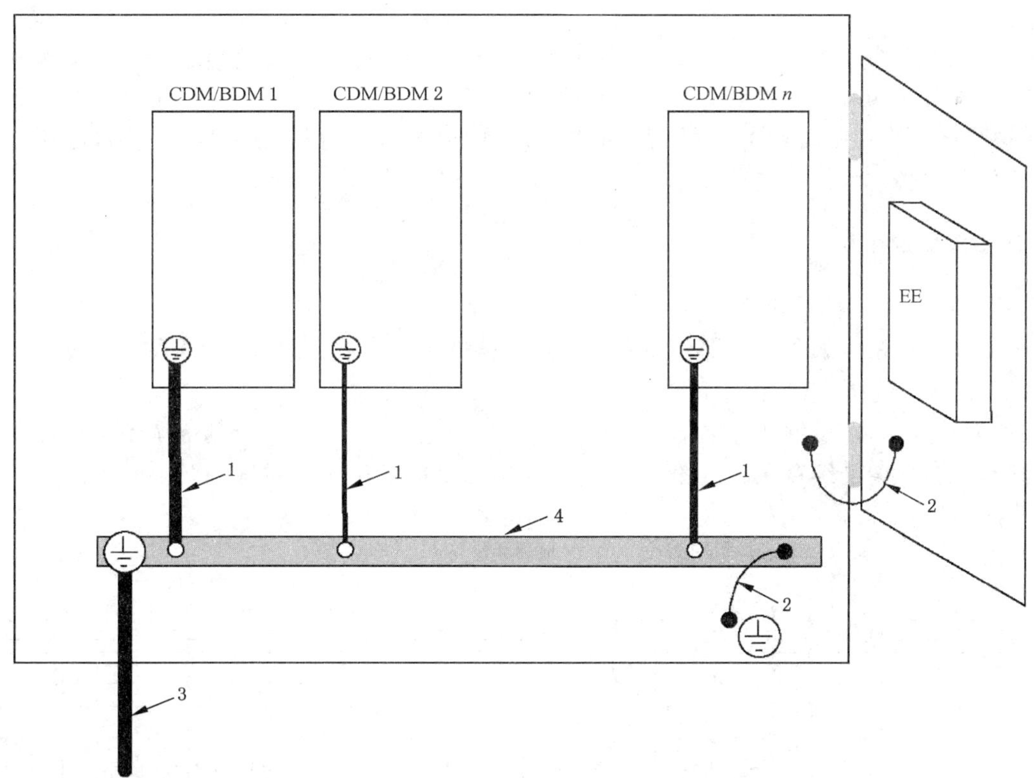

说明：

1 ——CDM/BDM保护接地导体(按照CDM/BDM要求确定尺寸)；

2 ——保护联结；

3 ——系统保护接地导体，接至装备接地点；

4 ——接地母线；

EE——其他电气设备(作为与本装置相关的设备连接)。

图5 保护联结的示例

宜通过下列一种或多种方式实现与保护接地导体的电连接：

——通过直接金属接触；

——通过在按预期用途使用VFD时未拆除的其他可触及导电部件；

——通过一根专用保护联结导体；

——通过VFD的其他金属部件。

注2：如果几个喷涂表面(尤其是粉末喷涂表面)连成一体，则为了可靠接触应分别进行接地连接。

在电气设备安装在盖、门或盖板上的场合，应保证保护联结电路的连续性，建议使用一根专用导体。

否则宜使用具有低电阻的紧固件、绞链或滑动触点。

柔性或刚性结构的金属导管和金属护套不能用作保护连接的导体。

保护联结电路中不宜包括开关器件、过流器件(例如开关、熔断器)或者用于这类器件的电流检测装置。

4.3.5.3.2 保护联结的电流额定值

保护联结应能耐受在 VFD 有关部件与可触及导电部件进行错误连接时,可能出现的最高热应力和动应力。

只要与可触及导电部件相关的故障继续存在,或在上游的保护器件将电源切断之前,保护联结应一直保持有效。

注:在保护联结是通过小截面导体(例如印制线路板印制线)接线的场合,应特别注意确保即使出现故障,保护联结电路也不能出现未被检出的损坏。

如果保护联结导体的截面与 4.3.5.4 规定的保护接地导体的截面相同,则这些条件将得到满足。

另一方面,保护联结可设计成符合 4.3.5.3.3 的阻抗要求。

4.3.5.3.3 保护联结的阻抗

保护联结的阻抗应足够低,这样:

——正常工作时,在可触及导电部件与保护接地导体的连接点之间,不会持续存在超过 5 V 交流或 12 V 直流的电压;以及

——在故障条件下,在可触及导电部件与保护接地导体的连接点之间,直到上游的保护器件将电源切断之前,不会继续存在超过图 6 中 AC-2 或 DC-2 的电压。针对这一要求而考虑的上游保护器件应具有 6.3.6 规定的安装手册所要求的特性。

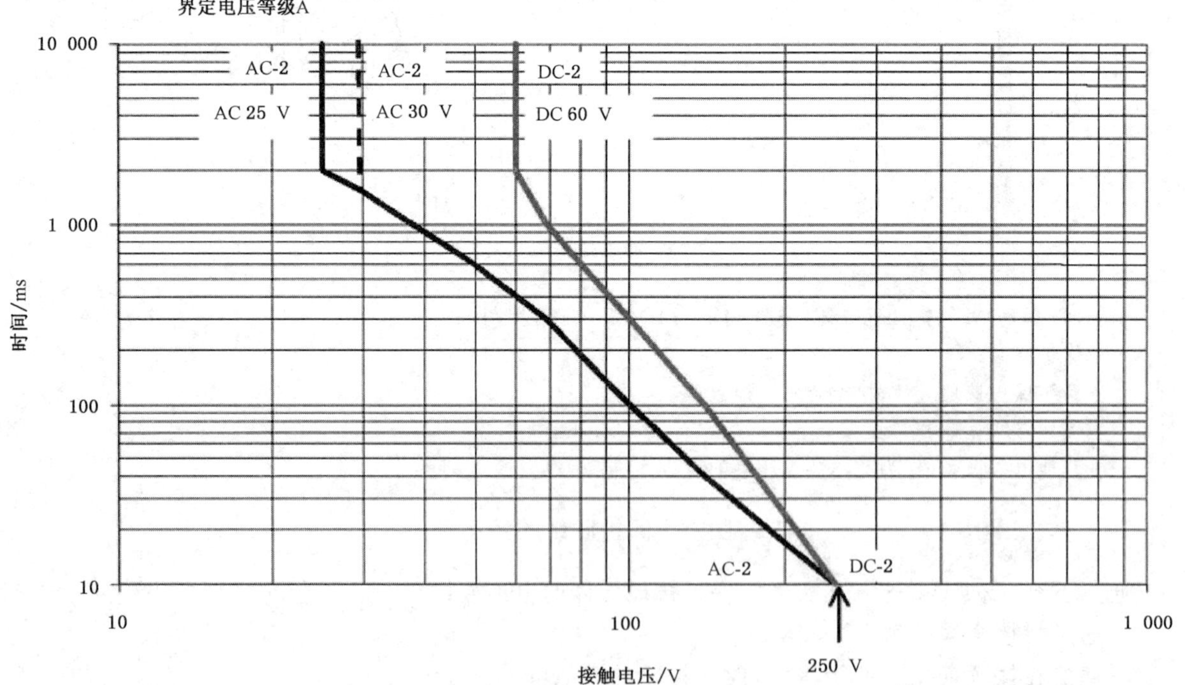

注:AC-2 的虚线适用于只存在一个 DVC A 电路的场合;而实线则适用于存在多个 DVC A 电路的场合。

图 6 故障条件下可触及导电部件的电压极限值

4.3.5.4 保护接地导体

除 VFD 符合Ⅱ类防护的要求(见 4.3.5.6)之外,在给 VFD 供电时保护接地导体应一直连通(参见图 5)。除非当地布线规程另有规定,否则应采用表 5 规定的计算方法确定保护接地导体的截面积。

如果保护接地导体是通过插头和插座或者类似断路装置走线,除非受保护部件的电源也同时断开,否则不可断开该保护接地导体。

表 5 保护接地导体的截面积

VFD 的相导体的截面积 S mm^2	相应保护接地导体的最小截面积 S_P mm^2
$S \leqslant 16$ $16 < S \leqslant 35$ $S > 35$	S 16 $S/2$
注:只有在保护接地导体与相导体均由相同的金属材料制造时,表中的值才有效。如果不是相同金属,则确定保护接地导体截面积的方式应是:它所允许的额定电流与表中导体的额定电流一致。	

在任何情况下,每一根保护接地导体的截面积,如果不是供电电缆中的部分导体或电缆外套,都不能小于:

——2.5 mm^2,在有机械保护情况下;或者

——4 mm^2,在无机械保护情况下。对于用电缆线连接的设备,应采取措施使电缆线中的保护接地导体在应力消除机构失效的情况下成为最后断开的导体。

对于特殊的系统拓扑结构,VFD 的设计者应对所需的保护接地导体的截面进行验证。

4.3.5.5 保护接地导体的连接方法

4.3.5.5.1 综述

对于每一个需要通过保护联结接地的 VFD 或其组件来说,都应安装用于连接保护接地导体的部件,此部件需位于相应的供电导体端子附近。这种连接部件应耐腐蚀,且应适用于连接表 5 所规定的电缆。这种保护接地导体用的连接部件不宜用作该设备机械组合的一部分,也不宜用于其他连接。对于每个保护接地导体,都应提供一个单独的连接部件。

连接和连接点的设计应使接地导体的载流能力不因受机械影响、化学影响或电化学影响而降低。在使用铝或铝合金作外壳和导体的场合,应特别注意电解腐蚀的问题。

4.3.5.5.2 保护接地导体发生故障情况下的接触电流

为了能在保护接地导体发生损坏或断开的情况下保持安全性,对于不使用 GB/T 11918.1—2014 规定的工业用连接器而使用插接连接的单相 VFD 而言,接触电流应不超过 3.5 mA 交流或 10 mA 直流。

而对于所有其他 VFD 而言,除非能够表明接触电流低于 3.5 mA 交流或 10 mA 直流,否则应采用下列措施中的一项或几项。

a) 使用固定连接以及:
   - 保护接地导体的截面至少为 10 mm^2(铜线)或 16 mm^2(铝线);或者
   - 在保护接地导体中断情况下电源自动切断;或者
   - 提供一个附加端子用于连接截面积与原保护接地导体相同的保护接地导体。

b) 使用 GB/T 11918.1—2014 规定的工业用连接器,并使用具有最小截面积为 2.5 mm^2 导体的多芯电力电缆,用最小截面积 2.5 mm^2 的导体作为保护接地导体进行连接。应当提供适当的

应力消除措施。

4.3.5.6 Ⅱ类防护设备的特点

如果按照4.3.3.2的要求，VFD设备在带电部件与可触及表面之间使用双重绝缘或加强绝缘，且满足如下几条，则这种设计符合Ⅱ类防护要求：

——设计为Ⅱ类防护的设备不应具有保护接地导体用连接部件。然而，如果有保护接地导体穿过此Ⅱ类防护设备串联连接到与之临近的设备上，这项要求就不适用。在后一种情况下，保护接地导体及其连接部件应与该设备的可触及表面采用基本绝缘并与按照4.3.4的要求采用保护隔离、超低电压、保护阻抗及限制放电能量的电路绝缘。这种基本绝缘应对应于串联连接设备的额定电压。

——金属外壳的Ⅱ类防护设备可以在其外壳上具有等电位连接导体的连接措施。

——为了功能的原因或者为了抑制过电压，Ⅱ类防护设备可以具有接地导体的连接措施；然而，它应如同带电部件一样被绝缘。

——Ⅱ类防护设备应根据6.3.5.6的要求使用附录B的符号标示。

4.3.6 绝缘

4.3.6.1 一般要求

4.3.6.1.1 影响绝缘的因素

本条根据GB/T 16935.1—2008和GB/T 311.1—2012的原则给出绝缘的最低要求。

在VFD的设计和安装过程中，应考虑制造公差。

应在考虑到下列影响之后选择绝缘：

——污染等级；

——过电压类别；

——电源接地系统；

——绝缘电压；

——绝缘位置；

——绝缘类型。

根据5.2.2.1、5.2.3.1、5.2.3.2和5.2.3.3对绝缘进行验证。

4.3.6.1.2 使用环境的污染等级

在由电气间隙和爬电距离提供绝缘时，绝缘会受VFD的预期寿命期间发生的污染影响。将使用环境污染定义为4个等级，参见表6。

表6 污染等级的定义

污染等级	说 明
1	无污染或只发生干燥、不导电污染。这种污染对绝缘没有影响
2	通常，只发生不导电污染。但有时要预计到在VFD不工作时会由凝露引起暂时性导电
3	导电污染或预期的由于凝露使非导电污染变成导电污染
4	污染会引发(例如由导电灰尘或雨雪引起)持续导电

按照GB/T 12668.1—2002、GB/T 12668.2—2002和GB/T 12668.4—2006的要求，标准VFD应是

为用于污染等级 2 而设计的。为安全起见，在确定绝缘时应假定为污染等级 3。这样的 VFD 就可用于污染等级 1、2 和 3 的环境。

如果要求在污染等级 4 环境中工作，则应利用适当的外壳提供保护。

4.3.6.1.3 过电压类别

过电压类别的概念(基于 GB/T 16895.10—2010 和 GB/T 16935.1—2008)用于由电网供电的设备。分成 4 种类别，参见表 7。

表 7 过电压类别的定义

过电压类别	说明
Ⅳ	是指永久连接在电源进线端的设备(主配电柜的上游设备)，例如电表、一次过电流保护设备和其他直接连接到户外明线上的设备
Ⅲ	是指永久连接在固定安装装备中的设备(主配电柜及其下游设备)，例如工业装备中的开关设备和其他设备
Ⅱ	是指未固定连接到固定安装装备上的设备，例如电器、便携式工具和其他插接连接设备
Ⅰ	是指连接到一个已经采取措施将瞬时过电压减至低水平的电路上的设备

注：对于不是直接由电网供电的 VFD 而言，应根据应用场合的要求确定适当的过电压类别。

4.3.6.1.4 电源接地系统

GB/T 16895.1—2008 描述了 3 种基本类型的接地系统。它们是：

——TN 系统：有一个点直接接地，装备的可触及导电部件通过保护导体连接到那个点上。有 3 种类型的 TN 系统，根据中性线和保护导体的配置定义为 TN-C、TN-S 和 TN-C-S。

——TT 系统：只有一个点直接接地，装备的可触及导电部件与独立于电源系统接地的接地极连接。

——IT 系统：所有带电部件都与地隔离，或者有一个点通过一个阻抗接地。装备的可触及导电部件单独或集中与接地系统连接。

4.3.6.1.5 绝缘电压

绝缘材料的耐压性能可通过冲击电压试验或交直流耐压试验验证。表 8 根据所考虑电路的系统电压和过电压类别定义绝缘材料耐受冲击电压以及暂时过电压的值。

注：冲击电压的定义参见 5.2.3.1。

表 8 低压电路的绝缘电压

系统电压 V	冲击电压 V 过电压类别				暂时过电压 (峰值/方均根值)[a] V
	Ⅰ	Ⅱ	Ⅲ	Ⅳ	
≤50	330	500	800	1 500	1 770/1 250
100	500	800	1 500	2 500	1 840/1 300

表 8（续）

系统电压 V	冲击电压 V 过电压类别				暂时过电压 （峰值/方均根值）[a] V
	Ⅰ	Ⅱ	Ⅲ	Ⅳ	
150	800	1 500	2 500	4 000	1 910/1 350
300	1 500	2 500	4 000	6 000	2 120/1 500
600	2 500	4 000	6 000	8 000	2 550/1 800
1 000	4 000	6 000	8 000	12 000	3 110/2 200
1 200	4 000	6 000	8 000	12 000	3 400/2 400
注 1：不允许使用插值法。 注 2：最后两行只适用于单相系统或者三相系统中的相间电压。参考 GB/T 14048.7—2006 的附录 H。					
[a] 这些值是根据 GB/T 16935.1—2008 采用公式(1 200 V ＋ 系统电压)得出的。					

4.3.6.2　与周边电路的绝缘

4.3.6.2.1　一般要求

在电路与其周围环境之间的基本绝缘、附加绝缘和加强绝缘应按下列电压设计：

——冲击电压；或者

——暂时过电压；或者

——电路的工作电压。

注 1：对于爬电距离，应使用工作电压的有效值；而对于电气间隙和固体绝缘，则应使用工作电压的重复峰值，如 4.3.6.2.2～4.3.6.2.4 中所述。

注 2：工作电压与交流、直流和重复峰值相结合的实例有交-直-交电压型变频器的直流环节、晶闸管缓冲器的衰减振荡、或开关电源的内部电压。

冲击电压和暂时过电压取决于电路的系统电压，而且冲击电压还取决于过电压类别，如表 8 中所示。

这个表第一栏中的系统电压是：

——在 TN 和 TT 系统中：相与地之间的额定电压方均根值。

注 3：角接地系统是一相接地的 TN 系统，其中的系统电压是不接地相与地之间的额定电压方均根值（即相-相间电压）。

——在三相 IT 系统中：

- 对于冲击电压的确定，使用相与人工中性点（各相相同阻抗的一个假想结点）之间的额定电压方均根值。

注 4：对于大多数系统而言，这个值等于相-相间电压除以 1.732。

- 对于暂时过电压的确定，使用相-相间额定电压方均根值。
- 在单相 IT 系统中：相间额定电压方均根值。

注 5：对于这个表，当电源电压为交流经过整流的直流时，如果考虑到电源接地系统，则系统电压为整流之前的电源电压交流方均根值。

注 6：为确定冲击电压，VFD 中使用的与电网电位隔离的变压器二次绕组电压也被认为是系统电压。

注 7：对于具有串联二极管桥路（12 脉冲、18 脉冲等）的 VFD 而言，系统电压为二极管桥路的交流电压之和。

4.3.6.2.2 直接连接到电网上的电路

对于直接连接到电网上的电路与周围环境之间的绝缘,应按照冲击电压、暂时过电压、或工作电压重复峰值三者中要求最严酷的电压值设计。

通常,在对这种绝缘进行评估时要能够耐受过电压类别Ⅲ的冲击电压,只有在VFD放置在整个装备的开始端时,才应使用过电压类别Ⅳ。过电压类别Ⅱ可以用于连接到无特殊可靠性要求的非工业用途电源上的插入式设备。

如果采取措施将过电压类别Ⅳ的冲击电压值降低到类别Ⅲ的值,或者将类别Ⅲ的值降低到类别Ⅱ的值,那么基本绝缘或附加绝缘可以是为降低后的值而设计的。如果用于这种目的的器件可能遭受过电压或重复冲击电压损坏,进而使其降低冲击电压的能力下降,则应对这些器件进行监控并提供其状态指示。对于低压应用场合,GB/T 18802.12—2006 提供了有关这类器件选择和应用的信息。

在提供降低冲击电压的措施时,对双重绝缘或加强绝缘的要求不宜降低。

注:通过符合4.3.4.3要求的保护阻抗或者通过符合4.3.4.4要求的电压限制措施连接到电网上的电路,不被认为是直接连接到电网上的电路。

4.3.6.2.3 不直接连接到电网上的电路

对于由隔离变压器供电的电路与周围环境之间的绝缘,应按照采用变压器二次电压作为系统电压确定的冲击电压或工作电压中更严酷要求的电压设计。

通常,在对这种绝缘进行评估时要能够耐受过电压类别Ⅱ的冲击电压,只有在VFD放置在整个装备的开始端时,才应使用过电压类别Ⅲ。

如果采取措施将过电压类别Ⅲ的冲击电压降低到类别Ⅱ的值,或者只针对低压VFD将类别Ⅱ的值降低到类别Ⅰ的值,那么基本绝缘或附加绝缘可以是为降低后的值而设计的。如果用于这种设计的器件可能遭受过电压或重复冲击电压损坏,进而使其降低冲击电压的能力下降,则应对这些器件进行监控并提供其状态指示。对于低压应用场合,GB/T 18802.12—2006 提供了有关这类器件选择和应用的信息。

在提供降低冲击电压的措施时,对双重绝缘或加强绝缘的要求不宜降低。

对于由变压器以不同于电网频率的频率供电或者由提供与电网电位隔离的其他方式供电的DVC A或B电路与周围环境之间的绝缘,应按照电路的工作电压(重复峰值)进行估算。

4.3.6.2.4 电路之间的绝缘

两个电路之间的绝缘应根据需要较高绝缘的那个电路对绝缘要求进行设计。

4.3.6.3 功能绝缘

对于受外部瞬态电压影响不大的部件或电路而言,功能绝缘应按照绝缘两端之间的工作电压进行设计。

而对于受外部瞬态电压影响大的部件或电路而言,功能绝缘则应按照过电压类别Ⅱ的冲击电压进行设计。只有在VFD放置在整个装备的开始端时,才应使用过电压类别Ⅲ。

在采取措施将电路内的瞬时过电压从类别Ⅲ的值降低到类别Ⅱ的值,或者将类别Ⅱ的值降低到类别Ⅰ的值的场合,功能绝缘可按降低的值设计。

4.3.6.4 电气间隙

4.3.6.4.1 确定

表9用来定义提供功能绝缘、基本绝缘或附加绝缘所要求的最小电气间隙(电气间隙的示例见

GB/T 12668.501—2013 中的附录 C)。

表 9 电气间隙

冲击电压 (表 8、4.3.6.3) V	暂时过电压(峰值)用于确定电路与周围环境之间的绝缘或者工作电压(重复峰值)用于确定功能绝缘 V	工作电压(重复峰值)用于确定电路与周围环境之间的绝缘 V	最小电气间隙 mm 污染等级		
			1	2	3
—	≤110	≤71	0.01	0.20[a]	0.80
—	225	141	0.01	0.20	0.80
330	340	212	0.01	0.20	0.80
500	530	330	0.04	0.20	0.80
800	700	440	0.10	0.20	0.80
1 500	960	600	0.50	0.50	0.80
2 500	1 600	1 000	1.5		
4 000	2 600	1 600	3.0		
6 000	3 700	2 300	5.5		
8 000	4 800	3 000	8.0		
12 000	7 400	4 600	14		
20 000	12 000	7 600	25		
40 000	26 000	16 000	60		
60 000	37 000	23 000	90		
75 000	48 000	30 000	120		
95 000	61 000	38 000	160		
125 000	80 000	50 000	220		
145 000	99 000	60 000	270		

注 1:允许使用插值法。

注 2:电气间隙的示例在 GB/T 12668.501—2013 中的附录 C 中给出。

注 3:暂时过电压和工作电压的电气间隙是从 GB/T 16935.1—2008 的表 A.1 中得出的。在第 2 栏中,电压大约为耐受电压的 80%;而在第 3 栏中,电压大约为耐受电压的 50%。

[a] 印制线路板上为 0.10 mm。

用于 2 000 m～9 000 m 之间海拔时的电气间隙应采用附录 A 中规定的校正系数进行计算。之所以在这里重述这一点,是因为根据帕邢定律电气间隙是随大气压力的变化而变化的。表 9 中提供的电气间隙在 2 000 m 以下海拔时有效。2 000 m 以上海拔时的电气间隙须乘以表 A.1 中给出的系数。

为了从表 9 中确定加强绝缘的电气间隙,应采用对应于较其高一挡冲击电压的值、或 1.6 倍于暂时过电压的值、或 2.0 倍于工作电压的值。

即使是在采取措施降低瞬时过电压时,直接连接到电网上的电路与其他电路之间的加强绝缘的电气间隙也不宜减小。

应通过目视检查(见 5.2.2.1)并在必要时执行 5.2.3.1 的冲击电压试验和 5.2.3.2 的交流或直流电压试验对电气间隙的符合性进行验证。

图 C.1 和表 C.1 为 30 kHz 以上不同频率时电气间隙的确定提供了资料性导则。

4.3.6.4.2 电场的均匀性

表 9 中给出的电气间隙适用于在此间隙两端之间的电场是非均匀的情况,这也是通常的实际情况。如果是均匀分布电场,那么基本绝缘或附加绝缘的电气间隙可以减小。

加强绝缘的电气间隙不能因均匀电场而减小。

4.3.6.4.3 与导电外壳的电气间隙

任何未绝缘带电部件与金属外壳壁之间的电气间隙都应在进行 5.2.2.5 的变形试验后,符合 4.3.6.4.1的要求。

如果设计的电气间隙至少为 12.7 mm,并且 4.3.6.4.1 所要求的电气间隙不超过 8 mm,那么变形试验可以省略。

4.3.6.5 爬电距离

4.3.6.5.1 一般要求

爬电距离应足够大,以防止固体绝缘体表面绝缘随使用时间的增加产生的退化。爬电距离至少应满足表 10 的要求。

表 10 爬电距离

单位为毫米

工作电压 (方均根值) V	印制线路板[a]		其他绝缘体									
	污染等级		污染等级									
	1	2	1	2				3				
	[b]	[c]	[b]	绝缘材料组别				绝缘材料组别				
				Ⅰ	Ⅱ	Ⅲa	Ⅲb	Ⅰ	Ⅱ	Ⅲa	Ⅲb
≤2	0.025	0.04	0.056	0.35	0.35	0.35		0.87	0.87	0.87	
5	0.025	0.04	0.065	0.37	0.37	0.37		0.92	0.92	0.92	
10	0.025	0.04	0.08	0.40	0.40	0.40		1.0	1.0	1.0	
25	0.025	0.04	0.125	0.50	0.50	0.50		1.25	1.25	1.25	
32	0.025	0.04	0.14	0.53	0.53	0.53		1.3	1.3	1.3	
40	0.025	0.04	0.16	0.56	0.80	1.1		1.4	1.6	1.8	
50	0.025	0.04	0.18	0.60	0.85	1.20		1.5	1.7	1.9	
63	0.04	0.063	0.20	0.63	0.90	1.25		1.6	1.8	2.0	
80	0.063	0.10	0.22	0.67	0.95	1.3		1.7	1.9	2.1	
100	0.10	0.16	0.25	0.71	1.0	1.4		1.8	2.0	2.2	
125	0.16	0.25	0.28	0.75	1.05	1.5		1.9	2.1	2.4	
160	0.25	0.40	0.32	0.80	1.1	1.6		2.0	2.2	2.5	
200	0.40	0.63	0.42	1.0	1.4	2.0		2.5	2.8	3.2	
250	0.56	1.0	0.56	1.25	1.8	2.5		3.2	3.6	4.0	
320	0.75	1.6	0.75	1.6	2.2	3.2		4.0	4.5	5.0	

表 10（续）

单位为毫米

工作电压（方均根值）V	印制线路板[a]		其他绝缘体								
	污染等级		污染等级								
	1	2	1	2				3			
	[b]	[c]	[b]	绝缘材料组别				绝缘材料组别			
				Ⅰ	Ⅱ	Ⅲa	Ⅲb	Ⅰ	Ⅱ	Ⅲa	Ⅲb
400	1.0	2.0	1.0	2.0	2.8	4.0		5.0	5.6	6.3	
500	1.3	2.5	1.3	2.5	3.6	5.0		6.3	7.1	8.0	
630	1.8	3.2	1.8	3.2	4.5	6.3		8.0	9.0	10.0	
800	2.4	4.0	2.4	4.0	5.6	8.0		10.0	11	12.5	[d]
1 000	3.2	5.0	3.2	5.0	7.1	10.0		12.5	14	16	
1 250	4.2	6.3	4.2	6.3	9	12.5		16	18	20	

注：允许使用插值法。

[a] 这两栏也适用于印制线路板上的部件和零件，而且也适用于其他采用类似容差控制的爬电距离。

[b] 所有材料组别。

[c] 除 Ⅲb 外的所有材料组别。

[d] 组别Ⅲb 的绝缘材料一般不推荐用于 630 V 以上污染等级 3。

对于功能绝缘、基本绝缘和附加绝缘，可直接使用表 10 中的值。对于加强绝缘，表 10 中的爬电距离应加倍。

如果按表 10 确定的爬电距离小于 4.3.6.4.1 所要求的电气间隙或者小于通过冲击试验（见 5.2.3.1）确定的电气间隙，则应将爬电距离增大到该电气间隙。

对于爬电距离应通过测量或检查（见 5.2.2.1）进行验证（爬电距离的实例见 GB/T 12668.501—2013 中的附录 C）。

表 C.2 为 30 kHz 以上不同频率时爬电距离的确定提供了资料性导则。

4.3.6.5.2 材料

按照 GB/T 4207—2012 的 11 进行试验，可将绝缘材料对应于它们的相比漏电起痕指数（CTI）分成 4 组：

——绝缘材料组别Ⅰ　　CTI≥600；
——绝缘材料组别Ⅱ　　600>CTI≥400；
——绝缘材料组别Ⅲa　　400>CTI≥175；
——绝缘材料组别Ⅲb　　175>CTI≥100。

暴露于污染等级 3 环境条件中的印制线路板（PWB）上的爬电距离应根据表 10“其他绝缘体”下的污染等级 3 确定。

如果绝缘材料表面为筋状结构设计，那么组别Ⅰ的绝缘材料的爬电距离可以适用于使用组别Ⅱ的绝缘材料，组别Ⅱ的绝缘材料的爬电距离可以适用于使用组别Ⅲ的绝缘材料。除污染等级 1 外，筋状物的高度应至少为 2 mm。筋状物的间距应大于或等于 GB/T 12668.501—2013 表 C.1 中的尺寸 X 值。

对于不起痕的无机绝缘材料，例如玻璃或陶瓷，爬电距离可以等于如表 9 所确定的相关电气间隙。

4.3.6.6 涂层

涂层可以用来提供绝缘、保护表面防止污染并允许减小爬电距离和电气间隙。参见 4.3.6.8.4.2 和 4.3.6.8.6。

4.3.6.7 印制线路板的功能绝缘间距

当满足所有下列要求时，印制线路板上的功能绝缘间距可以不需要满足 4.3.6.4 和 4.3.6.5 的要求：

——印制线路板具有 V-0 的可燃性额定值(见 GB/T 5169.16—2008)；

——印制线路板基材的最小 CTI 值为 100；

——设备符合印制线路板短路试验的要求(5.2.2.2)。

在印制线路板上，如果印制导线涂敷有合适的涂层，则允许按污染等级 1 对功能绝缘在工作电压低于 80 V(方均根值)或 110 V(重复峰值)时的爬电距离和电气间隙进行估算。

4.3.6.8 固体绝缘

4.3.6.8.1 一般要求

用于固体绝缘的绝缘材料应能够耐受可能出现的应力，这些应力包括在正常使用中预计到的机械、电气、热和气候的应力。绝缘材料还应在 VFD 的预期寿命期间抗老化。

为保证绝缘性能不在设计或制造过程中受到损害，应对采用固体绝缘的元件和组件进行试验。

如果使用的元件符合某个与本部分的要求等同的相关标准，则无需进行单独评估。而对于包含这类元件的组件，则应按照本部分的要求进行试验。

4.3.6.8.2 对电气耐受能力的要求

4.3.6.8.2.1 基本绝缘或附加绝缘

基本绝缘或附加绝缘的验证可酌情采用下列方法：

——采用对应表 18 中第 2 栏或第 4 栏规定的冲击耐受电压进行冲击电压试验；

——采用对应 GB/T 30844.2—2014 表 2 中第 2 列或第 3 列规定的交流或直流电压进行交流或直流电压试验。

4.3.6.8.2.2 双重绝缘或加强绝缘

双重绝缘或加强绝缘的验证可酌情采用下列方法：

——适当时，按照表 18 中第 3 栏或第 5 栏规定的冲击耐受电压进行冲击电压试验；

——适当时，按照 GB/T 30844.2—2014 表 2 中第 4 列或第 5 列规定的交流或直流电压进行交流或直流电压试验；

——如果绝缘两端之间的重复峰值工作电压大于 750 V 且绝缘上的电压应力大于 1 kV/mm，则应按照 5.2.3.3 的规定进行局部放电试验。

注：电压应力为重复峰值电压除以不同电位的两个部件之间的距离。

这种情况下，应将局部放电试验作为一项型式试验，在所有元件、组件和印制线路板上进行试验。此外，如果绝缘是由单层材料组成，则应进行一次抽样试验。

双重绝缘应设计成即使基本绝缘或附加绝缘失效也不会导致剩余绝缘部分的绝缘能力降低。

4.3.6.8.2.3 功能绝缘

功能绝缘应符合 4.3.6.3 的要求。除 4.2 所要求的电路分析表明绝缘失效可能会导致危险的场合之外,无需进行试验。在这些情况下,绝缘应符合对基本绝缘的要求和试验。

4.3.6.8.3 薄膜和带状绝缘材料

4.3.6.8.3.1 一般要求

4.3.6.8.3 适用于薄膜或带状材料在诸如缠绕部件和功率母线这类组件中的应用。

假如能够防止其损坏而且在正常使用条件下不会承受机械应力,则允许使用由薄膜(小于0.75 mm)或带状材料组成的绝缘。

在使用多层绝缘的场合,对于所有绝缘层是否为相同材料没有要求。

注 1:以超过 50%的重叠率缠绕的一层绝缘带,被认为是构成双层绝缘。

注 2:薄膜材料构成的预装配绝缘系统可以作为基本绝缘、附加绝缘和双重绝缘使用。

4.3.6.8.3.2 厚度不小于 0.2 mm 的材料

基本绝缘或附加绝缘应由至少一层材料组成,这层材料能满足 4.3.6.8.1 和 4.3.6.8.2.1 的要求;

双重绝缘应由至少两层材料组成,每一层材料都能满足 4.3.6.8.1 和 4.3.6.8.2.1 的要求以及4.3.6.8.2.2的局部放电要求,并且两层材料在一起能满足 4.3.6.8.2.2 的冲击电压和交流或直流电压要求;

加强绝缘应由单层材料组成,这种单层材料能满足 4.3.6.8.1 和 4.3.6.8.2.2 的要求。

注:本条的要求表明双重绝缘厚度至少为 0.4 mm,而加强绝缘厚度则允许为 0.2 mm。

4.3.6.8.3.3 厚度小于 0.2 mm 的材料

基本绝缘或附加绝缘应由至少一层材料组成,这层材料能满足 4.3.6.8.1 和 4.3.6.8.2.1 的要求;

双重绝缘应由至少三层材料组成。每一层材料都能满足 4.3.6.8.1 和 4.3.6.8.2.1 的要求,并且任何两层材料在一起应满足 4.3.6.8.2.2 的要求;

加强绝缘不允许由单层材料组成。

4.3.6.8.3.4 符合性

通过进行 5.2.3.1~5.2.3.3 中所述的试验,检查是否符合标准。

如果元件或组件使用了薄膜绝缘材料,则允许对元件而不是对材料进行试验。

4.3.6.8.4 印制线路板(PWB)

4.3.6.8.4.1 一般要求

双面单层印制线路板、双面多层印制线路板和内嵌金属层的印制线路板中导体层之间的绝缘,应满足 4.3.6.8.1 的要求。基本绝缘、附加绝缘、双重绝缘和加强绝缘应满足 4.3.6.8.2.1 或 4.3.6.8.2.2 的适当要求;印制线路板中的功能绝缘则应满足 4.3.6.8.2.3 的要求。

对于多层印制线路板的内层,同一层上相邻印制导线之间的绝缘应被看作是下列情形之一:

——污染等级 1 时的爬电距离和电气间隙(见 GB/T 12668.501—2013 附录 C 的图 C.14);

——固体绝缘。在这种情况下,印制线路板应满足在 4.3.6.8.1 和 4.3.6.8.2 中的要求。

4.3.6.8.4.2 使用涂层材料

用来提供功能绝缘、基本绝缘、附加绝缘和加强绝缘的涂层材料应满足以下要求:

1 型保护(如 GB/T 16935.3—2005 中所定义的)用来改进处于受保护状态的部件的微观环境。表 9 和表 10 针对污染等级 1 规定的电气间隙和爬电距离适用于受保护状态的情况。在两个导电部件之间,要求一个或两个导电部件连同它们之间的所有间隔一起都应采取保护措施加以保护。

2 型保护被认为与固体绝缘类似。处于保护状态时,4.3.6.8 中对固体绝缘规定的要求适用,而间隔应不低于 GB/T 16935.3—2005 的表 1 中规定的值。表 9 和表 10 针对污染等级 1 规定的电气间隙和爬电距离不适用。在两个导电部件之间,要求两个导电部件连同它们之间的所有间隔一起都应采取保护措施加以保护,这样在保护材料、导电部件与印制线路板之间就不存在电气间隙。

用来提供 1 型和 2 型保护的涂层材料应设计成能够耐受可以预料在 VFD 的预期寿命期间出现的应力。应按照 GB/T 16935.3—2005 第 5 章的规定在有代表性的印制线路板上进行一次型式试验。对于冷态试验(GB/T 16935.3—2005 中 5.7.1),所使用的温度应为 −25 ℃;而对于温度快速变化试验(GB/T 16935.3—2005 中 5.7.3),所使用的温度应为 −25 ℃ ～ +125 ℃。

4.3.6.8.5 绕制部件

导线的清漆或瓷漆绝缘不能用作基本绝缘、附加绝缘、双重绝缘或加强绝缘。

绕制部件应满足 4.3.6.8.1 和 4.3.6.8.2 的要求。

部件本身应符合在 4.3.6.8.1 和 4.3.6.8.2 中给出的要求。如果部件具有加强绝缘或双重绝缘,则应将 5.2.3.2 的电压试验作为一项出厂试验。

4.3.6.8.6 灌封材料

灌封材料可以用来提供绝缘,或者用作保护涂层防止污染。如果用作固体绝缘,则应符合4.3.6.8.1 和 4.3.6.8.2 的要求。如果用来防止污染,则 4.3.6.8.4.2 中对 1 型保护的要求适用。

4.3.6.9 频率为 30 kHz 以上时的绝缘要求

在绝缘两端之间电压的基波频率大于 30 kHz 的场合,需要进一步考虑。对于低压电路,GB/T 16935.4—2011 中提供了指导。

附录 C 包含有用于确定这些情况下的电气间隙的流程图。同时,在该附录中还提供了 GB/T 16935.4—2011 的表 1 和表 2,可供参考。

4.3.7 输出短路要求

在 VFD 的功率输出端出现短路情况下,VFD 不得造成热、触电或能量危险。在某些情况下,可以通过外部措施提供短路保护,这些外部措施的特性应由制造商规定。

对于与上游保护器件的配合,制造商应规定一个对应于 VFD 每个功率输出的最大预期短路电流额定值。如果必须使用具有特殊特性的保护器件,则应对这些保护器件加以规定。

注: 最大预期短路电流额定值是指给 VFD 供电电源的能力。

4.3.8 剩余电流保护装置(RCD)或剩余电流监控装置(RCM)的兼容性

在某些家用和工业用装备中,除了由所安装设备提供的保护之外,RCD 和 RCM 还用来提供绝缘故障防护。

绝缘故障或者与 VFD 中某些电路的直接接触,可能引起具有直流分量的电流在保护接地导体中流动,并使型式 A 或 AC 的 RCD 或 RCM(见 GB/Z 6829—2008 和 GB/T 19214—2008)为装备中的其他设备提供这种防护的能力降低。

变频调速装置应满足下列条件之一:

a) 额定输入电流小于或等于 16 A、不采用 GB/T 11918.1—2014 规定的工业用连接器来插接的单相 VFD,应设计成能够在正常和故障条件下不使型式 A 的 RCD 或 RCM 为装备中的其他设备提供防护的能力降低;

b) 对于不同于 a)且采用 GB/T 11918.1—2014 规定的工业用连接器来插接 VFD 以及具有固定连接的 VFD 而言，如果在保护接地导体中可能存在一个直流电流，应在用户手册中有警告提示和 GB 2894—2008 表 2-24 规定的警告符号，同时应在 VFD 上设置同样的警告符号(见 6.3.5.7 和附录 B)。信息和标记要求见 6.3.5.7。

注：如果其他设备使用了 B 型的 RCD 和 RCM，就不会受直流电流分量的影响。

4.3.9 电容器放电

变频调速装置里的电容器应在其断电之后 5 s 内放电到电压低于 60 V，或者放电到剩余电荷小于 50 μC。如果由于功能或其他原因不能达到这个要求，则 6.5.2 的信息和标记要求适用。试验见5.2.3.7。

注：对于功率因数校正、滤波器等用到的电容器，这个要求也适用。

如果使用了不借助工具就可以断开的插头或类似器件，拔出这种器件会导致导体(例如插头脚)外露，因而放电时间应不超过 1 s。否则这样的导体应采用至少 IPXXB 的直接接触防护。如果既不能达到 1 s 的放电时间也不能达到至少 IPXXB 的保护，则应使用附加断开装置或者一种适当的警告信息，参见 6.5.2。

4.4 热危险防护

4.4.1 将着火风险降到最低

应通过部件的适当选择和使用以及采用合适的结构使由高温引起的着火风险降到最低。

在使用电气部件时，应使电气元件在正常负载条件下的最大工作温度小于导致电气部件可能接触的周围材料着火所必需的温度。对于周围材料，不宜超过表 12 的温度极限。

如果不能防止某些部件在故障条件下过热，所有与这些部件接触的材料都应是 GB/T 5169.16—2008规定的可燃性等级为 V-1 或更好的材料。

4.4.2 绝缘材料

所使用绝缘材料的 CTI 值应大于或等于 100。

如果按照表 11 的规定使用通用材料，则无需进行进一步评估。

表 11 用于直接支撑未绝缘带电部件的通用材料

通用材料	最小厚度 mm	最大温度 ℃
任何冷模制合成物	无限制	无限制
陶瓷、瓷	无限制	无限制
邻苯二甲酸二烯丙酯	0.7	105
环氧树脂	0.7	105
三聚氰胺	0.7	130
三聚氰胺酚醛	0.7	130
酚醛	0.7	150
无填料耐纶	0.7	105

表 11（续）

通用材料	最小厚度 mm	最大温度 ℃
无填料聚碳酸酯	0.7	105
尿素甲醛	0.7	100

在其他情况下，绝缘材料应符合 5.2.5.2 中所述的、试验温度为 850 ℃时的灼热丝试验的要求。也可以选择采用 5.2.5.3 的热丝着火试验。

在绝缘材料用于一个有开关触点的器件中以及绝缘材料在触点的 12.7 mm 以内的场合，绝缘材料应符合 5.2.5.1 的大电流电弧着火试验的要求。

制造商可提供绝缘材料供应商给出的数据，用以说明使用的材料符合上述要求。在这种情况下，无需进行进一步试验。

4.4.3 外壳材料的可燃性

用来作 VFD 外壳的材料应符合 5.2.5.4 的可燃性试验要求。

金属、陶瓷材料、经耐热强化处理或有金属线的层压玻璃被认为是符合本部分，无需试验。

如果所使用的某材料在最小厚度时其可燃性等级为 GB/T 5169.17—2008 规定的 5 VA，则材料被认为是符合本部分，无需试验。

制造商可提供绝缘材料供应商给出的数据，用以说明使用的材料符合上述要求。在这种情况下，无需进行进一步试验。

4.4.4 温度极限

4.4.4.1 装置内部各部分的温度

当按照设备的额定值进行试验时，设备及其组成部分所达到的温度应不超过表 12 中给出的温度。

表 12 内部材料和部件的最大测量温度

序号	材料和部件		温度计测温法 ℃	电阻测温法 ℃
1	橡胶绝缘导线或热塑绝缘导线 [a]		75	
2	用户端子 [b]		[c]	
3	母线和连接片或接线柱		[d]	
4	绝缘系统	A 级(105)	105	125
		E 级(120)	120	135
		B 级(130)	125	145
		F 级(155)	135	155
		H 级(180)	155	175
		R 级(220)	195	215
5	酚醛合成物 [a]		165	

表 12（续）

序号	材料和部件	温度计测温法 ℃	电阻测温法 ℃
6	在外露电阻材料上	415	
7	电容器	[e]	
8	电力半导体开关	[f]	
9	印制线路板	[g]	
10	液体冷却介质	[h]	

[a] 对酚醛合成物、橡胶绝缘和热塑绝缘的限制不适用于经过试验研究断定符合更高温度要求的化合物。

[b] 接线端子或接线片上的温度，需在实际使用中在最可能由所安装导线的绝缘所接触的危险部位进行测量。

[c] 最大的端子温度不宜超过制造商规定的导线或电缆绝缘温度额定值以上 15 ℃。

[d] 最大允许温度由连接导线或其他部件的支撑材料或绝缘的温度极限确定。建议最大温度为 140 ℃。

[e] 对于电容器而言，不宜超过制造商规定的最大温度。

[f] 管壳的最大温度应是半导体制造商规定的外加功率耗散的最大管壳温度。

[g] 不宜超过印制线路板的最大工作温度。

[h] 不宜超过冷却介质制造商规定的或者由冷却介质的已知特性确定的冷却介质最大温度。

表 12 中所规定的温度测量用电阻测温法包括使用式(1)中的绕组温升计算：

$$\Delta t = \frac{r_2}{r_1}(k + t_1) - (k + t_2) \qquad \cdots\cdots(1)$$

式中：

Δt ——温升；

r_2 ——试验结束时的电阻，单位为欧姆(Ω)；

r_1 ——试验开始时的电阻，单位为欧姆(Ω)；

t_1 ——试验开始时的环境温度，单位为摄氏度(℃)；

t_2 ——试验结束时的环境温度，单位为摄氏度(℃)；

k ——铜为 234.5，电导体级(EC 级)铝为 225.0；对于其他导体，应确定其常数值。

4.4.4.2 变频调速设备的外部温度

可触及的 VFD 外壳等外部组成部分的最大温度应符合表 13 要求。对于可能超过表 13 极限温度的表面，应用附录 B 中的高温警告符号(参见 GB/T 5465.2—2008)标识出来。用户手册也应包含相关信息。在任何情况下可触及部分的温度都不宜超过 150 ℃。

表 13 变频调速设备外部组成部分的最大测量温度

部 分	材 料	
	金属材料 ℃	热塑材料或玻璃 ℃
用户操作器件(按钮、手柄、开关、显示器等)	55	65
用户可能碰触的外壳部分	70	80
因安装而与建筑材料相接触的外壳部分	90	90

4.4.5 对液体冷却 VFD 的特殊要求

注：用来将热量从热部件传递到散热器的密封热管冷却系统，在本部分中不被认为是液体冷却系统。然而，在进行4.2 的电路分析过程中应考虑这类部件可能的故障。

4.4.5.1 冷却剂

所规定的冷却剂(见 6.2)应适用于预期环境温度。冷却剂的工作温度不宜超过表 12 中规定的极限值。

4.4.5.2 设计要求

4.4.5.2.1 耐腐蚀性

冷却系统的所有部件都应适合与所规定的冷却剂一起使用。这些部件应耐腐蚀而且不应由于电解作用或长期暴露在冷却剂和/或空气中而发生腐蚀。

4.4.5.2.2 管路、接头和密封件

冷却系统的管路、接头和密封件应设计成能够在设备寿命期间内防止在压力偏离额定值的过程中发生泄漏。

4.4.5.2.3 对冷凝的预防措施

在正常工作或维护过程中出现内部冷凝的场合，应采取措施防止绝缘退化。在预料到出现这种冷凝的那些区域内，应至少针对一种污染等级 3 的环境(见表 6)对电气间隙和爬电距离进行评估，并且应采取预防措施(例如装一个排水孔)防止积水。

4.4.5.2.4 冷却剂泄漏

在预期寿命期间由于正常工作、维护或者软管或冷却系统其他部件松动，应采取措施防止冷却剂泄漏到带电部件上。如果装有压力释放机构，则其固定方式应保证在其被激活时没有冷却剂泄漏到带电部件上。

4.4.5.2.5 冷却剂流失

冷却剂从冷却系统中流失不应导致热危险、爆炸或触电危险。

4.4.5.2.6 冷却剂的导电性

在冷却剂必须与带电部件(例如未接地散热器)接触时，则应连续对冷却剂的导电性能进行监控，以避免危险电流流过冷却剂。

4.4.5.2.7 对冷却剂软管的绝缘要求

如果冷却剂与带电部件(例如未接地散热器)接触，则冷却剂软管就构成绝缘系统的一个组成部分。视这些软管的位置不同，4.3.6 对功能绝缘、基本绝缘或保护隔离的相关要求在这里适用。

4.5 机械危险的防护

4.5.1 机械能量危险

由于临界速度问题或扭振问题而引起的机械故障可能会产生对操作人员的危险。这些问题会随着

设备规格尺寸的增大而越来越显著。适当时，应考虑临界扭矩转速问题，以及进行启动或特定故障情况下的瞬时转矩分析。

4.5.2 外壳要求

4.5.2.1 一般要求

外壳应有足够的机械强度，良好的防护和相应的稳定性，以及适应运输的结构。

金属外壳应具有如 4.5.2.2 或 4.5.2.3 中规定的厚度。

聚合物外壳或者电气外壳的聚合物部分，应符合 4.4.3 的可燃性要求和 5.2.2.5 中撞击试验的要求。

外壳应适合应用于其预定环境中。制造商应规定预定环境（见 6.3.3）和外壳的额定 IP 等级。

4.5.2.2 金属铸件

除了导管用螺纹孔处要求最小厚度为 6.4 mm 外，钢模金属铸件应：

——在面积大于 155 cm^2 时或者有大于 150 mm 的任何尺寸时，厚度不小于 2.0 mm；

——在面积小于或等于 155 cm^2 而且没有大于 150 mm 的尺寸时，厚度不小于 1.2 mm。

可以通过使用加强筋连接将一个较大的面积细分，以满足上述要求。

除了导管用螺纹孔处要求最小厚度为 6.4 mm 外，可锻铸铁或硬模铸铝、黄铜、青铜或锌合金铸件应：

——在面积大于 155 cm^2 时或者有大于 150 mm 的任何尺寸时，厚度至少为 2.4 mm；

——在面积小于或等于 155 cm^2 时而且没有大于 150 mm 的尺寸时，厚度至少为 1.5 mm。

除了导管用螺纹孔处要求最小厚度为 6.4 mm 外，砂铸金属外壳的最小厚度应为 3.0 mm。

4.5.2.3 钣金件

外壳使用的金属板的厚度，在布线系统所需连接处，钢板无涂层时不宜小于 0.8 mm，在镀锌钢板时不宜小于 0.9 mm，在有色金属板时不宜小于 1.2 mm。

除了布线系统所需连接处以外，外壳厚度不宜小于表 14 或表 15 中规定的厚度。

表 14 外壳用金属板材的厚度——碳钢板或不锈钢板

无支撑框架时[a]		有支撑框架时[a]		最小厚度 mm
最大宽度[b] mm	最大长度[c] mm	最大宽度[b] mm	最大长度[c] mm	
100 120	不限 150	160 170	不限 210	0.6[d]
150 180	不限 220	240 250	不限 320	0.75[d]
200 230	不限 290	310 330	不限 410	0.9
320 350	不限 460	500 530	不限 640	1.2
460 510	不限 640	690 740	不限 910	1.4

表 14（续）

无支撑框架时[a]		有支撑框架时[a]		最小厚度 mm
最大宽度[b] mm	最大长度[c] mm	最大宽度[b] mm	最大长度[c] mm	
560 640	不限 790	840 890	不限 1 090	1.5
640 740	不限 910	990 1 040	不限 1 300	1.8
840 970	不限 1 200	1 300 1 370	不限 1 680	2.0
1 070 1 200	不限 1 500	1 630 1 730	不限 2 130	2.5
1 320 1 520	不限 1 880	2 030 2 130	不限 2 620	2.8
1 600 1 850	不限 2 290	2 460 2 620	不限 3 230	3.0

[a] 见 4.5.2.3。

[b] 宽度是指作为外壳组成部分的矩形金属板材件的较小尺寸。外壳的相邻表面可以具有共用支撑并用单板制成。

[c] 只有在表面边棱有至少 12.7 mm 的凸缘或者固定到在使用中通常不拆卸的相邻表面时，“不限”才适用。

[d] 室外用外壳的钢板厚度不宜小于 0.86 mm。

对于表 14 和表 15 而言，支撑框架是一种由金属板材制成的角形或槽形或者折叠式型材结构，与外壳表面刚性连接，具有与外壳表面相同的外部尺寸，而且具有扭转刚性，能够耐受外壳表面受力变形时所施加的弯曲力矩。

与采用角形或槽形框架制成的同样刚性的结构具有等效加强作用，没有支撑框架的结构包括：

——具有单一成形凸缘的单板(成形的边棱)；

——波纹状或肋状结构的单板；

——(例如用弹簧夹)松散固定到框架上的外壳表面；

——具有非支撑边棱的外壳表面。

表 15　外壳用金属板材的厚度——铝板、铜板或黄铜板材

无支撑框架时[a]		有支撑框架时[a]		最小厚度 mm
最大宽度[b] mm	最大长度[c] mm	最大宽度[b] mm	最大长度[c] mm	
75 90	不限 100	180 220	不限 240	0.6[d]
100 125	不限 150	250 270	不限 340	0.75
150 165	不限 200	360 380	不限 460	0.9

表 15（续）

无支撑框架时[a]		有支撑框架时[a]		最小厚度 mm
最大宽度[b] mm	最大长度[c] mm	最大宽度[b] mm	最大长度[c] mm	
200 240	不限 300	480 530	不限 640	1.2
300 350	不限 400	710 760	不限 950	1.5
450 510	不限 640	1 100 1 150	不限 1 400	2.0
640 740	不限 1 000	1 500 1 600	不限 2 000	2.4
940 1 100	不限 1 350	2 200 2 400	不限 2 900	3.0
1 300 1 500	不限 1 900	3 100 3 300	不限 4 100	3.9

[a] 见 4.5.2.3。

[b] 宽度是指作为外壳组成部分的矩形金属板材件的较小尺寸。外壳的相邻表面可以具有共用支撑并用单板制成。

[c] 只有在表面边棱有至少 12.7 mm 的凸缘或者固定到在使用中通常不拆卸的相邻表面时，“不限”才适用。

[d] 室外用外壳的铝板、铜板或黄铜板材的厚度不宜小于 0.74 mm。

4.5.3 机械零部件要求

应采取适当的措施，避免 VFD 中机械零部件上的尖角、毛刺、棱以及粗糙的表面可能引起的伤害。

4.5.4 机械强度要求

变频调速设备的外部结构应有足够的机械强度，以保证电气设备在使用中不会由于操作疏忽而造成外壳破坏，或爬电距离、电气间隙减小到不允许的程度，甚至触及到带电部件。

4.5.5 机械稳定性

变频调速设备的结构应有足够的稳定性。在不能确定是否稳定的场合，应考虑和地面或其他安装平面的固定措施。

4.6 运行危险的防护

4.6.1 运动部件危险的防护

对运动的部件，例如冷却风扇，应考虑适当防护措施，避免可能的伤害。

4.6.2 噪声发射

产品设计时，应考虑尽量降低设备运行时产生的噪声。以 20 μPa 为参考声压，如果测得的声压超过 85 dBA，则说明书中要包括有关如何降低听力损害危险的说明，而且应在 VFD 产品外壳上设置警示标志，参见附录 B。

4.6.3 振动和抗振

通过平衡、减振等措施降低 VFD 产生的振动。

通过使用弹簧垫、减振垫等措施减少外来振动对 VFD 的影响。

4.7 其他危险的防护

4.7.1 电能危险

变频调速设备内任何部件的故障都不应释放足以引起危险的能量，例如将材料喷溅到有人员的区域。

同时，应考虑到在被传动设备不受 VFD 控制时能量从电动机传递到 VFD 上的可能性。

4.7.2 电气连接要求

4.7.2.1 一般要求

在电气安装过程中，应保护设备各部分之间以及各个部分内部的布线和连接免受机械损伤。设备所有导线的绝缘、导体和布线都应适用于使用的电气、机械、热和环境条件。能够相互接触的导体应具备为相关电路的 DVC 要求而确定的绝缘。

应通过对整体结构和数据表的目视检查来确认是否符合 4.7.2.2～4.7.2.8 的要求。

注：电的反射作用可能会使脉宽调制(PWM)源与电动机连接的电缆上出现高电压，在进行 VFD 部件选择时应考虑到这种情况。

4.7.2.2 导线敷设

绝缘导线穿过金属壁板时，金属壁板的开孔应配备有平滑的绝缘护套或绝缘垫圈，或者具有平滑的表面支撑以减少绝缘磨损的危险。功率连线穿过金属壁板时，应保证在正常工作时同一个开孔中穿过的相关连线的电流代数和为 0，例如应将三相功率线穿过同一个孔及将直流电源的＋/－线穿过同一个孔。同时在大功率的 VFD 场合考虑柜体本身不能形成磁回路(应断磁)，避免出现额外的发热。

导线敷设宜远离尖锐边棱、螺纹、毛刺、飞边、移动部件、抽屉以及可能磨损导线绝缘的其他类似部件。导线弯曲时不能小于导线制造商规定的最小弯曲半径。

装置内部用于固定导线的金属或非金属线夹和导板，应具备平滑的流线型边缘。这样的夹紧作用和支撑表面不宜出现绝缘的磨损或遇冷变形现象。如果为小于 0.8 mm 的热塑性绝缘导线使用金属线夹，则应采用不导电的机械防护措施。

4.7.2.3 导线的颜色

除了构成带状电缆或多芯信号电缆所必需的绝缘导线之外，用黄绿标识出的绝缘导线只能用于保护联结。

注：使用绿色或绿/黄色用于保护联结已由国家标准规定。

4.7.2.4 接头和联结

所有的接头和联结在机械上都应是可靠的，而且都应具备电连续性。

电气连接应采用锡焊、熔焊、压接或其他可靠的连接方式。另外，除了印制线路板上的元件之外，锡焊点应具有机械可靠性。

在将多股绞合导线连接到接线螺钉上时，应保证松散的导线股不接触到：

——电位可能与导线不同的其他未绝缘带电部件；或

——不带电的金属部件。

在采用螺钉端子连接时，可能需要日常维护（拧紧）。在维护手册中应对此特别提出（见 6.5.1）。

4.7.2.5 可触及的连接

通常，应通过检查和试插入对连接器、插头和插座的不可互换性和防极性颠倒保护进行确认。

4.7.2.6 变频调速设备各部分之间的互连

除了符合 4.7.2.1～4.7.2.5 中给出的要求之外，为 VFD 各部分之间的互连所提供的措施应符合下列要求或者 4.7.2.7 的要求。

为设备各部分之间或系统各单元之间的互连所提供的成型电缆和软线应适用于所涉及的应用。在电缆从外壳中引出时应保护电缆免受外力损坏。

插头连接器与插座连接器的错位、多针插头连接器插入到非指定插座连接器中，以及操作者可触及部分的其他操作都不应导致机械损坏或者热危险、电击或人员伤害的危险。

如果外部互连电缆端接在一个插头中与外壳外表面上的一个插座配套使用，在断电时，在插头或插座的可触及触点上应不存在电击危险。

注：电缆的一端一旦断开，联锁电路就使可触及触点断电，这样的联锁电路满足上述要求。

4.7.2.7 电源的连接

与电源永久连接的 VFD 应具有与安装场所的要求相适应的可用布线连接措施，所提供的联结点应具有适当的结构。

4.7.2.8 端子

4.7.2.8.1 结构要求

端子中保持接触和承载电流的所有部分都应由具有适当机械强度的金属制成。

端子连接的方式应使导线能够借助于螺丝、弹簧或其他等效物连接，保证维持所需的接触压力。

端子的结构应使导线能够在适当的表面之间夹紧，而不会给导线或端子带来任何明显损伤。

端子应不允许导线错位，或者以不利于设备运行的方式自己移位，而且其绝缘不应降低至额定值以下。

使用符合 GB/T 14048.7—2006 或 GB/T 14048.8—2006 要求的端子，可以满足本条的要求。

4.7.2.8.2 连接能力

所提供的端子应能够连接在安装和维护手册中规定的导线（见 6.3.5.4）以及符合装备适用布线规则的电缆。端子应满足 5.2.3.8 的温升试验要求。按照表 D.1 所选的端子应适合连接同一类型至少大两个规格的导线，即端子的选用应留有一定的裕量。

圆铜导线截面的标准值在附录 D 中给出，该附录还给出了 ISO 公制和 AWG/MSM 线规之间的近似关系。

4.7.2.8.3 连接

用来连接外部接线的端子应在安装中易于接线。

夹紧螺钉和螺母不应用来固定任何其他元件，不过可以将端子固定就位或者防止端子转动。

4.7.2.8.4 10 mm^2 和更大截面导线的弯曲间距

变频调速装置各部分之间以及 VFD 与主电源之间的连接用导体的最小导线弯曲间距应至少为

表16中规定的值。

表16 端子至外壳的导线弯曲间距

导线的规格 mm^2	端子至外壳的最小弯曲间距 mm		
	每个端子的导线数量		
	1	2	3
10～16	40	—	—
25	50	—	—
35	65	—	—
50	125	125	180
70	150	150	190
95	180	180	205
120	205	205	230
150	255	255	280
185	305	305	330
240	305	305	380
300	355	405	455
350	355	405	510
400	455	485	560
450	455	485	610

4.7.3 供电电源故障

在VFD设计过程中应考虑当给其供电的电源出现故障时，装置的安全措施。

4.7.4 环境应力的防护

变频调速装置应不存在由于所规定的环境应力引起的任何危险。作为最低要求，VFD应满足5.2.6规定的环境试验的要求。更为苛刻的要求可以由制造商规定，在这种情况下，无需进行本部分中要求不太苛刻的试验项目。

4.8 安全功能

4.8.1 一般要求

变频调速装置至少应内置如下的安全功能，以确保设备的安全运行，并在需要时控制电机安全停止。

4.8.2 安全停止

变频调速装置应有如下停止功能：

——系统封锁功能。通过封锁系统及驱动脉冲，安全停止力矩输出。此时相应电机轴上不再有力矩输出，电机自由停车。

——安全停止功能。VFD 启动电动机减速,并控制(或监视)电机的加速度在设定的限值内,当电动机速度低于规定的限值时启动系统封锁功能;或启动电动机减速,在规定的时间延时后,启动系统封锁功能。

4.8.3 过流保护

变频调速装置应具有过流保护功能,并保证在输出电流超过某个设定值的时候,启动系统封锁功能并报出相应故障。

4.8.4 跳频设定

变频调速装置应具有跳频设定功能,以防止其所带的电机和机械设备运行在它们的某一个或几个共振频率上。跳频设定点至少要有一个。

5 检验与验证

5.1 一般要求

5.1.1 试验目的和分类

为了证明 VFD 完全符合本部分的要求,需进行本章中所定义的试验。如果第 4 章分条款的相关要求允许,相关试验可以省略。本章中的分条款描述 VFD 试验需采用的方法和程序。

试验项目分类成:

——型式试验;

——出厂试验;

——抽样试验。

制造商和/或检测机构应保证:在充分考虑到公差和测量不准确度的情况下,采用规定的最大和/或最小环境(或试验)值。

警告!这些试验可能会引起危险情况。需采取适当的预防措施避免人身伤害。

5.1.2 试验样品的选择

在对一种类型或一个系列的类似产品进行试验时,不必对该类型或系列中的所有型号进行试验。应针对一个型号或者对该特定试验项目而言足以代表整个类型或系列的机械和电气特性的型号进行每项试验。

5.1.3 试验顺序

通常,既不必对试验的顺序进行要求,也不要求所有试验都在同一个样机上进行。然而,某些试验的通过准则要求这些试验需要后续的一个或更多试验。

5.1.4 接地条件

制造商应规定可为 VFD 所接受的接地系统(见 4.3.6.1.4)。应使用制造商所允许的最不利情况(最大应力)的接地系统来确定试验要求。接地系统可能包括:

——中性点对地;

——线对地;

——中性点通过高阻抗对地;

——绝缘(不接地)。

不可接受的接地系统应表示为：

——禁止；

——需修改将要通过型式试验验证的值和/或安全等级。

5.1.5 符合性

VFD是否符合本部分要求，可通过执行在本章中规定的试验进行验证。

只有通过了所有(强制执行条款)的相关试验，才能声明符合标准。

结构要求的符合性以及由制造商提供信息的符合性，可通过适当的检验、外观检查和/或测量进行验证。

只要设计更改或部件更改对符合性具有潜在影响，就应进行新的型式试验来确认符合性。最好是将修改过的产品标识出来，如6.2中所述那样，通过使用适当的日期代码或序列号标识出来。

5.1.6 试验项目综述

表17给出了对电子元件、器件和VFD的型式试验、出厂试验和抽样试验的项目综述，表中“×”表示有此实验项目。

表17 试验项目综述

试 验	型式试验	出厂试验	抽样试验	要 求	条 款
外观检查	×	×	×		5.2.1
机械试验					5.2.2
电气间隙和爬电距离	×			4.3.6.1、4.3.6.4、4.3.6.5	5.2.2.1
印制线路板短路	×			4.3.6.7	5.2.2.2
不可接近性	×			4.3.3.3	5.2.2.3
外壳的完整性	×			4.3.7	5.2.2.4
变形试验				4.3.6.4.3	5.2.2.5
挠曲	×			4.3.7	5.2.2.5
撞击	×			4.3.7	5.2.2.5
电气试验				4.3.4.1、4.3.6.8.2	5.2.3
冲击电压	×		×	4.3.3.2、4.3.4.3、4.3.6.1、4.3.6.8.2.1、4.3.6.8.2.2、4.3.6.8.3	5.2.3.1
交流或直流电压	×	×		4.3.3.2、4.3.4.3、4.3.6.1、4.3.6.8.2.1、4.3.6.8.2.2、4.3.6.8.4.2	5.2.3.2
局部放电	×		×	4.3.6.1、4.3.6.8.2.2、4.3.6.8.3	5.2.3.3
保护阻抗	×	×		4.3.4.3	5.2.3.4
接触电流测量	×			4.3.5.5.2	5.2.3.5
短路试验	×			4.3.7	5.2.3.6
部件击穿	×			4.2	5.2.3.6
电容器放电	×			4.3.9	5.2.3.7

表 17（续）

试验	型式试验	出厂试验	抽样试验	要求	条款
温升	×			4.7.2.8.2、4.4.2	5.2.3.8
保护联结	×	×		4.3.5.3	5.2.3.9
非正常工作试验				4.2	5.2.4
缺相	×			4.2	5.2.4.4
风机停止运行	×			4.2	5.2.4.5.2
过滤器阻塞	×			4.2	5.2.4.5.3
冷却剂流失	×			4.4.5.2.5	5.2.4.5.4
材料试验					5.2.5
大电流电弧着火	×			4.4.2	5.2.5.1
灼热丝	×			4.4.2	5.2.5.2
热丝着火	×			4.4.2	5.2.5.3
可燃性	×			4.4.3	5.2.5.4
环境试验				4.7.4	5.2.6
干热	×			4.7.4	5.2.6.3.1
湿热	×			4.7.4	5.2.6.3.2
振动试验	×			4.7.4	5.2.6.4
流体静压	×	×		4.4.5.2.2	5.2.7

5.2 试验技术要求

5.2.1 外观检查

应进行外观检查，以达到下列目的：

——作为出厂试验，检查诸如标志、警告和其他安全性方面的特性是否考虑周全；

——作为型式试验、抽样试验或出厂试验的接收准则，验证是否已经满足了本部分的要求。

出厂试验可以是生产或装配过程的组成部分。

进行型式试验之前，应进行一次检查，确认交付型式试验的 VFD 在电源电压、输入和输出范围等方面是否和预期的一样。

5.2.2 机械试验

5.2.2.1 电气间隙和爬电距离

通过测量或外观检查验证电气间隙和爬电距离是否符合表 9 和表 10 的规定。测量的实例见 GB/T 12668.501—2013 的附录 C。在不能执行这项验证的场合，应在所考虑的电路之间进行一次冲击电压试验(见 5.2.3.1)。

5.2.2.2 印制线路板短路试验

在印制线路板上，应对小于表9和表10中规定的电气间隙和爬电距离(见4.3.6.7)的间距提供的功能绝缘进行如下所述的型式试验。

应按计划将一台包含有印制线路板组件的设备样品连接到一个为模拟最终使用条件而确定规格和保护措施的电源电路上。如果CDM/BDM是不带外壳供货的，则可以使用一个金属丝网罩来模拟预定外壳，这个金属丝网罩的尺寸为正在测试部分的各个直线尺寸的1.5倍。

在外壳外部的所有孔口、手柄、铰链、接头和类似部位以及(可能使用的)金属丝网罩上以一种对冷却影响不大的方式铺上脱脂棉。

对于减小的间距，应在具有代表性的样品上一次使其中的一个短路，而且应保持短路直到没有另外的损坏产生为止。

作为印制线路板短路试验的结果，CDM/BDM应符合下列要求：

——应没有火焰发出或金属熔融现象；

——脱脂棉指示物应没有着火；

——接地连接应没有断开；

——门或盖应没有冲开；

——在试验过程中和之后，可触及SELV电路和PELV电路所出现的电压应不大于图6的时间相关电压；

——在试验过程中和之后，带电部分在电压大于界定电压等级A时不应变成可触及部分。

不要求CDM/BDM在经过试验之后能工作，而且可能出现其外壳会发生变形的情况。构成CDM/BDM所必需的或者与CDM/BDM一起使用所要求的过电流保护装置允许断开。

5.2.2.3 不可接近性试验

这项试验用来证明按照4.3.3.3的要求利用外壳和隔板进行保护的带电部分的不可接近性。

应作为VFD外壳的一项型式试验，按照GB/T 4208—2017中对防止接近危险部分的外壳分类的规定执行这项试验。例外情况为：

——在只从垂直方向±5°探测时，IP3X的试验探头不应贯穿外壳的顶部表面。

5.2.2.4 外壳的完整性试验

应对所声明的外壳IP等级进行验证。验证试验作为VFD外壳的一项型式试验，按照GB/T 4208—2017中对外壳分类的规定执行。

5.2.2.5 变形试验

变形试验包括挠曲试验和撞击试验，相关的试验要求及方法参见GB/T 12668.501—2013的5.2.2.5。

5.2.3 电气试验

5.2.3.1 冲击电压试验

冲击电压试验使用一个具有1.2/50 μs波形的电压进行(见GB/T 3048.14—2007的图6)，并用来模拟大气条件下的过电压。这项试验也覆盖由于设备开关操作引起的过电压。相关的试验方法见GB/T 30843.2—2014的5.3.4。试验电压参见表18。

表 18 低压 VFD 的冲击试验电压

第 1 栏	第 2 栏		第 3 栏	
系统电压 (见 4.3.6.2.1) V	不直接连接到电源干线的电路与其周围电路之间的绝缘符合过电压类别Ⅱ要求的冲击耐受电压 V		直接连接到电源干线的电路与其周围电路之间的绝缘符合过电压类别Ⅲ要求的冲击耐受电压 V	
	基本绝缘或附加绝缘	加强绝缘	基本绝缘或附加绝缘	加强绝缘
≤50	500	800	800	1 500
100	800	1 500	1 500	2 500
150	1 500	2 500	2 500	4 000
300	2 500	4 000	4 000	6 000
600	4 000	6 000	6 000	8 000
1 000	6 000	8 000	8 000	12 000

注 1：第 2 栏允许采用插值法。

注 2：过电压类别Ⅰ和Ⅲ用的试验电压可以采用类似的方法从表 8 中得出。

注 3：第 3 栏不允许采用插值法。

注 4：过电压类别Ⅱ和Ⅳ用的试验电压可以采用类似的方法从表 8 中得出。

5.2.3.2 交流或直流电压试验

这项试验用来验证部件或已装配好的 VFD 的电气间隙和固体绝缘具有足够耐受过电压条件的介电强度。

对于直接连接到电网的 VFD，试验电压参见 GB/T 30844.2—2014 的表 2。

对于不直接连接到电网的 VFD，试验电压参见表 19。

试验方法参见 GB/T 30844.2—2014 的 5.2.2 和 5.2.3。

表 19 不直接连接到电网上的电路使用的交流或直流试验电压

第 1 栏	第 2 栏[a]		第 3 栏[a]	
工作电压 (重复峰值) (见 4.3.6.2.1) V	在对采用基本绝缘的电路进行型式试验时和进行所有出厂试验时所采用的电压 V		在对采用保护隔离的电路以及在电路与可触及表面之间进行型式试验时所采用的电压(可触及表面为非导电或导电表面但不连接到保护接地线上，4.3.5.6 要求的Ⅱ类防护) V	
	交流方均根值	直流	交流方均根值	直流
≤71	80	110	160	220
141	160	225	320	450
212	240	340	480	680
330	380	530	760	1 100
440	500	700	1 000	1 400
600	680	960	1 400	1 900

表 19（续）

<table>
<tr><td>第 1 栏</td><td colspan="2">第 2 栏[a]</td><td colspan="2">第 3 栏[a]</td></tr>
<tr><td rowspan="2">工作电压
（重复峰值）
（见 4.3.6.2.1）
V</td><td colspan="2">在对采用基本绝缘的电路进行型式试验时和进行所有出厂试验时所采用的电压
V</td><td colspan="2">在对采用保护隔离的电路以及在电路与可触及表面之间进行型式试验时所采用的电压（可触及表面为非导电或导电表面但不连接到保护接地线上，4.3.5.6 要求的Ⅱ类防护）
V</td></tr>
<tr><td>交流方均根值</td><td>直流</td><td>交流方均根值</td><td>直流</td></tr>
<tr><td>1 000</td><td>1 100</td><td>1 600</td><td>2 200</td><td>3 200</td></tr>
<tr><td>1 600</td><td>1 800</td><td>2 600</td><td>2 900</td><td>4 200</td></tr>
<tr><td colspan="5">注 1：允许采用插值法。
注 2：如 GB/T 16935.1—2008 的表 A.1 所提供的，本表中的试验电压是以表 10 中对应间隙的耐受电压的 80% 为基础。</td></tr>
<tr><td colspan="5">[a] 符合 GB/T 17627.1—1998 的 7.2.2.2 要求的一个短路电流至少为 0.1 A 的电压源用于这项试验。</td></tr>
</table>

5.2.3.3 局部放电试验

局部放电试验用于验证在电路的保护隔离用部件和组件中使用的固体绝缘（见 4.3.6.8），在规定的电压范围内保持无局部放电状态（见表 20）。

这项试验应作为一项型式试验和抽样试验进行。如果绝缘材料（例如陶瓷）不会因局部放电而退化，则可以不做这项试验。

局部放电起始电压和熄灭电压受气候因素（如温度和湿度）、设备发热和制造公差影响。在某些条件下，这些影响因素可能至关重要，因此在型式试验过程中应给予考虑。

表 20 局部放电试验

<table>
<tr><td>主 题</td><td>试 验 条 件</td></tr>
<tr><td>试验的依据</td><td>GB/T 16935.1—2008 的 6.1.3.5</td></tr>
<tr><td>要求的依据</td><td>4.3.6.8</td></tr>
<tr><td>预先处理</td><td>样品应当按照 GB/T 16935.1—2008 的 6.1.3.2 的方法 b）要求进行预先处理。
属于同一电路的带电部分应连接在一起。
建议在冲击电压试验（见 5.2.3.1）之后进行局部放电试验，以便冲击电压试验引起的任何损坏能够显而易见。
局部放电试验最好是在将部件或器件插入设备中之前进行，因为通常在设备装配好后是不可能进行局部放电试验的</td></tr>
<tr><td>初始测量</td><td>按部件或器件的技术条件</td></tr>
<tr><td>试验设备
试验电路
试验电压
试验方法

试验设备的校准</td><td>经过校准的电荷测量设备或者不带加权滤波器的无线电干扰测量仪
GB/T 16935.1—2008 的 C.1
交流 50 Hz 或 60 Hz 的峰值
GB/T 16935.1—2008 的 6.1.3.5.1；$F_1 = 1.2$；F_2、$F_3 = 1.25$；试验程序按 GB/T 16935.1—2008 的 6.1.3.5.3
GB/T 16935.1—2008 的 C.4</td></tr>
</table>

表 20（续）

主 题	试 验 条 件
测量	应从低于额定放电电压 U_{PD}[a] 的一个值开始使电压线性增大到 U_{PD} 的 1.875 倍并保持一个5 s的最大时间。 然后使电压线性减小至 U_{PD} 的 1.5 倍(±5%)并保持一个 15 s 的最大时间，在这段时间内对局部放电进行测量。
验证	如果在测量时间内局部放电小于 10 pC，则应当认为试验已经成功通过。 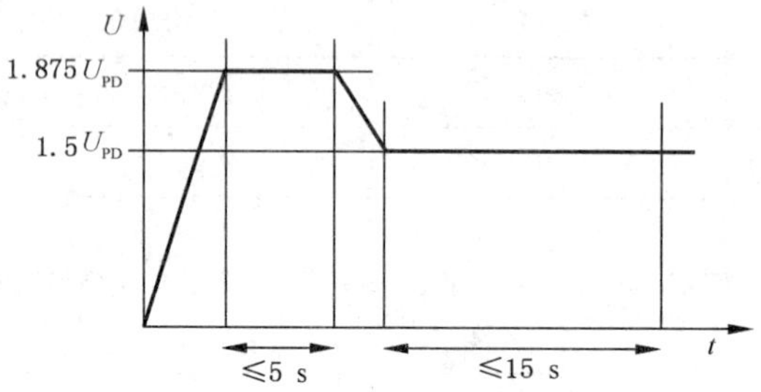 U 1.875 U_{PD} 1.5 U_{PD} ≤5 s ≤15 s t
[a] 额定放电电压是采用绝缘隔离的每个电路中的重复峰值电压的总和。	

5.2.3.4 保护阻抗测量

应进行一次型式试验来验证在正常工作条件下，通过一个保护阻抗的最大电流不超过 4.3.4.3 中给出的值。这项试验应使用 GB/T 12113—2003 图 4 给出的电路进行。

注：GB/T 12113—2003 申明没有对使用单个网络对交直流组合进行测量的情况进行研究，但没有对这种情况下的测量提出建议。

宜作为一项出厂试验来验证保护阻抗的值。

5.2.3.5 接触电流测量

应对接触电流进行测量，以明确是否无需采取保护措施(见 4.3.5.5.2)。测试时，应将 VFD 输出端悬空。

VFD 在没有任何与地连接的情况下以绝缘状态安装，而且应以额定输出电压工作。在这些条件下，使用 GB/T 12113—2003 中图 4 的测量网络对 VFD 的接地点和测量现场实际的保护接地导体之间对接触电流进行测量：

——对于需连接到中线接地系统的 VFD，试验现场电源的中性线应直接连接到试验现场的保护接地导体上。

——对于需连接到隔离系统或阻抗接地系统的 VFD，中性线应通过一个 1 kΩ 电阻连接到试验现场的保护接地导体上，且此保护接地导体应依次连接到每个输入相上。测量结果取最高值。

——对于需连接到一个角接地系统上的 VFD，试验现场的保护接地导体应依次连接到每个输入相上。测量结果取最高值。

——对于具有特殊接地系统的 VFD，在试验过程中电源接地系统应按所预期的那样工作。

——如果 VFD 预定连接到多种电源接地系统上，则应使用这些不同电源接地系统中的每一个(或者，如果能够确定的话，使用最不利情况)来进行接触电流测量。

接触电流测量试验应作为一项型式试验进行。

5.2.3.6 输出短路和部件击穿试验

在考虑在 VFD 正常运行，其输出侧短路或功率回路中使用的元器件发生断路或击穿的情况下，热、电击及能量危险的防护时，应采用下列方式之一进行评估：

a) 执行 GB/T 12668.501—2013 的 5.2.3.6.2～5.2.3.6.5 中定义的试验，结果应满足 5.2.4.3 要求；

b) 在一个有代表性的 VFD 型号上执行基于 GB/T 12668.501—2013 的 5.2.3.6.2～5.2.3.6.5 中定义的试验，并在此基础上进行的计算或仿真。在这种情况下，试验样品没有发生除熔断器断开或断路器跳闸以外的损坏。

注：有代表性的型号是指一种所具有的功率元件（例如电力半导体、熔断器、断路器、电容器、短路检测和输出电感）和电路拓扑结构与正在考虑的 VFD 类似的装置。

5.2.3.7 电容器放电

可以通过一次型式试验和/或采用计算方法对如 4.3.9 所要求的电容器放电时间进行验证。

5.2.3.8 温升试验

该试验用来保证 VFD 的组成部分和可触及表面不超过 4.4 中规定的温度极限值，并保证不超过制造商针对安全相关部分规定的温度极限值。

温升试验的方法参见 GB/T 30844.2—2014 的 5.10。

在试验过程中，热断路器、过载检测功能和器件不应动作。

5.2.3.9 保护联结

应在 PE 端子与作为每个保护联结电路组成部分的相关点之间采用加至少 10 A 电流的方法对每个保护联结电路的阻抗进行测量，所用电源的输出应不接地，其最大空载电压为 24 V。

如果保护联结已经是采用 4.3.5.4 的横截面规则设计的，则阻抗不宜超过 0.1 Ω。

如果保护联结已经是采用 4.3.5.3.3 的规则设计的，则阻抗不宜超过为符合图 6 的时间相关电压极限值所要求的值。

注 1：如果使用输出有一个点接地的电源，则测量结果可能会使人误解。

注 2：使用较大的测试电流，可以提高试验结果的精度，尤其是在测量小电阻时。例如，导体有较大的横截面积和/或较短的导体长度。

注 3：由于所测的电阻很小，测量时请注意探头的位置。

在任何一点如果借助于单一紧固件实现保护联结的连续性，则这项试验宜作为一项出厂试验进行。

5.2.4 非正常工作试验

5.2.4.1 一般要求

在进行所有的运行试验之前，试验样品需按温升试验中所述的那样安装和操作。

如果所提供的 VFD 没有外壳，则可以使用为所研究的 CDM/BDM 部分各个直线尺寸 1.5 倍的金属丝网罩对预期使用的外壳进行模拟试验。

VFD 以及（可能使用的）金属丝网罩应按照 4.3.5.3.2 的要求接地。

应在外壳外部的所有孔口、手柄、铰链、接头和类似部位以及（可能使用的）金属丝网罩上以一种对冷却影响不大的方式铺上脱脂棉。

5.2.4.2 试验持续时间

应进行各个试验项目，直至由一个保护器件或机构（内部或外部）终止、出现一个部件故障或者温度达到稳定状态为止。

5.2.4.3 接收准则

作为非正常工作试验的结果,VFD应符合下列每一个要求:

——应没有火焰发出或金属熔融现象;

——脱脂棉指示物应没有着火;

——接地连接应没有断开;

——门或盖应没有被冲开;

——在试验过程中和试验之后,可触及SELV电路和PELV电路所出现的电压应不大于图6的时间相关电压;

——在试验过程中和之后,带电部分在电压大于界定电压等级A时不应变成可触及部分。

不要求VFD在经过试验之后能工作。注意,可能会出现外壳发生变形的情况。

5.2.4.4 缺相

采用在输入端依次使各相线断开(包括可能使用的中线)的方式使多相VFD运行。这项试验应在电力变流设备以其最大正常负载运行的情况下,通过断开一根相线的方式执行(这项特殊要求不适用于高压VFD,但可以对额定输入电流大于500 A的低压VFD进行模拟仿真)。应在断开一根引线的情况下,以初次使器件通电的方式重复这项试验。

5.2.4.5 冷却故障试验

5.2.4.5.1 一般要求

如果VFD的冷却机构是由以下几种方式组合而成,应执行所有相关的试验。没有必要同时执行这些试验。

5.2.4.5.2 风机电动机停止运行

对于具有强迫通风的VFD而言,应通过停止供电的方式阻止一台或多台风机的运转,而VFD以额定负载运行。

注:本条要求,VFD额定运行且冷却风机不能送风情况下VFD要满足5.2.4.3。

5.2.4.5.3 过滤器堵塞

具有过滤通风口的封闭式VFD应在以额定负载运行情况下,使通风口阻塞运行,以表示过滤器堵塞。此试验需进行两次:

——将通风口阻塞50%的情况下执行这项试验;

——在完全阻塞的条件下重复执行这项试验。

5.2.4.5.4 冷却剂流失

液体冷却的VFD以额定负载运行。应通过阻断冷却剂流通或者禁止系统冷却剂泵运行的方式对冷却剂流失进行模拟仿真。在冷却剂流失试验终止之后执行5.2.3.2的交流或直流电压试验。

5.2.5 材料试验

5.2.5.1 大电流电弧着火试验

参见GB/T 12668.501—2013中的5.2.5.1。

5.2.5.2 灼热丝试验

在4.4.2中规定的条件下按照GB/T 5169.10—2006和GB/T 5169.13—2013的要求进行灼热丝试验。

注：如果需要在同一样品上的一个以上部位进行这项试验，则应注意保证由前面的试验引起的变形不影响要进行的试验。

5.2.5.3 热丝着火试验（灼热丝试验的替代方法）

参见GB/T 12668.501—2013中的5.2.5.3。

5.2.5.4 可燃性试验

参见GB/T 12668.501—2013中的5.2.5.4。

5.2.6 环境试验（型式试验）

5.2.6.1 一般要求

为了证实VFD在其将要承受的环境类别的极端条件下的安全性，需要进行环境试验。

如果从规格尺寸或功率考虑，不宜整套VFD试验时，可对其每一部分分别进行试验。

5.2.6.2 接收准则

应满足下列接收准则：

——VFD的任何安全相关部件没有退化；

——VFD在试验过程中没有潜在危险状态；

——没有部件过热迹象；

——没有带电部分变成可触及部分；

——外壳中没有裂纹，而且没有损坏或松动的绝缘子；

——通过5.2.3.2的出厂交流或直流电压试验；

——通过5.2.3.9的保护联结试验；

——VFD在试验之后运行时没有潜在危险状态。

5.2.6.3 气候试验

5.2.6.3.1 干热试验（稳态）

干热（稳态）试验应按表21执行。

表 21　干热试验(稳态)

主题	试验条件
试验的依据	GB/T 2423.2—2008 的试验 Bd
要求的依据	4.7.4
预先处理	按 5.1.2 和 5.2.1
工作条件 温度 精度 湿度 暴露持续时间	在额定条件下工作 40 ℃或制造商规定的最大温度,以较高温度为准 ±2 ℃(见 GB/T 2423.2—2008 的 6.2) 按 GB/T 2423.2—2008 的试验 Bd (16±1) h
恢复方法: a) 时间 b) 气候条件: 1) 温度 2) 相对湿度 3) 大气压力 c) 电源	 最少 1 h 15 ℃～35 ℃ 25%～75% 86 kPa～106 kPa 电源不连接

5.2.6.3.2　湿热试验(稳态)

为了证明耐湿性,VFD 应经受一次表 22 规定的湿热试验(稳态)。

表 22　湿热试验(稳态)

主题	试验条件
试验的依据	GB/T 2423.3—2006 的试验 Cab
要求的依据	4.7.4
预先处理	按 5.1.2 和 5.2.1
工作条件 特殊预防措施 温度 湿度 暴露持续时间	电源断开 如果在试样中内部电压源所产生的热可以忽略不计,则内部电压源可以保持连接 (40±2) ℃(按 GB/T 2423.3—2006) (93^{+2}_{-3})%,无冷凝 4 d
恢复方法: a) 时间 b) 气候条件: 1) 温度 2) 相对湿度 3) 大气压力 c) 电源 d) 冷凝	 最少 1 h 15 ℃～35 ℃ 25%～75% 86 kPa～106 kPa 电源断开 在执行交流或直流电压试验或者将 CDM 重新连接到电源上之前,请通过气流去除所有外部和内部冷凝

5.2.6.4 振动试验

为了验证机械强度,应作为一项型式试验按表 23 采用一个滑移频率执行一次振动试验。

对于质量大于 100 kg 的 VFD 而言,可以基于组件进行这项试验。

表 23 振动试验

主 题	试验条件
试验的依据	GB/T 2423.10—2008 的试验 Fc
要求的依据	4.7.4
预先处理	按 5.1.2 和 5.2.1
条件 运动 振动幅度 / 加速度 10 Hz≤f≤57 Hz 57 Hz<f≤150 Hz 振动持续时间 固定方式	电源不连接 正弦 0.075 mm 振幅 1 g 在 3 个相互垂直轴的每个轴向 10 个扫描周期 按制造商的技术规范
在制造商规定的振动级大于上述值的场合,应使用较大振动级进行试验。接收准则不应改变。	

5.2.7 流体静压

对于型式试验,应以一个渐变率使液体冷却 VFD 的冷却系统(见 4.4.5.2.2)内部的压力增大,直至有一个(可能装备的)压力释放机构动作或者所达到的压力为系统运行压力值的 2 倍或系统最大压力额定值的 1.5 倍时为止,以较大的压力为准。

对于出厂试验,应使压力增大到其运行压力值。

压力应维持至少 1 min。

应没有由试验引起的热、电击或其他危险。在试验过程中应没有明显的冷却剂泄漏或压力损失,在型式试验过程中压力释放机构的冷却剂泄漏或压力损失除外。

6 资料和标志的要求

6.1 一般要求

本条的目的是定义变频调速设备安全选用、安装、调试、运行与维护所必需的资料和标志的要求。表 24 列出了相关信息,说明了从哪些资料或标志给出这些信息。表中"×"表示要有此信息。

表 24 信息要求

信 息	参照分条款	信息出现的位置[a, b]					参照技术分条款
		1	2	3	4	5	
选用信息	**6.2**						
制造商名称和目录号	6.2	×	×	×	×	×	
电压额定值	6.2	×		×	×	×	

表 24（续）

信 息	参照分条款	信息出现的位置[a,b]					参照技术分条款
		1	2	3	4	5	
电流额定值	6.2	×		×		×	
功率额定值	6.2	×		×		×	
IP 等级	6.2	×		×		×	4.3.3.3、4.5.2.1
标准引用	6.2			×			
日期代码或序列号	6.2	×					
说明书引用	6.2			×	×	×	
安装与调试信息	**6.3**						
尺寸(SI 单位)	6.3.2			×		×	
质量(SI 单位)	6.3.2		×	×		×	
安装详图(SI 单位)	6.3.2			×		×	
工作和储存环境	6.3.3			×		×	
外壳详情	6.3.3			×		×	4.3.3.3、4.4.3、4.5.2.1
装卸运输和安装要求	6.3.4		×	×		×	
互连和布线图	6.3.5.2			×		×	
电缆要求	6.3.5.3			×		×	4.7.2
端子详情	6.3.5.4	×		×		×	4.7.2.8.2
防护要求	6.3.5.5			×		×	4.3
接地	6.3.5.6	×		×		×	4.3.5.3、4.3.5.3.2
保护接地导体电流	6.3.5.7	×		×		×	4.3.5.5.2、4.3.8
特殊要求	6.3.5.8			×		×	
电源过载保护	6.3.6	×		×		×	
电动机过载保护	6.3.7			×		×	
调试信息	6.3.8			×			
使用信息	**6.4**						
一般要求	6.4.1			×		×	
调整	6.4.2			×	×	×	
标识、符号和信号	6.4.3	×		×	×	×	
维护信息	**6.5**						
维护程序	6.5.1					×	4.3.3.3
维护计划	6.5.1				×	×	
组件和部件位置	6.5.1					×	
修理与更换程序	6.5.1					×	
调整程序	6.5.1			×	×	×	

表 24（续）

信息	参照分条款	信息出现的位置[a,b]					参照技术分条款
		1	2	3	4	5	
特殊工具一览表	6.5.1				×	×	
电容器放电	6.5.2	×		×		×	4.3.9
自动再启动/旁路	6.5.3			×	×	×	
PT/CT 连接	6.5.4	×		×		×	
其他危险	6.5.5	×				×	

[a] 位置：

1） 在产品上(见 6.4.3)；

2） 在包装上；

3） 在安装手册中；

4） 在用户手册中；

5） 在维护手册中。

[b] 适当时，安装手册、用户手册和维护手册可以合并；而且，如果顾客接受，也可以采用电子版格式提供这些手册。在给一个顾客提供多台产品时，只要顾客接受，则无需为每一台产品提供一份手册。

鉴于任何电气设备都可以采用可能出现危险状况的方式安装或运行，因而符合本部分的设计要求本身并不保证是一种安全装备。但是，在适当选择符合本部分要求的设备并正确安装和操作时，危险将会减至最低程度。

所有的信息都应使用适当的语言，并且所有的文件都应具有识别标志。图形符号应符合 GB/T 5465.2—2008 或 GB/T 4728.1—2005 要求。

6.2 选用信息

作为独立产品提供的 VFD 的每个部件，都应具备与其功能、电气特性和预期使用环境有关的信息，以便能够确定其用途的适宜性和与 VFD 其他部分的兼容性。这种信息包括但不限于：

——制造商、供应商或进口商的名称或商标。

——目录号或等效编号。

——输入和输出电压范围、电流和功率额定值以及电流过载能力信息，包括：

- 相数；
- 频率范围。

——保护类别。

——VFD 可能连接到的供电系统的类型(例如 TN、IT 等)。

——预期短路电流额定值和保护器件特性。

——现场电源要求(如果有的话)。

——液体冷却产品用的冷却剂类型和设计压力。

——IP 等级。

——工作和储存环境。

——对相关制造、试验或使用标准的引用。

——可以确定制造日期的日期代码或序列号。

——对安装、使用和维护说明书的引用。

6.3 安装与现场调试信息

6.3.1 一般要求

提供安全和可靠的安装是安装者、VFD制造商和/或用户的责任。VFD的制造商应提供用来支持这一任务的资料。这种资料应是无歧义的，而且可以采用图解形式。

6.3.2 外形及安装图

制造商应编制下列图样：

——尺寸图，包括产品的质量信息；

——安装图。

尺寸、质量等应使用国际单位(SI)制。

6.3.3 环境要求

应为正常运行、运输和储存规定下列环境条件：

——气候(温度、湿度、海拔、污染、紫外线等)；

——机械条件；

——电气条件。

注：适当时，可以使用如GB/T 4796—2008中所规定的环境类别。

6.3.4 装卸和安装

为了防止伤害或设备损坏，安装文件宜包括对在安装过程中可能遇到的任何危险的警告。必要时，应为下列工作提供说明书：

——包装和拆包装；

——移动；

——起吊；

——安装表面的强度和刚度；

——紧固；

——提供用于操作、调整和维护的适当通道。

6.3.5 接线

6.3.5.1 一般要求

应给安装者提供能够对VFD进行安全电气连接的资料。这些资料中宜包括对在安装、运行或维护过程中可能遇到的危险(例如触电或能量危险)进行保护的信息。

6.3.5.2 互连和接线图

安装与维护手册宜包含全部接线的详细信息，以及建议采用的互连图。

6.3.5.3 导线(电缆)的选择

安装手册宜定义出VFD所有接线的电压和电流等级以及电缆绝缘要求。这些电压和电流等级应是在考虑到过电流和过载条件，以及非正弦电流的可能影响时的最不利情况的值。

6.3.5.4 端子容量和标记

安装与维护手册应指出适用于每个端子的导线规格和类型(单股线或多股线)，还应指出端子可以同时连接的导线最大数量。对于用户端子，手册应规定对拧紧力矩值的要求以及对导线或电缆的绝缘温度额定值要求。

所有用户端子的标记应直接或者用一个紧贴在端子上的标签标识在 VFD 上。

6.3.5.5 保护要求

安装、使用与维护手册宜标示出电压高于 ELV 的任何可触及部分，并说明保护所要求的绝缘和隔离措施。VFD 中采用 0 类防护的可触及 ELV 部分也应清楚地标示出来，而且在安装手册中应说明提升间接接触防护水平所需采取的措施。

手册还应指出为确保在安装过程中保持 ELV 连接的安全性需要采取的预防措施。

手册应提供在等电位连接区域内使用 PELV 电路的说明。

如果采用某种 4.3.4.2～4.3.4.4 提到的方法进行防护，则与该防护电路相关的所有外部端子均需在安装、使用与维护手册中标示出来。

6.3.5.6 接地

安装手册宜规定对 VFD 安全接地的要求。

保护接地导体的连接端子宜用符号(GB/T 5465.2—2008，参见附录 B)，或用字母 PE，或者用绿色或绿黄色色标持久清楚地标出。这种标记不宜放置在连接导线时可能卸下的螺钉、垫圈或其他零件上，也不宜使用在连接导线时可能卸下的螺钉、垫圈或其他零件固定。

Ⅱ类防护的设备宜用符号(GB/T 5465.2—2008，参见附录 B)标示出来。在这类设备由于功能原因而具有接地导体的连接措施(见 4.3.5.6)的场合，宜当用符号(GB/T 5465.2—2008，参见附录 B)标示出来。

6.3.5.7 保护接地导体电流

在保护接地导体中的接触电流(见 4.3.5.5.2)超过交流 3.5 mA 或直流 10 mA 的场合，宜在安装与维护手册中加以说明。此外，还应在产品上放置一个“小心”警告符号(GB 2894—2008 表 2-1，参见附录 B)；而且在安装手册中应有一条警告提示，向用户说明保护接地导体的最小规格应符合当地有关高保护接地导体电流设备的安全规程。

安装与维护手册宜说明与 RCD 的兼容性(见 4.3.8)。

6.3.5.8 特殊要求

如果有对电缆和接线的特殊要求，宜在安装与维护手册中明确指出。

6.3.6 过电流或短路保护

在应使用外部设备作过电流或短路保护的场合，安装手册宜规定相关器件的特性。

6.3.7 电动机过载保护

对于内部装有电动机过载保护装置的 VFD 而言，其安装与维护手册应以满载电流的百分比和持续时间说明所提供的过载保护特性。如果这种保护装置是可调的，手册中宜包括对调整的说明。

对于内部没有安装电动机过载保护装置，而是确定与外部或远程过载保护装置一起使用的 VFD，其手册宜指出需由使用者提供这样的保护装置。

总之，VFD 手册宜包含对电机过载保护的相关说明。

6.3.8 现场调试

如果现场调试试验是为保证 VFD 的电气和热安全所必需的，则应为 VFD 的每个部分提供用来支持这些试验的资料。这些资料可能取决于特定的装备,因此要求在制造商、安装者与用户之间进行密切联络。

现场调试资料宜包括对在现场调试过程中可能遇到的危险的说明,例如6.4和6.5中提到的信息。

6.4 使用信息

6.4.1 一般要求

用户手册宜包括有关VFD安全运行的所有信息。特别是应指出任何危险材料以及任何触电、过热、爆炸、过度噪声等危险。

手册还应指出任何由可合理预见的VFD误用而造成的危险。

6.4.2 参数调整

用户手册中宜给出供用户使用的所有与安全相关参数调整的详细信息。各种控制或指示器件以及熔断器的标号或功能都应在器件附近标示出来。不能在产品上标示出来的场合,宜在手册中用图给出这些信息。

在用户手册中也可以对维护相关要求进行描述,但应清楚地指出这些维护只能由有相应资格的合格人员完成。

对于过度调整可能导致VFD出现危险状态的场合,宜给出清楚的警告。

对于进行调整所必需的任何专用设备,应做出规定和说明。

6.4.3 标识、符号和信号

6.4.3.1 一般要求

标识宜符合良好的人体工效原则,因而警告提示、控制器件、指示器件、试验装置、熔断器等宜置于明显位置,而且应合乎逻辑地分组以便于正确无误地识别出来。

所有与安全相关的设备标识,都宜放置在设备安装好后可以看见的位置,或者放置在在开门或卸下盖板后容易看见的位置。

在卸下盖板后存在危险的场合,应在设备上设置一个警告标识。在盖板卸下之前,这个标识应可以看见。

标识应:

——在任何可能的场合,使用GB 2894—2008、ISO 7000:2004或GB/T 5465.2—2008中给出的国际通用符号;

——如果没有国际通用符号可用,则用一种合适的语言或者一种与特定技术领域相关的语言表达;

——显著、字迹清楚且耐久;

——简明且无歧义;

——阐明所涉及的危险,并给出能够减少危险的方法。

在向有关人员说明关于以下几个方面时:

——**避免什么**:措词宜包括“不(no)”“不要(do not)”或“禁止(prohibited)”;

——**应做什么**:措词宜包括“应(shall)”或“必须(must)”;

——**危险的性质**:措词宜适当包括“小心(caution)”“警告(warning)”或“危险(danger)”;

——**安全条件的性质**:措词宜包括与安全设备相称的名词。

安全标志符号应符合GB 2894—2008的规定。

宜使用下列标志符号用语并遵守以下分级结构:

——**危险**(DANGER),提醒注意高度危险,例如,“高压(high voltage)”;

——**警告**(WARNING),提醒注意中度危险,例如,“这个表面可能是热的”;

——**小心**(CAUTION),提醒注意低度危险,例如,“本部分中规定的一些试验项目牵涉到使用某些步骤,这些步骤会对相关人员产生危险”。

VFD上的危险、警告和小心标志宜大小适当,标题文字“危险(DANGER)”“警告(WARNING)”或“小心(CAUTION)”的字体高度不小于3.2 mm。这类标志中其他文字的高度宜不小于1.6 mm。

6.4.3.2 隔离开关

在隔离装置不是用来切断负载电流的场合,宜使用一条警告标志声明:

不要带负载断开。(DO NOT OPEN UNDER LOAD.)

下列要求适用于不是连接在VFD总进线的任何电源隔离装置:

——如果隔离装置安装在柜内,有可供在外部操作的手柄,则应靠近操作手柄设置一个警告标识,声明它不用来切断所有的VFD电源;

——在控制电路断路器由于尺寸和位置原因而可能与电源电路断路器发生混淆的场合,应靠近控制电路断路器操作手柄设置一个警告标识,声明它不用来切断所有的VFD电源。

6.4.3.3 声光报警信号

可见信号(例如闪光信号灯)和可听信号(例如警报器)可以用来表示VFD出现故障或报警。

这些信号应:

——无歧义;

——能够被明显觉察到;

——能够被用户清楚辨认。

注:建议为较高优先级信息使用较高频率的闪光。

6.4.3.4 炽热表面

对于可能超过表13的温度极限的表面,宜用警告符号(GB 2894—2008的表2-24,参见附录B)标示出来。用户手册也应包含这一信息。

6.4.3.5 设备标志

每一种控制或指示器件和熔断器的标识都应在其附近标记出来。对于可替换的熔断器,宜标明其额定值和时间特性。在不能在产品上做出标识的场合,最好在手册中提供图形信息。

在每个可移动连接器的上面或附近,宜标记有适当的标识。

对于测试点,宜单独标明参考电路图。

对于任何带极性装置的极性,宜靠近装置标识出来。

6.5 维护信息

6.5.1 一般要求

在维护手册中宜提供包括下列内容在内的安全信息:

——预防性维护的程序和计划;

——维护过程中的安全预防措施;

——可能在维护过程中(例如在卸下盖板时)可触及的带电部件的位置;

——调整程序;

——组件和部件的修理和更换程序;

——任何其他相关信息。

6.5.2 电容器放电

如果4.3.9第一句的要求得不到满足，则应在外壳、电容器保护隔板上的某个清晰可见位置或者在靠近相关电容器的某一点（视结构而定），设置警告符号（GB 2894—2008的表2-27，参见附录B）和一个放电时间标记（例如45 s、5 min）。在安装与维护手册中宜对该符号加以解释并对在VFD切断电源之后电容器放电所需的时间加以说明。

6.5.3 自动再启动/旁路连接

如果VFD被配置成能保证自动再启动或自动旁路连接，则安装、使用与维护手册宜当包含适当的警告信息。

对于设定成能在切断电源之后保证自动再启动或自动旁路连接的VFD，宜在装备上清楚地标识出来。

注：此处的旁路是指通过接触器切换直接将电机接到电网，VFD与电机脱离。

6.5.4 PT/CT连接

对于具有监控功能的VFD，如果使用了连接到高压电网的电压互感器（PT）或用于测量大电流的电流互感器（CT），则应清楚地标识出来，以说明在二次回路断开之后可能出现瞬时高电压的危险。对于这些危险，也应在安装与维护手册中予以说明。

6.5.5 其他危险

VFD制造商应确定，VFD中需要采取特殊措施以防止危险的任何部件和材料。

附 录 A
（资料性附录）
针对海拔的电气间隙修正

根据帕邢定律，空气中不同电压所需的电气间隙是随大气压力的变化而变化的。表9中给出的电气间隙在海拔2 000 m以下有效。海拔2 000 m以上的电气间隙应乘以表A.1中给出的系数。

表 A.1 海拔在 2 000 m～9 000 m 电气间隙的修正系数（见 4.3.6.4.1）

海拔 m	标准大气压力 kPa	间隙的倍乘系数
2 000	80.0	1.00
3 000	70.0	1.14
4 000	62.0	1.29
5 000	54.0	1.48
6 000	47.0	1.70
7 000	41.0	1.95
8 000	35.5	2.25
9 000	30.5	2.62

在海拔2 000 m以下为验证电气间隙而执行的冲击试验应使用已经针对空气压力（海拔）修正的试验电压。针对3个海拔高度修正的试验电压在表A.2中给出。就固体绝缘的冲击试验而言，无需针对海拔进行试验电压的修正。表A.2的电压值仅适用于电气间隙的验证。

表 A.2 对不同海拔时的电气间隙进行验证所用的试验电压

冲击电压 （引自表9） kV	0海拔时的 冲击试验电压 kV	200 m海拔时的 冲击试验电压 kV	500 m海拔时的 冲击试验电压 kV
0.33	0.36	0.36	0.35
0.50	0.54	0.54	0.53
0.80	0.93	0.92	0.90
1.50	1.8	1.7	1.7
2.50	2.9	2.9	2.8
4.00	4.9	4.8	4.7
6.00	7.4	7.2	7.0
8.00	9.8	9.6	9.4
12.00	15	14	14

注1：关于影响因素（空气压力、海拔、温度、湿度）相对于间隙的电气强度的解释在GB/T 16935.1—2008的6.1.2.2.1.3中给出。

注2：在对电气间隙进行试验时，相关联的固体绝缘将承受试验电压。随着冲击试验电压相对于额定冲击电压而增大，将对固体绝缘进行相应的设计。这样得到的结果是增大的固体绝缘冲击耐受能力。

注3：上面给出的值已经由GB/T 16935.1—2008的6.1.2.2.1.3计算舍入取整。

附 录 B
（资料性附录）
本部分中使用的符号

表 B.1 使用的符号

符 号	引用标准	说 明	分条款
	GB/T 5465.2—2008	保护接地	6.3.5.6
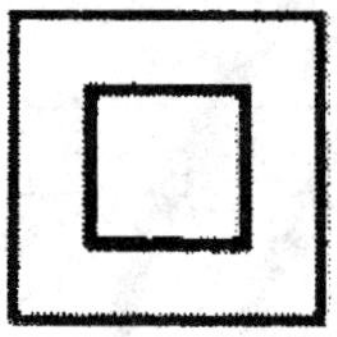	GB/T 5465.2—2008	Ⅱ类(双重绝缘)设备	6.3.5.6
	GB/T 5465.2—2008	功能接地	6.3.5.6
	GB 2894—2008 表 2-1	小心	6.3.5.7
	GB 2894—2008 表 2-24	小心,高温表面	6.4.3.4
	GB 2894—2008 表 2-7	危险电压	6.5.2
	GB 2894—2008 表 3-5	注意听力危险,佩戴听力保护装置	4.6.2

附 录 C
（规范性附录）
频率高于 30 kHz 时电气间隙和爬电距离的确定

C.1 电气间隙

当工作电压的基波频率大于 30 kHz 时，可参照图 C.1 确定电气间隙。非均匀电场条件下的电气间隙参见表 C.1。

注：对于超过 30 kHz 的频率，当导电部分的曲率半径 r 大于或等于电气间隙的 20%时，则认为存在一个近似均匀场。

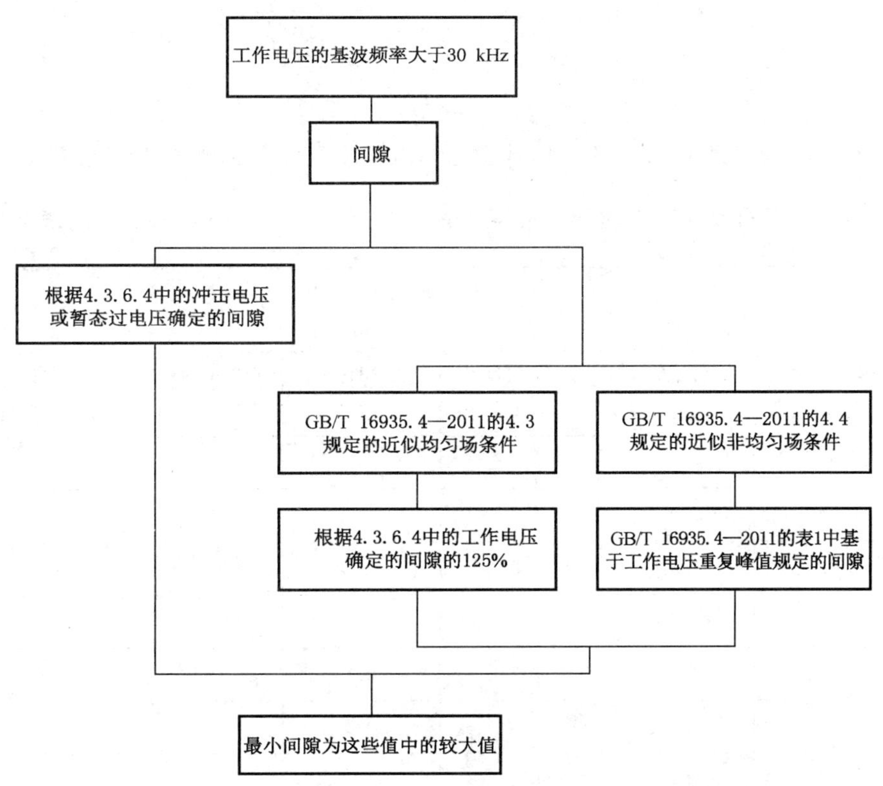

图 C.1 频率高于 30 kHz 时电气间隙的确定

表 C.1 大气压力下非均匀场条件时电气间隙的最小值(GB/T 16935.4—2011 的表 1)

峰值电压 [a] kV	间隙 mm
≤0.6 [b]	0.065
0.8	0.18
1.0	0.5
1.2	1.4

表 C.1(续)

峰值电压[a] kV	间隙 mm
1.4	2.35
1.6	4.0
1.8	6.7
2.0	11.0

[a] 对于本表中规定值之间的电压,允许采用插值法。

[b] 对于小于 0.6 kV 的峰值电压,没有数据可用。

C.2 爬电距离

当工作电压的基波频率大于 30 kHz 时,基于工作电压重复峰值的爬电距离参见表 C.2。

表 C.2 不同频率范围时爬电距离的最小值(GB/T 16935.4—2011 的表 2)

峰值电压 kV	爬电距离[a,b] mm						
	30 kHz< f≤100 kHz	100 kHz< f≤0.2 MHz	0.2 MHz< f≤0.4 MHz	0.4 MHz< f≤0.7 MHz	0.7 MHz< f≤1 MHz	1 MHz< f≤2 MHz	2 MHz< f≤3 MHz
0.1	0.016 7						0.3
0.2	0.042					0.15	2.8
0.3	0.083	0.09	0.09	0.09	0.09	0.8	20
0.4	0.125	0.13	0.15	0.19	0.35	4.5	
0.5	0.183	0.19	0.25	0.4	1.5	20	
0.6	0.267	0.27	0.4	0.85	5		
0.7	0.358	0.38	0.68	1.9	20		
0.8	0.45	0.55	1.1	3.8			
0.9	0.525	0.82	1.9	8.7			
1	0.6	1.15	3	18			
1.1	0.683	1.7	5				
1.2	0.85	2.4	8.2				
1.3	1.2	3.5					
1.4	1.65	5					
1.5	2.3	7.3					
1.6	3.15						

表 C.2（续）

峰值电压 kV	爬电距离[a,b] mm						
	30 kHz< f≤100 kHz	100 kHz< f≤0.2 MHz	0.2 MHz< f≤0.4 MHz	0.4 MHz< f≤0.7 MHz	0.7 MHz< f≤1 MHz	1 MHz< f≤2 MHz	2 MHz< f≤3 MHz
1.7	4.4						
1.8	6.1						

[a] 本表中的爬电距离值是用于污染等级 1。对于污染等级 2,应使用倍乘系数 1.2;对于污染等级 3,应使用倍乘系数 1.4。

[b] 在两栏之间允许使用插值法。

附 录 D
（资料性附录）
圆导体的截面

圆铜导体的标准截面值如表D.1中所示，这个表还给出了ISO公制尺寸与AWG/MCM线号之间的近似关系。

表 D.1 圆导体的标准截面

ISO标准截面 mm^2	AWG / MCM	
	线 号	等效截面 mm^2
0.2	24	0.205
—	22	0.324
0.5	20	0.519
0.75	18	0.82
1.0	—	—
1.5	16	1.3
2.5	14	2.1
4.0	12	3.3
6.0	10	5.3
10	8	8.4
16	6	13.3
25	4	21.2
35	2	33.6
50	0	53.5
70	00	67.4
95	000	85.0
—	0000	107.2
120	250 MCM	127
150	300 MCM	152
185	350 MCM	177
240	500 MCM	253
300	600 MCM	304
注：所出现的短划线，在考虑到连接容量时当作一个尺寸(见4.7.2.8.2)。		

附　录　E
（资料性附录）
直接接触情况下防护的实例

E.1　利用 DVC A 的防护(见 4.3.4.2)

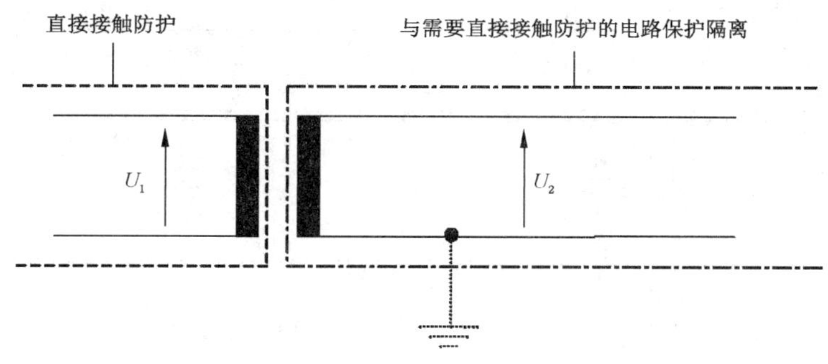

说明：

U_1——接地或不接地的危险电压；

U_2——≤交流 30 V。

图 E.1　有保护隔离时利用 DVC A 的防护

E.2　利用保护阻抗的防护(见 4.3.4.3)

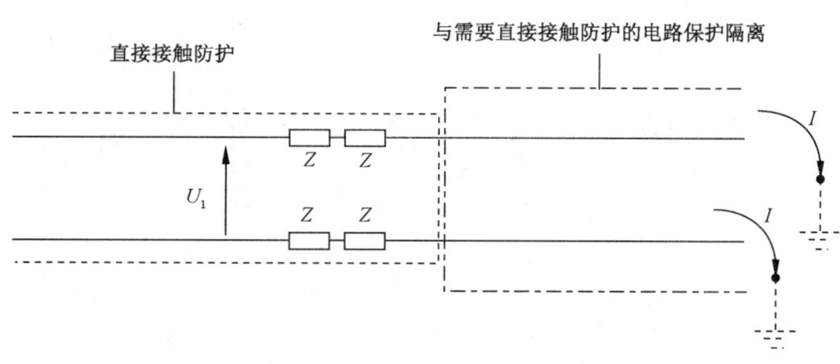

说明：

U_1——接地或不接地的危险电压；

I ——≤交流 3.5 mA、直流 10 mA。

注：用于在单一故障条件下提供防护，$I=U_1/Z$。

图 E.2　利用保护阻抗的防护

E.3 利用限制电压的防护(见4.3.4.4)

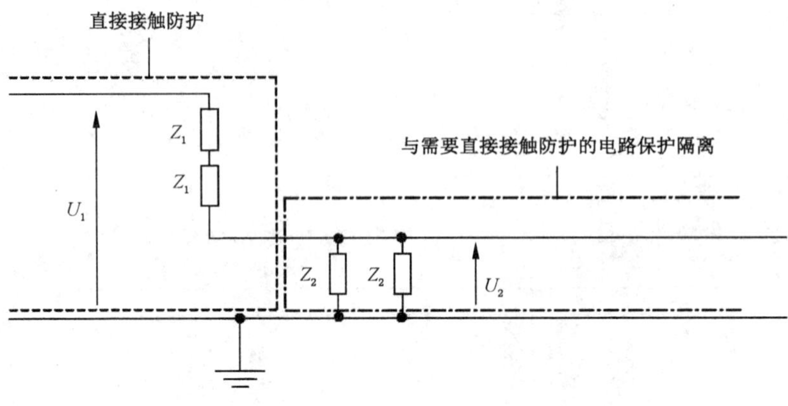

说明：

U_1——接地的危险电压；

U_2——≤交流30 V、直流60 V。

注：用于在单一故障条件下提供防护，$U_2 = U_1 Z_2/(2Z_1 + Z_2)$ 或 $U_2 = U_1 Z_2/2(Z_1 + Z_2/2)$。

图 E.3 利用限制电压的防护

ICS 35.240.01
L 67

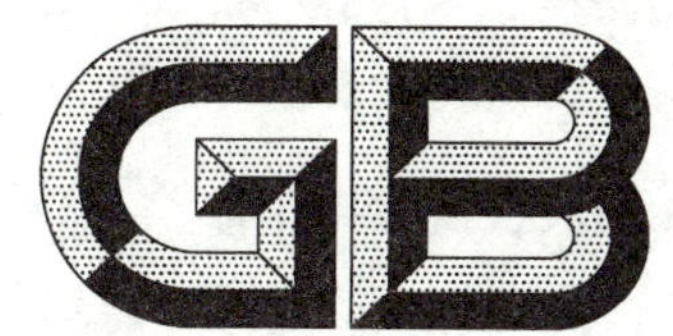

中华人民共和国国家标准

GB/T 30850.4—2017

电子政务标准化指南 第4部分：信息共享

Standardized guidelines for e-government—
Part 4: Information sharing

2017-11-01 发布　　2018-05-01 实施

中华人民共和国国家质量监督检验检疫总局
中国国家标准化管理委员会　发布

前　言

GB/T 30850《电子政务标准化指南》分为6个部分：

——第1部分：总则；

——第2部分：工程管理；

——第3部分：网络建设；

——第4部分：信息共享；

——第5部分：支撑技术；

——第6部分：信息安全。

本部分为GB/T 30850的第4部分。

本部分按照GB/T 1.1—2009给出的规则起草。

请注意本文件的某些内容可能涉及专利。本文件的发布机构不承担识别这些专利的责任。

本部分由全国信息技术标准化技术委员会(SAC/TC 28)提出并归口。

本部分起草单位：中国电子技术标准化研究院、国家信息中心、北京倍思电子数据库工程公司、北京东方通科技股份有限公司、中兴通讯股份有限公司、华为技术有限公司、南京斯坦德云科技股份有限公司、山东中创软件商用中间件股份有限公司、江苏物联网研究发展中心。

本部分主要起草人：宦茂盛、侯璐、李素云、王子亮、杨瑛、史睿、余云涛、樊星、任昱晨、马建勋、徐凌验、刘吉超、徐宝新、朱崇亚、崔昊、吕万里、何忠胜、王何轶。

电子政务标准化指南 第4部分:信息共享

1 范围

GB/T 30850的本部分描述了电子政务标准技术参考模型应用支撑层中的共享交换相关的技术要求,规范了信息共享的特征、基本模型、网络要求、数据要求、系统要求、安全要求和信息管理要求。

本部分适用于电子政务信息共享系统的规划、建设、运维。

2 规范性引用文件

下列文件对于本文件的应用是必不可少的。凡是注日期的引用文件,仅注日期的版本适用于本文件。凡是不注日期的引用文件,其最新版本(包括所有的修改单)适用于本文件。

GB/T 7027—2002 信息分类和编码的基本原则与方法

GB/T 18391.5—2009 信息技术 元数据注册系统(MDR) 第5部分:命名和标识原则

GB/T 19710—2005 地理信息 元数据

GB/T 21063.3—2007 政务信息资源目录体系 第3部分:核心元数据

GB/T 21063.4—2007 政务信息资源目录体系 第4部分:政务信息资源分类

GB/T 22239—2008 信息安全技术 信息系统安全等级保护基本要求

GB/T 22240—2008 信息安全技术 信息系统安全等级保护定级指南

GB/T 25058—2010 信息安全技术 信息系统安全等级保护实施指南

GB/T 25070—2010 信息安全技术 信息系统等级保护安全设计技术要求

GB/Z 25598—2010 地理信息 目录服务规范

GB/T 28448—2012 信息安全技术 信息系统安全等级保护测评要求

GB/T 28449—2012 信息安全技术 信息系统安全等级保护测评过程指南

GB/T 30850.1—2014 电子政务标准化指南 第1部分:总则

3 术语和定义

下列术语和定义适用于本文件。

3.1

电子政务 e-government

政务部门应用信息技术,结合技术的实施过程来强化政府与政府,政府与企业之间的信息沟通与互动,提高并改进政府管理与服务水平的工作模式。

[GB/T 30850.1—2014,定义3.1]

3.2

政务信息资源 government information resource

由政务部门或者为政务部门采集、加工、使用、处理的信息资源,包括:政务部门依法采集的信息资源;政务部门在履行职能过程中产生和生成的信息资源;政务部门投资建设和外购服务获取的信息资源;政务部门依法授权管理的信息资源。

[GB/T 21063.1—2007,定义 3.1]

3.3

信息共享 information sharing

跨领域、跨部门、跨层级的政务信息资源复用过程。

4 信息共享特征

信息共享是政务部门间获取数据,实现政府的信息共享,其特征包括以下 3 个方面:

a) 集中采集、分散共享:共享数据以某一政府部门为主导进行集中采集,并共享给其他政府部门使用,以减少重复采集、避免数据出现的相互矛盾;

b) 格式统一、语义规范:统一编制规范的数据交换格式、数据服务接口相关标准,以实现数据语义层面的规范统一;

c) 跨域传输、在线交换:通过互联网、电子政务外网等网络实现信息交换,以提高时效性。

5 信息共享基本模型

5.1 概述

按照 GB/T 30850.1—2014 的 4.1 中电子政务标准技术参考模型要求,信息共享基本模型包括信息共享概念模型和信息共享技术架构。信息共享技术架构是支持信息共享概念模型的逻辑框架。其中:

a) 信息共享概念模型,描述了信息的提供者、使用者、管理者三方,遵循已确定的信息共享规程,进行信息交换共享的业务过程;

b) 信息共享技术架构,描述了支持信息共享实现的技术要求。

5.2 信息共享概念模型

5.2.1 概念模型

提供者、管理者和使用者通过信息交换行为实现信息共享活动如图 1 所示。

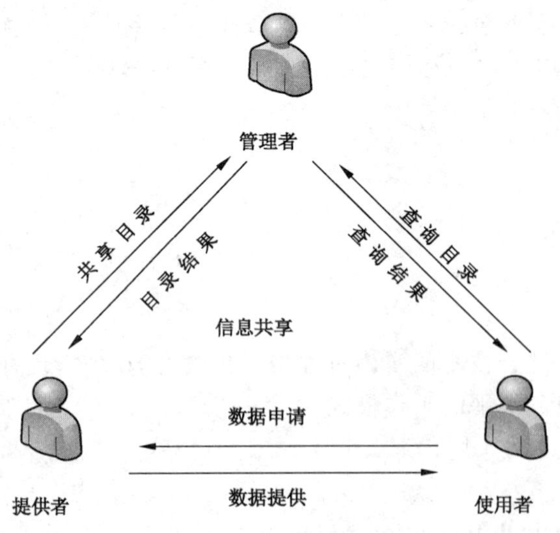

图 1 信息共享概念模型

5.2.2 共享角色

按照信息共享业务视角对信息共享角色进行分类，包括提供者、管理者和使用者：

a) 提供者可以是政府部门或代表政府部门授权的组织或部门；

b) 管理者可以是政府部门或授权管理数据交换合规性的个人；

c) 使用者可以是政府部门或授权使用数据的个人。

5.2.3 共享行为

遵照管理者批准的规程，提供者、管理者和使用者的信息共享活动通过信息交换行为实现：

a) 提供者将可共享的信息共享目录通过交换中心传输给管理者，由管理者发布到信息共享平台；

b) 使用者通过共享平台将查询目录提交给管理者，管理者向使用者提供目录服务；

c) 使用者通过查询结果与提供者进行数据交换，实现信息共享。

5.3 信息共享技术架构

本部分围绕需要政务部门间共享的数据给出了信息共享技术架构，支持信息共享规程，如图2所示：

a) 网络：为电子政务信息共享提供网络基础设施支撑，包括互联网、电子政务外网、电子政务内网；

b) 数据：电子政务信息共享过程中产生的数据和需要共享的数据，包括数据内容、数据编码、数据质量、数据表达；

c) 系统：电子政务信息共享过程中数据提供者、管理者、使用者进行数据共享的平台，包括目录系统、交换系统；

d) 安全：电子政务信息共享过程中等级保护、信息安全设计、实施、测评等方面的内容，包括安全管理、安全技术；

e) 管理：数据目录管理、数据字典管理、数据日常维护管理等方面的内容。

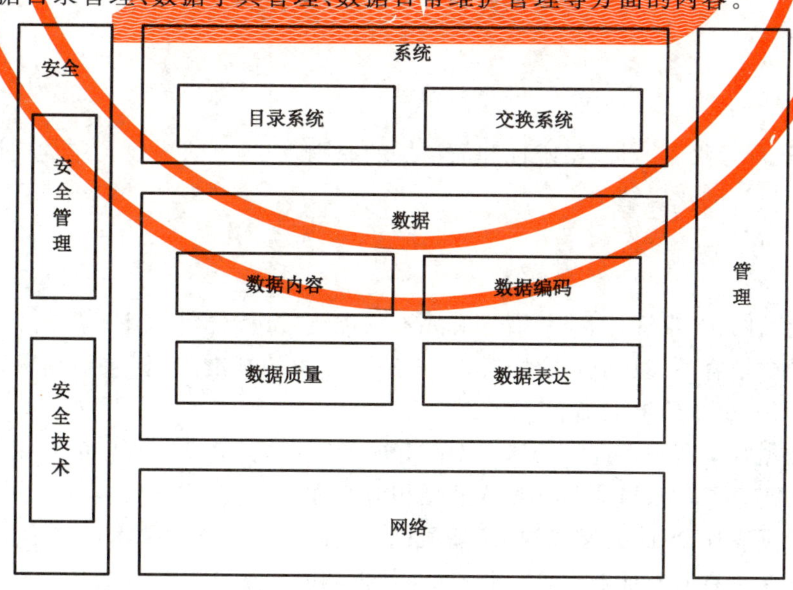

图2 信息共享技术架构

信息共享技术层面涉及网络、数据、系统、安全、管理等方面要求，见本部分第6章至第10章。

6 网络要求

政务信息资源共享网络要求如下：

a) 非涉密业务信息应通过国家电子政务外网传输；

b) 公开信息可通过互联网传输的信息共享。

7 数据要求

7.1 数据内容

政务信息资源共享应从语义层面对数据内容进行规范，要求如下：

a) 元数据：关于数据的数据，应规范数据的标识、内容、分发、数据质量、数据表现、数据模式、图示表达、限制和维护等信息。通用政务信息资源描述应遵循 GB/T 21063.3—2007 第 5 章的要求，特定领域如地理空间信息资源描述应遵循 GB/T 19710—2005 第 6 章的要求。

b) 标识符：对共享数据进行唯一标识，数据标识符不可重复，宜参照 GB/T 18391.5—2009 中的要求执行。

c) 分类：应根据信息内容的属性或特征，将信息按一定原则和方法进行区分和归类，并建立起一定的分类体系和排列顺序。宜参照 GB/T 7027—2002 第 5 章的原则并参照 GB/T 21063.4—2007 第 5 章确定。

d) 指标：用来描述某一类考察对象的特定属性的一个或多个名称及其量化数值，应科学合理、具有一定的稳定性。

e) 数据元：由一组属性规定其定义、标识、表示和允许值的数据单位，应明确、客观，同一数据元的描述不应相互冲突。

f) 代码：表示特定事物或概念的一个或一组字符，应全覆盖全部可能取值，代码值之间不应相互冲突或遗漏。

7.2 数据编码

对数据进行编码应遵循唯一性、稳定性和简洁性的原则，编码方法应以预定的应用需求和编码对象的性质为基础，选择适当的代码结构。

7.3 数据质量

应建立数据质量评价与保证体系，对数据和元数据进行质量评价与保证，要求如下：

a) 规范性：数据内容的表达应符合国际、国内和行业中的标准术语(包括缩写)。暂无标准的，应尽量按照行业习惯给出准确名称。

b) 准确性：数据收集范围在规定的地理空间和时间范围内；应反映真实的数据情况；数据的模型、数据元、代码、标识符、格式及分类均遵循相应标准。

c) 完整性：数据表述全面，无字段缺失、漏项；对于有时间跨度数据，尽可能不间断收集。

d) 时效性：对于具有时效性数据，应明确标注数据随时间变化的频度信息。

7.4 数据表达

可通过二维或者三维图形图像进行数据表达，应描述各类数据的图示表达模式，也要描述各类数据的符号和注记的等级、规格和颜色标准，以及使用这些符号的基本原则、表示方法和使用要求等。

8 系统要求

8.1 目录系统

建立目录系统实现目录内容在提供者与管理者之间、管理者与使用者之间的传输，具体要求如下：

a) 管理者提供的目录服务，宜采用通用的目录服务接口规范；特定领域的如地理信息共享与交换应符合 GB/Z 25598—2010 第 4 章和第 5 章的要求。

b) 提供者通过向目录服务注册元数据，共享数据目录，元数据遵循 7.1 的 a)。

8.2 交换系统

建立交换系统实现信息在提供者与使用者之间的交换，交换系统要求如下：

a) 提供者应建立数据共享服务，接受使用者的数据申请，用于给使用者提供数据；

b) 提供者建立的数据共享服务应遵循统一的数据交换接口和数据交换格式。

9 安全要求

9.1 总体

电子政务信息共享应该满足国家对网络技术的最新技术要求，包括信息安全管理、信息安全技术两部分内容，总体要求如下：

a) 按照 GB/T 22240—2008 第 4 章的要求确定电子政务信息共享系统平台的等级；

b) 按照 GB/T 22239—2008 第 5 章至第 8 章、GB/T 25070—2010 第 4 章至第 10 章、GB/T 25058—2010 第 4 章至第 9 章的要求进行信息安全设计和实施；

c) 按照 GB/T 28448—2012 第 4 章至第 11 章、GB/T 28449—2012 第 5 章至第 9 章进行测评。

9.2 信息安全管理

信息安全管理要求如下：

a) 安全管理制度：对信息共享活动中的各类信息内容建立安全管理制度，并进行等级保护备案，及保证信息的权威性；

b) 安全管理机构：建立安全管理机构，明确岗位设置和人员配备，以及岗位职责、分工和技能要求；

c) 人员安全管理：严格执行人员安全管理制度，包括安全审查、技能考核、安全意识教育和培训等。

9.3 信息安全技术

信息安全技术要求如下：

a) 所有数据应进行分类存档；

b) 保证数据完整性，不仅能够检测出数据受到破坏，并能进行恢复；

c) 保证数据保密性，实现系统管理数据、鉴别信息和重要业务数据的传输和存储的保密性；

d) 实现本地完全数据备份，逐步建立数据异地备份。

10 信息管理要求

信息管理要求如下：

a） 数据目录管理：应建立统一的电子政务信息资源目录体系，统一管理电子政务信息资源；

b） 数据字典管理：应借助数据字典统一管理信息分类、数据元、代码、标识符、元数据等；

c） 数据日常维护管理：应建立数据备份、恢复及安全管理制度。建立信息共享考核绩效评价制度进行年度考核。

参 考 文 献

[1] GB/T 21063.1—2007 政务信息资源目录体系 第1部分:总体框架

ICS 35.240
L 70

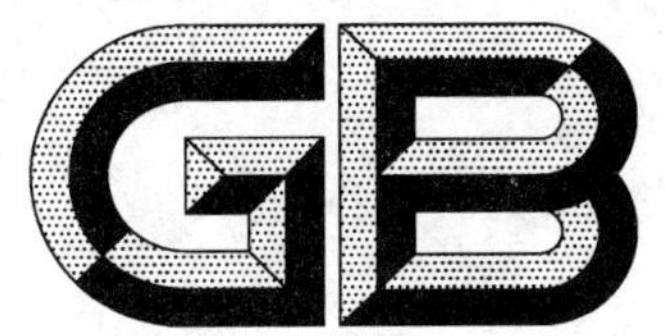

中华人民共和国国家标准

GB/T 30996.2—2017

信息技术　实时定位系统
第2部分:2.45 GHz空中接口协议

**Information technology—Real-time locating systems—
Part 2 : 2.45 GHz air interface protocol**

2017-05-31 发布　　　　2017-12-01 实施

中华人民共和国国家质量监督检验检疫总局
中国国家标准化管理委员会　发布

前　言

GB/T 30996《信息技术　实时定位系统》分为3个部分：

——第1部分：应用程序接口；

——第2部分：2.45 GHz空中接口协议；

——第3部分：433 MHz空中接口协议。

本部分为GB/T 30996的第2部分。

本部分按照GB/T 1.1—2009给出的规则起草。

请注意本文件的某些内容可能涉及专利。本文件的发布机构不承担识别这些专利的责任。

本部分由全国信息技术标准化技术委员会(SAC/TC 28)提出并归口。

本部分起草单位：中国电子技术标准化研究院、中国物品编码中心、深圳市中兴长天信息技术有限公司、中国科学院计算技术研究所、西安邮电大学、苏州工业园区优频科技有限公司、北京航空航天大学、中国电子科技集团公司第七研究所、河北工业大学、北京烽火联拓科技有限公司、中国科学院自动化研究所、深圳市松鹤云联科技有限公司、西安优势物联网科技公司。

本部分主要起草人：曹国顺、王宏刚、罗海勇、朱宇红、杨东凯、李倩华、赵红胜、吕丰训、张磊、孙长征、腾潢龙、杨田荣、朱筠、鄢若韫。

信息技术　实时定位系统
第2部分:2.45 GHz空中接口协议

1　范围

GB/T 30996的本部分规定了实时定位系统2.45 GHz空中接口协议的空中接口参数,包括物理层和数据链路层的参数、标签状态机、读写器命令与标签响应,以及协议工作方式等内容。

本部分适用于实时定位系统的设计、生产、使用和测试。

2　规范性引用文件

下列文件对于本文件的应用是必不可少的。凡是注日期的引用文件,仅注日期的版本适用于本文件。凡是不注日期的引用文件,其最新版本(包括所有的修改单)适用于本文件。

GB/T 28925—2012　信息技术　射频识别 2.45 GHz空中接口协议

GB/T 29261.3—2012　信息技术　自动识别和数据采集技术　词汇　第3部分:射频识别

GB/T 29261.5—2014　信息技术　自动识别和数据采集技术　词汇　第5部分:定位系统

3　术语和定义

GB/T 29261.3—2012和GB/T 29261.5—2014界定的以及下列术语和定义适用于本文件。

3.1

RTLS空中接口　RTLS air interface

用于RTLS标签和其他RTLS设备间数据通信的无线通信协议和信令结构。

3.2

休眠状态　sleeping state

标签所处的一种状态,该状态下标签具有低功耗特征且可周期性或经外部触发进入发射状态。

3.3

查询状态　querying state

标签所处的一种状态,该状态下标签可以接收和响应读写器发出的命令。

3.4

标签发射状态　tag sending state

标签所处的一种状态,该状态下标签主动发送需要上报的定位数据。

3.5

唤醒　wake up

标签被低频激励信号、外部事件触发或定时触发等方式从休眠状态转入发射状态的操作。

4　缩略语

下列缩略语适用于本文件。

DBPSK:差分二进制相移键控(Differential Binary Phase Shift Keying)

EVM:误差向量幅度(Error Vector Magnitude)

O-QPSK:偏移正交相移键控(Offset Quadraphase Shift Keying)

RFID:射频识别(Radio Frequency Identification)

RID:读写器标识符(Reader Identifier)

RTLS:实时定位系统(Real Time Locating System)

TID:标签标识符(Tag Identifier)

5 物理层

5.1 工作频率

本部分规定的 RFID 系统工作频率为 2 400.00 MHz～2 483.50 MHz,该频段内共有 16 个信道,信道序号为 0～15,每个信道带宽为 5 MHz。默认工作信道为信道 0,默认工作频率为 2 405.00 MHz,工作频率准确度为 20×10^{-6}(20 ppm)。各信道中心工作频率见表 1。

表 1 信道中心工作频率

信道序号	中心工作频率	信道序号	中心工作频率
0	2 405.00 MHz	8	2 445.00 MHz
1	2 410.00 MHz	9	2 450.00 MHz
2	2 415.00 MHz	10	2 455.00 MHz
3	2 420.00 MHz	11	2 460.00 MHz
4	2 425.00 MHz	12	2 465.00 MHz
5	2 430.00 MHz	13	2 470.00 MHz
6	2 435.00 MHz	14	2 475.00 MHz
7	2 440.00 MHz	15	2 480.00 MHz

5.2 发射频谱密度模板

发送频谱密度模板应满足表 2 的要求:

表 2 发射频谱密度模板

调制方式	频率	相对值	绝对值
O-QPSK	$\lvert f-f_c \rvert>3.5$ MHz	<-20 dB/100 kHz	<-30 dBm/100 kHz
DBPSK	$\lvert f-f_c \rvert>3.5$ MHz	<-20 dB/100 kHz	<-20 dBm/100 kHz

相对值、绝对值为在 100 kHz 分辨率带宽下测试得到的数据。绝对值测试的参考电平应选择载波频率附近±1 MHz 范围内的最大值。

5.3 调制与扩频

5.3.1 O-QPSK

符合本部分的 RFID 标签和读写器应支持 O-QPSK 调制方式。在 O-QPSK 调制方式下,首先采用

16 元准正交调制将每四个信息位映射到一个 16 元数据符号,然后将每个数据符号映射到 16 个准正交扩频序列中的一个,再将扩频序列中的每个码片采用 O-QPSK 方式调制到载波上。调制与扩频过程的功能框图如图 1 所示。

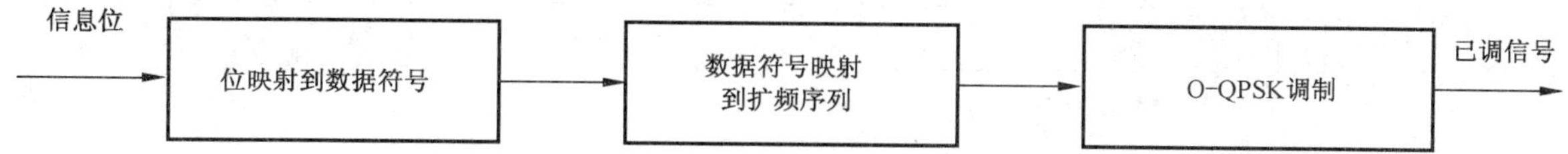

图 1 O-QPSK 调制与扩频过程功能框图

在 O-QPSK 调制下,扩频序列长度为 32 位,并且四个信息位(b_0, b_1, b_2, b_3)与 16 元数据符号以及准正交的扩频序列对应关系见表 3。在每个符号周期里,最先发射的码片是最低位码片 c_0,最后发射的码片是最高位码片 c_{31}。

表 3 O-QPSK 调制信息位到扩频序列的映射

信息位 (b_0,b_1,b_2,b_3)	数据符号 (十进制)	扩频序列 (c_0, c_1, …, c_{30}, c_{31})
0 0 0 0	0	1 1 0 1 1 0 0 1 1 1 0 0 0 0 1 1 0 1 0 1 0 0 1 0 0 0 1 0 1 1 1 0
1 0 0 0	1	1 1 1 0 1 1 0 1 1 0 0 1 1 1 0 0 0 0 1 1 0 1 0 1 0 0 1 0 0 0 1 0
0 1 0 0	2	0 0 1 0 1 1 1 0 1 1 0 1 1 0 0 1 1 1 0 0 0 0 1 1 0 1 0 1 0 0 1 0
1 1 0 0	3	0 0 1 0 0 0 1 0 1 1 1 0 1 1 0 1 1 0 0 1 1 1 0 0 0 0 1 1 0 1 0 1
0 0 1 0	4	0 1 0 1 0 0 1 0 0 0 1 0 1 1 1 0 1 1 0 1 1 0 0 1 1 1 0 0 0 0 1 1
1 0 1 0	5	0 0 1 1 0 1 0 1 0 0 1 0 0 0 1 0 1 1 1 0 1 1 0 1 1 0 0 1 1 1 0 0
0 1 1 0	6	1 1 0 0 0 0 1 1 0 1 0 1 0 0 1 0 0 0 1 0 1 1 1 0 1 1 0 1 1 0 0 1
1 1 1 0	7	1 0 0 1 1 1 0 0 0 0 1 1 0 1 0 1 0 0 1 0 0 0 1 0 1 1 1 0 1 1 0 1
0 0 0 1	8	1 0 0 0 1 1 0 0 1 0 0 1 0 1 1 0 0 0 0 0 0 1 1 1 0 1 1 1 1 0 1 1
1 0 0 1	9	1 0 1 1 1 0 0 0 1 1 0 0 1 0 0 1 0 1 1 0 0 0 0 0 0 1 1 1 0 1 1 1
0 1 0 1	10	0 1 1 1 1 0 1 1 1 0 0 0 1 1 0 0 1 0 0 1 0 1 1 0 0 0 0 0 0 1 1 1
1 1 0 1	11	0 1 1 1 0 1 1 1 1 0 1 1 1 0 0 0 1 1 0 0 1 0 0 1 0 1 1 0 0 0 0 0
0 0 1 1	12	0 0 0 0 0 1 1 1 0 1 1 1 1 0 1 1 1 0 0 0 1 1 0 0 1 0 0 1 0 1 1 0
1 0 1 1	13	0 1 1 0 0 0 0 0 0 1 1 1 0 1 1 1 1 0 1 1 1 0 0 0 1 1 0 0 1 0 0 1
0 1 1 1	14	1 0 0 1 0 1 1 0 0 0 0 0 0 1 1 1 0 1 1 1 1 0 1 1 1 0 0 0 1 1 0 0
1 1 1 1	15	1 1 0 0 1 0 0 1 0 1 1 0 0 0 0 0 0 1 1 1 0 1 1 1 1 0 1 1 1 0 0 0

每个数据符号对应的扩频序列经 O-QPSK 和脉冲成形调制到载波上。偶数位的码片应被调制到同相支路(I-路)载波上,而奇数位的码片应被调制到正交支路(Q-路)载波上。由于每个数据符号由 32 个码片表示,所以码片速率是符号速率的 32 倍。为了在同相支路和正交支路之间形成偏移,正交支路的码片相比同相支路的码片应有 T_C 的延迟,其中 T_C 是码片速率的倒数,如图 2 所示。

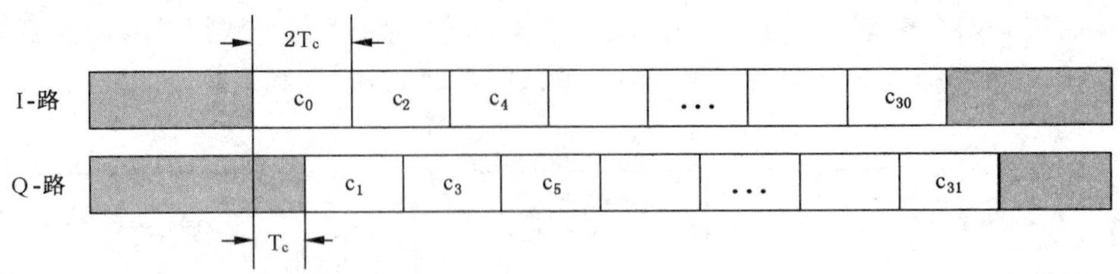

图 2　O-QPSK 调制码片偏移示意图

5.3.2　O-QPSK 调制下脉冲成型

每个码片的脉冲成型函数见式(1)：

$$p(t)=\begin{cases}\sin\dfrac{\pi t}{2T_c},0\leqslant t\leqslant 2T_c\\0,\text{其他}\end{cases}\qquad\cdots\cdots(1)$$

式中：

$p(t)$——脉冲幅度，单位为伏(V)；

t　——时间，单位为秒(s)；

T_c　——脉冲周期，单位为秒(s)。

5.3.3　DBPSK

符合本部分的 RFID 标签和读写器可选择支持 DBPSK 调制方式。在 DBPSK 调制方式下，每个信息位应先进行差分编码，然后将编码后的每个信息位“0”和信息位“1”分别映射到两个扩频序列，再将扩频序列中的每个码片用 BPSK 方式调制到载波上。调制与扩频过程的功能框图如图 3 所示。

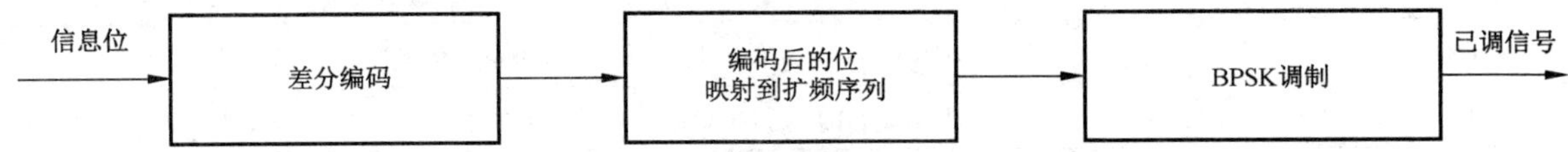

图 3　DBPSK 调制与扩频过程功能框图

差分编码规则见式(2)。

$$E_n=R_n\oplus E_{n-1}\qquad\cdots\cdots(2)$$

式中：

E_n　——差分编码位；

R_n　——待编码信息位；

E_{n-1}——前一个差分编码位。

对于每一次传输，R_1 为第一个待编码信息位，并且规定 E_0 等于 0。

差分编码解码规则见式(3)。

$$R_n=E_n\oplus E_{n-1}\qquad\cdots\cdots(3)$$

式中：

R_n　——解码后信息位；

E_n　——待解码差分编码位；

E_{n-1}——前一个差分编码位。

对于每一次传输，E_1 为第一个待解码差分编码位，并且规定 E_0 等于 0。

在DBPSK调制方式下，可选择支持8位、32位、64位和128位四种长度的扩频序列。在每个信息位周期里，最先发射的码片是最低位码片，最后发射的码片是最高位码片。各信息速率对应的扩频序列由用户自定义，自定义扩频序列应为准正交伪随机序列。

示例：当扩频序列长度为32位时，一种典型的扩频序列见表4，差分编码后的信息位“0”和信息位“1”分别对应一种长度为32位的扩频序列。

表4　DBPSK调制差分编码后的信息位到扩频序列的映射

差分编码位	扩频序列 (c_0，c_1，…，c_{30}，c_{31})
0	1 1 0 1 1 0 0 1 1 1 0 0 0 0 1 1 0 1 0 1 0 0 1 0 0 0 1 0 1 1 1 0
1	1 1 0 0 1 0 0 1 0 1 1 0 0 0 0 0 0 1 1 1 0 1 1 1 1 0 1 1 1 0 0 0

5.3.4　DBPSK调制下脉冲成型

码片采用的升余弦脉冲成型函数见式(4)：

$$p(t)=\begin{cases}\dfrac{\sin(\pi t/T_c)}{\pi t/T_c}\times\dfrac{\cos(\pi t/T_c)}{(1-4t^2/T_c^2)}, t\neq 0\\ 1, t=0\end{cases} \quad\cdots\cdots\cdots\cdots(4)$$

式中：

$p(t)$——脉冲幅度，单位为伏(V)；

t　——时间，单位为秒(s)；

T_c　——脉冲周期，单位为秒(s)。

5.3.5　信息速率

在O-QPSK和DBPSK调制方式下的码片速率、扩频序列长度以及信息速率分别见表5和表6。在DBPSK调制方式下，用户可根据表6选择不同的扩频序列长度，以获得对应的信息速率。码片速率准确度为20×10^{-6}(20 ppm)，位速率准确度为20×10^{-6}(20 ppm)。

表5　O-QPSK调制扩频序列长度和信息速率对照表

码片速率 cps	扩频序列长度 chip	信息速率 bps
2 M	32	250 k

表6　DBPSK调制扩频序列长度和信息速率对照表

码片速率 cps	扩频序列长度 chip	信息速率 bps
2 M	8	250 k
2 M	32	62.5 k
2 M	64	31.25 k
2 M	128	15.625 k

5.4 收发转换时间

标签和读写器的收发转换时间均应不大于 192 μs,发收转换时间应小于收发转换时间。

5.5 误差向量幅度(EVM)

在 1 000 个码片测试条件下,O-QPSK 调制、DBPSK 调制的 EVM 均应不大于 35%。

6 数据链路层

6.1 一般要求

读写器和标签之间采用数据帧进行数据传输。数据帧由前导码、同步码、数据长度、帧选项、消息数据及校验码组成,如图 4 所示。消息数据由多个数据项组成,具体定义见 6.6。数据帧的发送顺序依次为前导码、同步码、数据长度、帧选项、消息数据及校验码。对每个由多个字节构成的数据项,应先发送最高有效字节;对每个字节,应先发送最低有效位。

前导码	同步码	数据长度	帧选项	消息数据	校验码

图 4 数据帧结构

读写器与标签采用 O-QPSK 调制方式发送数据帧的前导码、同步码、数据长度和帧选项。

读写器在帧选项中设置调制方式及信息速率,并以帧选项中设置的调制方式及信息速率发送消息数据及校验码。标签收到读写器帧选项信息后,以帧选项中规定的调制方式及信息速率接收读写器的消息数据和校验码,并以该调制方式和信息速率返回响应帧中的消息数据和校验码。

6.2 前导码

读写器到标签的前向数据帧和标签到读写器的反向数据帧的前导码均为 32 位二进制数,每位均为‘0’。

6.3 同步码

前向数据帧和反向数据帧的同步码均为 8 位二进制数,具体定义见表 7。

表 7 同步码

信息位	b_0	b_1	b_2	b_3	b_4	b_5	b_6	b_7
数值	1	1	1	0	0	1	0	1

6.4 数据长度

数据长度是指从帧选项到校验码的总长度,单位为字节。该数据项为 1 字节,其中 b_0～b_6 表示长度,b_7 保留。

6.5 帧选项

帧选项占用 1 个字节,包括调制方式、信息速率、帧方向和帧类型等信息,见表 8 定义。帧选项的 b_0～b_2 位表示调制方式及相应的信息速率;帧选项的 b_3 位表示帧方向,如果 b_3 位为 0_b,表示该数据帧是读写器到标签；如果 b_3 位为 1_b，表示该数据帧是标签到读写器。帧选项的 b_4 位表示该帧为广播帧或点对点帧，如果 b_4 位为 0_b，表示该数据帧是广播帧；如果帧选项的 b_4 位为 1_b，表示该数据帧是点对点帧。$b_5 \sim b_7$ 表示帧类型，如果 $b_5 \sim b_7$ 为 000_b 表示该数据帧为 RFID 帧，如果 $b_5 \sim b_7$ 为 100_b 表示该数据帧为 RTLS 帧。

表 8　帧选项定义

$b_0 \sim b_2$	b_3	b_4	$b_5 \sim b_7$
000_b：O-QPSK/250 kbps 100_b：DBPSK/250 kbps 010_b：DBPSK/62.5 kbps 110_b：DBPSK/31.25 kbps 001_b：DBPSK/15.625 kbps 其他：保留	0_b：读写器到标签帧 1_b：标签到读写器帧	0_b：广播帧 1_b：点对点帧	000_b：RFID 帧 100_b：RTLS 帧 其他：保留

6.6　消息数据

6.6.1　读写器到标签命令数据

读写器发给标签的数据帧分为广播帧和点对点帧。广播帧用于读写器向所有标签同时发送数据，点对点帧用于读写器向指定标签发送数据。收到广播帧后，所有标签均应进行处理。收到点对点帧后，标签应将数据帧中的 TID 数据与标签自身 TID 进行比较，如果一致则处理该点对点帧，否则不响应。

读写器到标签广播帧的消息数据格式见表 9。

表 9　读写器到标签广播帧的消息数据格式

数据项	RID	命令代码	命令参数
长度	3 字节	1 字节	≤120 字节

读写器到标签点对点帧的消息数据格式见表 10。

表 10　读写器到标签点对点帧的消息数据格式

数据项	TID	RID	命令代码	命令参数
长度	8 字节	3 字节	1 字节	≤112 字节

读写器到标签数据帧中消息数据的各数据项定义如下：

a）TID：标签标识符，标签制造商为每个标签写入的唯一 8 字节二进制数，用于在通信过程中唯一标识一个标签，在使用过程中不可更改。读写器到标签的广播帧中不包含 TID 数据项，点对点帧中包含 TID 数据项。TID 构成见 6.6.3。

b）RID：读写器标识符，用户为每个读写器分配的 3 字节二进制数，用于在通信过程中唯一标识一个读写器。该标识符的组成由用户自定义，读写器到标签的广播帧和点对点帧中均包含该数据项。

c）命令代码：用于标识不同的命令，长度为 1 字节。命令代码列表见表 14。

d）命令参数：每个命令参数的定义见第 9 章。

6.6.2 标签到读写器响应数据

标签到读写器的响应数据帧格式见表 11。标签在定位过程中主动发送的定位数据帧定位信息是在读写器设置标签发送参数之后，一次或多次标签到读写器的响应数据。

表 11 标签到读写器消息数据格式

数据项	标签状态字	RID	TID	命令代码	应答数据
长度	1 字节	3 字节	8 字节	1 字节	≤111 字节

表 11 中各数据项定义如下：

a) 标签状态字：标签状态字表示标签的基本状态信息，主要包括电池电量、是否携带传感器、初始化状态和标签类型状态等信息，具体定义见表 12。

b) RID：用户为每个读写器分配的 3 字节二进制数。该标识符用于在通信过程中唯一标识一个读写器。该标识符的组成由用户自定义。

c) TID：标签制造商为每个标签写入的唯一 8 字节二进制数，在使用过程中不可更改。该 TID 用于在通信过程中唯一标识一个标签。

d) 命令代码：标签收到的读写器命令代码。

e) 应答数据：标签对读写器有效命令的响应数据。某些响应的应答数据包含两个字节的执行状态数据，执行状态的说明见 GB/T 28925—2012 中 6.6.3 的规定。

表 12 标签状态字定义

$b_0 \sim b_1$	b_2	b_3	$b_4 \sim b_7$
电池电量	传感器	标签初始化	标签类型状态
00_b：75%～100%（满电） 10_b：50%～75% 01_b：10%～50% 11_b：低于 10%（低电）	0_b：有 1_b：无	0_b：未初始化 1_b：已初始化	0000_b：RFID(RFID) 1000_b：RTLS(RTLS) 0100_b：RFID(RTLS/RFID) 1100_b：RTLS(RTLS/RFID) 其他：保留

标签状态字中 $b_4 \sim b_7$ 定义如下：

a) 0000_b：RFID(RFID)- 表示 RFID 类型的标签运行在 RFID 类型状态。

b) 1000_b：RTLS(RTLS)- 表示 RTLS 类型的标签运行在 RTLS 类型状态。

c) 0100_b：RFID(RTLS/RFID)- 表示 RTLS/RFID 类型的标签运行在 RFID 类型状态。

d) 1100_b：RTLS(RTLS/RFID)- 表示 RTLS/RFID 类型的标签运行在 RTLS 类型状态。

e) 其他：保留。

标签类型定义见 10.5.1。

6.6.3 TID

标签标识符由分配类、标签制造商代码、标签序列号三部分组成，分配类为“11000000_b”，标签制造商代码为二进制 16 位，标签序列号为二进制 40 位，由标签制造商自己分配，如表 13 所示。

表 13 TID 格式

分配类	标签制造商	标签序列号
8 位	16 位	40 位

6.7 校验码

本部分采用 CRC-16 校验方式，校验结果为两字节，校验内容包括帧选项和消息数据两个数据项。CRC-16 根据多项式 $x^{16}+x^{12}+x^{5}+1$ 计算，计算的初始值是 0000_h。

7 标签存储区结构

具有 RFID 功能的标签的存储区结构应符合 GB/T 28925—2012 中第 7 章规定的要求。

8 状态机

定位标签的状态分为：休眠、标签发射、查询三个状态，见图 5，图中 RFID 状态图说明见 GB/T 28925—2012 第 8 章，定位标签的各状态说明如下：

a) 休眠：休眠状态是一种低功耗状态。标签上电后首先进入初始化状态，在该状态标签完成协议参数预设置和初始化，然后自动进入休眠状态。处于休眠状态的标签可通过定时唤醒、低频激励唤醒或外部事件触发唤醒等方式进入标签发射状态。
b) 标签发射：标签按照预定的参数发送定位信息帧。标签在发送定位信息帧之后 T_{10} 时间内，若收到读写器发送的查询命令，则转入查询状态；否则，转入休眠。
c) 查询：标签在查询状态，按读写器命令要求返回响应。若收到休眠命令，标签转入休眠状态。标签在 T_{11} 时间内未收到任何命令，转入休眠状态。

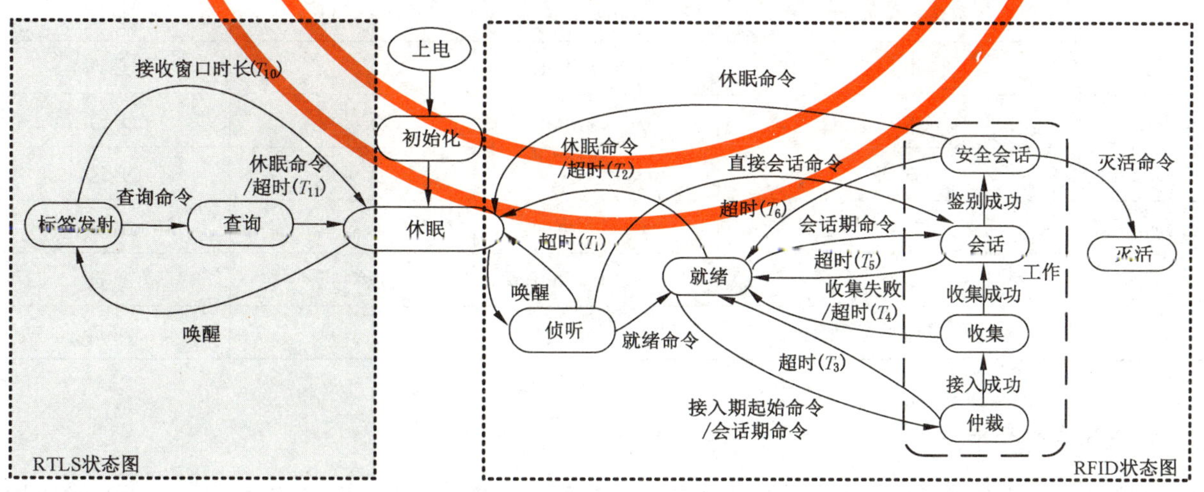

图 5 标签状态转移图

9 读写器命令与标签响应

9.1 命令类型

命令类型分为必选命令和可选命令,其中:

a) 必选命令是指标签和读写器应支持的命令。

b) 可选命令是指标签和读写器可不支持的命令。

具有 RFID 功能的标签,RFID 相关功能的命令和响应格式应符合 GB/T 28925—2012 中第 9 章规定的要求。

9.2 命令代码表

RTLS 空中接口的命令代码和 GB/T 28925—2012 的命令代码兼容,RTLS 空中接口命令包括休眠所有标签、休眠除某个标签外所有标签、灭活、更新系统口令、超时时长配置、定位信息配置、信道设置、唤醒方式设置、查询、标签主动请求信息、标签类型状态配置和空闲信道监测参数配置等。

各命令的命令代码、名称、英文缩写、使用方式和命令类型规定见表 14,各命令的功能、命令参数以及标签在收到命令后的响应见本章的后续条款。

表 14 命令代码列表

命令代码	名称	英文缩写	使用方式	命令类型
02_h	休眠所有标签	SleepAll	广播	必选
04_h	休眠除某个标签外所有标签	SleepAllButOne	广播	必选
91_h	灭活	Kill	点对点	必选
93_h	更新系统口令	UpdatePWD	点对点	必选
$D1_h$	超时时长配置	TimeoutConf	点对点	必选
$D2_h$	定位信息配置	BlinkConf	点对点	必选
$D3_h$	信道设置	ChannelSet	点对点	必选
$D4_h$	唤醒方式设置	WakingMode	点对点	必选
$D5_h$	查询	InfoReq	点对点	必选
$D6_h$	标签发送定位信息帧	SubBlinkReq	点对点	必选
$D7_h$	标签类型状态配置	TagStatConf	点对点	可选
$D8_h$	空闲信道监测参数配置	ListeningConf	点对点	可选

9.3 休眠所有标签命令

休眠所有标签命令用于休眠读写器工作范围内的所有标签。该命令可按广播或点对点命令方式使用。命令格式见表 15。

表 15 休眠所有标签命令格式

数据项	命令代码	命令参数
		休眠口令
长度	1 字节	4 字节

表 15 中各数据项定义如下：

a) 命令代码：02_h。

b) 休眠口令：长度为 4 字节。

如果标签的休眠口令为 00000000_h，则标签不验证口令，直接转入休眠状态；如果标签的休眠口令不为 00000000_h，则标签验证该口令，如果验证成功，则转入休眠状态，如果验证失败，则标签不执行该命令，并保持当前状态。

标签对该命令不返回响应。

9.4 休眠除某个标签外所有标签命令

休眠除某个标签外所有标签命令用于根据标签 TID 信息休眠标签，该命令为广播命令。命令格式见表 16。

表 16 休眠除某个标签外所有标签命令格式

数据项	命令代码	命令参数	
		TID	休眠口令
长度	1 字节	8 字节	4 字节

表 16 中各数据项定义如下：

a) 命令代码：04_h。

b) TID：见 6.6.3。

c) 休眠口令：长度为 4 字节。

标签收到该命令后，将命令中的 TID 数据与自身的 TID 比较，如果一致，则不响应该命令，如果不一致则进行休眠口令的验证。如果标签的休眠口令为 00000000_h，则标签不验证口令，直接转入休眠状态；如果标签的休眠口令不为 00000000_h，则标签验证该口令，如果一致，则转入休眠状态，如果不一致，则标签不执行该命令，并保持当前状态。

标签对该命令不返回响应。

9.5 灭活命令

灭活命令用于将标签永久禁用，命令格式见表 17。

表 17 灭活命令格式

数据项	命令代码	命令参数
		灭活口令
长度	1 字节	4 字节

表 17 中各数据项定义如下：

a) 命令代码:91_h。

b) 灭活口令:长度为4字节。

标签在收到灭活命令后,如果标签的灭活口令为00000000_h,则标签忽略该命令,不执行灭活操作;如果标签的灭活口令不为00000000_h,则标签进行口令验证,如果验证成功,则擦除标签所有数据内容,响应操作成功,并转入灭活状态;如果验证失败,则不执行灭活操作,并响应出错代码数据。处于灭活状态的标签不再响应读写器发出的任何命令。

9.6 更新系统口令命令

9.6.1 命令格式

更新系统口令命令用于更新灭活口令和休眠口令。更新系统口令命令的格式见表18。

表18 更新系统口令命令格式

数据项	命令代码	命令参数			
		管理员口令	待更新口令索引	模式	新口令
长度	1字节	4字节	2字节	1字节	4字节

表18中各数据项定义如下:

a) 命令代码:93_h。

b) 管理员口令:长度为4字节。管理员口令对RFID标签有效,对RTLS标签无效且值设为00000000_h。

c) 待更新口令索引,长度为2字节,具体说明如下:

 1) 0001_h:灭活口令。

 2) 0002_h:休眠口令。

 3) $3F00_h$~$FFFF_h$:RFID标签用。

d) 模式:RFID标签用,RTLS标签推荐填入FF_h。

e) 新口令:长度为4字节。

9.6.2 响应格式

更新系统口令响应格式见表19。

表19 更新系统口令响应格式

数据项	命令代码	命令参数
		执行状态
长度	1字节	2字节

表19中各数据项定义如下:

a) 命令代码:93_h。

b) 执行状态:见GB/T 28925—2012中6.6.3的规定。

9.7 超时时长配置命令

9.7.1 命令格式

超时时长配置命令格式见表20,包括配置标签发射后接收信息等待时长T_{10}和查询状态超时时长

T_{11}的值。标签在收到该命令后，将在后续的数据帧发送时使用当前命令设定的超时时长进行处理。

表 20 超时时长配置命令格式

数据项	命令代码	命令参数	
		T_{10}/ms	T_{11}/ms
长度	1 字节	2 字节	2 字节

表 20 中各数据项定义如下：

a) 命令代码：$D1_h$。

b) 超时类别：T_{10}：标签发射后接收信息等待时长；T_{11}：查询状态超时时长。

9.7.2 响应格式

响应格式见表 21。

表 21 超时时长配置响应格式

数据项	命令代码	命令参数
		执行状态
长度	1 字节	2 字节

表 21 中各数据项定义如下：

a) 命令代码：$D1_h$。

b) 执行状态：见 GB/T 28925—2012 中 6.6.3 的规定。

9.8 定位信息配置命令

9.8.1 命令格式

标签通过向读写器发送定位信息帧的方式完成定位信息发送，一次定位信息发射包括一次或多次子定位信息发射，定位信息帧发送方式见 10.2。定位信息配置命令配置子定位信息数量、定位信息发射间隔、子定位信息发射间隔和子定位信息抖动，命令格式见表 22。定位信息模式用于设置标签定位信息发射的触发方式；子定位信息数量为一次发射信息中发射重复子定位信息的数量；定位信息发射间隔是指两次发送定位信息帧的时间间隔；子定位信息发射间隔为同一定位信息帧中相邻子定位信息的发射间隔时间，子定位信息抖动为发射子定位信息在基准发射时间上的最大随机抖动时间，在系统实际发生信号时，该抖动时间可为正值和负值，负值为向前抖动，正值为向后抖动，抖动时间不改变各子定位信息的基准发射时间，子定位信息发射时间说明见图 6。标签在收到该命令后将在后续的数据帧发送时使用当前命令设定的时间参数发射信号。

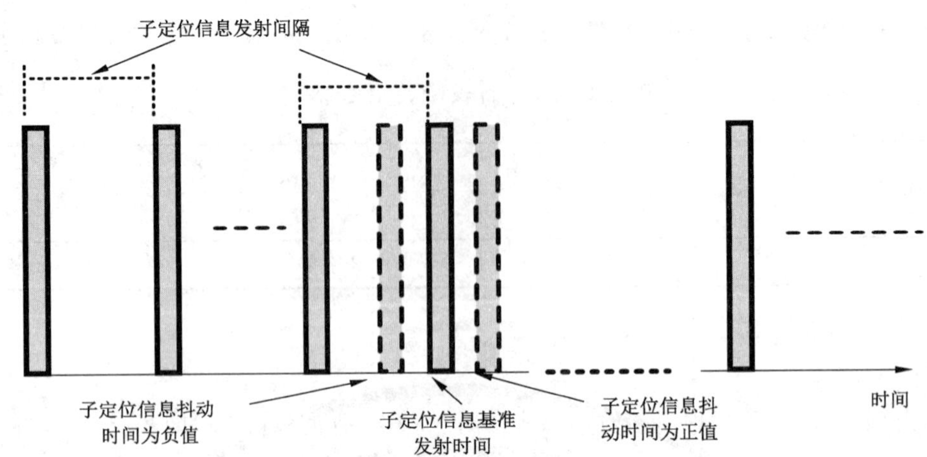

图 6　子定位信息发射时间说明示意图

表 22　定位信息配置命令格式

数据项	命令代码	命令参数				
		定位信息模式	定位信息发射间隔/s	子定位信息数量	子定位信息发射间隔/ms	子定位信息抖动/ms
长度	1 字节	1 字节	1 字节	1 字节	1 字节	1 字节

表 22 中各数据项定义如下：

a) 命令代码：$D2_h$。

b) 定位信息模式：
   1) 00_h：表示标签同时工作于多种定位信息发射方式，多种定位信息发射方式同时发生时，以时间上优先触发的方式为准。
   2) 01_h：表示标签工作于定时模式，标签通过内部定时器唤醒后转入标签发射状态发射定位信息帧。
   3) 02_h：表示标签工作于低频激励模式，标签通过低频激励唤醒后转入标签发射状态发射定位信息帧。
   4) 03_h：表示标签工作于事件触发模式，标签通过传感器等事件触发后转入标签发射状态发射定位信息帧。

c) 定位信息发射间隔：大于 1 s，定位信息发射间隔仅当标签定位信息模式设置为定时模式时有效。

d) 子定位信息数量：1～8。

e) 子定位信息发射间隔：40 ms～125 ms。

f) 子定位信息抖动：0 ms～16 ms。

标签能否工作于当前设定的定位信息模式取决于标签设定的唤醒方式。定位信息模式设置为定时模式需要标签工作于定时唤醒方式或多种唤醒方式；定位信息模式设置为低频激励模式需要标签工作低频激励唤醒方式或多种唤醒方式；定位信息模式设置为事件触发模式需要标签工作于事件触发唤醒方式或多种唤醒方式；唤醒方式设置见 9.10。

9.8.2　响应格式

响应格式见表 23。

表 23　定位信息配置响应格式

数据项	命令代码	命令参数
		执行状态
长度	1 字节	2 字节

表 23 中各数据项定义如下：

a)　命令代码：D2h。

b)　执行状态：见 GB/T 28925—2012 中 6.6.3 的规定。

9.9　信道设置命令

9.9.1　命令格式

信道设置命令格式见表 24。读写器向标签发送信道设置命令，标签在查询状态下收到该命令后将在后续的数据帧发送时使用当前命令设定的信道。

表 24　信道设置命令格式

数据项	命令代码	命令参数
		信道号
长度	1 字节	1 字节

表 24 中各数据项定义如下：

a)　命令代码：D3h。

b)　信道号：0～15。

9.9.2　响应格式

信道设置响应格式见表 25。

表 25　信道设置响应格式

数据项	命令代码	命令参数
		执行状态
长度	1 字节	2 字节

表 25 中各数据项定义如下：

a)　命令代码：D3h。

b)　执行状态：见 GB/T 28925—2012 中 6.6.3 的规定。

9.10　唤醒方式设置命令

9.10.1　命令格式

唤醒方式设置命令格式见表 26。读写器向标签发送该命令设置标签唤醒方式，标签在查询状态响应该命令，并在设置之后执行命令设定的唤醒方式。本部分规定了定时唤醒、低频激励唤醒和事件触发唤醒三种唤醒方式。标签至少支持定时唤醒，可扩展支持外部激励唤醒和事件触发唤醒。标签唤醒方式定义见10.1。

表 26 唤醒方式设置命令格式

数据项	命令代码	命令参数
		唤醒方式代码
长度	1字节	1字节

表26中各数据项定义如下：

a) 命令代码：$D4_h$。

b) 唤醒方式代码：

1) 00_h：表示标签可同时工作于多种唤醒方式，在同一时刻，标签被时间上优先的一种唤醒方式唤醒。

2) 01_h：表示标签工作于定时唤醒方式，标签根据定位信息发射间隔定时唤醒。

3) 02_h：表示标签工作于低频激励唤醒方式，标签根据外部低频激励器信号唤醒。

4) 03_h：表示标签工作于事件触发唤醒方式，标签根据传感器检测到的事件触发唤醒。

9.10.2 响应格式

唤醒方式设置响应格式见表27。

表 27 唤醒方式设置响应格式

数据项	命令代码	命令参数
		执行状态
长度	1字节	2字节

表27中各数据项定义如下：

a) 命令代码：$D4_h$。

b) 执行状态：见GB/T 28925—2012中6.6.3的规定。

9.11 查询命令

9.11.1 命令格式

查询命令格式见表28。读写器向标签发送该命令用于查询标签各种状态及其参数，标签在查询状态下响应该命令。

表 28 查询命令格式

数据项	命令代码	命令参数	
		参数类别	扩展数据
长度	1字节	1字节	≤110字节

表28中各数据项定义如下：

a) 命令代码：$D5_h$。

b) 参数类别：

1) 00_h:标签发射后接收窗口时长 T_{10}(ms)。
2) 01_h:查询状态超时时长 T_{11}(ms)。
3) 02_h:$0F_h$:保留。
4) 10_h:标签类型。
5) 11_h:标签类型状态。
6) 12_h:电池状态。
7) 13_h:唤醒方式。
8) 14_h:定位信息模式。
9) 15_h-1F_h:保留。
10) 20_h:传感器参数。
11) 21_h-3F_h:保留。
12) 40_h:空闲信道监测能力。
13) 41_h-4F_h:厂家自定义。
14) 50_h-FD_h:保留。
15) FE_h:向标签发送位置信息,标签无须返回响应。
16) FF_h:无查询参数,仅完成标签转入查询状态,标签无须返回响应。

c) 扩展数据:内容和长度由用户自定义。

9.11.2 响应格式

查询响应格式见表 29。参数类别用于标识查询哪个参数值。

表 29 查询响应格式

数据项	命令代码	命令参数			
		参数类别	数据长度	数据内容	执行状态
长度	1 字节	1 字节	1 字节	N 字节	2 字节

表 29 中各数据项定义如下:

a) 命令代码:$D5_h$。
b) 参数类别、数据长度和数据内容定义见表 30。

表 30 类别、数据长度和数据参数定义

参数名称	参数类别	数据长度	数据内容	说明
T_{10}	00_h	2	0000_h~$FFFF_h$	
T_{11}	01_h	2	0000_h~$FFFF_h$	
标签类型	10_h	1	00_h:RFID; 01_h:RTLS; 02_h:RFID/RTLS; 其他:保留	

表 30（续）

参数名称	参数类别	数据长度	数据内容	说明
标签类型状态	11_h	1	00_h:RFID 01_h:RTLS 02_h:RFID(RTLS/RFID) 03_h:RTLS(RTLS/RFID) 其他:保留	
电池状态	12_h	1	00_h:75%～100%(满电) 01_h:50%～75% 02_h:10%～50% 03_h:低于 10%(低电) 其他:保留	
唤醒方式	13_h	1	00h:定时唤醒 01h:低频激励唤醒 02h:事件触发唤醒 其他:保留	
定位信息模式	14_h	1	00_h:多种模式 01_h:定时模式 02_h:低频激励模式 03_h:事件触发模式 其他:保留	
传感器	20_h	≤100	传感器物理量数值	
空闲信道侦听次数	40_h	1	00_h:无此功能 其他:侦听次数	
保留	03_h－$0F_h$			
保留	15_h－$1F_h$			
保留	21_h－$3F_h$			
厂家自定义	41_h－$4F_h$			
保留	50_h－FD_h			

c) 执行状态:见 GB/T 28925—2012 中 6.6.3 的规定。

9.12 标签发送定位信息帧

读写器向标签发送定位信息配置命令设置标签发送定位信息帧的参数,标签根据设置的定位信息模式相关参数主动向读写器发送定位信息帧。标签发送定位信息帧之后在 T_{10} 时间内接收读写器发送的查询命令,若收到则转入查询状态,否则休眠。定位信息帧说明见 9.8 和 10.2。标签发送定位信息帧包含一个或多个子定位信息,多个子定位信息帧除子定位信息序号外帧内容相同,子定位信息帧格式见表 31。

表 31 标签发送子定位信息帧格式

数据项	命令代码	定位信息模式	模式参数	请求类别	子定位信息序号	扩展数据
长度	1 字节	1 字节	2 字节	1 字节	1 字节	≤112 字节

表 31 中各数据项定义如下：

a) 命令代码：$D6_h$。

b) 当前帧的定位信息模式和模式参数定义见表 32。

表 32 定位信息模式和模式参数定义

定位信息模式	模式参数
01_h：定时模式	定位信息发射间隔
02_h：低频激励模式	激励器 ID
03_h：事件触发	用户自定义

c) 请求类别：

1) 00_h：无请求。

2) 01_h：位置请求，读写器通过参数类型为 FE_h 的查询命令返回位置信息，见 9.11。

3) 其他：保留。

d) 子定位信息序号：1～8。

e) 扩展数据：由用户自定义。

9.13 标签类型状态配置命令

9.13.1 命令格式

命令格式见表 33。

表 33 标签类型状态配置命令格式

数据项	命令代码	命令参数
		标签类型状态
长度	1 字节	1 字节

表 33 中各数据项定义如下：

a) 命令代码：$D7_h$。

b) 标签类型状态：

1) 00_b：RFID。

2) 01_b：RTLS。

9.13.2 响应格式

标签类型状态配置响应格式见表 34。

表 34 标签类型状态配置响应格式

数据项	命令代码	命令参数
		执行状态
长度	1 字节	2 字节

表 34 中各数据项定义如下：

a) 命令代码:$D7_h$。

b) 执行状态:见 GB/T 28925—2012 中 6.6.3 的规定。

9.14 空闲信道监测参数配置命令

9.14.1 命令格式

当RTLS定位标签设置为使用空闲信道检测时,在每次发射前执行空闲信道检测。命令格式见表35。

表35 空闲信道监测参数配置命令格式

数据项	命令代码	命令参数
		侦听次数
长度	1字节	1字节

表35中各数据项定义如下:

a) 命令代码:$D8_h$。

b) 侦听次数:值为 00_h 时,表示不进行空闲信道检测。

9.14.2 响应格式

空闲信道监测参数配置响应格式见表36。

表36 空闲信道监测参数配置响应格式

数据项	命令代码	命令参数
		执行状态
长度	1字节	2字节

表36中各数据项定义如下:

a) 命令代码:$D8_h$。

b) 执行状态:见 GB/T 28925—2012 中 6.6.3 的规定。

10 协议工作方式

10.1 实时定位系统概述

实时定位系统是由RTLS标签、RTLS读写器、RTLS服务器和应用系统组成,其系统组成如图7所示。为降低标签功耗,标签在不发送定位信号时处于休眠状态。唤醒标签的方式包括定时唤醒、低频激励唤醒和事件触发唤醒三种方式。被唤醒的标签通过空中接口向RTLS读写器发送定位信号,响应RTLS读写器发送的定位系统命令。RTLS读写器用于接收RTLS标签的定位信号,同时可向RTLS标签发送命令。RTLS服务器用于解析定位信息和位置运算,定位方法可参见附录A,并将定位结果提供给应用系统。

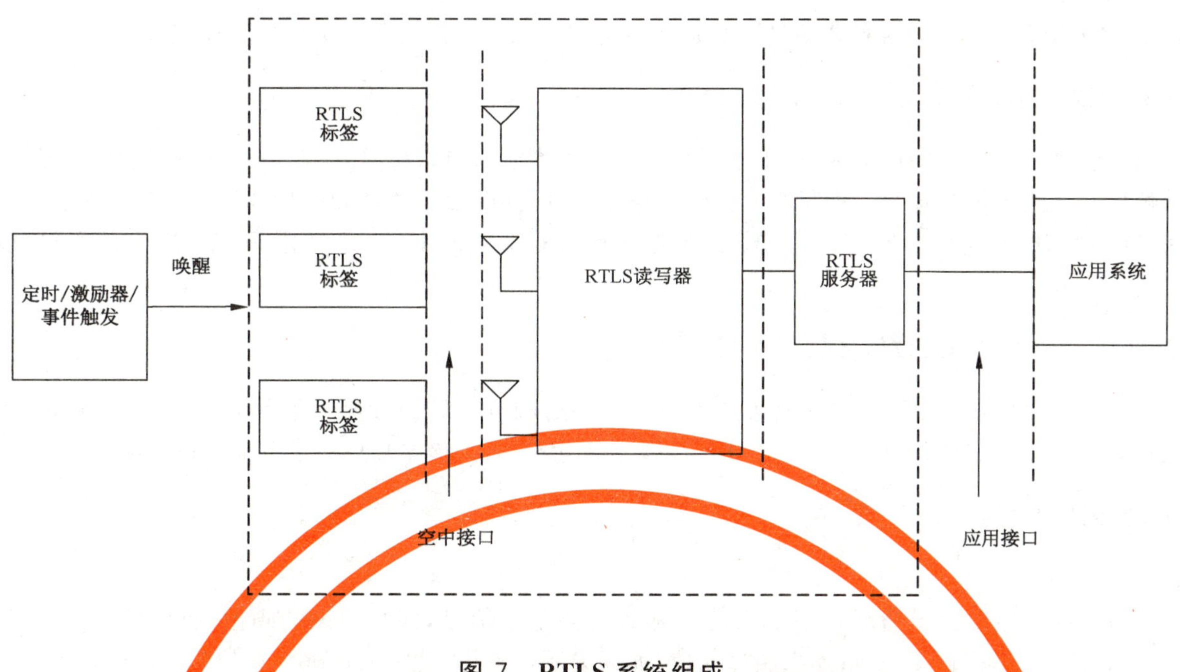

图 7　RTLS 系统组成

10.2　标签发射定位信息帧

定位信息帧是标签定时唤醒、低频激励唤醒或事件触发唤醒情况下向读写器发送的包含定位信息的标签数据帧。如图 8 所示，定位信息帧由多个预设的具有随机发送间隔的子定位信息帧构成，一个定位信息帧内的多个子定位信息帧除子定位信息帧序号外数据相同。

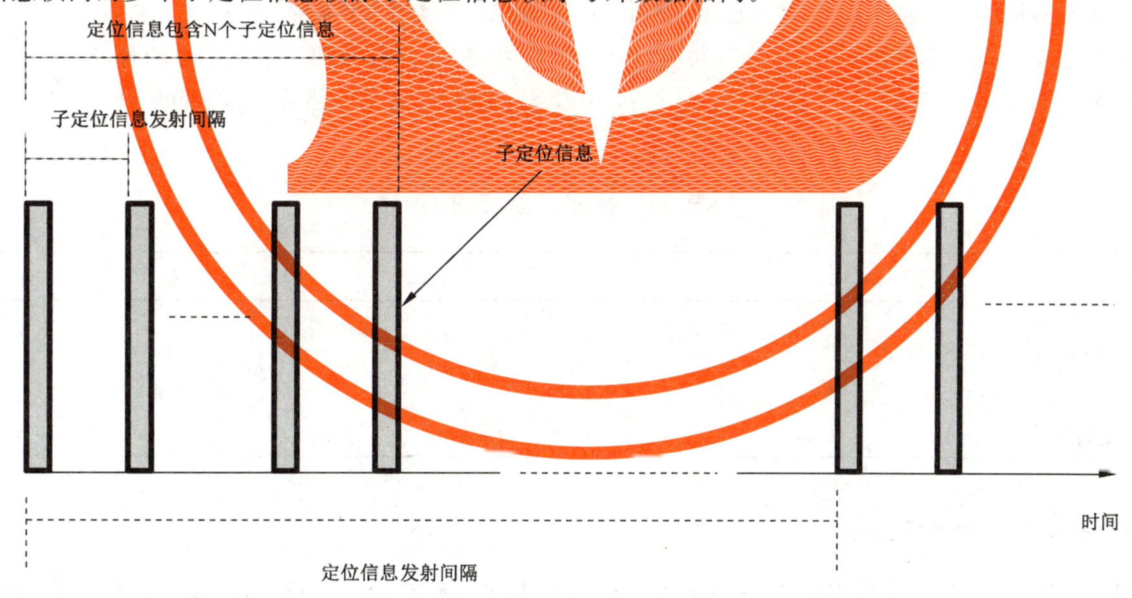

图 8　标签发射定位信息帧

10.3　定位信息工作模式

10.3.1　定时发送定位信息

标签定时从休眠状态唤醒后，转入标签发射状态，然后按照预设的模式和数据帧格式发送定位信息帧。子定位信息的发送间隔取决于RTLS系统容量和定位实时性要求。定位信息设置见9.8。

10.3.2 低频激励发送定位信息

当标签进入低频激励器场区，标签被低频激励信号唤醒后转入标签发射状态，并按照预设的模式和数据帧格式发送定位信息帧。低频激励器除唤醒标签外，同时可通过低频空口发送给标签相关信息，如时间、激励器ID和其他参数等，低频激励器空口参见GB/T 28925—2012附录C。定位信息设置见9.8。

10.3.3 事件触发发送定位信息

当标签携带的传感器监测的事件发生时，标签被触发唤醒，转入标签发射状态，并按照预设的模式和数据帧格式发送定位信息帧。定位信息帧包含事件相关的传感器数据。定位信息设置见9.8。

10.4 空闲信道监测

该功能为可选。

标签在执行空闲信道监测时，RTLS定位标签检测空中信号，并与预设的阈值做比较，如果低于阈值，表示信道空闲，就直接发射；如果超过阈值，那么说明信道忙，就进入休眠。在休眠一段随机时间后，再次进入信道侦听，每累计侦听一次，侦听次数加1，直到信道空闲或侦听次数超过预先设定的值。如果侦听次数超过预先设定的值，则直接发射。

10.5 标签类型及状态切换

10.5.1 标签类型

标签类型标识表示标签是RTLS标签、RFID标签或RTLS/RFID标签，见表37。RFID标签只具备RFID功能，RTLS标签只具备RTLS功能，RTLS/RFID标签具备RTLS和RFID两种功能，但同一时间只能使用RTLS或RFID一种功能，运行在RTLS或RFID一种类型状态，在同一系统中可进行切换。

表37 标签类型标识

b0～b2	b3～b7
000_b：RFID标签 100_b：RTLS标签 010_b：RFID/RTLS标签 其他：保留	保留

10.5.2 标签类型状态切换

对于RTLS/RFID标签，应通过读写器发送标签类型状态配置命令进行切换，使其根据实际需要从一种类型状态变为另一种类型状态。

RTLS/RFID标签收到标签类型状态配置命令后，立即进入休眠状态，唤醒后开始进入新的类型状态，执行新类型标签的协议参数和状态机流程。在没有收到新的标签类型状态配置命令之前，标签保持当前类型状态。命令设置见9.13。

附 录 A
（资料性附录）
实时定位系统定位方法

A.1 参考点区域定位

在参考点区域定位算法中，单读写器情况下，标签位置即为读写器位置。若定位区域有多个读写器，则对读写器按照接收到的信号强度（RSSI）排序，选择采集到 RSSI 最大的读写器坐标作为定位结果。参考点区域定位算法的优点是算法复杂度低，鲁棒性高，适用于定位精度要求不高的应用。

A.2 基于多参考点质心定位

基于多参考点质心定位算法中，使用多读写器标签位置信息，对其求质心，即为标签位置。为了提高定位精度，可采用对多个读写器位置进行加权的方法，例如赋予 RSSI 较高的读写器较高权值，以得到更高的定位精度。

A.3 基于 RSSI 测距定位

RSSI 测距定位利用无线射频信号强度随着传播距离而减少的物理衰减模型，获得待定位标签与多个参考点（读写器）之间的距离估计值，使用三边或多边定位方法求解待定位点的位置。为提高定位精度，可采用加权最小二乘、鲁棒估计、多尺度分析等方法，对置信度较高的测距估计赋予更高权值，对置信度较低的测距估计赋予较低权值。

A.4 基于 RSSI 指纹模式匹配定位

在部署定位系统时，根据应用需求，在定位现场不同位置提前采集由标签接收或者多个读写器接收的 RSSI 指纹，构建位置指纹数据库。在线定位时，把实时采集的射频指纹与离线构建的射频指纹库进行匹配，基于最优匹配准则，实现目标定位。为提高定位精度和稳定性，可采用 k 最近邻、随机森林、支持向量回归、贝叶斯估计、以及神经网络等方法。

ICS 53.020.20
J 80

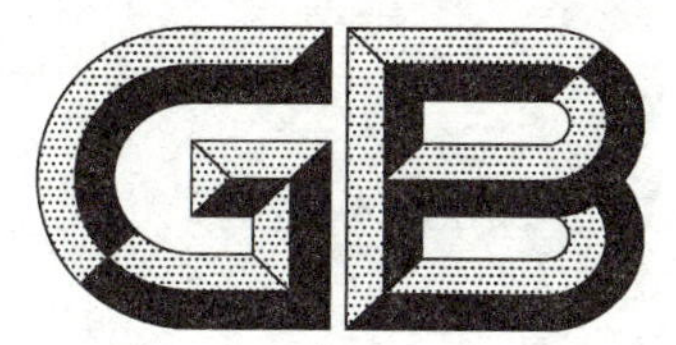

中华人民共和国国家标准

GB/T 31052.4—2017

起重机械　检查与维护规程　第4部分：臂架起重机

Lifting appliances—Code of inspection and maintenance—Part 4: Jib cranes

2017-05-12 发布　　2017-12-01 实施

中华人民共和国国家质量监督检验检疫总局
中国国家标准化管理委员会　发布

前　言

GB/T 31052《起重机械　检查与维护规程》分为以下12个部分：

——第1部分：总则；

——第2部分：流动式起重机；

——第3部分：塔式起重机；

——第4部分：臂架起重机；

——第5部分：桥式和门式起重机；

——第6部分：缆索起重机；

——第7部分：桅杆起重机；

——第8部分：铁路起重机；

——第9部分：升降机；

——第10部分：轻小型起重设备；

——第11部分：机械式停车设备；

——第12部分：浮式起重机。

本部分为GB/T 31052的第4部分。

本部分按照GB/T 1.1—2009给出的规则起草。

本部分由中国机械工业联合会提出。

本部分由全国起重机械标准化技术委员会(SAC/TC 227)归口。

本部分负责起草单位：上海振华重工(集团)股份有限公司、交通运输部水运科学研究院、北京起重运输机械设计研究院。

本部分参加起草单位：大连华锐重工集团股份有限公司、武桥重工集团股份有限公司、武汉理工大学、宜昌市微特电子设备有限责任公司、上海海事大学、湖南中铁五新重工有限公司。

本部分主要起草人：李恭川、张德文、赵春晖、俞海辉、吴越、赵溦、李森、高玮珺、朱昌彪、王苹、王志良、许建耀、肖汉斌、聂道静、董达善、张维友。

起重机械 检查与维护规程 第4部分:臂架起重机

1 范围

GB/T 31052的本部分规定了臂架起重机在使用过程中应进行的检查与维护方面的基本要求。

本部分适用于GB/T 31052.1—2014附录A所规定的臂架起重机(以下简称"起重机")。

2 规范性引用文件

下列文件对于本文件的应用是必不可少的。凡是注日期的引用文件,仅注日期的版本适用于本文件。凡是不注日期的引用文件,其最新版本(包括所有的修改单)适用于本文件。

GB/T 5972 起重机 钢丝绳 保养、维护、检验和报废

GB/T 6067.1—2010 起重机械安全规程 第1部分:总则

GB/T 10051.2 起重吊钩 第2部分:锻造吊钩技术条件

GB/T 10051.3 起重吊钩 第3部分:锻造吊钩使用检查

GB/T 31052.1—2014 起重机械 检查与维护规程 第1部分:总则

3 术语和定义

GB/T 31052.1界定的术语和定义适用于本文件。

4 一般要求

检查和维护的一般要求应符合GB/T 31052.1—2014中第4章的规定。

5 检查

5.1 日常检查

应根据每台起重机的具体特点确定日常检查项目和检查要求,且不应低于附录A的规定。

5.2 定期检查

根据起重机的使用特点,确定定期检查的周期为周检、月检、季检和年检。

根据每台起重机的工作级别、工作环境及使用状态确定定期检查项目、检查要求和检查周期,且不应低于附录A的规定。

5.3 特殊检查

5.3.1 起重机在发生GB/T 31052.1—2014中5.3.1规定的情况时应进行特殊检查。

5.3.2 特殊检查应按附录B的规定进行。

5.4 检查方法

起重机的检查方法应采用GB/T 31052.1—2014中5.4规定的目测检查、无损检测、功能试验、空载试验、载荷试验、静载试验、动载试验和稳定性试验，具体选用的方法见附录A和附录B。

5.5 检查记录及检查报告

起重机检查应有检查记录，内容至少包括附录A或附录B的检查项目，并应符合GB/T 31052.1—2014中5.5的规定。

对定期检查发现的不合格项及特殊检查应出具检查报告，格式参见附录C，内容至少应包括GB/T 31052.1—2014中附录B的规定。

6 维护

6.1 计划性维护

根据每台起重机的工作级别、工作环境及使用状态，确定计划性维护的内容和周期。其内容至少应包括：

——电动机的碳刷和换向器的清理；

——减速器空气滤清器滤芯的更换；

——减速器的润滑；

——开式齿轮的润滑；

——联轴器的润滑；

——轴承的润滑；

——钢丝绳或起重用短环链的润滑；

——回转支承的润滑；

——液压系统滤芯、滤网的更换；

——液压油、润滑油的更换；

——电缆卷筒集电器的清理、零部件的紧固和/或更换；

——吊具转锁的更换；

——制动衬垫的更换；

——内燃机机油滤清器、燃油滤清器、空气滤清器的更换；

——结构表面除锈及涂装；

——缆绳及拉索系统紧固和/或更换；

——起重量限制器、力矩限制器的校准；

——电气元件的清洁和紧固。

6.2 非计划性维护

非计划性维护应在发生故障后或依据日常检查、定期检查、特殊检查的结果，确定需要维修、保养的内容和要求，并加以实施。

6.3 维护结果验证

对起重机完成维护的项目，在恢复使用前，应对其功能进行相应的验证。

6.4 维护记录

起重机维护应有维护记录，格式参见附录D，内容至少应包括GB/T 31052.1—2014 中6.4的规定。

7 检查与维护的安全预防措施

检查与维护的安全预防措施，应符合GB/T 31052.1—2014 中第7章的规定。

附　录　A
（规范性附录）
日常检查和定期检查项目、方法、内容及要求

日常检查和定期检查项目、方法、内容及要求见表 A.1。

表 A.1

序号	检查项目		检查方法、内容及要求	处置方式	日常检查	定期检查周期				备注
						周检	月检	季检	年检	
1	技术文件	随行文件	检查随行图纸、使用说明书、出厂合格证应完整	整改完善					○	
2		检查记录	检查以往的检查记录应完整、无未处理的缺陷	整改完善					○	
3		维护记录	检查以往的维护记录应完整、无未验证的维护	整改完善					○	
4		其他档案	检查设备安装、改造、维修、注册登记等其他档案	整改完善					○	
5	整机	作业环境	目测检查起重机作业环境应无影响作业安全的因素	按企业管理制度和操作规程处理	○	○	○	○	○	
6		外观	目测检查起重机各处应无垃圾、杂物、遗漏工具等	清洁	○	○	○	○	○	
7			目测检查起重机各处应无积油、积水	清洁		○	○	○	○	
8			目测检查起重机各部分表面应无严重的锈蚀、脱漆、损伤等缺陷	防腐/修理				○	○	
9		车轮承载情况	目测检查起重机的各个车轮应无悬空现象	调整/修理					○	
10		起重机跨度	测量起重机跨度偏差应符合相关起重机产品标准的规定	调整/修理					○	
11	金属结构	门架、转台、人字架、高塔柱、臂架系统、台车架、平衡梁、机构支座、维修起重机支架等	目测检查起重机门架、转台、人字架、高塔柱、臂架系统、台车架、平衡梁、机构支座、维修吊支架等金属结构的锈蚀、裂纹和塑性变形，并应符合 GB/T 6067.1—2010 中 3.9 的规定	防腐/修理/更换			○	○	○	
12		结构焊缝	目测检查主要受力结构件焊缝应无可见的裂纹	修理			○	○	○	

表 A.1（续）

序号	检查项目		检查方法、内容及要求	处置方式	日常检查	定期检查周期				备注
						周检	月检	季检	年检	
13	连接件	主要受力结构件、安全装置连接件	目测检查主要受力结构件、回转支承及安全装置的连接铰轴和螺栓应无缺损，无松动	维护				○	○	
14	连接件	机构、电气元件连接件	目测检查电动机、减速器、制动器、联轴器、安全防护装置等机构部件的连接螺栓应无缺损，无松动	维护			○	○	○	
15	机构	起升机构	通过空载试验检查起升机构应无异常声响和振动，运行平稳	维护	○	○	○	○	○	
16	机构	运行机构	通过空载试验检查运行机构应无异常声响、振动	维护	○	○	○	○	○	
17	机构	运行机构	目测检查应无影响起重机使用的歪斜跑偏、啃轨等	调整/更换			○	○	○	
18	机构	回转机构	通过空载试验检查回转机构应无异常声响、振动	维护		○	○	○	○	
19	机构	变幅机构	通过空载试验检查变幅机构应无异常声响、振动	维护		○	○	○	○	
20	机构	起重机供电装置	通过空载试验检查起重机供电装置应无异常声响、振动	维护			○	○	○	
21	机构	吊具机构	通过空载试验检查吊具机构应无异常声响、振动，转动灵活无卡阻	维护			○	○	○	
22	机构	机载电梯	通过空载试验检查电梯应无异常声响、振动	维护			○	○	○	
23	机构	葫芦	通过空载试验检查葫芦应无异常声响、振动	维护			○	○	○	
24	关键零部件	吊具	检查吊具焊缝及吊具结构应无影响安全的磨损及变形、且应无异响	修理/更换			○	○	○	
25	关键零部件	吊具	目测检查吊具销轴应无松动、脱出，轴端固定装置应安全有效	紧固/修理/更换			○	○	○	
26	关键零部件	吊具	目测检查吊钩闭锁装置、吊钩螺母防松装置应有效	调整/修理/更换			○	○	○	
27	关键零部件	吊具	通过功能试验，检查抓斗开闭应自如，平衡装置应灵活、无卡死现象，结构应无裂纹和严重的磨损及变形	调整/修理/更换		○	○	○	○	
28	关键零部件	吊具	目测检查抓斗的梨形接头和 C 型卸扣应无裂纹、过度磨损，且应润滑充分	润滑/修理/更换	○	○	○	○	○	
29	关键零部件	吊具	敲击检测电磁吸盘悬挂可靠，电气连接无松动	紧固/调整			○	○	○	

表 A.1（续）

序号	检查项目		检查方法、内容及要求	处置方式	日常检查	定期检查周期				备注
						周检	月检	季检	年检	
30	关键零部件	吊具	按 GB/T 10051.2 和 GB/T 10051.3 规定的方法检查锻造吊钩的表面裂纹、变形、磨损、腐蚀，并应符合其要求	修理/更换				○	○	
31			目测检查集装箱吊具上架和吊具连接转锁应可靠	调整/更换	○	○	○	○	○	适用于集装箱起重机
32			目测检查集装箱吊具伸缩臂架滑动表面、滑轨的润滑状况应良好	润滑/更换	○	○	○	○	○	适用于集装箱起重机
33			目测检查集装箱吊具液压系统应无漏油现象，油箱油位应正常	紧固/加油	○	○	○	○	○	适用于集装箱起重机
34			目测检查集装箱吊具导板应无损坏	修理/更换	○	○	○	○	○	适用于集装箱起重机
35		钢丝绳	按照 GB/T 5972 规定的方法检查钢丝绳，并应符合其要求	更换		○	○	○	○	
36			目测检查钢丝绳应无明显的机械损伤	修理/更换		○	○	○	○	
37			目测检查卷筒及滑轮上钢丝绳应无跳槽或脱槽等现象	紧固/调整	○	○	○	○	○	
38			目测检查钢丝绳端部固定情况应满足相应要求	紧固/调整		○	○	○	○	
39		起重用短环链	目测检查起重用短环链应无爬链、卡链现象	调整		○	○	○	○	
40			目测检查起重用短环链应符合 GB/T 6067.1—2010 中 4.2.3.2 和 4.2.3.3 的规定	更换			○	○	○	
41		卷筒	目测检查卷筒应符合 GB/T 6067.1—2010 中 4.2.4 的规定	更换				○	○	
42		滑轮	目测检查滑轮应符合 GB/T 6067.1—2010 中 4.2.5 的规定	修理/更换				○	○	
43			目测检查滑轮应转动灵活、无异响	润滑/调整				○	○	
44			目测检查滑轮防脱绳装置应安全有效	修理/更换				○	○	

表 A.1（续）

序号	检查项目		检查方法、内容及要求	处置方式	日常检查	定期检查周期				备注
						周检	月检	季检	年检	
45	关键零部件	制动器	目测检查各转动、摆动点润滑应充分润滑	润滑/调整		○	○	○	○	
46			空载试验检查制动器应工作正常	维护	○	○	○	○	○	
47			目测检查制动器应符合 GB/T 6067.1—2010 中 4.2.6.7 的有关规定	更换			○	○	○	
48		车轮	目测检查车轮轮缘、踏面的磨损、变形应符合 GB/T 6067.1—2010 中 4.2.7 的规定	更换				○	○	
49		联轴器	目测检查联轴器应无缺损、无松动、无漏油，运行中无异常振动和响声	紧固/调整/修理/更换		○	○	○	○	
50		减速器	目测检查运转中的减速器应无异响、无异常振动、无漏油和过热现象，减速器安装螺栓无松动	紧固/修理			○	○	○	
51			目测检查油位应在要求范围内	加油			○	○	○	
52		开式齿轮	目测检查轮齿塑性变形、裂纹、折断；齿面剥落、点蚀、胶合；齿根磨损情况，应符合 GB/T 6067.1—2010 中 4.2.8 的规定	更换			○	○	○	
53			目测检查齿轮装配应无松动，传动应无异响	调整/紧固		○	○	○	○	
54		轴承	目测检查轴承应无异响、无异常过热	更换				○	○	
55		回转支承/滚轮	目测和功能试验检查回转支承/滚轮应无异响、无异常过热	紧固/调整/修理/更换				○	○	
56		润滑系统	目测检查润滑系统应工作正常、无堵塞、无泄漏	维护			○	○	○	
57		司机室	目测检查司机室连接部位应无脱焊、松动和裂纹	紧固/修理			○	○	○	
58			目测检查司机室内应无裸露的带电体，室内地面应绝缘良好	修理/更换		○	○	○	○	
59			目测检查司机室门、窗、玻璃、刮水器、防护栏及门锁，应无缺损；门、窗、玻璃应清洁、视线清晰	清洁/更换		○	○	○	○	
60			目测检查移动司机室的悬挂装置应安全可靠	紧固/修理		○	○	○	○	

表 A.1（续）

序号	检查项目		检查方法、内容及要求	处置方式	日常检查	定期检查周期				备注
						周检	月检	季检	年检	
61	电控系统	供电电源	目测检查供电电源应工作正常	维护	○	○	○	○	○	
62		中心集电器	确保断电状况下，目测检查各接线端子松动情况，碳刷与滑环应接触良好	维护			○	○	○	
63			确保断电状况下，目测检查滑环碳刷磨损情况，清除碳刷磨损后的粉末	清洁/更换			○	○	○	
64		高压开关柜	目测检查柜门关紧状况，主开关位置指示器指示应正确，开关柜不能有异味异响，带电指示器应工作正常	维护		○	○	○	○	
65			确保断电及已放电情况下，检查活门操作机构动作是否灵活，断路器手车和接地开关之间联锁机构是否正常	维护					○	
66		变压器	目测检查线圈、引线和温控控制箱外观，检查所有温度控制的线路是否正常	维护				○	○	
67			目测检查绝缘子、分接联接片、端子板及其他绝缘零件的表面是否清洁	清洁				○	○	
68			目测检查电力电缆与连接铜排之间的螺栓连接、分接点的螺栓连接是否牢固	维护/紧固				○	○	
69		操纵装置	目测检查各按钮开关应灵活有效，各指示灯应工作正常	维护		○	○	○	○	
70			目测检查各机构操纵手柄应灵活、无卡阻，零位手感明确	维护		○	○	○	○	
71			目测检查遥控装置及手电门外壳不应破损，控制按钮标识、功能应正确齐全；同一区域多台遥控器操作的起重机，应通过功能试验检查遥控器无同频干扰现象	维护		○	○	○	○	

表 A.1（续）

序号	检查项目		检查方法、内容及要求	处置方式	日常检查	定期检查周期				备注
						周检	月检	季检	年检	
72	电控系统	控制装置	目测检查各按钮应灵活有效，操纵杆下部绝缘保护应无破损	修理/更换			○	○	○	
73			目测检查各机构操纵手柄应灵活、无卡阻，挡位手感明确，零位锁有效	调整/更换	○	○	○	○	○	
74			目测检查遥控装置及手电门外壳应无破损，控制按钮应标识清晰、正确，功能正常	修理/更换		○	○	○	○	
75		馈电装置	目测检查带电指示装置应齐全有效；软电缆防护层应无严重老化、破损、鼓包，电缆收放设施应齐全有效；集电器应接触可靠	调整/修理/更换				○	○	
76		电动机	测量电动机绝缘电阻，对接地电阻应符合各产品标准的规定	修理				○	○	
77			目测检查电动机滑环应无烧痕，碳刷磨损及压力适当，接线端是否松动	调整/更换					○	
78			目测检查、清洁电机风冷通风系统的滤网	清洁/更换				○	○	
79		总电源开关	目测检查总电源开关应功能正常	调整/更换			○	○	○	
80		控制柜/台及电气设施	目测检查控制柜门开关应灵活且门锁可靠	调整/更换			○	○	○	
81			目测检查控制柜内电气线路及元器件应无过热、烧焦、融化痕迹；元器件应无外表破损；罩壳应无掉落	更换			○	○	○	
82			目测检查电气连接及接地应可靠，线缆无严重龟裂、破损	调整/更换			○	○	○	
83			目测检查各段线路线标应清晰，接线无松动	清洁/紧固			○	○	○	
84			通过功能试验，检查线路应无过热，检查绝缘电阻、接地电阻应符合 GB/T 6067.1 的要求	修理/更换					○	
85			通过功能试验，检查各接线柱、接触器、继电器应接触良好；目测检查灭弧装置应齐全	调整/更换				○	○	

表 A.1（续）

序号	检查项目		检查方法、内容及要求	处置方式	日常检查	定期检查周期				备注
						周检	月检	季检	年检	
86	电控系统	制动电阻	目测检查制动电阻有无融化现象	维护				○	○	
87			测量电阻片和地之间的绝缘电阻	测量				○	○	
88		通讯	通过功能试验，检查主机与中央控制室的通讯应畅通	维护	○	○	○	○	○	
89		照明	目测检查照明装置应无缺损，工作和照度正常	修理/更换	○	○	○	○	○	
90		空调系统	目测检查空调工作应正常	维护	○	○	○	○	○	
91	液压系统		目测检查液压系统应工作正常，无异响、过热等现象	维护		○	○	○	○	
92			目测检查液压油箱油位	维护		○	○	○	○	
93			测量油箱加热器加热前后绝缘电阻	测量				○	○	在低温环境作业前检查
94			露天布置的管系，目测检查防腐胶带有无破损或脱落	检查/修复			○	○	○	
95			目测检查油液品质	测试/更换				○	○	
96			打开油箱底部排油口，检查油液中是否有水	排水/维护				○	○	
97			目测检查空滤器内干燥剂(若空滤器内含干燥剂)	检查/更换	○	○	○	○	○	
98			目测检查密封件、液压管路是否泄漏	更换				○	○	密封件和液压油视起重机使用情况确定更换时间，最长不超过 2 年；软管根据制造商推荐的时间更换

表 A.1（续）

序号	检查项目		检查方法、内容及要求	处置方式	日常检查	定期检查周期				备注
						周检	月检	季检	年检	
99	液压系统		目测检查电磁阀插头指示灯是否能正常显示	检查/更换				○	○	
100			目测检查液压元件的标牌是否脱落	整改完善					○	
101			检测蓄能器充气压力是否满足要求	检测/充气			○	○	○	
102			检查液压箱、阀块、液压阀、液压缸是否清洁	清洗					○	视使用状况确定清洗维护周期，油箱每次换油后需清洗
103	气动系统		目测检查气动系统应无泄漏	紧固/修理	○	○	○	○	○	
104			目测检查气动系统应工作正常，无异响	维护					○	
105	安全防护装置	起升高度限制器	通过目测和功能试验，检查起升高度限制器应固定可靠、功能有效	紧固/更换	○	○	○	○	○	
106		极限起升高度限制器	通过功能试验，检查极限起升高度限制器应固定可靠、功能有效	紧固/更换			○	○	○	
107		变幅限制器	通过功能试验，检查变幅限制器应固定可靠、功能有效	紧固/更换			○	○	○	
108		运行行程限位器	通过功能试验，检查运行行程限位器应固定可靠、功能有效	紧固/更换	○	○	○	○	○	
109		回转限位	通过目测和功能试验，检查回转限位应固定可靠、功能有效	紧固/更换		○	○	○	○	
110		回转锁定装置	目测检查回转锁定装置应无变形、缺损、松动、功能有效	紧固/更换				○	○	
111		防碰撞装置	通过目测和功能试验，检查防碰撞装置应无损坏，且功能有效	紧固/更换			○	○	○	
112		缓冲器与端部止挡	目测检查缓冲器应无变形、损坏；端部止挡应无变形、开焊	紧固/修理/更换			○	○	○	
113		起重量限制器	目测检查起重量限制器应固定可靠、功能有效	紧固/更换	○	○	○	○	○	

表 A.1（续）

序号	检查项目		检查方法、内容及要求	处置方式	日常检查	定期检查周期				备注
						周检	月检	季检	年检	
114	安全防护装置	起重力矩限制器	通过功能试验，检查起重力矩限制器应工作正常、重量显示和保护功能准确可靠、误差在允许范围内	维护/测试					○	
115		极限力矩限制器	通过功能试验，检查极限力矩限制器应固定可靠、功能有效	维护/测试					○	
116		超速保护装置	目测检查超速保护装置应无缺失	维护					○	
117		抗风防滑装置	目测检查防风拉索应连接可靠、功能有效	紧固/调整				○	○	
118			目测检查锚定装置应连接可靠、功能有效	紧固/修理				○	○	
119			目测检查工作状态时使用的抗风防滑装置应固定可靠、功能有效	紧固/修理			○	○	○	
120		联锁保护	目测检查联锁装置应无缺损、短接、绑扎等现象	调整/更换	○	○	○	○	○	
121			通过功能试验，检查电气联锁装置应正常可靠	修理/更换			○	○	○	
122		接地保护	目测检查接地装置应完好，功能有效	修理/更换			○	○	○	
123		电气保护	通过目测和功能试验，检查短路、失压、零位、过流等电气保护应无缺损	更换					○	
124		安全监控管理系统	目测检查安全监控管理系统应工作正常	调整/修理	○	○	○	○	○	
125		急停开关	触动紧急停止开关，起重机应立即停机。急停开关不应自动复位。手动复位后，再重新启动，起重机应能恢复正常运行	修理/更换				○	○	
126		声光报警装置	通过功能试验，检查声光报警装置应工作正常	调整/更换			○	○	○	
127		标记和警示标志	目测检查起重机标牌、吨位牌、安全警示标志应清晰、无缺失	清洁/更换	○	○	○	○	○	
128		通道、平台、斜梯、直梯、栏杆	目测检查通道、平台、斜梯、直梯栏杆应完好且牢固	紧固/修理				○	○	
129		防护罩、防雨罩	目测检查各旋转部位的防护罩及防雨罩应牢固、齐全、无破损	紧固/修理				○	○	
130		风速仪及风速报警器	目测检查风速仪及风速报警器应正常工作	调整/更换					○	

表 A.1（续）

序号	检查项目		检查方法、内容及要求	处置方式	日常检查	定期检查周期				备注
						周检	月检	季检	年检	
131	安全防护装置	避雷针	目测检查避雷针连接应牢固，接线应无松动	紧固					○	
132		轨道清扫器	目测检查轨道清扫器与轨道的间隙应为 5 mm～10 mm	调整/更换				○	○	
133		松绳检测装置	目测检查松绳检测装置应无损坏，工作正常、功能有效	调整/修理				○	○	
134		消防器材	目测检查消防器材的存放位置应正确，灭火器在有效期内	调整/更换	○	○	○	○	○	
135		航空障碍指示灯	目测检查航空障碍指示灯应无损坏、无松动，工作正常有效	紧固/更换			○	○	○	

附　录　B
（规范性附录）
特殊检查项目、方法、内容及要求

特殊检查的条件、检查项目、方法、内容及要求见表 B.1。

表 B.1

序号	特殊检查的条件	检查项目	检查方法、内容及要求	处置方式	备注
1	安全防护装置型式或规格改变	安全防护装置	针对被改变的安全防护装置，其检查方法、内容及要求应按附录 A 的相应规定执行	按附录 A 的相应规定	
2	额定载荷改变	机构、金属结构	通过静载试验、动载试验、稳定性试验检查起重机各项性能应满足使用要求	加固机构和金属结构/减小起重机性能参数	
3	主要受力结构件截面特性或材质改变	金属结构	通过静载试验，检查被改变的金属结构应满足设计要求	加固金属结构	
4	起升机构型式或规格改变	起升机构	通过动载试验，检查起重机各项性能应满足设计要求	更换起升机构/调整起重机性能参数	
5	控制系统型式或规格改变	控制系统	通过功能试验，检查起重机的控制性能应满足设计要求	按附录 A 的相应规定	
6	动力源型式或规格改变	动力源	针对被改变的动力源或其元件，其检查方法、内容及要求应按附录 A 的相应规定执行	按附录 A 的相应规定	
7	钢丝绳或起重用短环链规格改变	钢丝绳或起重用短环链	目测检查钢丝绳与卷筒、滑轮的匹配情况，并满足 GB/T 5972 的相应要求；通过载荷试验检查链条和链轮的啮合情况	按附录 A 的相应规定	
8	吊具型式或规格改变	吊具规格	通过功能试验，检查吊具规格的改变应满足设计要求	按附录 A 的相应规定	
9	海浪或水灾侵袭	机械零部件、电控系统	针对被海浪或水灾侵袭的机械零部件、电控系统，其检查方法、内容及要求应按附录 A 的相应规定执行	按附录 A 的相应规定	
10	风速超出设计范围	风速仪、抗风防滑装置、金属结构	针对风速仪、抗风防滑装置、受风载的金属结构，其检查方法、内容及要求应按附录 A 的相应规定执行	按附录 A 的相应规定	

表 B.1（续）

序号	特殊检查的条件	检查项目	检查方法、内容及要求	处置方式	备注
11	地震烈度超出设计范围	附录 A 的所有年检项目	按附录 A 的年检规定	按附录 A 的相应规定	
12			通过功能试验、载荷试验、静载试验、动载试验，检查起重机各项性能应满足设计要求	按附录 A 的相应规定	
13	基础沉降	运行机构及金属结构	通过目测检查、功能试验或/和载荷试验，检查受基础沉降、位移影响的项目，应符合附录 A 的相应要求	维护 / 按企业管理制度和操作规程处理	
14	超载	机构、金属结构	针对受影响的机构及金属结构，其检查方法、内容及要求应按附录 A 的相应规定执行	按附录 A 的相应规定	
15			通过静载试验、动载试验，检查起重机各项性能应满足设计要求	修复机构和金属结构	
16	安全制动器动作对机构造成非正常冲击的急停	起升机构/变幅机构	通过载荷试验，检查起升机构/变幅机构其零部件的各项性能应满足使用要求	按附录 A 的相应规定	
17	撞击事故	主要受力结构件、各机构	目测检查主要受力结构件、各机构应完好，并通过功能试验、载荷试验和动载试验，检查起重机各项性能应满足使用要求	按附录 A 的相应规定	
18	火灾	主要受力结构件、各机构、电控系统等	通过目测检查、功能试验或/和载荷试验，检查受火灾影响的项目，应符合附录 A 的相应要求	按附录 A 的相应规定	
19	设备停用一年及以上再次投入使用前	附录 A 的所有年检项目	按附录 A 的年检规定	按附录 A 的相应规定	
在进行动载或静载试验之前，应确保起重机满足试验条件。					

附　录　C
（资料性附录）
检　查　报　告

检查报告格式参见表C.1。

表 C.1

编号：

检查类别	定期检查□		特殊检查 □	
设备编号			设备名称	
使用单位	名　称		地　址	
	设备负责人		联系电话	
制造单位			出厂编号	
规格型号		制造日期	使用登记证编号	
主要参数	起重量：______t　幅度：______m　起升高度：______m　工作级别：____			
检查单位	名称		维保合同 起止日期	
	地址		工作环境	露天□　非露天□　易爆□ 高温□　粉尘□　其他□
检查地点				

<table>
<tr><th colspan="11">检查情况</th></tr>
<tr><th rowspan="2">序号</th><th rowspan="2">检查项目</th><th rowspan="2">检查结果</th><th rowspan="2">原因及处置建议</th><th colspan="2">记录编号</th><th colspan="2">定期检查日期</th><th rowspan="2">检查
周期</th><th rowspan="2">检查
人员</th><th rowspan="2">检查
日期</th></tr>
<tr><th>检查</th><th>维护</th><th>上次</th><th>下次</th></tr>
<tr><td></td><td></td><td></td><td></td><td></td><td></td><td></td><td></td><td></td><td></td><td></td></tr>
<tr><td></td><td></td><td></td><td></td><td></td><td></td><td></td><td></td><td></td><td></td><td></td></tr>
<tr><td></td><td></td><td></td><td></td><td></td><td></td><td></td><td></td><td></td><td></td><td></td></tr>
<tr><td></td><td></td><td></td><td></td><td></td><td></td><td></td><td></td><td></td><td></td><td></td></tr>
<tr><td></td><td></td><td></td><td></td><td></td><td></td><td></td><td></td><td></td><td></td><td></td></tr>
<tr><td></td><td></td><td></td><td></td><td></td><td></td><td></td><td></td><td></td><td></td><td></td></tr>
<tr><td></td><td></td><td></td><td></td><td></td><td></td><td></td><td></td><td></td><td></td><td></td></tr>
<tr><td></td><td></td><td></td><td></td><td></td><td></td><td></td><td></td><td></td><td></td><td></td></tr>
<tr><td></td><td></td><td></td><td></td><td></td><td></td><td></td><td></td><td></td><td></td><td></td></tr>
<tr><td>备注</td><td colspan="10"></td></tr>
<tr><td colspan="2">项目主管</td><td colspan="3"></td><td colspan="2">报告日期</td><td colspan="4"></td></tr>
</table>

附 录 D
（资料性附录）
维 护 记 录

维护记录格式参见表 D.1。

表 D.1

编号：

<table>
<tr><td>维护工作类别</td><td colspan="3">保养□</td><td colspan="3">维修 □</td></tr>
<tr><td>设备编号</td><td colspan="3"></td><td colspan="2">设备名称</td><td></td></tr>
<tr><td rowspan="2">使用单位</td><td>名　　称</td><td colspan="2"></td><td colspan="2">地　　址</td><td></td></tr>
<tr><td>设备负责人</td><td colspan="2"></td><td colspan="2">联系电话</td><td></td></tr>
<tr><td>制造单位</td><td colspan="3"></td><td colspan="2">出厂编号</td><td></td></tr>
<tr><td>规格型号</td><td></td><td>制造日期</td><td></td><td colspan="2">使用登记证编号</td><td></td></tr>
<tr><td>主要参数</td><td colspan="6">起重量：______t　幅度：______m　起升高度：______m　工作级别：______</td></tr>
<tr><td rowspan="2">维护单位</td><td>名称</td><td colspan="2"></td><td colspan="2">维保合同
起止日期</td><td></td></tr>
<tr><td>地址</td><td colspan="2"></td><td colspan="2" rowspan="2">工作环境</td><td rowspan="2">露天□　非露天□　易爆□
高温□　粉尘□　其他□</td></tr>
<tr><td>维护地点</td><td colspan="3"></td></tr>
<tr><td colspan="7">维护情况</td></tr>
<tr><td>序号</td><td>维护项目及内容</td><td>维护方法</td><td>维护结果</td><td>结果验证说明</td><td>维护人员</td><td>维护日期</td></tr>
<tr><td></td><td></td><td></td><td></td><td></td><td></td><td></td></tr>
<tr><td></td><td></td><td></td><td></td><td></td><td></td><td></td></tr>
<tr><td></td><td></td><td></td><td></td><td></td><td></td><td></td></tr>
<tr><td></td><td></td><td></td><td></td><td></td><td></td><td></td></tr>
<tr><td></td><td></td><td></td><td></td><td></td><td></td><td></td></tr>
<tr><td></td><td></td><td></td><td></td><td></td><td></td><td></td></tr>
<tr><td></td><td></td><td></td><td></td><td></td><td></td><td></td></tr>
<tr><td></td><td></td><td></td><td></td><td></td><td></td><td></td></tr>
<tr><td></td><td></td><td></td><td></td><td></td><td></td><td></td></tr>
<tr><td>备注</td><td colspan="6"></td></tr>
<tr><td>项目主管</td><td colspan="3"></td><td colspan="2">记录日期</td><td></td></tr>
</table>

参 考 文 献

[1] GB/T 3811—2008 起重机设计规范
[2] GB/T 5905—2011 起重机 试验规范和程序
[3] GB/T 6974.1—2008 起重机 术语 第1部分:通用术语
[4] GB/T 8923(所有部分) 涂覆涂料前钢材表面处理 表面清洁度的目视评定
[5] GB/T 17495—2009 港口门座起重机
[6] GB/T 18453—2001 起重机 维护手册 第1部分:总则
[7] GB/T 20303.4—2006 起重机 司机室 第4部分:臂架起重机
[8] GB/T 20776—2006 起重机械分类
[9] GB/T 20947—2007 起重用短环链 T级(T、DAT和DT型)高精度葫芦链
[10] GB/T 23723.1—2009 起重机 安全使用 第1部分:总则
[11] GB/T 23723.4—2010 起重机 安全使用 第4部分:臂架起重机
[12] GB/T 23724.1—2009 起重机 检查 第1部分:总则
[13] GB/T 24809.4—2009 起重机 对机构的要求 第4部分:臂架起重机
[14] GB/T 24810.4—2009 起重机 限制器和指示器 第4部分:臂架起重机
[15] JT 400—1999 港口门座起重机安全规程

ICS 53.020.20
J 80

中华人民共和国国家标准

GB/T 31052.12—2017

起重机械 检查与维护规程 第12部分：浮式起重机

Lifting appliances—Code of inspection and maintenance—
Part 12：Floating cranes

2017-05-12 发布 2017-12-01 实施

中华人民共和国国家质量监督检验检疫总局
中国国家标准化管理委员会 发布

前　言

GB/T 31052《起重机械　检查与维护规程》分为以下 12 个部分：

——第 1 部分：总则；

——第 2 部分：流动式起重机；

——第 3 部分：塔式起重机；

——第 4 部分：臂架起重机；

——第 5 部分：桥式和门式起重机；

——第 6 部分：缆索起重机；

——第 7 部分：桅杆起重机；

——第 8 部分：铁路起重机；

——第 9 部分：升降机；

——第 10 部分：轻小型起重设备；

——第 11 部分：机械式停车设备；

——第 12 部分：浮式起重机。

本部分为 GB/T 31052 的第 12 部分。

本部分按照 GB/T 1.1—2009 给出的规则起草。

本部分由中国机械工业联合会提出。

本部分由全国起重机械标准化技术委员会(SAC/TC 227)归口。

本部分负责起草单位：上海振华重工(集团)股份有限公司、交通运输部水运科学研究院、北京起重运输机械设计研究院。

本部分参加起草单位：武桥重工集团股份有限公司、上海海事大学、宜昌市微特电子设备有限责任公司、烟台打捞局、湖南中铁五新重工有限公司。

本部分主要起草人：严兵、邱浩樑、张德文、陶天华、沈刚、陈栋、赵之栋、王鑫、胡贯勇、朱昌彪、谢继伟、宓为建、聂道静、蔺耀辉、李海波、张志国、赵溦。

起重机械　检查与维护规程　第 12 部分：浮式起重机

1　范围

GB/T 31052 的本部分规定了浮式起重机在使用过程中应进行的检查与维护方面的基本要求。

本部分适用于 GB/T 31052.1—2014 附录 A 所规定的浮式起重机(以下简称“起重机”)。

2　规范性引用文件

下列文件对于本文件的应用是必不可少的。凡是注日期的引用文件，仅注日期的版本适用于本文件。凡是不注日期的引用文件，其最新版本(包括所有的修改单)适用于本文件。

GB/T 5972　起重机　钢丝绳　保养、维护、检验和报废

GB/T 6067.1—2010　起重机械安全规程　第 1 部分：总则

GB/T 10051.2　起重吊钩　第 2 部分：锻造吊钩技术条件

GB/T 10051.3　起重吊钩　第 3 部分：锻造吊钩使用检查

GB/T 31052.1—2014　起重机械　检查与维护规程　第 1 部分：总则

船舶与海上设施法定检验规则(中国海事局 2014)

3　术语和定义

GB/T 31052.1 界定的术语和定义适用于本文件。

4　一般要求

4.1　起重机的检查与维护分为起重作业部分的检查与维护以及船舶部分的检查与维护。

4.2　起重作业部分检查和维护的一般要求应符合 GB/T 31052.1—2014 中第 4 章的规定。

5　起重作业部分的检查

5.1　日常检查

应根据每台起重机的具体特点确定日常检查项目和检查要求，且不应低于附录 A 的规定。

5.2　定期检查

根据起重机的使用特点，确定定期检查的周期一般为周检、月检、季检和年检。

根据每台起重机的工作级别、工作环境及使用状态确定定期检查项目、检查要求和检查周期，且不应低于附录 A 的规定。

5.3　特殊检查

5.3.1　起重机在发生 GB/T 31052.1—2014 中 5.3.1 规定的情况时应进行特殊检查。

5.3.2 特殊检查按附录B的规定进行。

5.4 检查方法

起重机的检查方法应采用GB/T 31052.1—2014中5.4规定的目测检查、无损检测、功能试验、载荷试验、静载试验、动载试验和稳定性试验，具体选用的方法见附录A和附录B。

5.5 检查记录及检查报告

起重机检查应有检查记录，内容至少包括附录A或附录B的检查项目，并应符合GB/T 31052.1—2014中5.5的规定。

对定期检查发现的不合格项及特殊检查应出具检查报告，格式参见附录C。内容至少应包括GB/T 31052.1—2014中附录B的规定。

6 起重作业部分的维护

6.1 计划性维护

根据每台起重机的工作级别、工作环境及使用状态，确定计划性维护的内容和周期，其内容至少应包括：

——电动机的碳刷和换向器的清理；

——减速器空气滤清器芯的更换；

——减速器的润滑；

——开式齿轮的润滑；

——联轴器的润滑；

——轴承的润滑；

——回转支承或车轮的润滑；

——钢丝绳或起重用短环链的润滑；

——液压系统滤芯、滤网的更换；

——液压油、润滑油的更换；

——制动衬垫的更换；

——内燃机机油滤清器、燃油滤清器、空气滤清器的更换；

——结构表面除锈及涂装；

——缆绳及拉索系统紧固和/或更换；

——起重量限制器、力矩限制器的校准；

——电气元件的清洁和紧固。

6.2 非计划性维护

非计划性维护应在发生故障后或依据日常检查、定期检查、特殊检查的结果，确定需要维修、保养的内容和要求，并加以实施。

6.3 维护结果验证

起重机完成维护的项目，在恢复使用前，应对其功能进行相应的验证。

6.4 维护记录

起重机维护应有维护记录，格式参见附录D，内容至少应包括GB/T 31052.1—2014中6.4的规定。

7 检查与维护的安全预防措施

7.1 起重作业部分检查与维护的安全预防措施,应符合 GB/T 31052.1—2014 中第 7 章的要求。

7.2 船舶部分检查与维护的安全预防措施,应符合船舶的相关标准。

8 船舶部分的检查与维护要求

8.1 船舶部分检查与维护的要求,按照"船舶与海上设施法定检验规则"中的相关要求执行。

8.2 起重作业部分支撑结构与船体结构连接部分的检查与维护按照船舶相关标准执行。

附　录　A
（规范性附录）
日常检查和定期检查项目、方法、内容及要求

日常检查和定期检查项目、方法、内容及要求见表 A.1。

表 A.1

序号	检查项目		检查方法、内容及要求	处置方式	日常检查	定期检查周期				备注
						周检	月检	季检	年检	
1	技术文件	随行文件	检查随行图纸、使用说明书、出厂合格证应完整	整改完善					○	
2	技术文件	检查记录	检查以往的检查记录应完整、无未处理的缺陷	整改完善					○	
3	技术文件	维护记录	检查以往的维护记录应完整、无未验证的维护	整改完善					○	
4	技术文件	其他档案	检查设备安装、改造、维修、注册登记等其他档案	整改完善					○	
5	整机	作业环境	目测检查起重机作业环境应无影响作业安全的因素	按企业管理制度和操作规程处理	○	○	○	○	○	
6	整机	外观	目测检查起重机各处应无垃圾、杂物、遗漏工具等	清洁	○	○	○	○	○	
7	整机	外观	目测检查起重机各处应无积油、积水	清洁		○	○	○	○	
8	整机	外观	目测检查起重机各部分表面应无严重的锈蚀、脱漆、损伤等缺陷	防腐/修理				○	○	
9	整机	外部电气设备的防水	检查外部电气设备，如接线箱、限位、照明灯具、传感元器件等设备的防水情况	维护				○	○	
10	金属结构	臂架系统、人字架系统、桁框架系统、转台、圆筒体及基座、平衡系统、机构支座等金属结构	目测检查起重机臂架系统、人字架系统、桁框架系统、转台、圆筒体及基座、平衡系统、机构支座等金属结构的锈蚀、裂纹和塑性变形，并应符合 GB/T 6067.1—2010 中 3.9 的要求	维护			○	○	○	
11	金属结构	结构件焊缝	目测检查各结构焊缝应无可见的裂纹	修理			○	○	○	

表 A.1（续）

序号	检查项目		检查方法、内容及要求	处置方式	日常检查	定期检查周期				备注
						周检	月检	季检	年检	
12	连接件	主要受力结构件、安全防护装置连接件	目测检查主要受力结构件、回转支承及安全防护装置等的连接铰轴和螺栓应无缺损，无松动	维护				○	○	
13	连接件	机构、电器元件连接件	目测检查电动机、减速器、制动器、联轴器、安全装置等机构部件的连接螺栓应无缺损，无松动	维护			○	○	○	
14	机构	起升机构	通过空载试验检查起升机构应无异常声响、振动，运行平稳	维护	○	○	○	○	○	
15	机构	回转机构	通过空载试验检查回转机构应无异常声响、振动	维护	○	○	○	○	○	
16	机构	回转机构	目测检查应无影响起重机使用的歪斜跑偏、啃轨等	调整/修理			○	○	○	
17	机构	回转机构	目测检查起重机的各个车轮/滚轮应无悬空现象	调整/修理				○	○	
18	机构	变幅机构	通过空载试验检查变幅机构应无异常声响、振动	维护	○	○	○	○	○	
19	机构	放倒机构	通过空载试验检查放倒机构应无异常声响、振动	维护			○	○	○	
20	机构	供电装置	通过空载试验检查供电装置应无异常声响、振动	维护			○	○	○	
21	机构	润滑系统	目测检查润滑系统应工作正常、无堵塞、无泄漏	维护			○	○	○	
22	机构	维修起重机	通过空载试验，检查维修起重机应无异常声响、振动	维护			○	○	○	
23	关键零部件	吊具	目测检查吊具结构完好，无异响	修理/更换			○	○	○	
24	关键零部件	吊具	目测检查吊具销轴应无松动、脱出，轴端固定装置应安全有效	紧固/修理/更换			○	○	○	
25	关键零部件	吊具	目测检查吊钩闭锁装置、吊钩螺母防松装置应有效	调整/修理/更换			○	○	○	
26	关键零部件	吊具	通过功能试验，检查抓斗开闭应自如，平衡装置应灵活、无卡死现象，结构应无裂纹和严重的磨损及变形	调整/修理/更换		○	○	○	○	
27	关键零部件	吊具	目测检查抓斗的梨形接头和C型卸扣应无裂纹、过度磨损，且应润滑充分	润滑/修理/更换	○	○	○	○	○	

表 A.1（续）

序号	检查项目		检查方法、内容及要求	处置方式	日常检查	定期检查周期				备注
						周检	月检	季检	年检	
28	关键零部件	吊具	目测检测电磁吸盘悬挂可靠，电气连接无松动	紧固/调整			○	○	○	
29			按 GB/T 10051.2 和 GB/T 10051.3 规定的方法检查锻造吊钩的表面裂纹、变形、磨损、腐蚀	修理/更换				○	○	
30		钢丝绳	按照 GB/T 5972 规定的方法检查钢丝绳，并应符合其要求	更换			○	○	○	
31			目测检查钢丝绳应无明显的机械损伤	修理/更换		○	○	○	○	
32			目测检查卷筒及滑轮上钢丝绳应无跳槽或脱槽等现象	紧固/调整	○	○	○	○	○	
33			目测检查钢丝绳端部固定情况应满足相应要求	紧固/调整			○	○	○	
34		起重用短环链	目测检查起重用短环链应无爬链、卡链现象	调整		○	○	○	○	
35			目测检查起重用短环链应符合 GB/T 6067.1—2010 中 4.2.3.2 和 4.2.3.3的规定	更换			○	○	○	
36		卷筒	目测检查卷筒应符合 GB/T 6067.1—2010 中 4.2.4 的规定	更换				○	○	
37		滑轮	目测检查滑轮应符合 GB/T 6067.1—2010 中 4.2.5 的规定	修理/更换				○	○	
38			目测检查滑轮应转动灵活、无异响	润滑/调整				○	○	
39			目测检查滑轮防脱绳装置应安全有效	修理/更换				○	○	
40		制动器	目测检查各转动、摆动点应充分润滑	润滑/调整		○	○	○	○	
41			空载试验检查制动器应工作正常	维护	○	○	○	○	○	
42			目测检查制动器应符合 GB/T 6067.1—2010 中 4.2.6.7 的有关规定	更换			○	○	○	
43		车轮和滚轮	目测检查车轮和滚轮轮缘、踏面的磨损、变形应符合GB/T 6067.1—2010中 4.2.7的规定	更换				○	○	
44		联轴器	目测检查联轴器应无缺损、无松动、无漏油，运行中无异常振动和响声	紧固/调整/修理/更换		○	○	○	○	

表 A.1（续）

序号	检查项目		检查方法、内容及要求	处置方式	日常检查	定期检查周期				备注
						周检	月检	季检	年检	
45	关键零部件	减速器	目测检查运转中的减速器应无异响、无异常振动、无漏油和过热现象，减速器安装螺栓无松动	紧固/修理			○	○	○	
46			目测检查油位应在要求范围内	加油			○	○	○	
47		开式齿轮	目测检查起升机构、变幅机构、牵引机构及回转机构轮齿塑性变形、裂纹、折断；齿面剥落、点蚀、胶合；检查齿面磨损情况，应符合GB/T 6067.1—2010中4.2.8的规定	更换				○	○	
48			目测检查齿轮装配应无松动，传动应无异响	调整/紧固		○	○	○	○	
49		排绳装置	目测检查排绳装置应工作正常，滑移无卡阻，螺栓无松动	调整/紧固			○	○	○	
50		托绳装置	目测检查托绳装置应工作正常，运行平稳，托绳有效	调整			○	○	○	
51		轴	目测检查轴应无可见裂纹、严重变形，测量轴的磨损量不应大于有关设计要求	修理					○	
52			目测检查轴应无异常振动	维护				○	○	
53		轴承	目测检查轴承应无异响、无异常过热	润滑/更换				○	○	
54		回转支承或车轮	目测检查回转支承应无异响、无异常振动、无异常过热	调整/更换				○	○	
55		轨道	测量轨道接头间隙、轨道高低差应符合设计要求	调整					○	
56			目测检查轨道应无裂纹、严重磨损等现象	维修/更换			○	○	○	
57			目测检查轨道压板组件应无缺损、松动	紧固/更换			○	○	○	
58		司机室	目测检查司机室连接部位应无脱焊、松动和裂纹	紧固/修理			○	○	○	
59			目测检查司机室内应无裸露的带电体，室内地面应绝缘良好	修理/更换		○	○	○	○	
60			目测检查司机室门、窗、玻璃、刮水器、防护栏及门锁，应无缺损；门、窗、玻璃应清洁、视线清晰	清洁/更换		○	○	○	○	
61			目测检查移动司机室的悬挂装置应安全可靠	紧固/修理		○	○	○	○	

表 A.1（续）

序号	检查项目		检查方法、内容及要求	处置方式	日常检查	定期检查周期				备注
						周检	月检	季检	年检	
62	电控系统	中心集电器	确保断电状况下，目测检查各接线端子松动情况，碳刷与滑环应接触良好	维护			○	○	○	
63			确保断电状况下，目测检查滑环碳刷磨损情况，清除碳刷磨损后的粉末	清洁/更换			○	○	○	
64		高压开关柜	目测检查柜门关紧状况，主开关位置指示器指示应正确，开关柜不能有异味异响，带电指示器应工作正常	维护		○	○	○	○	
65			确保断电及已放电情况下，检查活门操作机构动作是否灵活，断路器手车和接地开关之间联锁机构是否正常	维护					○	
66		变压器	目测检查线圈、引线和温控控制箱外观，检查所有温度控制的线路是否正常	维护				○	○	
67			目测检查绝缘子、分接联接片、端子板及其他绝缘零件的表面是否清洁	清洁				○	○	
68			目测检查电力电缆与连接铜排之间的螺栓连接、分接点的螺栓连接是否牢固	维护/紧固				○	○	
69		操纵装置	目测检查各按钮开关应灵活有效，各指示灯应工作正常	维护		○	○	○	○	
70			目测检查各机构操纵手柄应灵活、无卡阻，零位手感明确	维护		○	○	○	○	
71			目测检查遥控装置及手电门外壳不应破损，控制按钮标识、功能应正确齐全；同一区域多台遥控器操作的起重机，应通过功能试验检查遥控器无同频干扰现象	维护		○	○	○	○	
72		电动机	测量电动机绝缘电阻，接地电阻应符合各产品标准的要求	测量				○	○	
73			目测检查电动机滑环应无烧痕，碳刷磨损及压力适当	维护/更换					○	
74			目测检查、清洁电机风冷通风系统的滤网	清洁/更换				○	○	
75		控制柜(台)及电气设施	目测检查控制柜门开关应灵活且门锁可靠	维护			○	○	○	
76			目测检查控制柜内电气线路及元器件应无过热、烧焦、融化痕迹；元器件应无外表破损；罩壳应无掉落	维护/更换			○	○	○	

表 A.1（续）

序号	检查项目		检查方法、内容及要求	处置方式	日常检查	定期检查周期				备注
						周检	月检	季检	年检	
77	电控系统	控制柜(台)及电气设施	目测检查电气联接及接地应可靠并紧固，各段线路线标应清晰	维护/紧固			○	○	○	
78			通过功能试验，检查各接线柱、接触器、继电器应接触良好；目测检查灭弧装置应齐全	测试				○	○	
79			目测检查有无凝露	检查/修复	○	○	○	○	○	
80		驱动器	目测检查驱动器的风机是否工作正常	清洁/维护					○	
81		制动电阻	目测检查制动电阻有无融化现象	维护				○	○	
82			测量电阻片和地之间的绝缘电阻	测量				○	○	
83		通讯	通过功能试验，检查主机与中央控制室的通讯应畅通	测试	○	○	○	○	○	
84		照明	目测检查照明装置应无缺损，工作和照度正常	修理/更换	○	○	○	○	○	
85		空调系统	目测检查空调工作应正常	维护		○	○	○	○	
86	液压系统		目测检查液压系统应工作正常，无异响、过热等现象	维护		○	○	○	○	
87			目测检查液压油箱油位	维护		○	○	○	○	
88			测量油箱加热器加热前后绝缘电阻	测量				○	○	在低温环境作业前检查
89			露天布置的管系，目测检查防腐胶带有无破损或脱落	检查/修复			○	○	○	
90			目测检查油液品质	测试/更换				○	○	
91			打开油箱底部排油口，检查油液中是否有水	排水/维护				○	○	
92			目测检查空滤器内干燥剂(若空滤器内含干燥剂)	检查/更换	○	○	○	○	○	

表 A.1(续)

序号	检查项目		检查方法、内容及要求	处置方式	日常检查	定期检查周期				备注
						周检	月检	季检	年检	
93	液压系统		目测检查密封件、液压管路是否泄漏	更换				○	○	密封件和液压油视起重机使用情况确定更换时间,最长不超过2年;软管根据厂家推荐的时间更换
94	液压系统		目测检查电磁阀插头指示灯是否正常	检查/更换				○	○	
95	液压系统		目测检查液压元件的标牌是否脱落	整改完善					○	
96	液压系统		检测蓄能器充气压力是否满足要求	检测/充气			○	○	○	
97	液压系统		检查液压箱、阀块、液压阀、液压缸是否清洁	清洗					○	视使用状况确定清洗维护周期,油箱每次换油后需清洗
98	气动系统		目测检查气动系统应无泄漏	紧固/修理	○	○	○	○	○	
99	气动系统		目测检查气动系统应工作正常,无异响	维护					○	
100	安全防护装置	起升高度限制器	通过目测和功能试验,检查起升高度限制器应固定可靠、功能有效	紧固/更换	○	○	○	○	○	
101	安全防护装置	极限起升高度限制器	通过功能试验,检查极限起升高度限制器应固定可靠、功能有效	紧固/更换			○	○	○	
102	安全防护装置	回转限位	通过功能试验,检查回转限位应固定可靠、功能有效	紧固/更换	○	○	○	○	○	
103	安全防护装置	回转锁定装置	目测检查回转锁定装置应无变形、缺损、松动,功能有效	紧固/更换				○	○	
104	安全防护装置	防碰撞装置	目测检查防碰撞装置应无变形、损坏,且功能有效	紧固/更换			○	○	○	
105	安全防护装置	缓冲器与端部止挡	目测检查缓冲器应无变形、损坏;端部止挡应无变形、开焊	紧固/修理/更换				○	○	
106	安全防护装置	偏斜指示器或限制器	通过功能试验,检查偏斜指示器或限制器,检查功能应有效准确	紧固/更换				○	○	

表 A.1（续）

序号	检查项目		检查方法、内容及要求	处置方式	日常检查	定期检查周期				备注
						周检	月检	季检	年检	
107	安全防护装置	起重量限制器	目测检查起重量限制器应固定可靠、功能有效	紧固/更换	○	○	○	○	○	
108		起重力矩限制器	通过功能试验，检查起重力矩限制器应工作正常、重量显示和保护功能准确可靠，误差在允许范围内	测试/维护					○	
109		极限力矩限制器	通过功能试验，检查极限力矩限制器应固定可靠、功能有效	测试/维护					○	
110		超速保护装置	目测检查超速保护装置应无缺失	维护					○	
111		抗风防滑装置	目测检查锚定装置应连接可靠、功能有效	紧固/修理				○	○	
112			目测检查工作状态时使用的抗风防滑装置应固定可靠、功能有效	紧固/修理			○	○	○	
113		防倾翻装置	目测检查防倾覆拉索应连接可靠、功能有效	紧固/调整				○	○	
114			目测检查安全装置应无变形、缺损、松动	紧固/更换				○	○	
115		联锁保护	目测检查联锁装置应无缺损、短接、绑扎等现象	维护	○	○	○	○	○	
116			通过功能试验，检查电气联锁装置应正常可靠	测试			○	○	○	
117		接地保护	目测检查接地装置应完好，功能有效	维护			○	○	○	
118		电气保护	目测检查短路、失压、零位、过流等电气保护应无缺损	维护					○	
119		安全监控管理系统	目测检查安全监控管理系统各控制单元应工作正常	维护					○	
120		急停开关	触动紧急停止开关，起重机应立即停机。急停开关不应自动复位。手动复位后，然后再重新启动，起重机应能恢复正常运行	维护/测试				○	○	
121		声光报警装置	通过功能试验，检查声光报警装置应工作正常	维护/测试			○	○	○	
122		绝缘失效自动声光报警装置	通过功能试验，检查绝缘失效自动声光报警装置应工作正常	维护/测试			○	○	○	
123		标记和警示标志	目测检查起重机标牌、吨位牌、安全警示标志应清晰、无缺失	清洁/更换	○	○	○	○	○	

表 A.1(续)

序号	检查项目		检查方法、内容及要求	处置方式	日常检查	定期检查周期				备注
						周检	月检	季检	年检	
124	安全防护装置	通道、平台、斜梯、直梯、栏杆	目测检查通道、平台、斜梯、直梯、栏杆应完好且牢固	紧固/修理					○	
125		防护罩、防雨罩	目测检查各旋转部位的防护罩及防雨罩应牢固、齐全、无破损	紧固/修理			○	○	○	
126		风速仪及风速报警器	目测检查风速仪及风速报警器应正常工作	维护/测试					○	
127		避雷针	目测检查避雷针连接应牢固、接线应无松动	维护					○	
128		导电滑触线防护装置	目测检查导电滑触线防护装置应齐全无损坏	维护					○	
129		松绳检测装置	目测检查松绳检测装置应无损坏,工作正常,功能有效	维护/测试				○	○	
130		消防器材	目测检查消防器材的存放位置应正确,灭火器在有效期内	调整/更换	○	○	○	○	○	
131		航空障碍指示灯	目测检查航空障碍指示灯应无损坏、无松动,工作正常有效	维护/测试			○	○	○	

附　录　B
（规范性附录）
特殊检查项目、方法、内容及要求

特殊检查的条件、检查项目、方法、内容及要求见表 B.1。

表 B.1

序号	特殊检查的条件	检查项目	检查方法、内容及要求	处置方式	备注
1	安全防护装置型式或规格改变	安全防护装置	针对被改变的安全防护装置，其检查方法、内容及要求应按附录 A 的相应规定执行	按附录 A 的相应规定	
2	额定载荷改变	机构、金属结构	通过静载试验、动载试验、稳定性试验检查起重机各项性能应满足使用要求	加固机构和金属结构/调整起重机性能参数	
3	主要受力结构件截面特性或材质改变	金属结构	通过静载试验，检查被改变的金属结构应满足设计要求	按附录 A 的相应规定加固金属结构	
4	起升机构型式或规格改变	起升机构	通过动载试验检查起重机各项性能应满足设计要求	按附录 A 的相应规定更换起升机构/调整起重机性能参数	
5	控制系统型式或规格改变	控制系统	通过功能试验检查起重机的控制性能应满足设计要求	按附录 A 的相应规定	
6	动力源型式或规格改变	动力源	针对被改变的动力源或其元件，其检查方法、内容及要求应按附录 A 的相应规定执行	按附录 A 的相应规定	
7	钢丝绳规格改变	钢丝绳	目测检查钢丝绳与卷筒、滑轮的匹配情况，并满足 GB/T 5972 的相应要求	按附录 A 的相应规定	
8	固定吊具改变	机构、金属结构	通过静载试验、动载试验检查起重机各项性能应满足使用要求	加固机构和金属结构/调整起重机性能参数	
9	波浪侵袭	机械零部件、电控系统	针对被海浪或水灾侵袭的机械零部件、电控系统，其检查方法、内容及要求应按附录 A 的相应规定执行	按附录 A 的相应规定	
10	风速超出设计范围	风速仪、抗风防滑装置、金属结构	针对风速仪、抗风防滑装置、受风载的金属结构，其检查方法、内容及要求应按附录 A 的相应规定执行	按附录 A 的相应规定	

表 B.1（续）

序号	特殊检查的条件	检查项目	检查方法、内容及要求	处置方式	备注
11	超载	机构、金属结构	针对受影响的机构及金属结构，其检查方法、内容及要求应按附录 A 的相应规定执行	按附录 A 的相应规定	
12			通过静载试验、动载试验检查起重机各项性能应满足设计要求	修复机构和金属结构	
13	撞击事故	主要受力结构件、各机构	目测检查主要受力结构件、各机构应完好，并通过功能试验、载荷试验、动载试验检查起重机各项性能应满足使用要求	按附录 A 的相应规定	
14	火灾	主要受力结构件、各机构、电控系统等	通过目测检查、功能试验或/和载荷试验检查受火灾影响的项目，应符合附录 A 的相应要求	按附录 A 的相应规定	
15	设备停用一年及以上再次投入使用前	附录 A 的所有年检项目	按附录 A 的年检规定	按附录 A 的相应规定	
在进行动载或静载试验之前，应确保起重机满足试验条件。					

附 录 C
（资料性附录）
检查报告

检查报告格式参见表C.1。

表 C.1

编号：

<table>
<tr><td colspan="2">检查类别</td><td colspan="5">定期检查 □</td><td colspan="4">特殊检查 □</td></tr>
<tr><td colspan="2">设备编号</td><td colspan="3"></td><td colspan="2">设备名称</td><td colspan="4"></td></tr>
<tr><td colspan="2" rowspan="2">使用单位</td><td>名称</td><td colspan="2"></td><td colspan="2">地址</td><td colspan="4"></td></tr>
<tr><td>设备负责人</td><td colspan="2"></td><td colspan="2">联系电话</td><td colspan="4"></td></tr>
<tr><td colspan="2">制造单位</td><td colspan="3"></td><td colspan="2">出厂编号</td><td colspan="4"></td></tr>
<tr><td colspan="2">规格型号</td><td></td><td>制造日期</td><td></td><td colspan="2">使用登记证编号</td><td colspan="4"></td></tr>
<tr><td colspan="2">主要参数</td><td colspan="9">起重量：________t 幅度：________m 起升高度：________m 工作级别：________</td></tr>
<tr><td colspan="2" rowspan="2">检查单位</td><td>名称</td><td colspan="2"></td><td colspan="2">维保合同起止日期</td><td colspan="4"></td></tr>
<tr><td>地址</td><td colspan="2"></td><td colspan="2" rowspan="2">工作环境</td><td colspan="4" rowspan="2">露天□ 非露天□ 易爆□
高温□ 粉尘□ 其他□</td></tr>
<tr><td colspan="2">检查地点</td><td colspan="3"></td></tr>
<tr><td colspan="11">检查情况</td></tr>
<tr><td rowspan="2">序号</td><td rowspan="2">检查项目</td><td rowspan="2">检查结果</td><td rowspan="2">原因及处置建议</td><td colspan="2">记录编号</td><td colspan="2">定期检查日期</td><td rowspan="2">检查周期</td><td rowspan="2">检查人员</td><td rowspan="2">检查日期</td></tr>
<tr><td>检查</td><td>维护</td><td>上次</td><td>下次</td></tr>
<tr><td></td><td></td><td></td><td></td><td></td><td></td><td></td><td></td><td></td><td></td><td></td></tr>
<tr><td></td><td></td><td></td><td></td><td></td><td></td><td></td><td></td><td></td><td></td><td></td></tr>
<tr><td></td><td></td><td></td><td></td><td></td><td></td><td></td><td></td><td></td><td></td><td></td></tr>
<tr><td></td><td></td><td></td><td></td><td></td><td></td><td></td><td></td><td></td><td></td><td></td></tr>
<tr><td></td><td></td><td></td><td></td><td></td><td></td><td></td><td></td><td></td><td></td><td></td></tr>
<tr><td></td><td></td><td></td><td></td><td></td><td></td><td></td><td></td><td></td><td></td><td></td></tr>
<tr><td></td><td></td><td></td><td></td><td></td><td></td><td></td><td></td><td></td><td></td><td></td></tr>
<tr><td>备注</td><td colspan="10"></td></tr>
<tr><td colspan="2">项目主管</td><td colspan="3"></td><td colspan="2">报告日期</td><td colspan="4"></td></tr>
</table>

附 录 D
（资料性附录）
维护记录

维护记录格式参见表D.1。

表 D.1

编号：

<table>
<tr><td>维护工作类别</td><td colspan="3">保养□</td><td colspan="4">维修□</td></tr>
<tr><td>设备编号</td><td colspan="3"></td><td>设备名称</td><td colspan="3"></td></tr>
<tr><td rowspan="2">使用单位</td><td>名 称</td><td colspan="2"></td><td>地 址</td><td colspan="3"></td></tr>
<tr><td>设备负责人</td><td colspan="2"></td><td>联系电话</td><td colspan="3"></td></tr>
<tr><td>制造单位</td><td colspan="3"></td><td>出厂编号</td><td colspan="3"></td></tr>
<tr><td>规格型号</td><td></td><td>制造日期</td><td></td><td>使用登记证编号</td><td colspan="3"></td></tr>
<tr><td>主要参数</td><td colspan="7">起重量：________ t 幅度：________ m 起升高度：________ m 工作级别：________</td></tr>
<tr><td rowspan="2">维护单位</td><td>名称</td><td colspan="2"></td><td>维保合同
起止日期</td><td colspan="3"></td></tr>
<tr><td>地址</td><td colspan="2"></td><td rowspan="2">工作环境</td><td colspan="3" rowspan="2">露天□ 非露天□ 易爆□
高温□ 粉尘□ 其他□</td></tr>
<tr><td>维护地点</td><td colspan="3"></td></tr>
<tr><td colspan="8">维护情况</td></tr>
<tr><td>序号</td><td>维护项目及内容</td><td colspan="2">维护方法</td><td>维护结果</td><td>结果验证说明</td><td>维护人员</td><td>维护日期</td></tr>
<tr><td></td><td></td><td colspan="2"></td><td></td><td></td><td></td><td></td></tr>
<tr><td></td><td></td><td colspan="2"></td><td></td><td></td><td></td><td></td></tr>
<tr><td></td><td></td><td colspan="2"></td><td></td><td></td><td></td><td></td></tr>
<tr><td></td><td></td><td colspan="2"></td><td></td><td></td><td></td><td></td></tr>
<tr><td></td><td></td><td colspan="2"></td><td></td><td></td><td></td><td></td></tr>
<tr><td></td><td></td><td colspan="2"></td><td></td><td></td><td></td><td></td></tr>
<tr><td></td><td></td><td colspan="2"></td><td></td><td></td><td></td><td></td></tr>
<tr><td>备注</td><td colspan="7"></td></tr>
<tr><td>项目主管</td><td colspan="3"></td><td>记录日期</td><td colspan="3"></td></tr>
</table>

参 考 文 献

[1] GB/T 3811—2008 起重机设计规范

[2] GB/T 5905—2011 起重机 试验规范和程序

[3] GB/T 8923.1—2011 涂覆涂料前钢材表面处理 表面清洁度的目视评定 第1部分:未涂覆过的钢材表面和全面清除原有涂层后的钢材表面的锈蚀等级和处理等级

[4] GB/T 10051.13 起重吊钩 第13部分:叠片式吊钩技术条件

[5] GB/T 10051.14 起重吊钩 第14部分:叠片式吊钩使用检查

[6] GB/T 14734—2008 港口浮式起重机安全规程

[7] GB/T 18453—2001 起重机 维护手册 第1部分:总则

[8] GB/T 20776—2006 起重机械分类

[9] GB/T 20947—2007 起重用短环链 T级(T、DAT和DT型)高精度葫芦链

[10] GB/T 23723.1—2009 起重机 安全使用 第1部分:总则

[11] GB/T 23724.1—2009 起重机 检查 第1部分:总则

[12] JT/T 563—2004 港口浮式起重机

[13] 船舶与海上设施起重设备规范(中国船级社 2007)

ICS 83.140.99
G 47

中华人民共和国国家标准

GB/T 31334.5—2017

浸胶帆布试验方法　第5部分:拉伸性能

Test methods for dipped canvas—Part 5:Tensile properties

2017-09-07 发布　　　　2018-04-01 实施

中华人民共和国国家质量监督检验检疫总局
中国国家标准化管理委员会　发布

前 言

GB/T 31334《浸胶帆布试验方法》分为6个部分：

——第1部分：粘合强度；

——第2部分：经向卷曲度和密度；

——第3部分：硬挺度；

——第4部分：干热收缩率；

——第5部分：拉伸性能；

——第6部分：平方米干重。

本部分为GB/T 31334的第5部分。

本部分按照GB/T 1.1—2009给出的规则起草。

本部分由中国石油和化学工业联合会提出。

本部分由全国橡胶与橡胶制品标准化技术委员会浸胶骨架材料分技术委员会(SAC/TC 35/SC 13)归口。

本部分起草单位：芜湖华烨工业用布有限公司、青岛科大新橡塑技术服务有限公司、青岛科技大学、宁波凯驰胶带有限公司、青岛新材料科技工业园发展有限公司。

本部分主要起草人：周业昌、王炳昕、刘莉、应建丽、李伟。

浸胶帆布试验方法　第5部分:拉伸性能

1　范围

GB/T 31334的本部分规定了将纤维制造的浸胶帆布制成一定尺寸的试样,测试其断裂强度、断裂伸长率、定负荷伸长率等拉伸性能的试验方法。

本部分适用于纤维制造的浸胶帆布拉伸性能的试验。由纤维制造的浸胶帘子布片状试样拉伸性能试验及其他浸胶骨架材料产品片状试样的拉伸性能试验也可以参照使用。

2　规范性引用文件

下列文件对于本文件的应用是必不可少的。凡是注日期的引用文件,仅注日期的版本适用于本文件。凡是不注日期的引用文件,其最新版本(包括所有的修改单)适用于本文件。

GB/T 6529　纺织品　调湿和试验用标准大气

GB/T 8170　数值修约规则与极限数值的表示和判定

GB/T 31334.2　浸胶帆布试验方法　第2部分:经向卷曲度和密度

HG/T 2765.4　蓝胶指示剂、变色硅胶和无钴变色硅胶

3　试验原理

在规定的试验条件下,将浸胶帆布试样夹持固定在等速伸长(CRE)型拉力试验机上,以恒定的拉伸速度对试样施加拉力,直至试样断裂。直接从拉力试验机读出或经计算得出试样的断裂强度、断裂伸长率、定负荷伸长率等拉伸性能数据。

4　仪器和工具

4.1　拉力试验机

本部分应使用等速伸长(CRE)型拉力试验机,该试验机应配置自动记录仪或能自动计算和显示本部分所需要数据的处理装置,同时应满足以下要求:

a)　能够记录断裂强力值和伸长值并绘出强力-伸长曲线;

b)　强力值的示值相对误差不应大于1%;

c)　伸长值的示值误差不应大于0.1 mm;

d)　夹持隔距长度值的示值误差不应大于1 mm;

e)　有合适的测力量程,使试样的断裂强力处在其量程10%～90%的范围内。

4.2　拉力试验机夹持器

本部分试验中使用的夹持器应满足以下要求:

a)　试样应夹持在夹持器平面之间;

b) 夹持器应稳定夹持试样,并保证在试验过程中试样不发生滑移,并且不会对试样造成损伤;

c) 连续试验期间,动夹持器回到起始位置的最大允许误差应小于 0.25 mm;

d) 动夹持器以恒定的速度移动,速度变异应小于 4%;

e) 夹持器夹持方式采用气动方式、液压方式或缠绕方式。

注:如果不能避免试验过程中试样在夹持器中出现滑移,需要另外配置能够测量浸胶帆布伸长量的位移跟踪器,该跟踪器可以是机械式、红外式或视觉识别式,试验时位移跟踪器不应出现滑移。

4.3 干燥器

干燥器应使用 HG/T 2765.4 中规定的蓝胶指示剂作为干燥剂。

5 试验通则

5.1 试验环境

试验应在 GB/T 6529 规定的标准大气环境下进行。

5.2 试样制备

5.2.1 在整幅浸胶帆布距离布端至少 1 m 的位置、剪取长度为 1 m 的布样。布样不应有扭曲、褶皱等缺陷。

5.2.2 在布样距离布边至少 100 mm 的位置,沿经向、纬向各剪取数块毛坯试样。

5.2.3 试验前,毛坯试样应在 5.1 给出的标准大气环境下或 4.3 规定的干燥器中平衡(24±2)h。其中,浸胶锦纶帆布毛坯试样宜置入干燥器中平衡。

5.2.4 采用扯边法或剪口法将平衡后的毛坯试样制备成为试验用试样。

注 1:扯边法:沿纵向将毛坯试样两边的纱线扯去,使试样的实际宽度接近试样的有效宽度,保留 4 根~6 根的经线或纬线作为保护线,保护线不能被夹具夹住,见图 1 所示。剪口法:用剪刀在毛坯试样每一纵向边沿,在纵向中心处各剪一个开口,使试样的有效宽度满足要求,见图 2 所示。

注 2:采取干燥器平衡的试样取出后应立即制备成试样并试验。

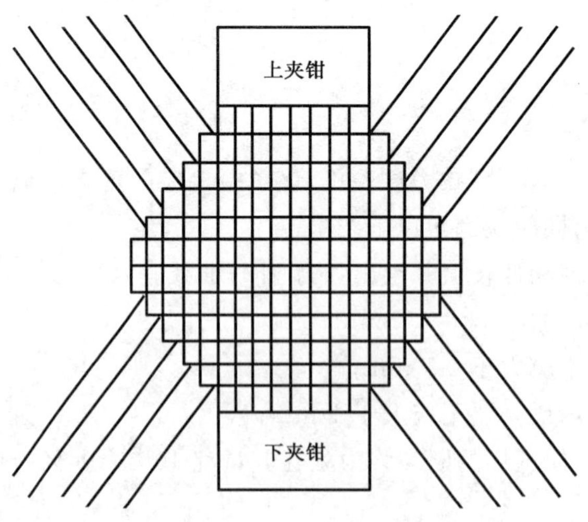

图 1 扯边法示意图

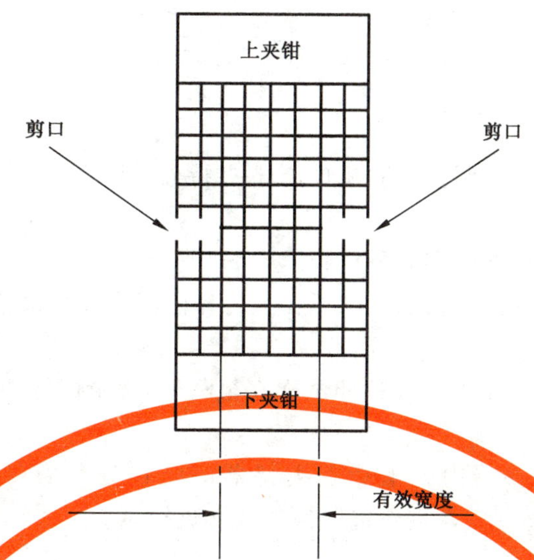

图 2 剪口法示意图

5.2.5 试验宜采用扯边法进行制样。但当某种规格的浸胶帆布不适合采用扯边法制样时，可使用剪口法进行试验。进行比对试验时应采用同一种方法制样。

5.3 试样数量

浸胶帆布经向、纬向拉伸性能试验的试样数量分别为3个，备用试样若干。

5.4 试样尺寸

5.4.1 试样长度应保证夹具能够有效夹持，且有效测试长度为200 mm。

5.4.2 试样有效宽度可采用(10.0±0.5)mm、(25.0±0.5)mm或(50.0±0.5)mm。应根据试样产品的特点和要求选择合适的有效宽度进行试验；其中，芳纶浸胶帆布试样的有效宽度宜采用(10.0±0.5)mm或(25.0±0.5)mm，其他品种浸胶帆布试样的有效宽度宜采用(25.0±0.5)mm或(50.0±0.5)mm。

5.5 试验条件

5.5.1 预加张力

根据试样断裂强力大小选择预加张力，见表1。

表 1 预加张力表

断裂强力/N	预加张力/N
≤1 970	5
>1 970 且≤2 940	10
>2 940 且≤4 905	20
>4 905	30

5.5.2 拉伸速度

试验的拉伸速度可以采用(100±10)mm/min或(300±10)mm/min，试验时应根据产品特点和要求，选择相应拉伸速度。

6 试验程序

6.1 首先校正拉力试验机的零位，调整试验机的上下夹持器，使其平行、对齐，并保证试样被夹持后不产生扭曲、歪斜。

6.2 调整上下夹持器距离，使试样的有效测试长度为 200 mm。

6.3 将试样分别夹持于上下夹持器内，确认试样在夹持器内不会发生滑移，按 5.5.1 的规定对试样施加预加张力。

6.4 启动拉力试验机按 5.5.2 规定的速度拉伸试样直至断裂，记录试样的拉伸性能数据或绘制强力-伸长曲线。

6.5 试验时如发生试样在夹持器内打滑或在夹持器的钳口处断裂（断裂点距夹持器小于或等于 10 mm）等异常情况，应剔除该试样并重新选取预备试样进行试验。

7 结果计算

7.1 断裂强度

7.1.1 试样的断裂强力由拉力试验机的数据处理装置或自动记录仪中读取，或从强力-伸长曲线读取，按试样的制备方法不同分别计算其断裂强度：

a) 采用扯边法制备试样时应按式（1）分别计算每个试样的断裂强度，单位为牛顿每毫米（N/mm），按 GB/T 8170 给出的规则修约至小数点后一位；试样的密度按 GB/T 31334.2 给出的规则测试；

$$T=\frac{F}{100}\times\frac{d}{n} \qquad \cdots\cdots(1)$$

式中：

T ——断裂强度，单位为牛顿每毫米（N/mm）；

F ——试样的断裂强力，单位为牛顿（N）；

d ——试样的密度，单位为根每 10 cm；

n ——试样的实际根数，单位为根。

b) 采用剪口法制备试样时应按式（2）分别计算每个试样的断裂强度，单位为牛顿每毫米（N/mm），按 GB/T 8170 给出的规则修约至小数点后一位。

$$T=\frac{F}{W} \qquad \cdots\cdots(2)$$

式中：

T ——断裂强度，单位为牛顿每毫米（N/mm）；

F ——试样的断裂强力，单位为牛顿（N）；

W ——试样的有效宽度，单位为毫米（mm）。

7.1.2 以 3 个试样断裂强度的算术平均值作为试样的断裂强度试验结果，单位为牛顿每毫米（N/mm），并按 GB/T 8170 给出的规则修约至整数位。

7.2 断裂伸长率

断裂伸长率按照式（3）计算，结果按 GB/T 8170 给出的规则修约至小数点后一位。以 3 个试样的算术平均值作为最终试验结果，以%计，按 GB/T 8170 给出的规则修约至整数位。

$$E=\frac{\overline{L}_1}{L_0}\times 100 \qquad \cdots\cdots(3)$$

式中：

E ——断裂伸长率或定负荷伸长率；

$\overline{L}_1$——在断裂时或一定负荷下试样伸长量的算术平均值，单位为毫米(mm)；

L_0——试样的有效测试长度或试样夹持时上下夹持器的初始距离，单位为毫米(mm)。

7.3 定负荷伸长率

定负荷伸长率按照式(3)计算，结果按 GB/T 8170 给出的规则修约至小数点后二位。以 3 个试样的算术平均值作为最终试验结果，以%计，按 GB/T 8170 给出的规则修约至小数点后一位。

8 试验报告

试验报告至少应包含下列内容：

a) 本部分名称及编号；

b) 试样的名称及规格；

c) 试验大气环境；

d) 试样的平衡环境；

e) 试样制备方法；

f) 试样有效宽度；

g) 试验条件；

h) 试验结果；

i) 试验中观察到的异常现象；

j) 试验日期。

ICS 43.040.10
T 36

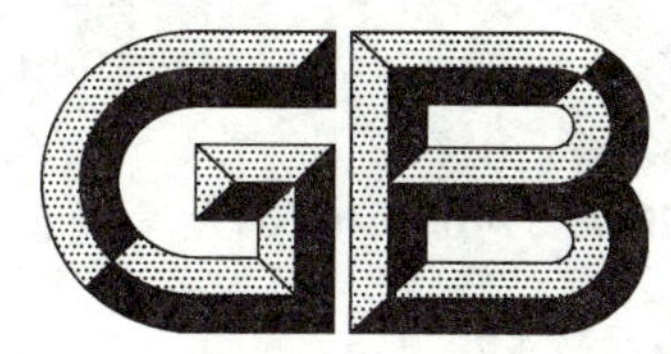

中华人民共和国国家标准

GB/T 31465.6—2017

道路车辆　熔断器
第6部分：螺栓式高压熔断器

Road vehicles—Fuse-links—
Part 6: Fuse-links with bolt-in contacts with high voltage

[ISO 8820-8:2012, Road vehicles—Fuse-links—Part 8: Fuse-links with bolt-in contacts (Type H and J) with rated voltage of 450 V, MOD]

2017-05-12 发布　　2017-12-01 实施

中华人民共和国国家质量监督检验检疫总局
中国国家标准化管理委员会　发布

前　言

GB/T 31465《道路车辆　熔断器》包括7个部分：

——第1部分：定义和通用试验要求；

——第2部分：用户指南；

——第3部分：片式熔断器；

——第4部分：插座式和螺栓式熔断器；

——第5部分：板型熔断器；

——第6部分：螺栓式高压熔断器；

——第7部分：短引脚式熔断器。

本部分为GB/T 31465的第6部分。

本部分按照GB/T 1.1—2009给出的规则起草。

本部分使用重新起草法修改采用ISO 8820-8:2012《道路车辆　熔断器　第8部分:450 V额定电压的单螺栓式(H型和J型)熔断器》。

本部分与ISO 8820-8:2012的技术性差异及原因如下：

——表9中H型的三个H1属于原文明显的错误，应为H1、H2、H3。

——对第2章，本部分做了具有技术性差异的调整，将已转化或同时转化为我国标准的国际标准改为我国标准，删除了正文中未用到的引用文件：ISO 8820-2。具体情况见第2章“规范性引用文件”。

——将原文5.1的“试验顺序应按表2规定”移到5.1.1，更符合逻辑和标准编写要求。

——删除原文5.1.2中“只有ISO 6722规定的厚壁电线可以在试验中使用”，因实际情况是薄壁电线也可以应用。

——为便于标准的使用，对正文中引用到的GB/T 31465.1都加上了条款号。

——参照JASO D622-2011将第1章的450 V改为60 V～450V，使适用范围的描述更准确。

——表2、表3和表6参照JASO D622-2011增加了80 A和250 A两种规格型式，方便用户进行选择。其中表2中250 A对应的试验电线规格JASO D622为100 mm^2，与我国电线规格对应不上，GB/T 25085中最接近100 mm^2的为95 mm^2，决定改为95 mm^2，可完全满足试验要求。

——删除了原文无具体要求的5.6，将后边条款编号对应修改。

——将5.7.1(原文5.8.1)的注释移到表1中，便于理解和文字描述。

——5.9(原文5.10)温度冲击试验，原文出现明显的错误(图号和试验时间)，本部分改为直接引用第1部分的5.4.3.2条，避免重复规定和前后不统一。

——原文的附录A在正文中未提及，本部分在第1章增加了注释，使附录和正文前后呼应。

本部分由全国汽车标准化技术委员会(SAC/TC 114)归口。

本部分起草单位：重庆力帆乘用车有限公司、中国汽车技术研究中心、吉门保险丝制造(厦门)有限公司、河南天海电器有限公司、航天科技控股集团股份有限公司、郑州跃博汽车电器有限公司、郑州宇通客车股份有限公司、安徽江淮汽车股份有限公司、太平洋精工、美国力特上海办事处、长城汽车保定曼德汽车配件有限公司。

本部分起草人：陈雨康、许秀香、陈礽泰、王荣喜、魏景军、张勇英、卢长军、王宜海、池永杰、宁静、王国辉。

道路车辆 熔断器
第6部分：螺栓式高压熔断器

1 范围

GB/T 31465 的本部分规定了道路车辆用螺栓式高压熔断器的额定电流、试验和要求及尺寸等。

本部分适用于额定电压在 DC 60 V～DC 450 V，额定电流不大于 400 A、熔断容量为 2 000 A 的 H 型和 J 型熔断器。

注：产品型号与规格的对应关系参见附录 A。

2 规范性引用文件

下列文件对于本文件的应用是必不可少的。凡是注日期的引用文件，仅注日期的版本适用于本文件。凡是不注日期的引用文件，其最新版本(包括所有的修改单)适用于本文件。

GB/T 31465.1—2015 道路车辆 熔断器 第1部分：定义和通用试验要求(ISO 8820-1:2008, MOD)

GB/T 25085 道路车辆 60 V 和 600 V 单芯电线(GB/T 25085—2010,ISO 6722:2006,IDT)

3 术语和定义

GB/T 31465.1—2015 界定的术语和定义适用于本文件。

4 标记、标签

额定电流、制造商名称或商标和额定电压应永久标示在熔断器本体上。

5 试验和要求

5.1 概述

除按 GB/T 31465.1—2015 进行试验外，还应遵守本部分如下各项规定：

a) 电气试验夹具应根据图 4 设计。为保证试验夹具的正常功能，连接电阻应不超过 0.35 mΩ。

b) 若有两个或更多的样品同时进行试验，应保证每两个样品之间的间距不小于 150 mm。

5.1.1 试验顺序

试验顺序应按表 1 规定。

表 1 试验顺序

序号	试验项目		试验条款	试验样品分组[a]						
				1	2	3	4	5	6	7
1	尺寸		6	X	X	X	—	—	—	—
2	标记、标签		4	X	X	X	X	X	X	X
3	电压降		5.2	X	X	—	—	—	—	—
4	端子强度		5.7	X	X	X	—	—	—	—
5	环境负荷	气候负荷	5.4	—	—	X	—	—	—	—
		化学负荷	5.4	—	—	—	X	—	—	—
		机械负荷	5.4	—	—	—	—	X	—	—
6	电流循环冲击		5.3	—	—	—	—	—	X	—
7	温升		5.8	—	—	—	—	—	—	X
8	温度冲击		5.9	—	—	—	—	—	—	X
9	熔断容量		5.6	X	—	—	—	—	—	—
10	电压降		5.2	—	—	X	X	X	X	X
11	熔断时间	$1.1I_R$	5.5	—	X	X	X	X	X	X
		$1.35I_R$		—	Y[b]	Y	Y	Y	Y	Y
		$1.5I_R$		—	Y	Y	Y	Y	Y	Y
		$2I_R$		—	Y	Y	Y	Y	Y	Y
		$3I_R$		—	Y	Y	Y	Y	Y	Y
		$5I_R$		—	Y	Y	Y	Y	Y	Y
12	端子强度		5.7	X	X	X	X	X	X	X

注：端子强度试验仅指熔断器从夹具上移除。

[a] 对于每个规格的熔断器，每个试验样品组包括至少 10 个熔断器。

[b] 在熔断时间试验中，标记"Y"的项目，样品组 2、4、5、6 和 7 应平均分组。这些熔断器应只进行一次熔断时间额定值试验。

"—" 不作要求。

5.1.2 试验电线

试验电线规格应符合表 2 规定。对于特殊熔断器的测试，也应使用相同规格的电线。

注：使用规定的试验电线是为了进行等效的熔断器试验，其规格与车辆上实际使用的电线可以不同。

表 2 试验电线规格

额定电流 A	横截面积[a] mm²	导线长度 mm
10	2.0	500±50
15		
20	3.0	
30	5.0	
40		
50		
60		
80	8.0	
100	20.0	
125		
150	40.0	
250	95.0	
250 以上	双方协商	

[a] 导线材质应符合 GB/T 25085 规定。

5.2 电压降

5.2.1 试验

应使用第 7 章规定的试验夹具并在指定点上测量电压降(见图 4)。进行试验前,应使用 100%额定负载电流(1.0I_R)对样品通电 15 min。

5.2.2 要求

熔断器电压降见表 3 规定。

表 3 熔断器电压降

额定电流 A	最大电压降 mV	
	H 型	J 型
10	—	350
15	200	—
20	—	350
30	200	
40		—
50		

表 3（续）

<table>
<tr><td rowspan="2">额定电流
A</td><td colspan="2">最大电压降
mV</td></tr>
<tr><td>H 型</td><td>J 型</td></tr>
<tr><td>60</td><td rowspan="6">—</td><td rowspan="3">250</td></tr>
<tr><td>80</td></tr>
<tr><td>100</td></tr>
<tr><td>125</td><td>200</td></tr>
<tr><td>150</td><td>180</td></tr>
<tr><td>250</td><td>150</td></tr>
<tr><td colspan="3">“—”不做要求。</td></tr>
</table>

5.3 电流循环冲击

5.3.1 试验

应按照图 1 和 GB/T 31465.1—2015 进行试验。电流应在 0.25 s 内从 $2I_R$ 点降到 $1.25I_R$ 和 $1.35I_R$ 之间。每个周期的最初 10 s，稳态电流不应低于 $0.5I_R$。

5.3.2 要求

见 GB/T 31465.1—2015 的 5.3.3。试验后，熔断器特性应符合表 3 和表 4 要求。

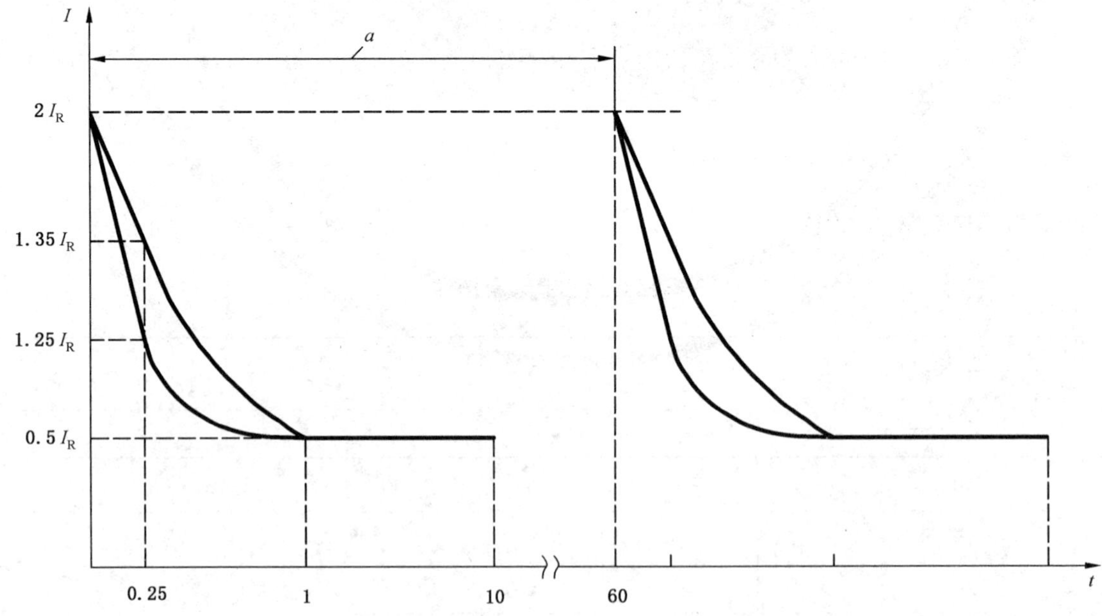

说明：

a ——一个周期；

I ——电流；

t ——时间，单位为秒(s)。

图 1 电流循环冲击试验脉冲

5.4 环境条件

机械负荷、气候负荷、化学负荷试验和要求见 GB/T 31465.1—2015 的 5.4。

5.5 熔断时间

5.5.1 试验

将试样稳固的安装在试验夹具上。对应表 4 中所规定的试验负载电流调整好供电电流后，开始试验。记录熔断器的熔断时间。在试验样品数量很大的情况下，在试验过程中应确保足够的冷却时间，避免试验夹具产生过热现象。

在熔断器熔断后额定电压至少应保持 30 s。

5.5.2 要求

熔断时间见表 4。

熔断后，在额定电压下通过熔断器的电流不应超过 0.5 mA。

表 4 熔断时间

试验电流 A	熔断时间 s					
	额定电流<60 A		额定电流≥60 A			
	H1,H2,H3 和 J3 型		J1 型		J2 和 J4 型	
	min	max	min	max	min	max
$1.1I_R$	14 400.0	∞	14 400.0	∞	14 400.0	∞
$1.35I_R$[a]	150.0	3 600.0	—	—	150.0	3 600.0
$1.5I_R$	10.0	1 000.0	5.0	3 600.0	20.0	1 500.0
$2I_R$	0.5	100.0	1.0	300.0	1.0	300.0
$3I_R$	0.1	15.0	0.2	30.0	0.2	30.0
$5I_R$	0.05	1.0	0.05	1.0	0.05	1.0

注：给出的时间值为总时间值，包括预飞弧时间和飞弧时间。

[a] 此项测试不适用 10 A 到 20 A 规格的 H1 和 J3 型熔断器，这些熔断器是为了保护用电设备而设计的。

“—”不做要求。

5.6 熔断容量

5.6.1 试验

见 GB/T 31465.1—2015 的 5.7.2。

熔断器试验在 2 000 A 电流、450 VDC 电压条件下进行，使用的电线规格见表 2。

5.6.2 要求

试验后，绝缘应不被破坏，在额定电压下通过熔断器的电流不应超过 0.5 mA。

5.7 端子强度

5.7.1 试验

按表5规定将熔断器安装至试验夹具上(见图4),试验在不连接端子和线缆情况下进行。

表5 安装扭矩

熔断器类型	安装扭矩 N·m	螺栓规格
H1,H2	2.0±0.5	M4
H3	4.5±1.0	M5
J1,J2	6.0±1.0	M6
J3,J4	12.0±1.0	M8

在车辆上安装时,特定的安装程序(润滑、表面材料、表面粗糙度等)应由熔断器供应商、电气盒供应商和汽车厂商共同协商。

5.7.2 要求

试验后熔断器应保持完好,能从夹具上移除。

5.8 温升试验

5.8.1 试验

应使用第7章规定的试验夹具并在指定点上测量温升(见图4)。进行测量前,应使用表6规定的负载电流对样品通电40 min。

表6 试验电流

<table>
<tr><th>额定电流
A</th><th>试验电流
A</th></tr>
<tr><td>10</td><td>7</td></tr>
<tr><td>15</td><td>10.5</td></tr>
<tr><td>20</td><td>14</td></tr>
<tr><td>30</td><td>21</td></tr>
<tr><td>40</td><td>24</td></tr>
<tr><td>50</td><td rowspan="2">30</td></tr>
<tr><td>60</td></tr>
<tr><td>80</td><td>40</td></tr>
<tr><td>100</td><td>50</td></tr>
<tr><td>125</td><td>62.5</td></tr>
<tr><td>150</td><td>75</td></tr>
<tr><td>250</td><td>125</td></tr>
</table>

5.8.2 要求

熔断器温升应不大于 50 ℃。

5.9 温度冲击试验

5.9.1 试验

按 GB/T 31465.1—2015 的 5.4.3.2 规定进行。试验完成后,熔断容量应符合 5.6 规定。

5.9.2 要求

试验后熔断器应符合表 3、表 4 规定。

6 尺寸

6.1 H 型熔断器

H 型熔断器尺寸见图 2 和表 7。

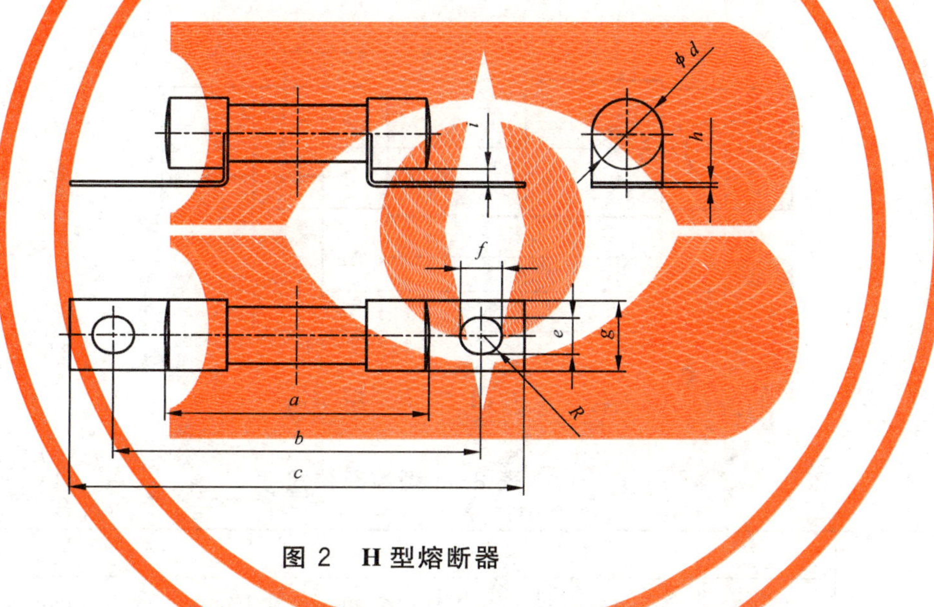

图 2 H 型熔断器

表 7 H 型熔断器尺寸

尺寸	H1		H2		H3	
	尺寸/mm	公差/mm	尺寸/mm	公差/mm	尺寸/mm	公差/mm
a	31.8	±0.8	38	±0.8	38	±0.8
b	45.0	±0.5	51.2	±0.5	53.5	±0.5
c	55.0	±0.8	61.2	±0.8	65.5	±0.8
d	6.45	±0.05	6.6	±0.2	10.3	±0.2
e	4.2	±0.1	4.2	±0.1	5.3	±0.1
f	5.0	±0.1	5.0	±0.1	6.0	±0.1
g	10.0	±0.15	10.0	±0.15	10.3	±0.15

表 7（续）

尺寸	H1		H2		H3	
	尺寸/mm	公差/mm	尺寸/mm	公差/mm	尺寸/mm	公差/mm
h	0.34	±0.16	0.34	±0.16	0.6	±0.16
i	2.5	±0.25	2.5	±0.25	2.0	±0.25

6.2 J 型熔断器

J 型熔断器尺寸见图 3 和表 8。

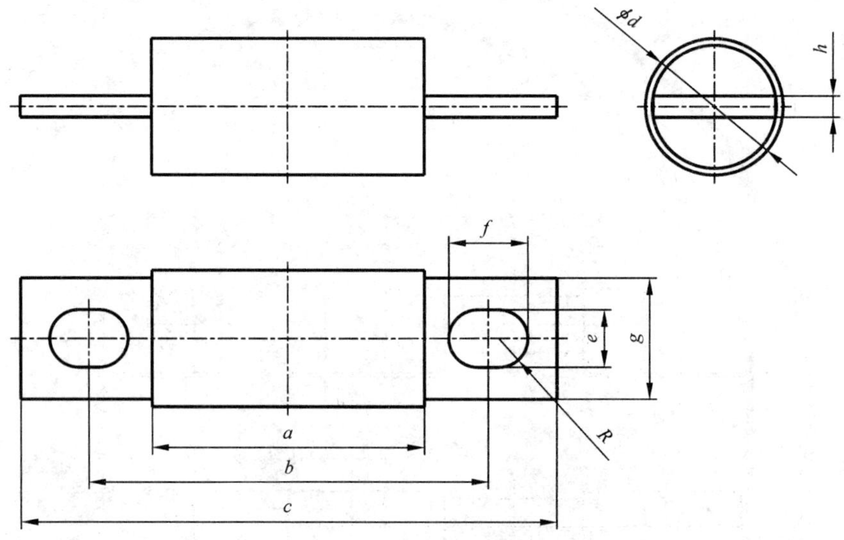

图 3 J 型熔断器

表 8 J 型熔断器尺寸

尺寸	J1		J2		J3		J4	
	尺寸/mm	公差/mm	尺寸/mm	公差/mm	尺寸/mm	公差/mm	尺寸/mm	公差/mm
a	34.4	±0.8	41.5	±1.0	41.3	±0.7	54.0	±0.7
b	54.0	±1.0	60.0	±0.5	60.45	±0.65	72.65	±0.75
c	67.0	±1.0	73.0	±0.5	81.0	±0.7	92.1	±0.7
d	20.0	±1.0	20.0	±0.5	20.6	±0.5	25.4	±0.5
e	6.5	±0.5	6.5	±0.3	8.7	±0.5	8.7	±0.5
f	8.5	±0.5	6.5	±0.3	11.85	±0.55	13.05	±0.55
g	14.0	±0.5	14.25	±0.25	18.3	±0.5	19.0	±0.5
h	1.5	±0.1	0.65	±0.15	3.2	±0.5	3.2	±0.5

7 试验夹具

H 型和 J 型熔断器试验用夹具见图 4 和表 9。

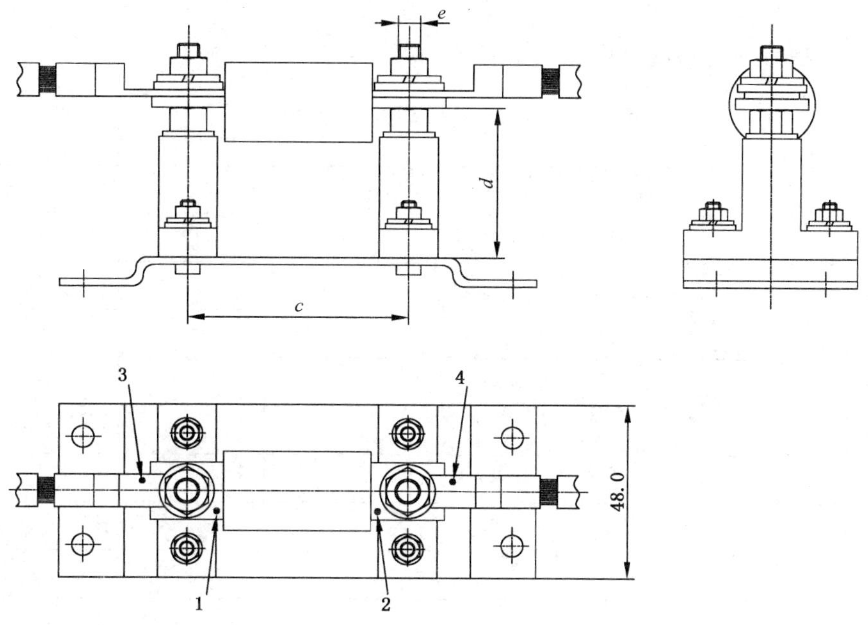

说明：

1、2 为电压降和温升试验测试点；1、3 和 2、4 为连接电阻测试点。

图 4 熔断器试验夹具

表 9 试验夹具尺寸

单位为毫米

部位	型式						
	H1	H2	H3	J1	J2	J3	J4
c	45.0	51.2	53.5	54.0	60.0	60.5	73.0
d	41.5						
e	M4		M5	M6		M8	

附　录　A
（资料性附录）
产品型号与对应的规格

高压熔断器产品型号与规格的对应关系见表 A.1。

表 A.1　产品型号与对应的规格

额定电流，I_R A	H 型			J 型			
	H1	H2	H3	J1	J2	J3	J4
10	√		√			√	
15	√		√				
20			√			√	
30		√	√			√	
40			√				
50			√				
60					√		
80					√		
100				√	√		√
125				√	√		√
150				√	√		√
250							√

ICS 43.040.10
T 36

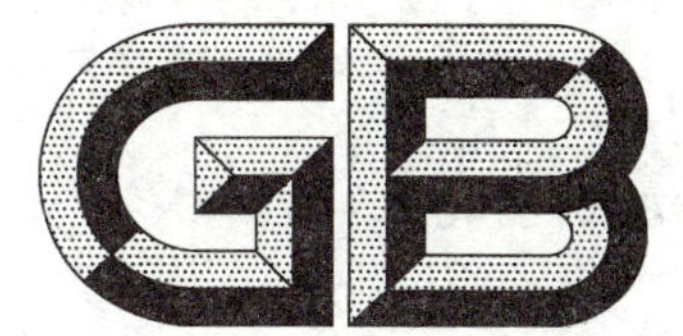

中华人民共和国国家标准

GB/T 31465.7—2017

道路车辆 熔断器 第7部分:短引脚式熔断器

Road vehicles—Fuse-links—
Part 7:Fuse-links with shortened tabs

[ISO 8820-9:2014,Road vehicles—Fuse-links—
Part 9:Fuse-links with shortened tabs (Type K),MOD]

2017-05-12 发布　　2017-12-01 实施

中华人民共和国国家质量监督检验检疫总局
中国国家标准化管理委员会　发布

前 言

GB/T 31465《道路车辆 熔断器》包括 7 个部分：

——第 1 部分：定义和通用试验要求；

——第 2 部分：用户指南；

——第 3 部分：片式熔断器；

——第 4 部分：插座式和螺栓式熔断器；

——第 5 部分：板型熔断器；

——第 6 部分：螺栓式高压熔断器；

——第 7 部分：短引脚式熔断器。

本部分为 GB/T 31465 的第 7 部分。

本部分按照 GB/T 1.1—2009 给出的规则起草。

本部分使用重新起草法修改采用 ISO 8820-9:2014《道路车辆 熔断器 第 9 部分：K 型短引脚式熔断器》。

本部分与 ISO 8820-9:2014 的技术性差异及原因如下：

——为便于标准的使用，对正文中引用到的 GB/T 31465.1 都加上了条款号。

——对第 2 章，原文引用了 ISO 6722-1，我国已按 ISO 6722:2006 进行转化的国标为 GB/T 25085，技术内容完全对应 ISO 6722-1，本部分改为引用 GB/T 25085。将 ISO 8820-1 改为同时转化的我国标准。

——将原文 5.1 的“试验顺序应按表 2 规定”移到 5.1.2，这样更符合逻辑和标准编写要求。

——参照系列标准其他部分，5.1.2 中增加了“如供需双方协商需做温升试验可参照系列标准其他部分规定”。

——6.1 条增加了“K 型熔断器尺寸见图 5 和表 8”，更符合逻辑和标准编写要求。

——表 9 中对螺栓、螺母给出的国际标准分别用对应的国家标准进行了替换，并在引用文件中增加了三个引用标准：GB/T 77、GB/T 818、GB/T 6170。

——6.1.2 命名示例中按照行业习惯增加了额定电压。

——原文第 7 章的文字描述明显和内容对不上，更改为：“K 型熔断器试验夹具见图 6 和表 9”，更符合逻辑和标准编写要求。

本部分由全国汽车标准化技术委员会(SAC/TC 114)归口。

本部分起草单位：重庆力帆乘用车有限公司、中国汽车技术研究中心、吉门保险丝制造(厦门)有限公司、航天科技控股集团股份有限公司、河南天海电器有限公司、郑州跃博汽车电器有限公司、安徽江淮汽车股份有限公司、郑州宇通客车股份有限公司、太平洋精工、美国力特上海办事处、长城汽车保定曼德汽车配件有限公司、重庆紫朝汽车配件有限公司、北汽福田汽车研究院。

本部分起草人：陈雨康、许秀香、陈礽泰、魏景军、王荣喜、张勇英、王宜海、卢长军、池永杰、宁静、王国辉、周健武、肖莉。

道路车辆　熔断器
第7部分：短引脚式熔断器

1　范围

GB/T 31465 的本部分规定了道路车辆用短引脚式熔断器的颜色代码、额定电流、试验和要求及尺寸等。

本部分适用于额定电压为 58 V、额定电流不超过 30 A、熔断容量为 1 000 A 的短引脚式(K 型)熔断器。

2　规范性引用文件

下列文件对于本文件的应用是必不可少的。凡是注日期的引用文件，仅注日期的版本适用于本文件。凡是不注日期的引用文件，其最新版本(包括所有的修改单)适用于本文件。

GB/T 77　内六角平端紧定螺钉(GB/T 77—2007，ISO 4026:2003，MOD)

GB/T 818　十字槽盘头螺钉(GB/T 818—2000，eqv ISO 7045:1994)

GB/T 6170　1 型六角螺母(GB/T 6170—2000，eqv ISO 4032:1999)

GB/T 25085　道路车辆　60 V 和 600 V 单芯电线(GB/T 25085—2010，ISO 6722:2006,IDT)

GB/T 31465.1—2015　道路车辆　熔断器　第 1 部分：定义和通用试验要求(ISO 8820-1:2008，MOD)

3　术语和定义

GB/T 31465.1—2015 界定的术语和定义适用于本文件。

4　标记、标签和颜色代码

应符合 GB/T 31465.1—2015 中第 4 章和表 1 规定。

表 1　熔断器颜色

额定电流 A	颜色
1.0	黑
2.0	灰
3.0	紫
4.0	粉
5.0	褐/浅棕
7.5	棕

表 1（续）

额定电流 A	颜色
10.0	红
15.0	蓝
20.0	黄
25.0	白[a]
30.0	绿
[a] 对透明熔断器壳体,“白色”指塑胶原料中没有添加染料。	

5 试验和要求

5.1 概述

5.1.1 一般规定

熔断器应具有可观查熔断体熔断情形的结构。电气试验夹具应根据图 6 设计。

熔断器除按 GB/T 31465.1—2015 进行试验外,还应遵守本部分如下各项规定。

5.1.2 试验顺序

试验顺序应按表 2 规定。

注：如供需双方协商需做温升试验可参照系列标准其他部分规定。

表 2 试验顺序

序号	试验项目		试验条款	试验样品分组[a]						
				1	2	3	4	5	6	7
1	尺寸		6	X	X	X	—	—	—	—
2	标记、标签和颜色代码		4	X	X	X	X	X	X	X
3	电压降		5.2	X	X	X	—	—	—	—
4	端子强度		5.8	X	X	X	—	—	—	—
5	环境负荷	气候负荷	5.4	—	—	—	X	—	—	—
		化学负荷		—	—	—	—	X	—	—
		机械负荷		—	—	—	—	—	X	—
6	电流循环冲击		5.3	—	—	—	—	—	—	X
7	电压降		5.2	—	—	—	X	X	X	X
8	电流梯度		5.6	—	—	X	—	—	—	—
9	熔断容量		5.7	X	—	—	—	—	—	—

表 2（续）

序号	试验项目		试验条款	试验样品分组[a]						
				1	2	3	4	5	6	7
10	熔断时间	1.1 I_R	5.5	—	X	—	X	X	X	X
		1.35 I_R		—	Y	—	Y	Y	Y	Y
		1.6 I_R		—	Y	—	Y	Y	Y	Y
		2 I_R		—	Y	—	Y	Y	Y	Y
		3.5 I_R		—	Y	—	Y	Y	Y	Y
		6 I_R		—	Y	—	Y	Y	Y	Y
11	端子强度		5.8	X	X	X	X	X	X	X

"Y"在熔断时间试验中，样品组 2、4、5、6 和 7 应平均分组。这些熔断器应只进行一次熔断时间试验。
"—"不作要求。

[a] 对于每个规格的熔断器，每个试验样品组包括至少 10 个熔断器。

5.1.3 试验电线

试验电线规格应符合表 3 规定。对于特殊熔断器的测试，也应使用相同规格的电线。

注：使用规定的试验电线是为了进行等效的熔断器试验，其规格与车辆上实际使用的电线可以不同。

表 3　试验电线规格

额定电流 A	横截面积[a] mm^2	长度 mm
1.0	0.35	500±50
2.0		
3.0		
4.0		
5.0	0.50	
7.5	0.75	
10.0	1.00	
15.0	1.50	
20.0	2.50	
25.0		
30.0	4.00	

[a] 电线材质按 GB/T 25085 规定。

5.2 电压降和连接电阻

5.2.1 试验

应使用第 7 章规定的试验夹具并在指定点上测试电压降（见图 1，图 6）。连接电阻的测试应在 A、C 和 B、D 之间分别进行。

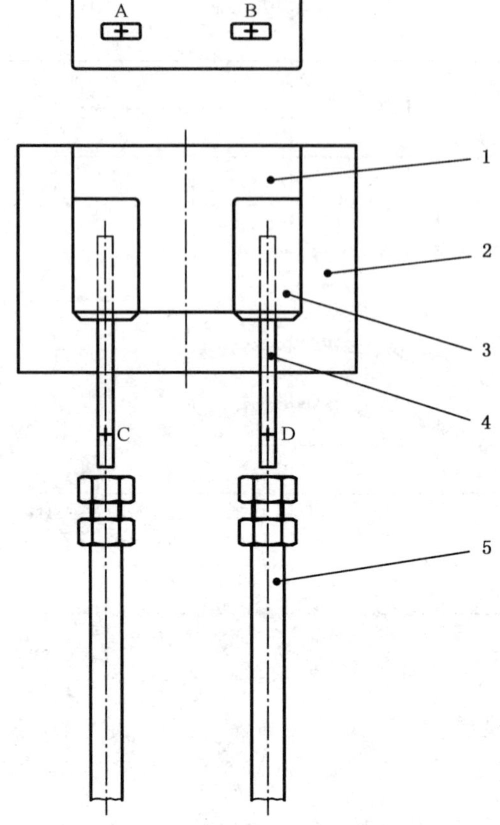

说明：

1——熔断器；

2——试验夹具；

3——熔断器引脚；

4——试验端子(见表9的定义)；

5——电线(规格见表3)。

注：A点和B点为电压降测试点，A、C点和B、D点为连接电阻的测试点。

图1 试验示意图

5.2.2 要求

熔断器电压降和连接电阻见表4规定。

表4 熔断器电压降和连接电阻

额定电流 A	最大电压降，U_{AB} mV	最大连接电阻 mΩ
1.0	250	0.8
2.0	225	
3.0	200	
4.0		
5.0	175	

表 4（续）

额定电流 A	最大电压降，U_{AB} mV	最大连接电阻 mΩ
7.5	150	0.8
10.0	140	
15.0	125	
20.0		
25.0		
30.0	120	

5.3 电流循环冲击

5.3.1 试验

应按照图 2 和 GB/T 31465.1—2015 的规定进行试验。电流应在 0.025 s 内从 4 I_R 点降到 1.65 I_R 和 2.5 I_R 之间。每个周期的最初 4.5 s，稳态电流不应低于 0.9 I_R。

5.3.2 要求

见 GB/T 31465.1—2015 的 5.3.3。

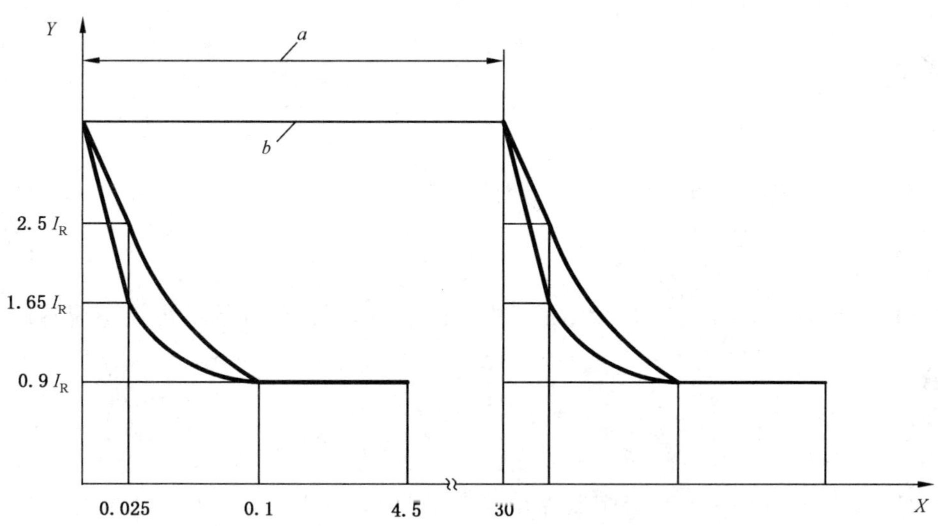

说明：

X ——时间；

Y ——电流；

a ——一个周期；

b ——当 $I_R>5$ A，$b=(5.6\sim6)I_R$，如 $I_R\leqslant5$ A，$b=(4.6\sim5)I_R$。

图 2 电流循环冲击试验脉冲

5.4 环境条件

机械负荷、气候负荷、化学负荷试验和要求见 GB/T 31465.1—2015 的 5.4。

5.5 熔断时间

5.5.1 试验

见 GB/T 31465.1—2015 的 5.5.2。

5.5.2 要求

熔断时间见表 5。

熔断后，在额定电压下通过熔断器的电流不应超过 0.5 mA。

表 5 熔断时间

试验电流 A	熔断时间 s	
	min	max
1.1 I_R	360 000	∞
1.35 I_R	0.75	600
1.6 I_R	0.25	50
2 I_R	0.15	5
3.5 I_R	0.04	0.5
6 I_R	0.02	0.1

5.6 电流梯度

5.6.1 试验

见 GB/T 31465.1—2015 的 5.6.2。

5.6.2 要求

见 GB/T 31465.1—2015 的 5.6.3。熔断后，在额定电压下通过熔断器的电流不应超过 0.5 mA。

5.7 熔断容量

5.7.1 试验

见 GB/T 31465.1—2015 的 5.7.2。熔断器试验在 1 000 A 下进行，使用的电线规格见表 3。应使用如图 3 所示的试验模拟物，尺寸见表 6。

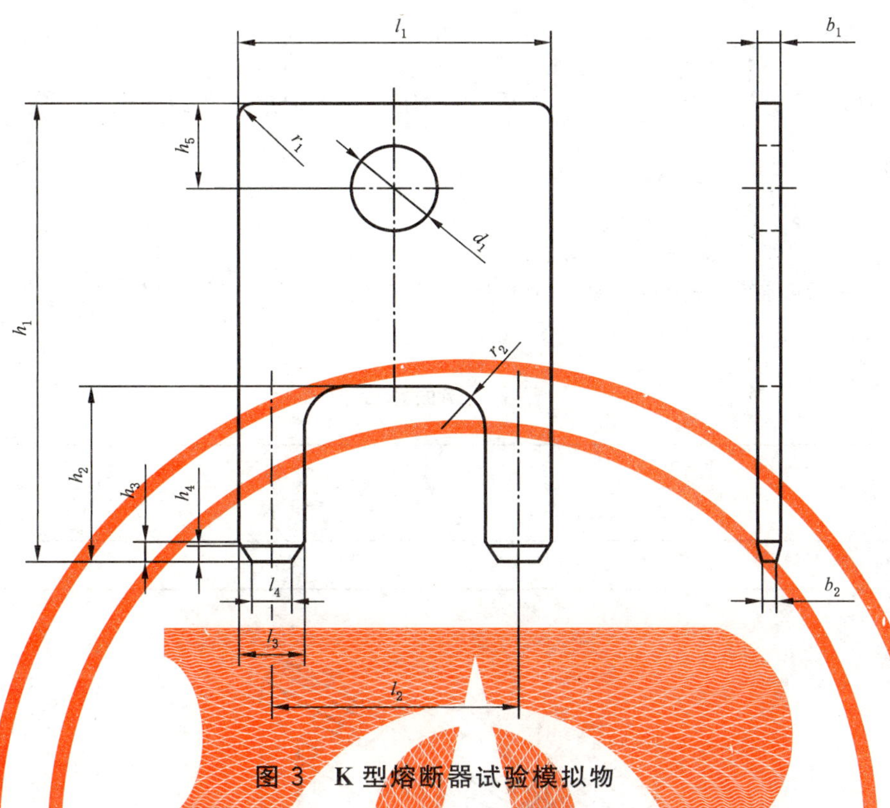

图 3 K 型熔断器试验模拟物

表 6 K 型熔断器试验模拟物尺寸

尺寸	参数值 mm	公差 mm
l_1	10.9	—
l_2	8.6	±0.05
l_3	2.3	+0/−0.05
l_4	1.4	±0.3
b_1	0.8	±0.02
b_2	0.5	±0.1
d_1	3.0	±0.15
h_1	16.2	±0.15
h_2	6.2	±0.15
h_3	0.7	±0.15
h_4	0.56	max
h_5	3.0	±0.15
r_1	0.5	±0.15
r_2	1.5	±0.15

5.7.2 要求

见 GB/T 31465.1—2015 的 5.7.3。熔断后，在额定电压下通过熔断器的电流不应超过 0.5 mA。

5.8 端子强度

5.8.1 试验

按图 4 所示对熔断器的每个端子从 3 个轴向(6 个方向)逐步施加到表 7 规定的力。受力时间应保持 2 s。

表 7 端面承受力

熔断器类型	F_1 N	F_2 N	F_3 N
K 型	50±1	10±1	5±1

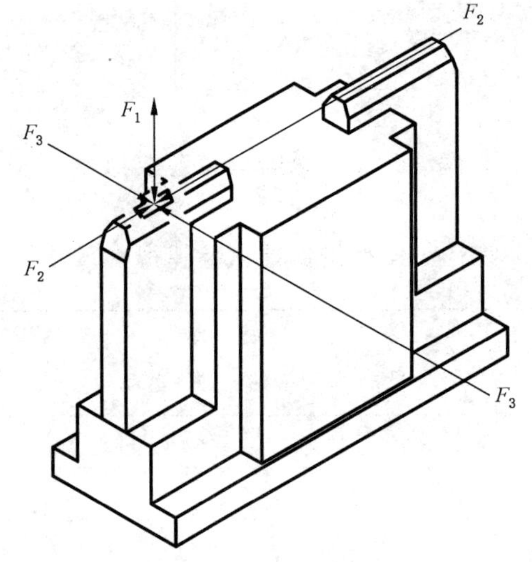

图 4 端子强度试验

5.8.2 要求

试验中样品的变形不应超过 0.5 mm。试验后，绝缘体应保持完好，端子不应从绝缘体中脱落。

6 尺寸

6.1 熔断器尺寸

K 型熔断器尺寸见图 5 和表 8。

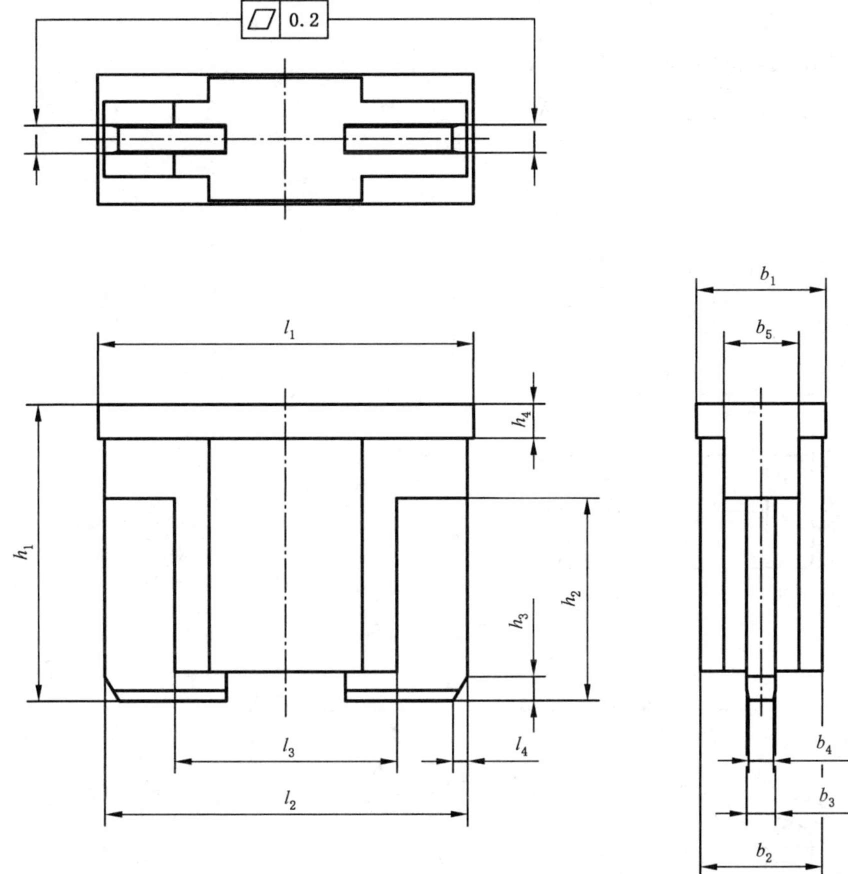

图 5 K 型熔断器

表 8 K 型熔断器尺寸

尺寸	参数值 mm	公差 mm
l_1	10.9	±0.15
l_2	10.53	±0.68
l_3	6.45	±0.16
l_4	0.42	±0.19
b_1	3.81	+0.16
b_2	3.6	±0.20
b_3	0.83	±0.04
b_4	0.72	max
b_5	2.2	±0.20
h_1	8.72	±0.47
h_2	5.95	±0.50
h_3	0.7	±0.3
h_4	1.0	±0.15

6.2 命名示例

符合 GB/T 31465 本部分的 K 型、15 A 、58 V 熔断器命名方法为：
熔断器 GB/T 31465—K—15 A—58 V

7 试验夹具

K 型熔断器试验夹具见图 6 和表 9。

单位为毫米

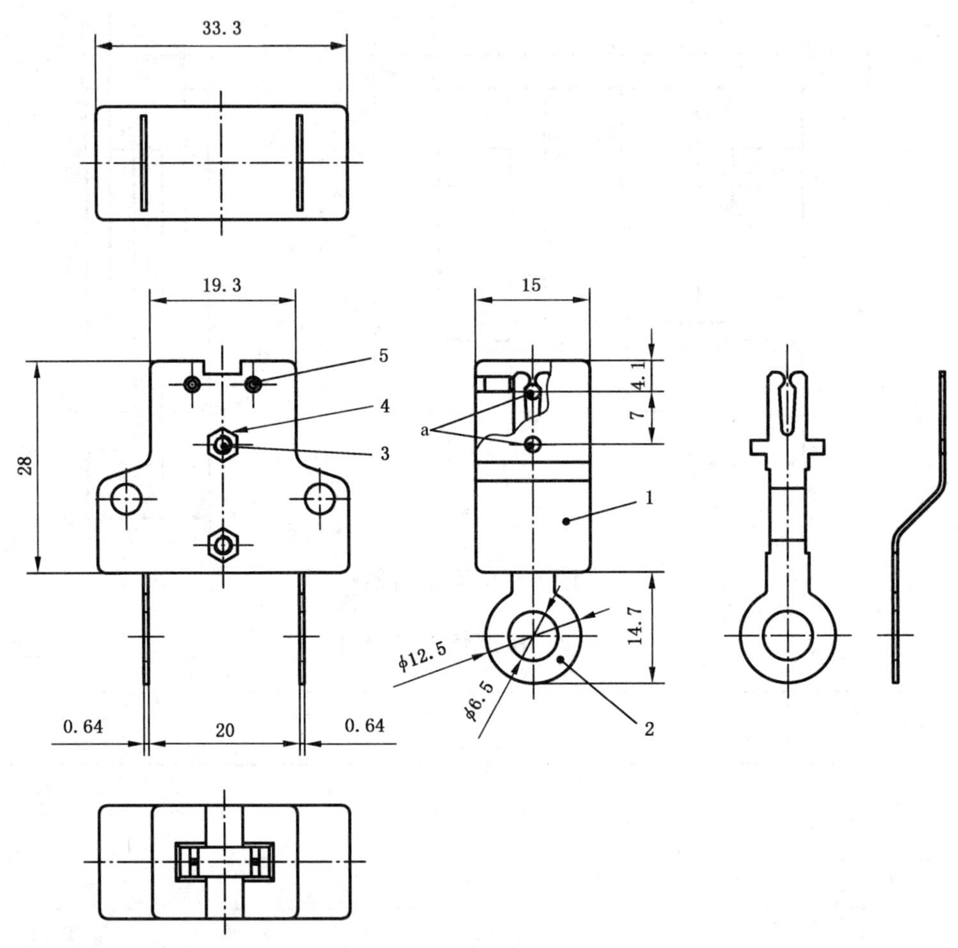

说明：
a——电压降测试孔。

图 6 试验夹具

表 9 试验夹具

编号	描 述	材质和镀层	数量
1	试验夹具绝缘体	热固塑料	2
2	端子	铜镀锡	2
3	十字槽盘头螺钉(M2X10-8，见 GB/T 818)	钢镀锌	2

表 9（续）

编号	描　述	材质和镀层	数量
4	螺母(M2-8,见 GB/T 6170)	钢镀锌	2
5	内六角螺栓(M2.5X4-45H,见 GB/T 77)	钢镀锌	2

ICS 17.220.20
N 22

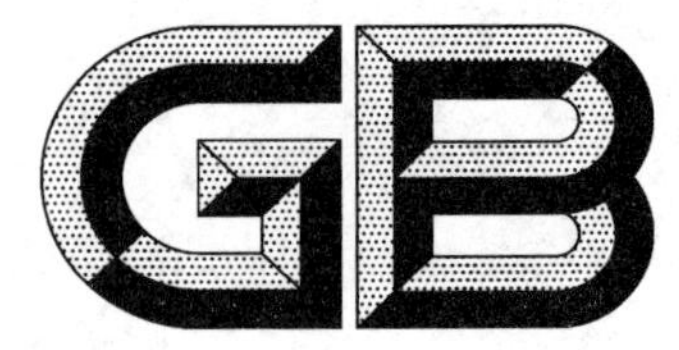

中华人民共和国国家标准

GB/T 31983.31—2017

低压窄带电力线通信 第31部分:窄带正交频分复用电力线通信物理层规范

Narrow band power line communication over low-voltage mains—
Part 31: Narrow band orthogonal frequency division multiplexing power line—
Communication physical layer specification

2017-05-12 发布　　　　2017-12-01 实施

中华人民共和国国家质量监督检验检疫总局
中国国家标准化管理委员会　发布

前　　言

GB/T 31983《低压窄带电力线通信》分为下列部分：

——第 11 部分：3 kHz～500 kHz 频带划分、输出电平和电磁骚扰限值；

——第 21 部分：3 kHz～500 kHz 频带通信设备与系统抗扰度要求；

——第 31 部分：窄带正交频分复用电力线通信　物理层规范；

——第 32 部分：窄带正交频分复用电力线通信数据链路层规范。

本部分为 GB/T 31983 的第 31 部分。

本部分按照 GB/T 1.1—2009 给出的规则起草。

请注意本文件的某些内容可能涉及专利。本文件发布机构不承担识别这些专利的责任。

本部分由中国机械工业联合会提出。

本部分由全国电工仪器仪表标准化技术委员会(SAC/TC 104)归口。

本部分起草单位：国网黑龙江省电力有限公司、深圳市力合微电子股份有限公司、哈尔滨电工仪表研究所、中国电力科学研究院、青岛鼎信通讯股份有限公司、钜泉光电科技(上海)股份有限公司、国网重庆市电力公司电力科学研究院、黑龙江省电力有限公司计量中心、深圳市航天泰瑞捷电子有限公司、国网江苏省电力公司电力科学研究院、云南电网有限责任公司电力科学研究院、国网江西省电力科学研究院、烟台东方威思顿电气股份有限公司、江苏林洋能源股份有限公司、华立科技股份有限公司。

本部分主要起草人：刘鲲、王瑄、陈波、葛得辉、刘宣、孟宇、张旭明、李万宏、赵锋、关文举、杨晓源、孙洪亮、曹敏、王天宇、赵震宇、纪峰、刘建、王文国、陆寒熹、曾仕途、陈闻新、姜滨。

引　言

随着智能电网及电力物联网的快速发展，迫切需要根据新的需求提升网络和通信技术。电网本身是一个连接各种用电设备和终端的庞大网络，利用电力线进行数据传输和实现各种用电设备和终端的网络连接具有无需重新布线的优势。发达国家及国际标准化组织以电力线为介质进行通信技术及标准化推进，相继推出 ITU.g.9901/2/3/4、IEEE 1901.2 等标准。在此背景下结合中国国情制定本标准体系。

本物理层协议规范支持 3 kHz～500 kHz 电力线通信专用频段，适用于数据设备通过室内或室外低压交流配电线或直流输电线进行数据传输和通信。本物理层协议规范基于正交频分复用(OFDM)技术，并允许具体的应用系统定义具体的中心频率和带宽。

在本物理层协议规范的基础上，可定义数据链路层协议。本物理层协议规范不局限于任何特定的窄带电力线通信应用层协议，它适用于各种低压窄带电力线通信应用系统，这些系统包括(但不限于)智能电能表集中抄表(AMR)、AMI/AMM、智能家居控制、路灯控制、楼宇智能化、电动汽车充电控制等。

低压窄带电力线通信
第31部分:窄带正交频分复用电力线通信物理层规范

1 范围

GB/T 31983的本部分规定了基于正交频分复用(OFDM)技术的低压窄带电力线通信(PLC)物理层协议规范,包括物理层协议数据单元格式(PPDU)、信道编码、交织、OFDM调制、物理层信号帧产生以及连续传输方式和工频同步过零时隙传输方式等。

本部分适用于3 kHz~500 kHz频段通过室内或室外低压交流配电线或直流输电线进行数据传输和通信。在本部分物理层协议规范的基础上,一个在低压配电网上建立起的由多个通信节点组成的完整PLC系统还包括数据链路层(DLL,由介质访问控制子层MAC和逻辑链路控制子层LLC组成),以及与具体应用情形相关的应用层。典型的低压窄带电力线通信应用情形包括智能电能表集中抄表(AMR)、AMI/AMM、家居智能控制、路灯控制、智能楼宇、四表集抄以及智能电网(Smart Grid)的其他应用,例如:电动车辆充电控制等。

本部分同样适用于中压电力线通信,以及城市和农村的长距离电力线通信。

2 规范性引用文件

下列文件对于本文件的应用是必不可少的。凡是注日期的引用文件,仅注日期的版本适用于本文件。凡是不注日期的引用文件,其最新版本(包括所有的修改单)适用于本文件。

GB/T 31983.11—2015 低压窄带电力线通信 第11部分:3 kHz~500 kHz频带划分、输出电平和电磁骚扰限值

3 术语和定义、符号、缩略语

3.1 术语和定义

下列术语和定义适用于本文件。

3.1.1

电力线通信 power line communication

将信息数据调制到合适的载波频率上,以电力线作为物理介质进行传输,实现在数据终端之间的通信或控制。

3.1.2

电力线载波通信 power line carrier communication

即电力线通信。

3.1.3

窄带电力线通信 narrow band power line communication

载波频率在3 kHz~500 kHz频段的电力线通信。

3.1.4

低压电力线通信　power line communication over low-voltage mains

利用低压配电线路作为介质的电力线通信。

3.1.5

PLC 低层协议　power line communication lower layer protocol

PLC 低层协议包括物理层、数据链路层(由介质访问控制子层和逻辑链路控制子层组成)。

3.1.6

PLC 应用　application of power line communication

建立在 PLC 低层协议之上的具体电力线通信应用系统,具有确定的业务功能和应用层协议。

3.2 符号

以下符号和代号适用于本文件。

b ——加载到子载波的比特组的宽度。

DL ——载荷携带数据的长度因子。

G ——子载波组个数。

L_{MPDU} ——MAC 层待传输的 MPDU 字节数。

m ——交织器的行数。

M_{OFDM} ——单帧载荷最大的 OFDM 个数。

N ——IFFT 的抽样数。

N_{CP} ——循环前缀的采样数。

n ——OFDM 符号数。

3.3 缩略语

表 1 的缩略语适用于本文件。

表 1　缩略语

AI	Applicaton Interface	应用接口
AMI	Advanced Metering Infrastructure	高级量测体系
AMR	Automatic Meter Reading	自动抄表
AMM	Advanced Metering Management	高级计量管理
APP	Application	应用层
APS	Application Support Layer	应用支持层
ASG	Active Subcarrier Group	有效子载波组
BPSK	Binary Phase Shift Keying	二进制相移键控
CENELEC	European Committee for Electrotechnical Standardization	欧洲电工标准化委员会
CRC	Cyclic Redundancy Check	循环冗余校验
CSMA/CA	Carrier Sense Multiple Access with Collision Avoidance	基于载波侦听和避碰的信道接入
CP	Cyclic Prefix	循环前缀
DID	Domain Identification	域标识
DLL	Data Link Layer	数据链路层
DM	Domain Master Node	域主节点

表 1（续）

DSC	Data Subcarrier	数据子载波
FCI	Frame Control Information	帧控制信息
FEC	Forward Error Correction	前向纠错
FFT	Fast Fourier Transform	快速傅里叶变换
FSC	Forbidden Subcarrier	不可用子载波
FT	Frame Type	帧类型
GI	Guard Interval	保护间隔
HCS	Header Check Sum	帧头校验
HEM	Home Energy Management	家庭能源管理
IBSC	In-band Subcarrier	带内子载波
IEC	International Electrotechnical Committee	国际电工委员会
IEEE	Institute of Electrical and Electronics Engineers	电气和电子工程师协会
IFFT	Inverse Fast Fourier Transform	逆傅里叶变换
ITU	International Telecommunications Union	国际电信联盟
LSB	Least Significant Bit	最低有效位
LLC	Logical Link Control	逻辑链路控制
MAC	Medium Access Control	介质访问控制
MDI	Media Dependent Interface	介质相关接口
MPDU	MAC Protocol Data Unit	MAC 层协议数据单元
MSB	Most Significant Bit	最高有效位
MSC	Masked Subcarrier	被屏蔽子载波
MSG	Masked Subcarrier Group	被屏蔽子载波组
OBSC	Out-of-band Subcarrier	带外子载波
OFDM	Orthogonal Frequency Division Multiplexing	正交频分复用
OSI	Open System Interconnection	开放式系统互联
PHY	Physical Layer	物理层
PSC	Pilot Subcarrier	导频子载波
PLC	Power Line Communication	电力线通信
PMI	Physical Media Independent Interface	介质无关的物理层接口
PN	Pseudo-random Noise Sequence	伪随机噪声序列
PSDU	PHY Service Data Unit	物理层服务数据单元
QPSK	Quaternary Phase Shift Keying	正交相移键控
QAM	Quaternary Amplitude Modulation	正交幅度调制
RS	Reed-Solomon Code	里德-所罗门码
TM	Tone Map	音色图谱（本规范中特指子载波映射）
TN	Terminal Node	终端设备节点
USC	Usable Subcarrier	可用子载波

4 网络模型

4.1 PLC域

PLC域是指在低压配电网上建立的一个电力线通信范畴,它具有以下特点:

a) 一个PLC域包含一个域管理节点(DM)以及多个终端设备节点(TN)。DM负责管理域内的终端设备节点,包括组网管理和路由管理等。每一个节点具有一个介质访问控制(MAC)地址,该地址在一个域中应具有唯一性。

b) 同一个低压配电网上可能存在多个PLC域,每个域具有一个域标识(DID),在同一个低压配电网内,域标识应具有唯一性。这些域的划分是逻辑的而非物理的,相邻的域可能部分重叠。因此,属于某一个域的节点在物理层可能"听到"另一个域的节点。为消除或减小这种域间串扰对PLC通信的影响,应采取一定的措施,包括阻波隔离、域识别、以及时域或频域复用信道接入机制等。

c) PLC域可以是"不完全连接"域,即域内两节点之间由于信道噪声、干扰及信号衰减等原因而不能实现物理层点对点通信。因此,域内节点之间的通信可能需要借助其他节点的中继转发。

4.2 参考模型

4.2.1 概述

PLC域协议参考模型及其与OSI参考模型的对应关系如图1所示,它包括物理层(PHY)、介质访问控制子层(MAC)、逻辑链路控制子层(LLC)、应用支持层(APS)和应用层(APP)。PHY层、MAC子层和LLC子层组成不依赖于具体应用的低层协议,它通过APS层及应用接口(AI)为应用层提供服务。在实际系统中,应用层对应于一个具体的应用情形和应用层协议,例如:AMR、家庭能源管理(HEM)等。

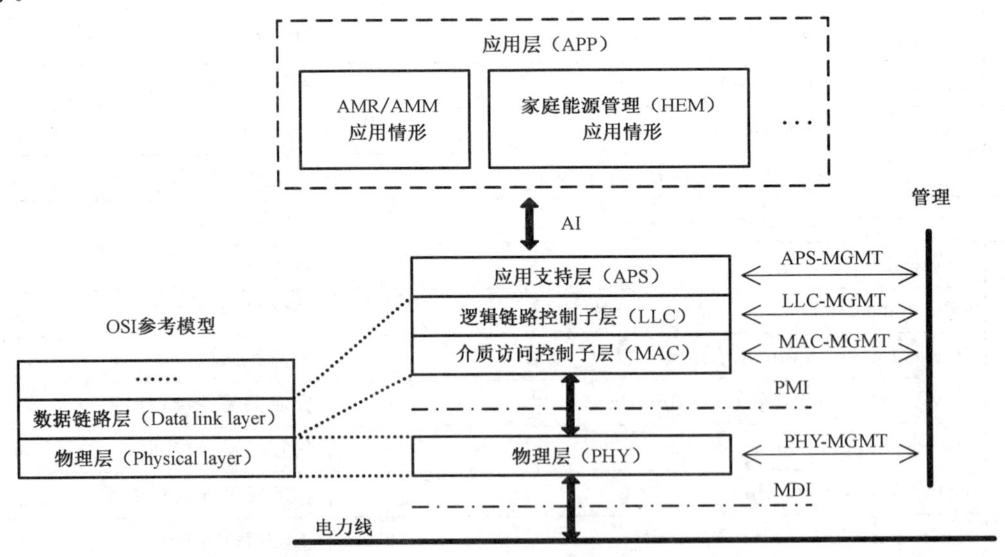

图1 PLC参考模型

4.2.2 各层主要功能和服务

APS层为应用层协议数据通过DLL层进行传输提供适配功能。应用接口(AI)由具体的应用情形定义,一般包括物理或逻辑接口和交互协议。应用层通过AI提交待发送数据,以及通过AI接收数据。

APS 利用数据链路层服务进行数据发送和接收。

LLC 子层和 MAC 子层构成数据链路层 DLL。DLL 为应用层提供端到端的数据链路。LLC 子层负责建立、管理和控制网络路由，包括节点中继转发控制。MAC 子层负责电力线共享介质的接入控制，包括载波侦听和避碰(CSMA/CA)算法，避免发送冲突。

物理层负责将 MAC 子层数据进行信道编码、OFDM 调制、产生物理层信号帧、以及将信号耦合到电力线上进行传输。在接收方向，物理层将从电力线上接收到的信号帧进行解调和解码，恢复数据链路层数据并将其提交给 MAC 子层。

介质无关物理层接口(PMI)为独立于具体物理介质的物理层服务接口。PMI 为功能接口，通过服务原语定义，包括 PHY 层数据和管理服务。

物理层通过介质相关接口(MDI)与物理介质连接，MDI 与具体的物理介质有关，MDI 包括信号的电气指标要求，以及信号与物理介质的耦合和连接规范等。

此外，物理层、MAC 子层、LLC 子层和 APS 层分别通过管理原语 PHY-MGMT、MAC-MGMT、LLC-MGMT 和 APS-MGMT 提供管理服务。

4.2.3 物理层服务

物理层通过 PMI 提供不依赖于具体物理介质的数据服务和管理服务，见表 2 和表 3。

表 2 物理层数据服务

数据服务	方向	说明
PHY-DATA.req	DLL -> PHY	DLL 请求 PHY 发送 MPDU
PHY-DATA.cnf	PHY -> DLL	PHY 层返回先前 PHY-DATA.req 执行结果(发送成功、发送失败、接收端肯定确认、接收端否定确认、确认超时等)
PHY-DATA.ind	PHY -> DLL	PHY 将接收到的帧传递给 MAC 层
PHY-ACK.req	DLL -> PHY	DLL 请求 PHY 发送 ACK 帧
PHY-ACK.ind	PHY -> DLL	PHY 将接收到的确认帧内容传递给 MAC 层

表 3 物理层管理服务

管理服务	方向	说明
PHY-MGMT.req	-> PHY	管理请求
PHY-MGMT.cnf	PHY ->	PHY 层返回先前 PHY-MGMT.req 执行结果
PHY-MGMT.ind	PHY ->	PHY 发出有关物理层管理的指示
PHY-MGMT.res	-> PHY	对 PHY-MGMG.ind 的响应(本地)

5 物理层编码和调制

5.1 概述

本物理层基于覆盖 3 kHz～500 kHz 频段的窄带 OFDM 技术，支持物理层信号帧以连续传输方式或工频同步过零时隙方式传输方式。

5.2 物理层框图

物理层发射端框图见图2。

发射端完成从输入的数据比特到电力线传输信号的转换。输入的待发送数据比特经过比特加扰、RS编码、卷积编码、打孔、比特重复、交织，然后进行比特到符号的星座映射，再将映射后的数据与导频数据一起进行OFDM符号的调制，并插入循环前缀和加窗重叠，至此形成数据的帧体部分。数据帧体部分与前导、帧头复接成发射信号帧，最终通过模拟前端注入到电力线进行传输。

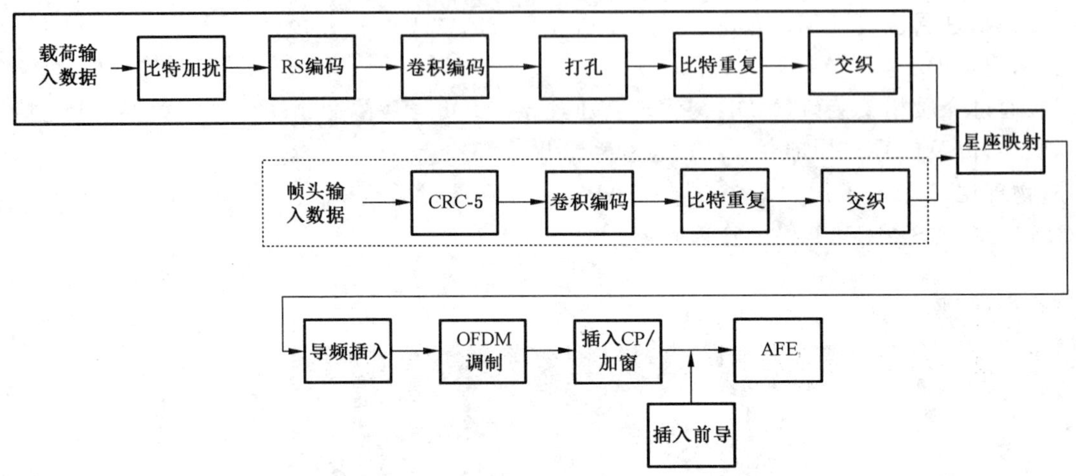

图2 物理层发射端框图

5.3 数据预处理

5.3.1 CRC校验

待发送的MAC层协议数据单元(MPDU)通过PMI接口服务原语PHY-DATA.req传递给物理层，数据长度为L_{MPDU}字节。输入到物理层的L_{MPDU}字节数据按照式(2)补零后长度变成L_{d}字节并表示为DL。L_{d}字节数据成为物理层实际要发送的数据。在发送端，对L_{d}字节数据计算CRC-16，并将16比特CRC校验字附加在数据块后面，形成$L_{\mathrm{d}}+2$字节。

CRC-16的生成多项式见式(1)：

$$G(X)=X^{16}+X^{15}+X^{2}+1 \qquad \cdots\cdots(1)$$

CRC-16的实现结构见附录A.2，其初始值为0xFFFF，并在每个新的MPDU输入时进行编码前复位。

5.3.2 分帧发送

若$L_{\mathrm{d}}+2$字节数据超过单个物理帧所能承载的最大数据长度BytesPerFrame，则需要将其拆分成多个物理帧进行发送。物理层对每一个分帧进行独立编码和发送。分帧由物理帧头中分帧序号(FSN)进行标识。

分帧处理过程如下：

a) 若发送$L_{\mathrm{d}}+2$字节不超过BytesPerFrame，则进行单帧发送；BytesPerFrame由物理层单帧载荷最大OFDM个数(M_{OFDM})、调制方式、编码方式、子载波组数等决定。$M_{\mathrm{OFDM}}=64$。

b) 否则，将$L_{\mathrm{d}}+2$字节数据拆分成多个分帧进行发送。分帧处理器根据BytesPerFrame确定分帧数以及每帧发送的字节数。

c) 每个分帧独立进行编码和发送，并用FSN(见表5)进行标识。

5.4 物理层帧格式

5.4.1 概述

物理层帧由前导(Preamble),物理帧头(PFH)、扩展帧头(PFH_EXT)(若有)和载荷(Payload)组成,见图3。

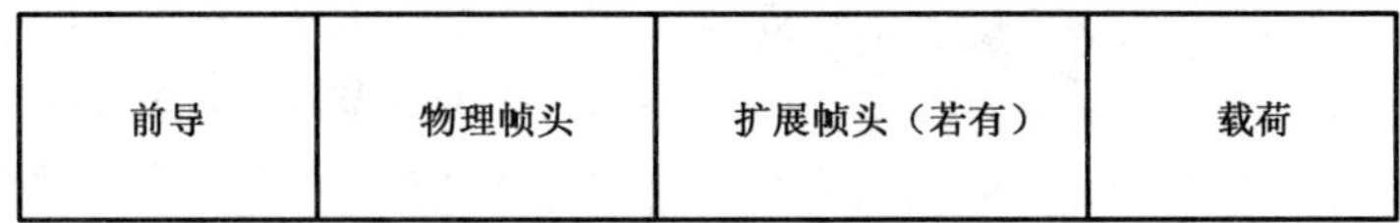

图3 物理层帧结构

前导供接收机进行帧检测、帧同步和定时,并携带传输模式识别。物理帧头携带帧类型、编码和调制方式等信息供接收机对所接收到的物理层信号帧进行解调和解码。扩展帧头(若有)携带子载波动态映射表。帧载荷域承载MAC层协议数据单元(MPDU),其长度可变。

5.4.2 前导(Preamble)

前导主要用于接收端帧信号检测、帧同步、接收机定时同步等,同时携带传输模式标识。本物理层支持两种传输模式:连续传输和工频同步过零时隙传输。发送端可以采用其中任一,接收端自动检测。

两种传输模式所对应的识别码分别为:

工频同步过零时隙传输:Pre1[20]={1,0,0,1,0,1,0,0,1,0,1,1,1,0,1,1,0,0,0,1}。

连续传输:Pre2[20]={0,1,0,1,1,1,1,1,0,0,1,0,1,0,1,0,0,1,0,0}。

注:前导的生成方式详见5.7.5。

5.4.3 物理帧头(PFH)

物理帧头为30比特信息,包括帧类型(FT,1比特)和帧控制信息(FCI,29比特)。

本物理层定义两种帧类型,即数据帧和确认帧。定义见表4。

表4 帧类型FT定义

域名称	比特宽度	比特	定义
帧类型(FT)	1	b0	0:数据帧 1:确认帧

根据帧类型的不同,FCI的含义也不同,分为数据帧FCI和确认帧FCI。

当FT=0时,帧类型为数据帧,数据帧FCI定义见表5。

表5 数据帧FCI定义

名称	比特宽度	比特	取值范围	定义
帧序号(FSN)	4	b[1-4]	0~15	帧序号。对于物理层单帧发送,该子域为0。当物理层分帧发送时,对于最后一个分帧,该子域为0;对于分帧发送的首帧,该子域等于15;对于分帧发送中间帧,该子域为分帧序号,取值1~14,自1开始,每次加1,到14后下一分帧再从1开始

表 5（续）

名称	比特宽度	比特	取值范围	定义
调制方式(MOD)	2	b[5-6]	0～2	定义载荷部分所使用的子载波调制方式，即比特到子载波映射规则： 0：数据子载波均匀 1 比特加载(BPSK) 1：数据子载波均匀 2 比特加载(QPSK) 2：数据子载波均匀 4 比特加载(16QAM)
卷积编码效率(CR)	1	b7	0～1	卷积编码效率： 0：1/2 1：2/3
重复(REP)	2	b[8-9]	0～3	重复倍数： 0：无重复 1：2 倍重复 2：4 倍重复 3：6 倍重复
帧头扩展标志(EXT)	1	b10	0～1	0：无扩展 1：有扩展，后随扩展帧头 PFH_EXT
子信道号	3	b[11-13]		标明发送的子信道号： 0：未知 1：子信道 1 2：子信道 2 3：子信道 3 其他：保留
保留	3	b[14-16]	—	设置为 0
数据长度因子(DL)	8	b[17-24]	—	载荷数据长度因子
帧头校验(HCS)	5	b[25-29]	—	帧头校验

PFH 中的 DL 是计算 L_d(载荷所携带的数据字节数)的因子，其计算如式(2)所示：

$$L_d=\begin{cases}2\times DL & 0\leqslant DL\leqslant 64\\ 128+4\times(DL-64) & 65\leqslant DL\leqslant 128\\ 384+8\times(DL-128) & 129\leqslant DL\leqslant 192\\ 896+16\times(DL-192) & 193\leqslant DL\leqslant 255\end{cases}\qquad\cdots\cdots(2)$$

式中：

DL ——数据长度因子；

L_d ——物理层实际要发送的数据字节数。

当 $DL=255$ 时，$L_d=896+16\times(255-192)=1\ 904$。因此，物理帧所能携带的最大数据长度为 1 904 字节。

当 FT=1 时，帧类型为确认帧，确认帧 FCI 见表 6。

表 6 确认帧 FCI 定义

名称	比特宽度	比特	取值范围	定义
接收结果(Result)	1	b1	0～1	0:接收正确 1:接收失败
接收报文的校验码(CRC16)	16	b[2-17]	—	接收报文的 CRC16 校验码
保留	7	b[18-24]	—	设置为 0
帧头校验(HCS)	5	b[25-29]	—	帧头校验字

帧头校验 HCS 采用 CRC-5 编码,其生成多项式见式(3):

$$G(X)=X^5+X^2+1 \quad\quad (3)$$

CRC-5 的结构见附录 A.1,移位寄存器的初始值为 0x1F。

注:在域定义和描述中,最左边比特为域的最低位(LSB),最右边比特为域的最高位(MSB)。传输次序为 LSB 先,MSB 后。

5.4.4 扩展帧头(PFH_EXT)

当物理帧头 PFH 中的帧头扩展标志(EXT)为 1 时,PFH 后面跟随 PFH_EXT。

PFH_EXT 共 36 比特,子载波动态映射(TM)占用 31 比特,扩展帧头校验字 EHCS 占用 5 比特,见表 7。

子载波动态屏蔽的最小单位为一个子载波超级组。子载波超级组定义见 5.5.3。

多帧连续发送时,如果存在子载波动态屏蔽,首帧通过 PFH_EXT 携带子载波动态映射表,后续帧不需再重复携带 PFH_EXT。

表 7 PFH_EXT 定义

名称	比特宽度	比特	取值范围	定义
子载波动态屏蔽(TM)	31	b[0-30]	0～1	TM[i]=1,表示第 i 个子载波超级组加载有效数据; TM[i]=0,表示第 i 个子载波超级组加载零; i=0,1…30
扩展帧头校验(EHCS)	5	b[31-35]	—	扩展帧头校验字

扩展帧头校验 EHCS 采用 CRC-5 编码,其生成多项式与式(3)相同。

CRC-5 的结构见附录 A.1,移位寄存器的初始值为 0x1F。

5.4.5 载荷(Payload)

载荷承载用户或高层协议数据,也即物理层服务数据单元(PSDU)。

5.5 子载波

5.5.1 子载波类型

子载波分为如下类型:

a) 不可用子载波(FSC):根据国家或地区频段政策规定或出于其他目的(例如,保护频带)而明确不允许使用的频率。FSC 应设置为 0。

b) 可用子载波(USC):除了 FSC 以外的子载波。但一个具体应用情形所使用的子载波与应用情形具体的工作频带有关。因此,USC 进一步分为:
   1) 带内子载波(IBSC):包含在应用情形工作频带内的子载波,它进一步分为:
      ① 数据子载波(DSC):加载数据比特,用于传输数据信息;
      ② 导频子载波(PSC):加载特殊的已知数据比特,用于接收机定时恢复、信道估计等;
      ③ 被屏蔽子载波(MSC):带内被屏蔽而不可使用的子载波,设置为 0。
   2) 带外子载波(OBSC):不包含在工作频带内的可用子载波,设置为 0。

5.5.2 子载波组

10 个连续的子载波构成一个子载波组。

5.5.3 子载波超级组

一个子载波超级组由 4 个连续的子载波组构成。

5.5.4 子载波屏蔽

子载波屏蔽分为静态屏蔽和动态屏蔽。静态屏蔽是指收发双方已约定并固定不使用的子载波。动态屏蔽是指发送端根据信道情况随时改变所使用的子载波,需要将子载波屏蔽信息通过帧头通知接收端。静态屏蔽适用于前导、物理帧头、扩展帧头(如有)和载荷,动态屏蔽仅适用于载荷。

当静态屏蔽带内子载波时,应将子载波所在的整个子载波组及其左右相邻的组屏蔽,称为被屏蔽子载波组(MSG)。带内没有被屏蔽的子载波组称为有效子载波组(ASG)。一个有效子载波组包括 1 个导频子载波(PSC),其余子载波承载数据比特,即数据子载波(DSC)。

当在工作带宽内使用动态子载波屏蔽时,最小屏蔽单位为一个子载波超级组。

5.5.5 频率方案

频率方案(Frequency Plan)是指应用情形的具体工作频段,可以从任何子载波起始,但总是包含整数个子载波组。具体的子载波组个数决定了频率方案的带宽。频率方案起始子载波对应频率 F_{start},终止子载波对应频率 F_{end}。频率方案见附录 B。

5.6 信道编码

5.6.1 比特加扰

为了增加传输数据的随机性,对每个分帧数据流使用比特加扰进行加扰处理。

比特扰码是一个二进制伪随机序列。其生成多项式见式(4):

$$G(X)=X^9+X^4+1 \qquad \cdots\cdots(4)$$

比特扰码的结构见附录 C,其初始值为 0x1FF。

5.6.2 RS 编码

扰码后的比特流接着进行 RS 编码。RS 编码器支持如下 RS 码:

a) RS(k+8,k),由原始的 RS(255,247)截断产生;

b) RS(k+16,k),由原始的 RS(255,239)截断产生。

RS 码的每个码元取自域 GF(256),其域本原多项式见式(5):

$$g(x)=x^8+x^4+x^3+x^2+1 \qquad \cdots\cdots(5)$$

对于输入到RS编码器的L_S字节待编码数据块，首先进行K次RS(144,128)编码，K计算公式见式(6)：

$$K = Floor\left[\frac{L_S}{128}\right] \qquad \cdots\cdots(6)$$

式中：

$Floor\left[\frac{L_S}{128}\right]$——小于或等于$x$的最大整数。

若L_S小于128字节，则$K=0$。

进行RS(144,128)编码后，剩余的数据采用RS($8+k$,k)或RS($k+16$,k)进行编码，规则如下：

a) 若$L_S-128\times K\leqslant 32$，则采用RS($k+8$,$k$)编码；

b) 若$32<L_S-128\times K\leqslant 128$，则采用RS($k+16$,$k$)编码。

注：RS编码原理参见参考文献[1]。

5.6.3 卷积编码

RS编码器的输出数据转换为比特流(LSB先)输入到卷积编码器，且最后补6个零(冲刷比特)。卷积码采用约束长度为7、编码效率为1/2的卷积编码，其生成多项式为(133,171)，其编码器结构见附录D。

5.6.4 打孔

对卷积编码后的数据打孔(Puncturing)实现不同的编码效率，码率和打孔位置关系见表8。表中，"1"表示发送这个位置的比特数据，"0"表示不发送这个位置的比特数据。

表8 码率和打孔位置关系列表

原码	打孔格式	打孔后输出数据	CC码率
$G_{ConX}=(133)_8$ $G_{ConY}=(171)_8$	A:1 B:1	$I=A_1$ $Q=B_1$	1/2
	A:10 B:11	$I=A_1B_2B_3$ $Q=B_1A_3B_4$	2/3

5.6.5 比特重复

比特重复是指将卷积编码后的数据比特进行一定倍数的重复，重复倍数可为1、2、4或6。重复的规则是：卷积输出的每个比特重复后依次送入交织器。

5.6.6 交织

5.6.6.1 交织器

比特重复后的数据首先用随机比特进行填充(填充规则见5.6.6.2)数据量到$9\times G\times b\times n$比特，其中$G$为可用子载波组，$b$为子载波加载比特数，$n$为OFDM符号数。

填充后的数据以比特流的形式逐列写入交织器。比特交织器结构见图4。交织器具有m列和n行，其中m最大为216。若交织器写满时还有剩余数据，则先将交织器输出，再对剩余数据重复上述步骤进行交织。

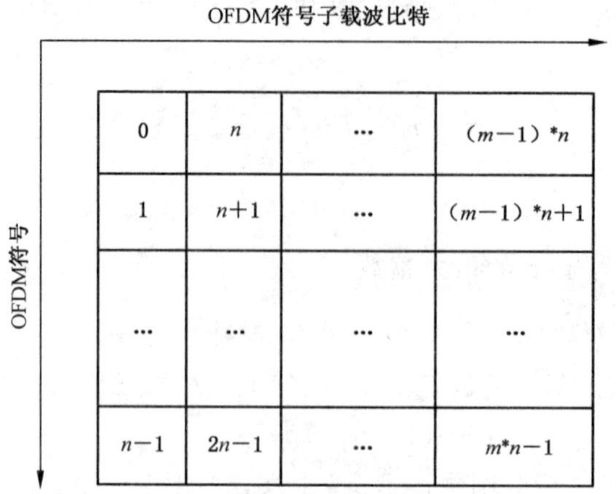

0	n	…	$(m-1)*n$
1	$n+1$	…	$(m-1)*n+1$
…	…	…	…
$n-1$	$2n-1$	…	$m*n-1$

图 4　交织器结构

进入信道交织器的数据比特的位置(i,j)，其中$i=0,1,\cdots,m-1$且$j=0,1,\cdots,n-1$通过交织，变为位置(I,J)，见式(7)：

$$J=(j\times n\_j+i\times n\_i)\%n$$
$$I=(i\times m\_i+J\times m\_j)\%m \qquad \cdots\cdots(7)$$

式中：

%——模运算，即取余数。

其中，m_i，m_j，n_i，n_j等参数与m，n的取值有关；$m\_i<m\_j$；$n\_i<n\_j$。

需要注意的是，为了使得产生好的交织结构，应满足式(8)：

$$GCD(m\_i,m)=GCD(m\_j,m)=GCD(n\_i,n)=GCD(n\_j,n)=1 \qquad \cdots\cdots(8)$$

式中：

GCD——最大公约数。

其中，m_i，m_j，n_i，n_j等参数与m，n的取值有关；$m\_i<m\_j$；$n\_i<n\_j$。

OFDM个数由式(9)确定：

$$n=Ceiling\left[\frac{L_{\mathrm{REP}}}{9\times G\times b}\right] \qquad \cdots\cdots(9)$$

式中：

G　——子载波组的数目；

b　——每个子载波承载的比特数目；

L_{REP}——比特重复编码后的比特数。

注：$Ceiling[x]$表示等于或大于x的最小整数。

5.6.6.2　比特填充

若物理帧帧头、扩展帧头(若有)或载荷部分整数个OFDM符号所承载的数据比特数大于实际待发送数据，则需要对待发送数据适当填补，即在交织器中以伪随机比特追加到待发数据比特后面；

用于填充的随机比特由线性反馈移位寄存器产生，见图5。其生成多项式见式(10)：

$$G(X)=X^8+X^4+X^3+X^2+1 \qquad \cdots\cdots(10)$$

移位寄存器的初始值为10101011b，在每个物理帧开始前进行复位。

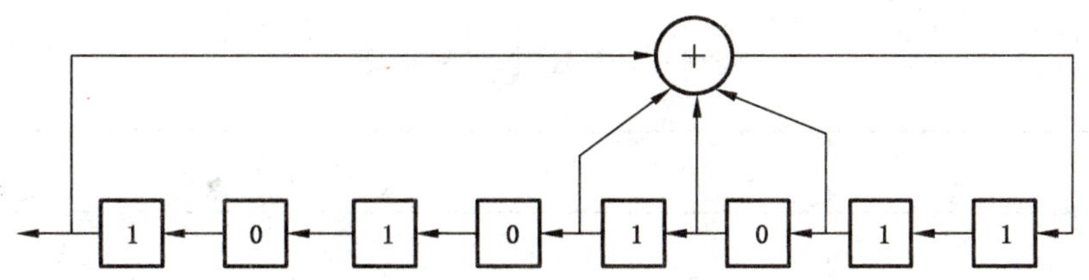

图 5　填充比特伪随机序列生成器

5.6.7　物理帧头和扩展帧头编码

物理帧头及扩展帧头(若有)单独进行校验和编码。物理帧头的 30 个比特或扩展帧头的 36 个比特经过卷积编码、比特重复、交织等后加载到 OFDM 符号进行传输。

前向纠错编码采用约束长度为 7、编码效率为 1/2 的卷积码,其生成多项式为(133,171),卷积编码器结构见附录 D。物理帧头的 30 个比特或扩帧帧头的 36 个比特(含 CRC 校验比特)以比特流的方式输入到卷积编码器,LSB 先,且最后补 6 个零(冲刷比特)。

经过卷积编码后的数据再经过 6 倍比特重复后,经过交织器后通过 OFDM 调制进行传输。

5.7　OFDM 调制

5.7.1　星座映射

5.7.1.1　概述

交织器输出的比特流按照子载波加载次序依次分割成比特组,每组 b 比特。星座映射将每个比特组转换为一个复数(I,Q)并调制到所对应的数据子载波上。对于物理帧头和扩展帧头(若有),子载波采用 BPSK 调制,因此 $b=1$。对于载荷部分,子载波采用均匀调制,$b=1,2,4$。

PSC 子载波加载方式见 5.7.3,其余不用子载波置零。

5.7.1.2　1-比特映射(BPSK)

子载波所加载的比特数 $b=1$,即比特组长度为 1。发送端及接收端对 1 比特星座映射的支持是必须的。1-比特星座映射见图 6 和表 9。

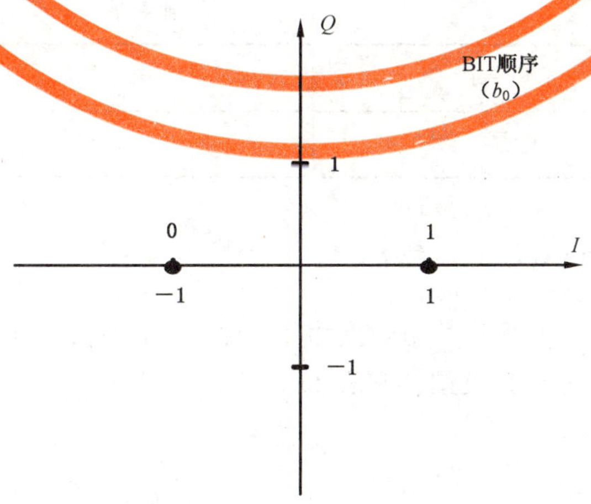

图 6　BPSK 星座映射图

表 9　BPSK 星座映射表

比特 b_0	I	Q
0	−1	0
1	+1	0

5.7.1.3　2-比特星座映射(QPSK)

子载波所加载的比特数 $b=2$,即比特组长度为 2。发射机及接收机对 2 比特星座映射的支持是必须的。2 比特星座映射见图 7 和表 10。

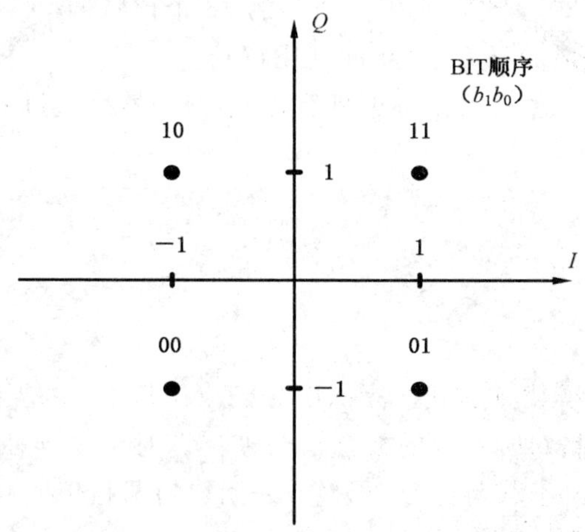

图 7　QPSK 星座映射图

表 10　QPSK 星座映射表

比特 b_0	I	比特 b_1	Q
0	−1	0	−1
1	+1	1	+1

5.7.1.4　4-比特星座映射(16QAM)

子载波所加载的比特数 $b=4$,即比特组长度为 4。对于 4 比特星座映射,要求发射端必须支持,但在接收端是可选的。4-比特星座映射见图 8 和表 11。

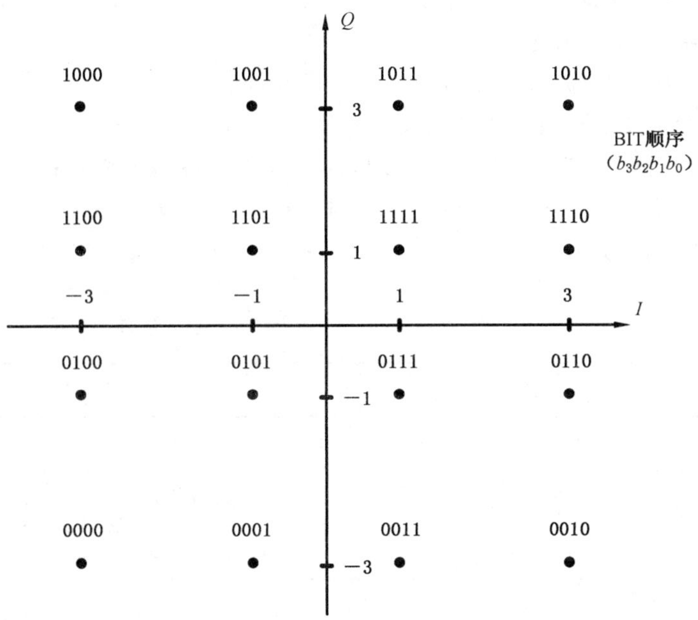

图 8 16QAM 星座映射图

表 11 16QAM 星座映射表

比特 b_1b_0	I	比特 b_3b_2	Q
00	−3	00	−3
01	−1	01	−1
11	+1	11	+1
10	+3	10	+3

5.7.2 星座缩放

星座缩放包括功率归一化和增益调节。子载波 i 的星座点(I_i,Q_i)可表示为复数($I_i+j\times Q_i$),经过增益因子 $g(i)$和功率归一化因子 $\lambda(b)$调节后,星座编码器的输出见式(11):

$$Z_i=g(i)\times\lambda(b)\times(I_i+j\times Q_i) \qquad (11)$$

式中:

$g(i)$——第 i 个子载波的增益因子;

$\lambda(b)$——功率归一化因子。

功率归一化的目的是使所有星座图(不管其大小)都具有相同的平均发送功率。功率归一化因子 $\lambda(b)$仅与 b 有关,如表 12 所示。

表 12 星座映射功率归一化因子

比特数	归一化因子 $\lambda(b)$
1	1
2	$1/\sqrt{2}$
4	$1/\sqrt{10}$

子载波的平均发送功率可通过增益因子 $g(i)$控制。对不同子载波施加不同增益因子可控制功率成型。本部分子载波功率因子应遵循下列原则：

a） 所有前导符号相同子载波号的子载波增益因子相同；

b） 所有 PFH 符号相同子载波号的子载波增益因子相同；

c） 所有 PFH_EXT 符号(若有)相同子载波号的子载波增益因子相同；

d） 所有载荷符号相同子载波号的子载波增益因子相同。

子载波增益因子如表 13 所示。

表 13 子载波增益因子

信号类型	DSC	PSC	MSC
前导	$GN_0 \times GN_P$		0
物理帧头	$GN_0 \times GN_H$	$GN_0 \times GN_H$	0
扩展帧头	$GN_0 \times GN_H$	$GN_0 \times GN_H$	0
载荷	GN_0	GN_0	0
注 1：GN_0 为标准增益(载荷增益)，GN_H 和 GN_P 为相对与载荷增益 GN_0 的增强增益。 **注 2**：GN_H 和 GN_P 不超过 1.414(3 dB 增强)。			

5.7.3 导频插入

物理帧头、扩展帧头(若有)及载荷部分 OFDM 符号中均包含导频子载波(PSC)。OFDM 符号中，每个子载波组均包含一个导频子载波。导频子载波在频域中的位置由 PSC 索引 d_x 确定。d_x 定义如式(12)所示：

$$d_x = \mathrm{mod}[(j-1)\times 2+(x-1)\times 10, N_{\mathrm{IBSC}}]+USC_{\mathrm{start}} \quad x=1,2,\cdots,Num_{\mathrm{PSC}}; \quad \cdots\cdots(12)$$

式中：

N_{IBSC} ——带内子载波(IBSC)个数；

j ——OFDM 的序号，从 1 开始计数，$j=1,2,\cdots n_{\mathrm{PFH}}+n_{\mathrm{PFH\_EXT}}+n_{\mathrm{Payload}}$；

USC_{start}——物理帧头、扩展帧头(若有)及载荷部分 OFDM 符号有效子载波的起始序号；

Num_{PSC}——每个 OFDM 所包含的导频个数；

mod ——取模操作。

PSC 的索引计算规则为：

a） $\{d_x\}$为导频子载波(PSC)的集合，OFDM 的第一个子载波的索引为 0；

b） $j=1$ 对应于 PFH 的第一个 OFDM 符号；$j=n_{\mathrm{PFH}}+n_{\mathrm{PFH\_EXT}}+n_{\mathrm{Payload}}$ 对应于载荷的最后一个 OFDM 符号。

按如下规则复接 OFDM 频域符号：

a） 按照导频的分配规则，先在带内子载波相应位置上放置导频信号；

b） 按照子带屏蔽的要求，将带内相应载波上置零；

c） 带内子载波(IBSC)去除屏蔽子载波(MSC)和导频子载波(PSC)的位置上，依次放置数据子载波。

当带内子载波(IBSC)内无屏蔽子载波时，数据子载波和导频子载波分配方式见图 9。

图 9 导频结构图

5.7.4 OFDM 生成

物理帧头、扩展帧头(若有)及载荷采用 OFDM 调制,OFDM 符号结构见图 10。循环前缀由滚降间隔和保护间隔组成。

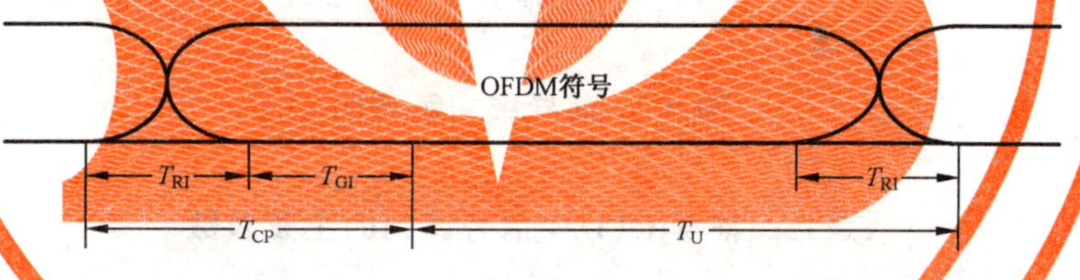

图 10 OFDM 符号结构

OFDM 信号可以通过 IFFT 生成,对所生成的时域 OFDM 符号添加循环前缀,并进行加窗重叠。

OFDM 符号的循环前缀按如下方法产生:取 IFFT 输出的最后 N_{CP} 个抽样,放置到 OFDM 符号 N 个抽样之前。循环前缀抽样的次序应安排如下:

a) 第 0 个抽样等于 IFFT 第 $N-N_{CP}$ 个输出;

b) 循环前缀的最后一个抽样等于 IFFT 第 $N-1$ 个输出,下一个抽样等于 IFFT 第 0 个输出。

OFDM 信号的加窗重叠的规则见 5.7.6。

OFDM 物理层调制的主要参数见表 14。

表 14 OFDM 调制主要参数

名称	定义	有效值
F_{sc}	子载波间隔	0.390 625 kHz
T_S	OFDM 符号周期	2.74 ms

表 14（续）

名称	定义	有效值
T_U	符号体长度	2.56 ms
N_{CP}	循环前缀的采样点数	200
T_{GI}	保护间隔	180 μs
T_{RI}	滚降间隔	20 μs
RI	加窗的采样点数	20
N_{IB}	带内子载波数	10×G,G 为带内子载波组数,与具体工作带宽有关
f_S	发送时钟	1 MHz

5.7.5 前导生成

5.7.5.1 概述

前导由 20 段 BPSK 信号调制的 OFDM 基本信号构成,前导结构图见图 11。前导 OFDM 调制的主要参数见表 15。

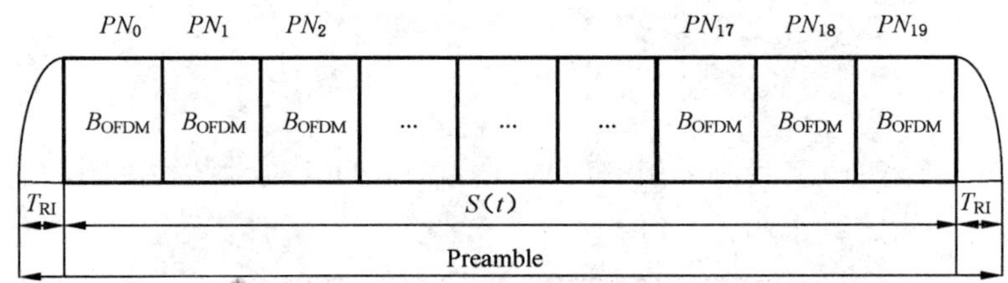

图 11 前导结构示意图

表 15 前导 OFDM 信号调制的主要参数

名称	定义	有效值
Δf	前导 OFDM 基本信号的子载波间隔	7.812 5 kHz
N_b	前导 OFDM 基本信号的符号抽样数	128
T_b	前导 OFDM 基本信号的符号长度	0.128 ms

5.7.5.2 前导 OFDM 基本信号

前导的 OFDM 基本信号生成表达见式(13):

$$B(t)=\mathrm{Re}\left[\frac{1}{N_b}\sum_{i=0}^{N_b-1}X_b(i)\times \mathrm{e}^{j2\pi i(\Delta f)t}\right] \quad \cdots\cdots(13)$$

注: Re[x] 表示取复数 x 的实部。

其中 $X_b(i)$按式(14)计算,

$$X_b(i)=\begin{cases}[1-2\times PN_b(i)]+j\times[1-2\times PN_b(i)], & C_{start}\leqslant i\leqslant C_{end}\\ 0, & \text{其他}\end{cases} \quad \cdots\cdots(14)$$

式中：

C_{start}——前导的起始频率对应的子载波号；

C_{end}——前导的终止频率对应的子载波号。

$PN_b(k)$为二进制伪随机数据序列，由反馈移位寄存器产生，生成多项式见式(15)：

$$G(X)=X^7+X^3+1 \qquad \cdots\cdots(15)$$

伪随序列 $PN_b(k)$生成器的结构见附录 E。移位寄存器的初始值为 1101011b，在每个物理帧开始前进行复位，且第一个填充子载波对应寄存器的第一个输出，然后依次往后推移。

5.7.5.3 前导信号波形生成

最终的前导信号波形由 20 位传输模式码对上述 BPSK 调制基本 OFDM 信号再进行调制而生成，表达如式(16)所示：

$$S(t)=A\times\sum_{i=0}^{19}(2\times \mathrm{Pre}[i]-1)\times \mathrm{rect}\left(\frac{t-i\times T}{T}\right)\times B(t-i\times T) \qquad \cdots\cdots(16)$$

式中：

$\mathrm{Pre}[i]$——20 位传输模式码，见 5.4.2；

A ——幅度调整因子；

$$\mathrm{rect}\left(\frac{t-i\times T}{T}\right)=\begin{cases}1, & 0\leqslant\frac{t}{T}\leqslant 1\\ 0, & 其他\end{cases}$$——矩形函数。

5.7.5.4 前导的屏蔽规则

前导信号支持静态屏蔽。若需要屏蔽从起始频率 F_{MS}到终止频率 F_{ME}的频段，则相应将其对应子载波的映射置为 0，即按式(17)计算：

$$X_b(i)=0,\quad C_{MS}\leqslant i\leqslant C_{ME} \qquad \cdots\cdots(17)$$

式中：

C_{MS}——静态屏蔽起始子载波序号，见式(18)；

C_{ME}——静态屏蔽终止子载波序号，见式(19)。

其中，子载波序号 C_{MS}和 C_{ME}分别对应于频率 F_{MS}和频率 F_{ME}。且

$$C_{MS}=Floor\left\{\frac{F_{MS}}{\Delta f}\right\} \qquad \cdots\cdots(18)$$

式中：

F_{MS}——静态屏蔽的起始频率。

$$C_{ME}=Ceiling\left\{\frac{F_{ME}}{\Delta f}\right\} \qquad \cdots\cdots(19)$$

注 1：$Floor[x]$ 表示小于或等于 x 的最大整数。

注 2：$Ceiling[x]$ 表示等于或大于 x 的最小整数。

5.7.6 加窗重叠

前导信号、物理帧头、扩展帧头(若有)及物理帧载荷数据的前 RI 个数据与后 RI 个数据要做加窗处理，窗函数的定义如式(20)所示：

$$\omega(t)=\begin{cases}0.5+0.5\times\cos(\pi+t\times\pi/T_{RI}), & 0\leqslant t\leqslant T_{RI}\\ 1, & T_{RI}<t\leqslant T_S\\ 0.5+0.5\times\cos[(t-T_S)\times\pi/T_{RI}], & T_S<t\leqslant T_S+T_{RI}\end{cases}\qquad\cdots\cdots\cdots\cdots(20)$$

对于前导信号进行整体加窗;对于物理帧头、扩展帧头(若有)及载荷数据是每个 OFDM 符号前都要加循环前缀(CP)并加窗。

在连续传输模式下,除了加窗外,还需要对前后符号进行重叠累加处理。对于前导信号,其前部的 RI 个加窗数据不与任何信号重叠,其后部的 RI 个加窗数据与帧控制第一个 OFDM 符号的前部的 RI 个加窗数据叠加;对于物理帧头、扩展帧头(若有)和帧载荷数据是每个 OFDM 符号都要加 CP 并加窗,加窗操作对包含 IFFT 块和它的循环前缀的整个 OFDM 符号,每个 OFDM 符号的前部 RI 个数据加窗,和它前面一个 OFDM 符号的后部的 RI 个加窗数据作加法累加到一起,就是前后 OFDM 符号有重叠,最后一个 OFDM 符号的后部的 RI 个加窗数据不与任何信号重叠。

在工频同步过零时隙传输模式下,每个时隙传输的数据仅仅加窗,而不用进行前后符号的重叠累加处理。即除前导外,每个时隙传输的数据长度为 T_S+T_{RI}。

注：连续模式和工频同步过零时隙传输模式见第 6 章。

6 物理层信号传输模式

6.1 概述

本物理层支持连续传输模式和工频同步过零时隙传输模式。

6.2 连续传输模式

对于连续传输模式,发送端发送信号可以在任意时刻开始,所有分帧的 OFDM 符号连续发送,直至最后一个分帧发送完毕为止。

6.3 工频同步过零时隙传输模式

在电力线物理信道上以与工频同步的时隙定义逻辑通道,载波信号 OFDM 符号仅在通道的时隙内传输。对于低压电力线载波通信系统,在每一相电力线上时隙定义如下:

a) 在工频半周期 T_{ac} 内定义 3 个时隙(S_0,S_1,S_2),时隙宽度 $T_{slot}=T_{ac}/3$。第 1 个时隙以所在相线工频过零点为中心,称为过零时隙。
b) 工频同步过零时隙传输即在每一相电力线上仅使用过零时隙(即时隙 S_0)进行传输,每一个时隙内传输一个 OFDM 符号。

7 物理层服务

7.1 概述

本章通过服务原语描述物理层服务,包括数据服务、信道状态服务和物理层管理服务。

7.2 数据服务

7.2.1 物理层数据服务原语

物理层提供的数据服务见表 16。

表 16　物理层数据服务原语

服务类别	原语	说明
PHY-DATA	PHY-DATA.req	发送数据请求
	PHY-DATA.cnf	发送确认
	PHY-DATA.ind	接收数据指示
PHY-ACK	PHY-ACK.req	请求发送 ACK

7.2.2　发送数据请求(PHY-DATA.req)

物理层通过"发送数据请求"原语 PHY-DATA.req 允许 MAC 层向物理层请求发送数据。MAC 层应对信道状态进行评估并在信道空闲的状态下发出该请求。物理层对待发送数据进行必要的处理(包括物理层分帧)并进行发送。物理层通过"发送确认"原语 PHY-DATA.cnf 返回发送结果。

PHY-DATA.req 原语相关参数见表 17。

表 17　PHY-DATA.req 参数

参数	类型	取值范围	说明
SubChannel	整型	0～7	发送子信道号 0=子信道 0(连续发送时可认为只有子信道 0,工频同步过零时隙传输时子信道 0 对应过零时隙) 1=子信道 1 2=子信道 2 其他保留
MPDUlength	整型	≤aMaxPSDUSize(见表 28)	MPDU 长度(单位:字节)
MPDU	字节串	—	MPDU 数据
MPDUhandle	整型	0～255	MPDU 本地标识

7.2.3　发送确认(PHY-DATA.cnf)

物理层执行 PHY-DATA.req 后,在发送完毕或发送失败时通过本原语返回 PHY-DATA.req 的结果。PHY-DATA.cnf 原语相关参数见表 18。

表 18　PHY-DATA.cnf 参数

参数	类型	取值范围	说明
MPDUhandle	整型	0～255	MPDU 本地标识,等于 PHY-DATA.req 中的 MPDUhandle
status	整型	0～255	0:SUCCESS,成功发送完毕 1:发送失败 2:接收正确 其他:保留

物理层接收到 PHY-DATA.req 请求后进行物理层发送。若发送失败，则返回“发送失败”。若发送成功，则返回“发送成功”。

7.2.4 接收数据指示（PHY-DATA.ind）

物理层使用本原语向 MAC 层传递所接收到的 MPDU 数据。PHY-DATA.ind 原语相关参数见表 19。

表 19 PHY-DATA.ind 参数

参数	类型	取值范围	说明
SubChannel	整型	0～7	发送子信道号，0＝子信道 0，1＝子信道 1，2＝子信道 2，3＝子信道 3，其他保留
MPDUlength	整型	≤aMaxPSDUSize（见表 27）	接收到的 MPDU 长度（字节数）
MPDU	字节序列	—	接收到的 MPDU 数据
MPDUhandle	整型	0～255	MPDU 本地标识
CRCstatus	整型	0，1	0：CRC 校验正确 1：CRC 校验错误
RSSI	整型	1～15	接收信号强度

7.2.5 请求发送确认（PHY-ACK.req）

物理层通过原语 PHY-ACK.req 允许 MAC 层请求发送确认帧。MAC 层在接收到物理层传递的接收数据且 Ack＝1 并 MAC 层地址匹配，则应使用本原语请求物理层发送确认帧。

PHY-ACK.req 原语相关参数见表 20。

表 20 PHY-ACK.req 参数

参数	类型	取值范围	说明
SubChannel	整型	0～7	发送子信道号 0：子信道 0 1：子信道 1 2：子信道 2 3：子信道 3 其他保留
Result	整型		0：接收正确 1：接收错误 其他：保留
RecvDataGramCRC	整型		接收报文的 CRC-16 校验码

7.2.6 确认帧指示（PHY-ACK.ind）

物理层使用本原语向 MAC 层传递所接收到的确认帧内容。

PHY-ACK.ind 原语相关参数见表 21。

表 21 PHY-ACK.ind 参数

参数	类型	取值范围	说明
SubChannel	整型	0～7	发送子信道号 0:子信道 0 1:子信道 1 2:子信道 2 3:子信道 3 其他保留
ACKData	字节序列	—	接收到的确认帧 FCI 内容(30bit)
CRCstatus	整型	0,1	0:CRC 校验正确 1:CRC 校验错误

7.3 物理层管理服务

7.3.1 物理层管理服务原语

物理层通过表 22 中的原语,允许对物理层参数、工作状态和操作进行设置、控制和管理。

表 22 物理层管理服务原语

类别	原语	说明
PLME-CCA	PLME-CCA.req	信道状态请求
	PLME-CCA.cnf	信道状态确认
PLME-SET	PLME-SET.req	物理层设置请求
PLME-GET	PLME-GET.req	物理层读请求
	PLME-GET.cnf	物理层读确认

7.3.2 信道状态请求(PLME-CCA.req)

物理层通过原语 PLME-CCA.req 允许 MAC 层获取物理层信道状态。MAC 层发送前应先通过本原语确认物理层信道处于空闲状态。物理层通过原语 PLME-CCA.cnf 返回信道状态。PLME-CCA.req 原语相关参数见表 23。

表 23 PLME-CCA.req 参数

参数	类型	取值范围	说明
无			

7.3.3 信道状态确认(PLME-CCA.cnf)

物理层使用本原语返回先前 PLME-CCA.req 的执行结果。PLME-CCA.cnf 原语相关参数见表 24。

表 24 PLME-CCA.cnf 参数

参数	类型	取值范围	说明
status	整型	0～3	0:信道空闲(没有检测到信道中有发送) 1:本机发送忙 2:本机接收忙 3:本机收发器未准备好

7.3.4 物理层设置请求(PLME-SET.req)

物理层通过本原语允许高层对物理层属性进行设置。PLME-SET.req 原语相关参数见表 25。

表 25 PLME-SET.req 参数

参数	类型	取值范围	说明
属性	整型	见属性表(表 29)	待设置的属性
属性值长度	整型	0～255	字节数
属性值	—	—	

7.3.5 物理层读请求(PLME-GET.req)

物理层通过本原语允许高层获取物理层属性值。PLME-GET.req 原语相关参数见表 26。

表 26 PLME-GET.req 参数

参数	类型	取值范围	说明
属性	整型	见属性表(表 29)	待读取的属性

7.3.6 物理层读确认(PLME-GET.cnf)

物理层通过本原语返回先前 PLME-GET.req 的执行结果。PLME-GET.cnf 原语相关参数见表 27。

表 27 PLME-GET.cnf 参数

参数	类型	取值范围	说明
status	整型	0～3	0:成功 1:失败 其他:保留
属性代码	整型	见属性表(表 29)	所读取的属性
属性值长度	整型	0～255	字节数
属性值	整型	见属性表(表 29)	所读属性值

7.4 物理层常数和属性

物理层常数如下表 28 和表 29 所列。

表 28 物理层常数

常数名	取值	描述
aMaxPSDUSize	1 904	MPDU 最大字节数

表 29 物理层属性表

属性	类型	取值范围	描述
TX_BMP	整数	0～2	子载波比特映射： 0:BPSK 1:QPSK 2:16QAM
TX_CR	整数	0～1	卷积编码效率： 0:1/2 1:2/3
TX_REP	整数	0～3	重复： 0:无重复 1:2 倍重复 2:4 倍重复 3:6 倍重复
TX_MODE	整数	0～2	传输模式： 0:连续传输模式 1:工频同步过零时隙传输模式
TMFlag	整数	0～1	是否有子载波动态屏蔽： 0:无子载波动态屏蔽 1:有子载波动态屏蔽
TM	整数		子载波动态屏蔽表，共 31 个比特。 TM[i]=1,表示第 i 个子载波超级组加载有效数据； TM[i]=0,表示第 i 个子载波超级组加载 0； $i=0,1,\cdots,30$

8 电气指标要求

发送电平及测试要求应符合 GB/T 31983.11—2015 中的规定。

附 录 A
（规范性附录）
CRC-5 和 CRC-16 的结构

A.1 CRC-5 结构

CRC-5 由伪随机序列的移位寄存器实现，其输入比特流次序为第 1 个字节低位（LSB）先，高位（MSB）后。所追加的 5 比特 CRC 校验字的输出次序为 Z(4)最先，Z(0)最后。CRC-5 编码实现结构见图 A.1。

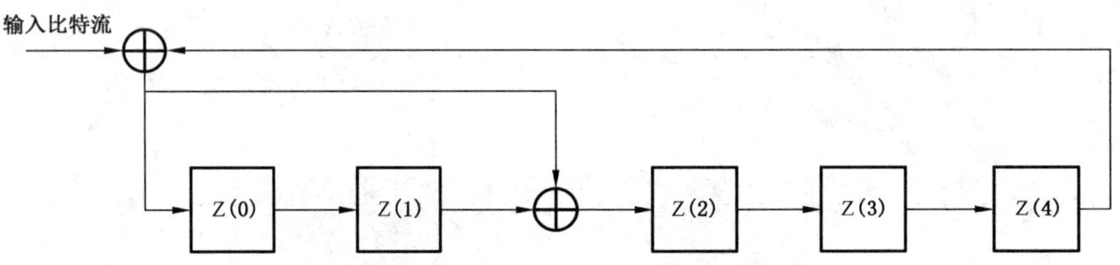

图 A.1 CRC-5 编码实现结构

A.2 CRC-16 结构

CRC-16 由伪随机序列的移位寄存器实现，其输入比特流次序为第 1 个字节低位（LSB）先，高位（MSB）后。所追加的 16 比特 CRC 校验字的输出次序为 Z(15)最先，Z(0)最后。CRC 校验字产生器见图 A.2。

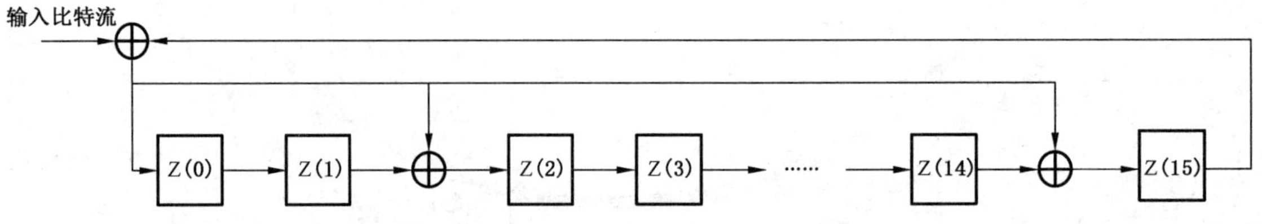

图 A.2 CRC 校验字产生器

附 录 B
（规范性附录）
频 率 方 案

频率方案(Frequency Plan)是指具体应用情形在 3 kHz～500 kHz 频带内定义的工作频段。频率方案由起始频率 F_{start} 和终止频率 F_{end} 确定，均为子载波间隔的整数倍，带宽包含整数个子载波组。

3 kHz～95 kHz 频率方案如表 B.1 所示。

表 B.1 3 kHz～95 kHz 频段频率方案

参数	取值	说明
F_{start}	39.062 5 kHz	起始频率
F_{end}	89.453 125 kHz	终止频率，子载波组数 G=13(带宽 50.781 25 kHz)

95 kHz～150 kHz 频段频率方案如表 B.2 所示。

表 B.2 95 kHz～150 kHz 频段频率方案

参数	取值	说明
F_{start}	98.437 5 kHz	起始频率
F_{end}	144.921 875 kHz	终止频率，子载波组数 G=12(带宽 46.875 kHz)

在扩展频段，允许具体应用情形根据需求定义工作频率及带宽。在该频段内的频率方案由起始频率 F_{start} 和终止频率 F_{end} 确定。

附　录　C
（规范性附录）
比特加扰的结构

比特加扰是一个二进制伪随机序列，由线性反馈移位寄存器生成，见图 C.1。

输入的比特码流(来自输入接口的数据字节的 MSB 在前)与 PN 序列进行逐位模二加后产生扰码数据。扰码器的移位寄存器在每个分帧开始时复位到初始相位。

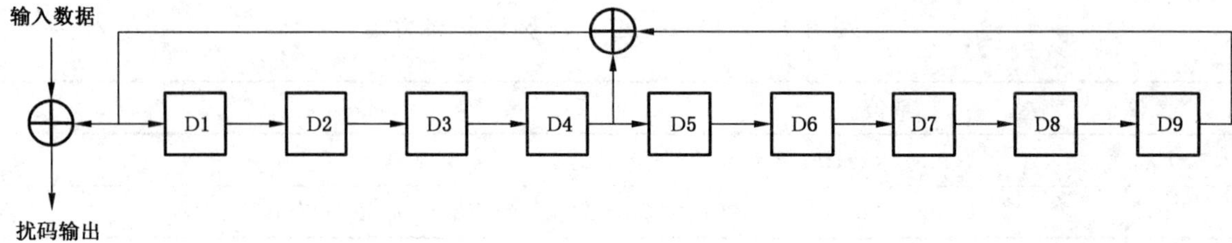

图 C.1　比特加扰的结构

附　录　D
（规范性附录）
卷积编码器的结构

卷积编码器的结构见图 D.1，卷积编码输出顺序是先输出 A 后输出 B。

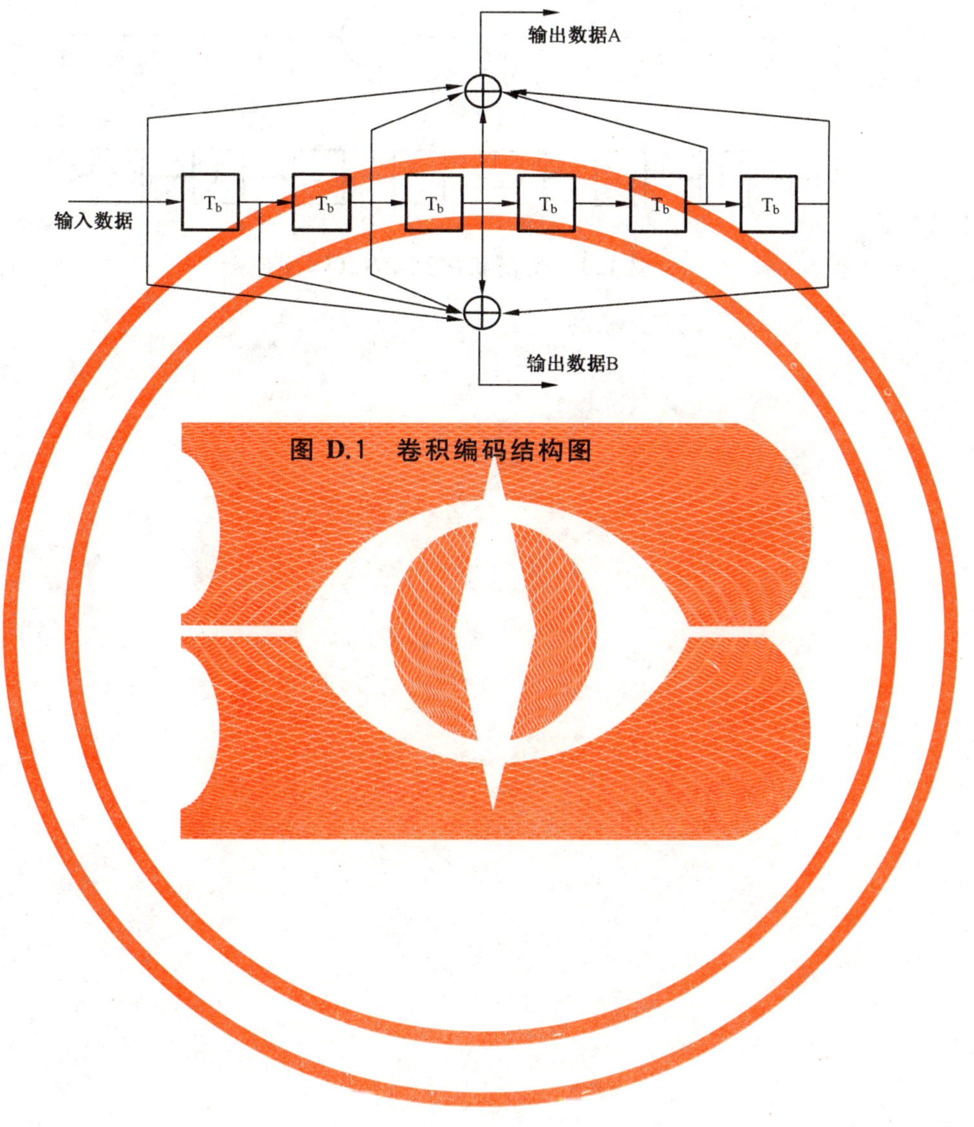

图 D.1　卷积编码结构图

附　录　E
（规范性附录）
伪随序列 $PN_b(k)$ 生成器结构图

伪随序列 $PN_b(k)$ 生成器的结构见图 E.1。

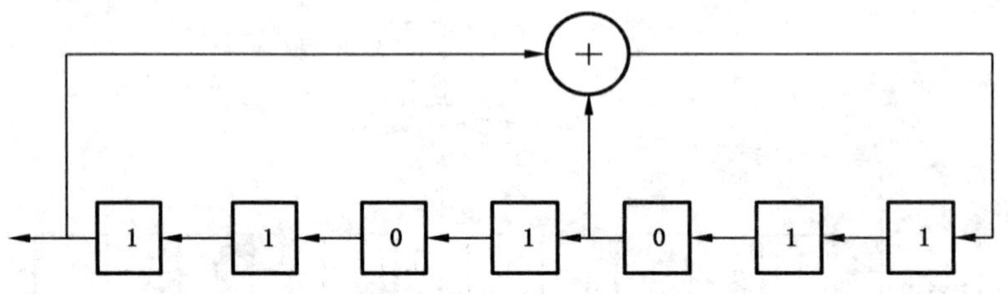

图 E.1　伪随机序列 $PN_b(k)$ 生成器

参 考 文 献

［1］ Shu Lin,Daniel J.Costello,"Error Control coding:fundamentals and applications",Prentice-Hall,Inc,1983.

ICS 29.035.20
K 15

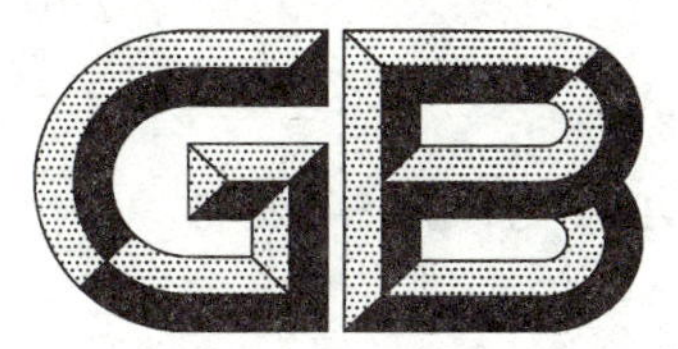

中华人民共和国国家标准

GB/T 31990.5—2017

塑料光纤电力信息传输系统技术规范 第5部分:综合布线

Technical specification for eletric power information transmission system on plastic optical fiber—Part 5: Generic cabling

2017-12-29 发布 2018-07-01 实施

中华人民共和国国家质量监督检验检疫总局
中国国家标准化管理委员会 发布

前　言

GB/T 31990《塑料光纤电力信息传输系统技术规范》已经或计划发布以下部分：

——第1部分：技术要求；

——第2部分：收发通信单元；

——第3部分：光电收发模块；

——第4部分：塑料光纤；

——第5部分：综合布线。

本部分为GB/T 31990的第5部分。

本部分按照GB/T 1.1—2009给出的规则起草。

请注意本文件的某些内容可能涉及专利。本文件的发布机构不承担识别这些专利的责任。

本部分由中国电力企业联合会提出并归口。

本部分起草单位：中国电力科学研究院、国家电网公司、广东一普实业有限公司、国网陕西省电力公司、南方电网公司科学研究院、广州中科海通光纤科技有限公司、国网浙江省电力公司温州供电公司、四川汇源塑料光纤有限公司、北京邮电大学、深圳市科陆电子科技股份有限公司、国网湖北省电力公司、北京中研科信息技术有限公司、国网山东省电力公司淄博供电公司、江苏亨通光纤科技有限公司、国网湖北省电力公司武汉供电公司培训分中心、深圳市好通家实业有限公司、国网浙江杭州市余杭区供电公司。

本部分主要起草人：郝为民、张文亮、王自和、何晓英、张仁敏、肖勇、程葆新、戚力彦、祝恩国、王勤、胡卫明、储九荣、蔡青有、赵荣华、李建岐、庞建民、唐悦、岳在春、曹质文、任佳威、孙学锋、李海涛、张小玲、史梦洁、郝欢、陈伟、许杰雄、张静、李题印、张学凯。

塑料光纤电力信息传输系统技术规范 第5部分:综合布线

1 范围

GB/T 31990 的本部分规定了塑料光纤电力信息传输系统综合布线的术语和定义、设计要求、技术要求、施工要求和工程检验及验收。

本部分适用于塑料光纤电力信息传输系统的综合布线(以下简称塑料光纤综合布线系统)。其他塑料光纤布线系统也可参照执行。

2 规范性引用文件

下列文件对于本文件的应用是必不可少的。凡是注日期的引用文件,仅注日期的版本适用于本文件。凡是不注日期的引用文件,其最新版本(包括所有的修改单)适用于本文件。

GB/T 4208—2017 外壳防护等级(IP 代码)

GB/T 5465.2 电气设备用图形符号 第2部分:图形符号

GB/T 26125—2011 电子电气产品 六种限用物质(铅、汞、镉、六价铬、多溴联苯和多溴二苯醚)的测定

GB/T 26572—2011 电子电气产品中限用物质的限量要求

GB/T 31990.1—2015 塑料光纤电力信息传输系统技术规范 第1部分:技术要求

GB/T 31990.2 塑料光纤电力信息传输系统技术规范 第2部分:收发通信单元

GB/T 31990.3 塑料光纤电力信息传输系统技术规范 第3部分:光电收发模块

GB 50311—2007 综合布线系统工程设计规范

YD/T 1447 通信用塑料光纤

YD/T 2554(所有部分) 塑料光纤活动连接器

3 术语和定义

GB/T 31990.1—2015 和 GB 50311—2007 界定的以及下列术语和定义适用于本文件。

3.1

配电箱 distribution box

一种专门用作分配电力的配电装置,包括总配电箱和分配电箱,如无特指,总配电箱、分配电箱合称配电箱。

3.2

配电室 distribution room

主要为低压用户配送电能,设有中压进线(可有少量出线)、配电变压器和低压配电装置,带有低压负荷的户内配电场所。

3.3

塑料光纤集中器 concentrator for plastic optical fibre

以塑料光纤为传输介质,收集各种电能表或采集器的数据,并进行处理储存,同时能和主站或手持

设备进行数据交换的设备,以下简称集中器。

3.4

塑料光纤采集器 acquisition unit for plastic optical fibre

以塑料光纤为传输介质,用于采集多个或单个电能表的电能信息,并可与集中器交换数据的设备,以下简称采集器。

3.5

塑料光纤多功能电能表 multifunction electrical energy meter for plastic optical fibre

以塑料光纤为传输介质,由测量单元和数据处理单元等组成,除计量有功、无功电能量外,还有分时、测量需量等两种以上功能,并能显示、储存和输出数据的电能表,以下简称电能表。

3.6

多媒体箱 multimedia box

入户信息缆线和信息设备集中放置管理的弱电箱。

3.7

信息插座 information outlet

连接配线线缆和工作区跳线的物理接口。

3.8

配电台区 distribution network

(一台)配电变压器供电范围或区域。

3.9

电力信息传输 eletric power information transmission

电力系统内生产、管理、设计、科研、教育、情报等方面的信息在系统内的传递。

4 要求

4.1 设计要求

4.1.1 系统构成

塑料光纤综合布线系统包括配电台区、电力信息采集网、设备间、多媒体箱、配线系统、工作区系统。

塑料光纤综合布线系统总体结构组成示意图见 GB/T 31990.1—2015 中的图 1、图 2、图 3、图 4 和图 5,其典型的塑料光纤综合布线示例图如图 1 所示。

塑料光纤综合布线系统功能宜按如下部分进行设计:

a) 配电台区:安装放置电力信息采集网设备的场地,包括配电室、配电箱、及各种电力、信息缆线。
b) 电力信息采集网:使用塑料光纤采集用户用电信息的所有设备,包括集中器、采集器、电能表及连接这些设备所使用的塑料光纤及其配套使用的塑料光纤连接器或光分合路器。
c) 设备间:安装放置建筑物接入设备的场地,包括各种入户信息缆线、路由器、交换机、电话交换机等信息交换设备。
d) 多媒体箱:入户缆线和信息设备集中放置于多媒体箱,包括各种入户信息缆线、各种信息设备及设备线缆。
e) 配线系统:从设备间或多媒体箱到信息插座所有设备,包括从设备间或用户交接箱的信息设备引出的塑料光纤、信息插座、集中器及配套使用的塑料光纤连接器。
f) 工作区系统:从配线系统信息插座到用户信息终端的所有设备(用户信息终端可以是电脑、网络电话、电视、智能电表等),包括从信息插座引出的塑料光纤及其配套使用的塑料光纤连接器。

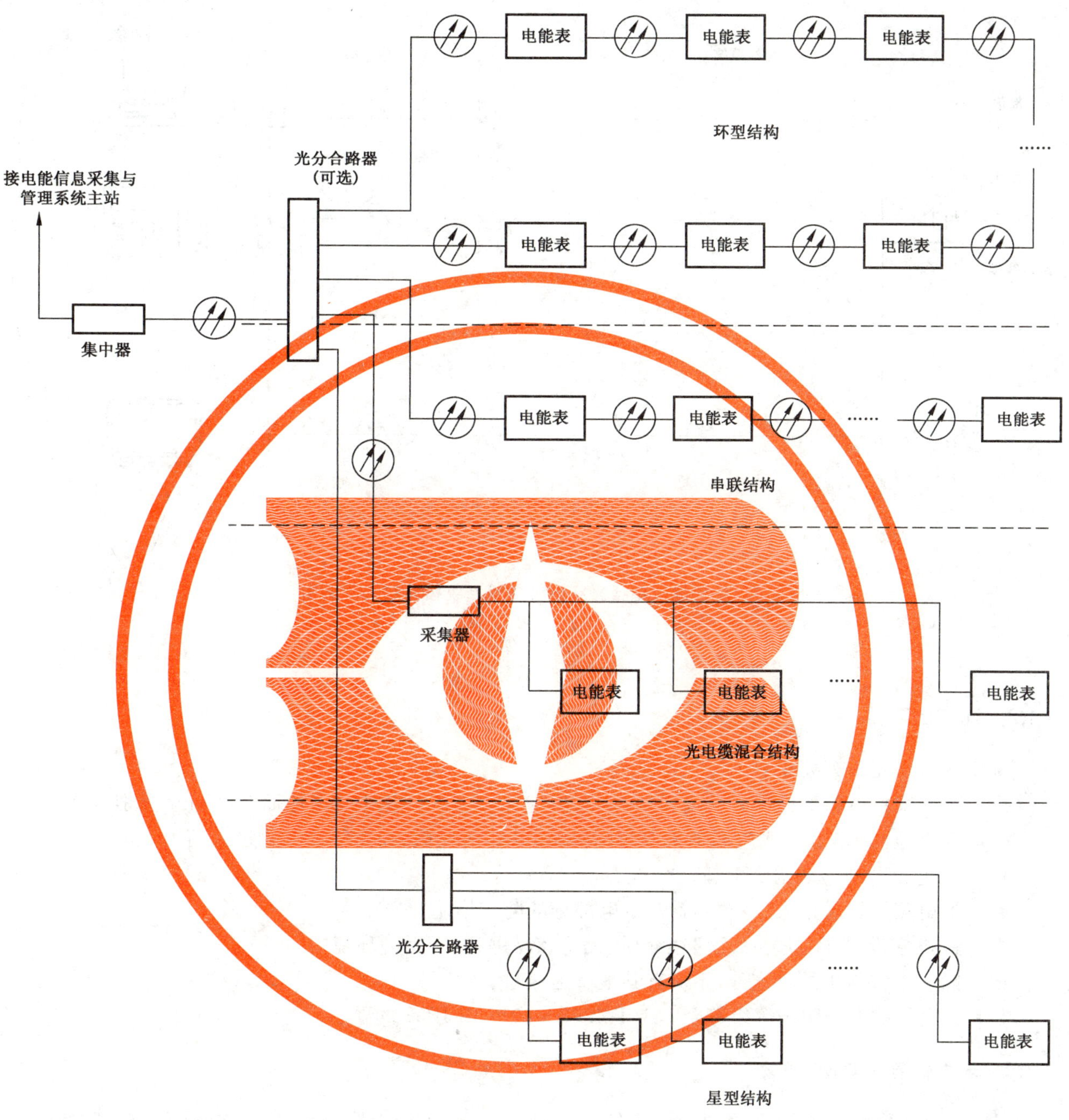

a) 电力信息采集塑料光纤综合布线系统拓扑结构示例图

图 1 塑料光纤综合布线系统拓扑结构示例图

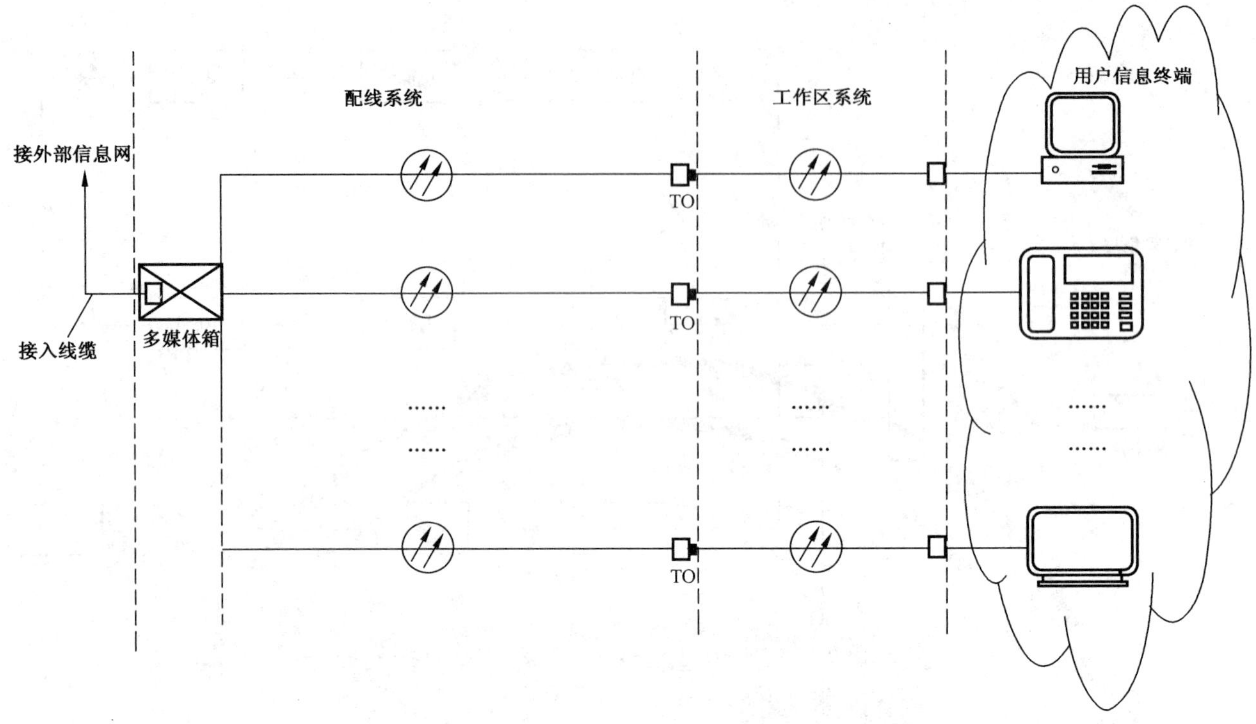

b) 综合建筑塑料光纤综合布线系统拓扑结构示例图

图 1(续)

4.1.2 配电台区

配电箱应满足下列要求:

a) 落地式配电箱的底部宜抬高,在室内高出地面 50 mm,室外高出地面 200 mm;悬挂式配电箱高出地面 1.3 m。底座周围采取封闭措施,并能防止鼠、蛇类等小动物进入箱内。
b) 配电箱的外形结构防雨、防尘。
c) 配电箱设置防止人、畜意外触及带电部分的防护措施。
d) 配电室设置在尘埃少、无腐蚀介质、无易燃易爆物、干燥的环境中。
e) 除配电室需用的管道外,不应有其他管道通过。
f) 配电箱的外壳防护等级符合 GB/T 4208—2017 中 IP32 的要求。

4.1.3 电力信息采集网

电力信息采集网应满足:集中器、采集器、电能表、光分合路器中的光电收发模块的性能符合 GB/T 31990.2 及 GB/T 31990.3 的要求。

4.1.4 设备间

设备间应满足下列要求:

a) 温度:10 ℃~35 ℃,相对湿度:20%~80%;
b) 机架或机柜前面的净空不小于 800 mm,后面的净空不小于 600 mm,挂壁是配线设备底部离地高度不小于 300 mm;
c) 设备之间的跳线及设备线缆长度每条不大于 5 m。

4.1.5 多媒体箱

多媒体箱应满足下列要求：

a) 信息网络引入线缆应连接多媒体箱，且用户信息设备应放置于多媒体箱；
b) 提供足够的电源插座为有源设备供电；
c) 多媒体箱应安装接地保护；
d) 有足够的容量放置用户信息设备及缆线；
e) 塑料光纤信息设备的端口容量不少于塑料光纤信息点数量；
f) 安装在距引入线缆最短的位置，采用嵌入式安装方式。

4.1.6 配线系统

配线系统的设计，应根据用户的需求和住宅的具体结构，确定布线的方式、系统等级、信息插座的位置和数量，并留有扩展余地。

配线系统应满足下列要求：

a) 从多媒体箱到每个信息点使用符合相关标准的塑料光纤光缆及其连接器，如需要可对塑料光纤光缆做备份。
b) 每个工作区至少配置一个塑料光纤信息插座。
c) 配线塑料光纤光缆根据实际需求设计，且中间不应使用任何型式的转接。
d) 每个塑料光纤信息插座模块底盒支持的信息点数不超过两个，且其长度和宽度不小于60 mm，其体积应能装得下盘留的塑料光纤光缆。
e) 塑料光纤信息插座在不用时，应盖防尘帽。
f) 塑料光纤光缆走线应穿管线。管线走线应避开高温环境，金属材料的管线应接保护地，且管线的入口应采用排水、防水、防气、防虫措施。
g) 布线采用墙体内穿管方式敷设。
h) 安装在地面上的塑料光纤信息插座应防水抗压，安装在墙上或柱面上的塑料光纤信息插座箱体底部离地面 300 mm。
i) 塑料光纤光缆的终结端应留有余量以方便日后更改，在多媒体箱端盘留不少于 300 mm。

4.1.7 工作区系统

一个需要独立设置信息终端设备的区域划分为一个工作区。

工作区应满足下列要求：

a) 客厅或办公区域至少设置一个工作区，卧室、书房设置一个工作区，其他功能的房间应根据用户需求设置工作区；
b) 工作区信息点的位置设置在离房间任何点都距离适中的位置，从而避免引出过长的塑料光纤光跳线；
c) 塑料光纤连接器及适配器在不使用时应盖防尘帽；
d) 塑料光纤光缆的终结端应留有余量以方便日后更改，在信息点端盘留不少于 300 mm。

4.1.8 标识和记录

标识和记录应满足下列要求：

a) 所有塑料光纤缆线、管线、设备、信息插座、连接器、接地装置、配电箱、多媒体箱都应给予唯一标识，为其设置标签、做记录并存档，标识图形符号应符合 GB/T 5465.2 的要求；

b) 光缆的两端均用相同的标识符标识；

c) 所有的标签保持清晰、完整，并满足使用环境的要求；

d) 电信间的配线设备应采用统一的色标区别各类业务与用途；

e) 对系统综合信息做记录并存档，综合信息应包括系统综述、综合布线的平面示意图（拓扑结构、信息点、各个设备名称及型号、缆线及连接器型号、支持速率等信息）、系统等级、设备和线缆用途、工程验收报告、设备或缆线附带的使用手册或测试报告、a)项包含的信息。

4.2 技术要求

4.2.1 系统等级

系统按传输带宽分为 2 个等级，其性能指标如表 1 所示。

表 1 系统等级的性能指标

等级	等级 1		等级 2		
光纤类型	PMMA 塑料光纤		氟化塑料光纤		
传输速率	100 Mbit/(s・100 m)		1 000 Mbit/(s・100 m)		
传输波长	520 nm	650 nm	650 nm	850 nm	1 310 nm

4.2.2 传输介质和光纤连接器

根据系统工程的实际要求，可选用：

——YD/T 1447 所规定的合适的塑料光纤；

——YD/T 2554 所规定的塑料光纤连接器，且塑料光纤连接器的光纤端面宜进行研磨。

注：光纤端面的研磨是指将光纤与其连接器进行接续后再将其端面磨光的过程。

4.2.3 使用环境

符合 GB/T 31990.1—2015 中 4.5.1 的要求。

4.2.4 电气安全

符合 GB/T 31990.1—2015 中 4.5.2.1、4.5.2.2 和 4.5.2.3 的要求。

4.2.5 电磁兼容性

符合 GB/T 31990.1—2015 中 4.5.2.4 的要求。

4.2.6 机械影响

符合 GB/T 31990.1—2015 中 4.5.3 的要求。

4.2.7 防止动物破坏

选用的光缆宜防止动物的损坏。

4.2.8 环保符合性

本综合布线系统中所使用的器件、材料组成单元符合 GB/T 26125—2011 中表 1 的要求，有毒有害物质的限量按 GB/T 26572—2011 规定进行检测，符合 GB/T 26125—2011 中表 2、表 3、表 4、表 5、表 6 的要求。

4.2.9 防火、阻燃

根据建筑物的防火等级和对材料的耐火要求，综合布线系统的缆线选用和布放方式及安装场地应采取相应的防火、阻燃措施。

综合布线工程设计选用光缆应从建筑物的高度、面积、功能、重要性等方面加以综合考虑，选用相应等级的防火、阻燃线缆。

4.3 施工要求

4.3.1 管线敷设

管线敷设施工应包括：

a) 缆线的敷设方式符合设计要求。
b) 管线应水平或竖直敷设。垂直敷设管线与地面的垂直度偏差不应大于 3 mm，管线之间的水平度偏差不应大于 2 mm，且管线的转角半径大于塑料光纤光缆最小弯曲半径。
c) 管线的安装位置与设计要求的偏差不应大于 50 mm。
d) 管线的截面利用率小于 50%，且管线的转角不小于 90°。
e) 管线的入口部位的处理符合设计要求，其截断处及拼接处处理平滑、无毛刺。
f) 管线与热水管、蒸汽管的平行净距不小于 0.5 m，其他管道的平行净距不小于 0.1 m。
g) 塑料管线不宜与热水管、蒸汽管同侧敷设。
h) 塑料光纤线缆、管材及塑料光纤连接器表面无伤痕、变形及损坏。
i) 塑料光纤连接器中的塑料光纤端面应平滑。
j) 塑料光纤光缆的布放自然平整、不应打结、扭绞或受外力挤压拉伸。

4.3.2 配电箱

配电箱施工应包括：

a) 不应装设在有严重损伤作用的瓦斯、烟气、潮气及其他有害介质中，亦不应装设在易受外来固体物撞击、强烈振动、液体浸溅及热源烘烤场所；
b) 配电箱周围有足够 2 人同时工作的空间和通道，不应堆放任何妨碍操作、维修的物品，不应有灌木、杂草；
c) 配线箱中的各种零件及设备的安放应牢固，其标识应完整、清晰；
d) 配电箱安装位置符合设计要求、垂直度偏差不应大于 3 mm；
e) 配电箱中的各种零件及设备的安放牢固，其标识应完整、清晰；
f) 配电箱的保护接地，符合设计要求。

4.3.3 配电室

配电室施工应包括：

a) 土建工程已全部竣工；
b) 配电室的位置、防火及环境温度、湿度符合设计要求。

4.3.4 设备间

设备间施工应包括：

a) 土建工程已全部竣工；

b) 设备间的位置、防火及环境温度、湿度符合设计要求；

c) 机柜、机架安装位置应符合设计要求、垂直度偏差不应大于 3 mm；

d) 机柜、机架中的各种零件及设备的安放牢固，其标识完整、清晰；

e) 机柜、机架的保护接地，符合设计要求。

4.3.5 多媒体箱

多媒体箱施工应包括：

a) 多媒体箱的安装方式符合安装要求，并应被牢固的固定；

b) 多媒体箱的外观平整、无损伤及变形，不应有零件的缺失；

c) 多媒体箱的安装位置符合设计要求，其与地面的垂直度偏差不应大于 3 mm；

d) 多媒体箱安装实际位置与设计要求的偏差不应大于 50 mm；

e) 多媒体箱中的各种零件及设备的安放应牢固，其标识完整、清晰；

f) 多媒体箱的保护接地，符合设计要求。

5 工程检验及验收

5.1 工程检验项目

工程检验项目、内容方式及要求，应按表 2 的要求进行。

5.2 检测仪器

检测所使用的仪器应有产品认证证书并在检定有效期内，且其精度应比测量指标至少高一个等级。

5.3 系统完整性检查

系统完整性检查应包括但不限于：

a) 系统是否已经全部竣工；

b) 敷设或埋入的明线、暗管及孔洞，其位置、数量及规格应符合设计要求；

c) 系统所使用的塑料光纤信息设备、塑料光纤线缆、多媒体箱、塑料光纤信息插座及塑料光纤连接器，其位置、数量、规格应符合设计要求；

d) 系统标识应清晰可辨，并且应与设计要求的命名规则一致，与被标识物一一对应；

e) 系统所使用的所有设备、缆线、管材、工具、测试仪表应质量完好；

f) 塑料光纤链路的性能应符合设计要求。

5.4 标识和记录验收

标识和记录验收应包括但不限于：

a) 4.1.7 所要求的管理文件应齐全、规范；

b) 检验项目的检测值应做记录，并对检验结果进行结论性论证形成检测报告；

c) 管理文件应有电子文档型式，并交付于监理方、施工方及用户保存。

表 2　工程检验项目内容及要求

项目		内容	要求	阶段
施工前期	环境	a) 土建施工情况：地面、墙、门、电源插座及接地装置； b) 施工电源； c) 地板铺设； d) 住宅入口设施检查	按照设计图纸完工，并安装到位符合设计要求	施工前检查
	器材检验	a) 外观、规格、数量、位置； b) 塑料光纤及其连接器的性能； c) 测试仪表及工具检验	a) 符合设计要求； b) 符合 4.2.2 的要求； c) 准确，在校准期内	
	安全	a) 消防器材； b) 危险物的堆放； c) 环保； d) 防火措施	按照设计图纸完工，并安装到位，符合设计要求	
设备安装	配电台区	a) 外观、规格、数量、位置； b) 标识； c) 牢固性； d) 安装垂直度偏差； e) 温度、湿度； f) 防火措施； g) 接地措施	a) 符合设计要求； b) 符合 5.3d)的要求； c) d)、e)、f)、g)符合 4.3.2 和 4.3.3 的要求	实时检查
	电力信息采集网	a) 外观、规格、数量、位置； b) 标识； c) 牢固性	a) 符合设计要求； b) 符合 5.3d)的要求； c) 符合 4.3.2c)的要求	
	设备间	a) 外观、规格、数量、位置； b) 标识； c) 牢固性； d) 安装垂直度偏差； e) 温度、湿度； f) 防火措施； g) 接地措施	a) 符合设计要求； b) 符合 5.3d)的要求； c) d)、e)、f)、g) 符合 4.3.4 的要求	
	多媒体箱	a) 外观、规格、数量、位置； b) 标识； c) 牢固性； d) 安装垂直度、位置偏差； e) 接地措施	a) 符合设计要求； b) 符合 5.3d)的要求； c) d)、e)符合 4.3.5 的要求	
	信息插座	a) 外观、规格、数量、位置； b) 标识； c) 离地高度； d) 安装工艺	a) 符合设计要求； b) 符合 5.3d)的要求； c) d)符合 4.1.5 的要求	

表 2（续）

项目		内容	要求	阶段
缆线布放	管槽/线槽	a) 外观、规格、数量、长度、位置； b) 标识； c) 安装水平、垂直度、位置偏差、转角半径； d) 管线入口处理措施； e) 布放方式、安装工艺	a) 符合设计要求； b) 符合 5.3d)的要求； c) d)、e)符合 4.3.1 的要求	缆线终结初查
	缆线	a) 外观、规格、数量、长度、位置； b) 标识； c) 布放方式、敷设工艺	a) 符合设计要求； b) 符合 5.3d)的要求； c) 符合 4.3.1 的要求	
缆线终结	光纤连接器	a) 外观、规格、数量、位置； b) 标识	a) 符合设计要求； b) 符合 5.3d)的要求	
系统链路测试	衰减	按 5.5.2 的测试方法进行检验	结果符合设计要求	竣工检查
	传输速率	按 5.5.3 的测试方法进行检验	结果符合设计要求	
标识和记录	标识	a) 外观、数量、位置； b) 标识规则及对应关系一致性； c) 牢固性	符合 4.1.7a)、b)、c)、d)的要求及 5.3d)的要求	
	文件	a) 记录信息； b) 报告； c) 工程图纸	符合 4.1.7e)的要求	
工程总验收	竣工技术文件	清点、交接技术文件	符合 5.4 的要求	
	工程验收评价	考核工程质量，确认验收结果	根据设计要求结合工程验收表确定工程是否合格	

5.5 链路性能测试方法

5.5.1 测试环境要求

测试环境应在标准大气条件下进行：

——温度：+15 ℃～+35 ℃；

——相对湿度：45％～75％；

——大气压力：63.0 kPa～108.0 kPa。

当不能在标准大气条件下进行时，应在试验报告上表明其条件。

5.5.2 衰减

按照设计的工作波长进行测试。

a) 测试配置

衰减测试配置如图 2 所示。

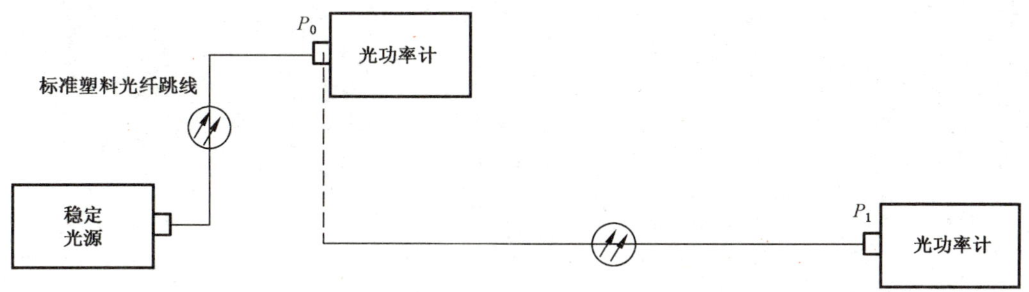

图 2 链路衰减测试配置

b) 测试步骤

测试步骤如下：

1) 按图 2 所示的测试配置连接测试系统，待系统稳定后；
2) 把标准塑料光纤跳线插入光源，用光功率计测量并读出光功率值 P_0，单位为兆瓦(MW)；
3) 把链路起始端与标准塑料光纤跳线输出端相连接，用光功率计测量并记录链路光功率值 P_1，单位为兆瓦(MW)；
4) 按式(1)计算并记录塑料光纤链路的衰减 α，单位为分贝(dB)。

$$\alpha = -10\lg(P_1/P_0) \quad \cdots\cdots (1)$$

5.5.3 传输速率

按照设计的工作波长进行测试。

a) 测试配置

带宽测试配置如图 3 所示。

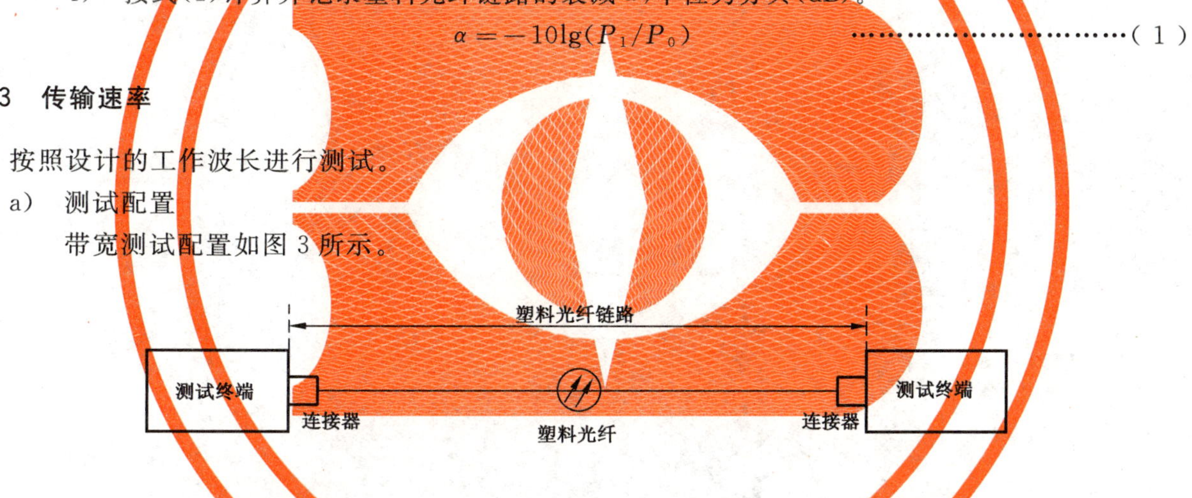

图 3 传输速率测试配置

b) 测试步骤

测试步骤如下：

1) 按图 3 所示的测试配置连接测试系统，待系统稳定后；
2) 配置两台测试终端以系统实际设计的速率相互发送数据 3 s；
3) 测试完毕后记录测试结果；
4) 系统的传输速率且应符合设计要求。

ICS 21.060.10
J 13

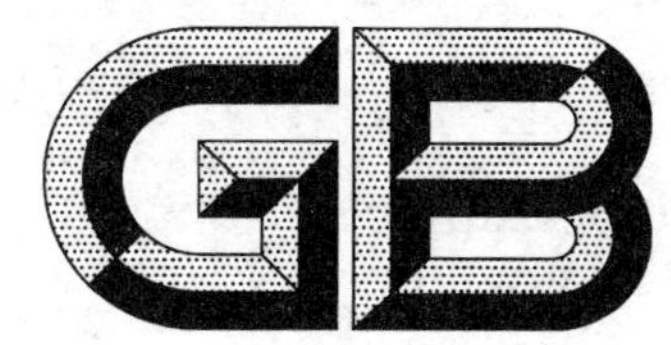

中华人民共和国国家标准

GB/T 32076.8—2017

预载荷高强度栓接结构连接副 第8部分：扭剪型圆头螺栓和螺母连接副

High-strength structural bolting assemblies for preloading—
Part 8: Torshear type bolt with cup head, and nut assemblies

2017-09-29 发布 2018-04-01 实施

中华人民共和国国家质量监督检验检疫总局
中国国家标准化管理委员会 发布

前　言

GB/T 32076《预载荷高强度栓接结构连接副》包括以下 9 个部分：

——第 1 部分：通用要求；

——第 2 部分：预载荷适应性；

——第 3 部分：HR 型　大六角头螺栓和螺母连接副；

——第 4 部分：HV 型　大六角头螺栓和螺母连接副；

——第 5 部分：平垫圈；

——第 6 部分：倒角平垫圈；

——第 7 部分：M39～M64　大六角头螺栓和螺母连接副；

——第 8 部分：扭剪型圆头螺栓和螺母连接副；

——第 9 部分：扭剪型大六角头螺栓和螺母连接副。

本部分是 GB/T 32076 的第 8 部分。

本部分按照 GB/T 1.1—2009 给出的规则起草。

本部分由中国机械工业联合会提出。

本部分由全国紧固件标准化技术委员会(SAC/TC 85)归口。

本部分负责起草单位：中机生产力促进中心。

本部分参加起草单位：杭州华凌钢结构高强螺栓有限公司、上海金马高强紧固件有限公司、宁波九龙紧固件制造有限公司、山东高强紧固件有限公司、浙江海力股份有限公司、晋亿实业股份有限公司、宁波中京电气科技有限公司、上海高强度螺栓厂有限公司、机械工业通用零部件产品质量监督检测中心。

本部分由全国紧固件标准化技术委员会负责解释。

预载荷高强度栓接结构连接副 第8部分:扭剪型圆头螺栓和螺母连接副

1 范围

GB/T 32076 的本部分与 GB/T 32076.1 规定了螺纹规格为 M12～M36、性能等级为 10.9/10、预载荷高强度栓接结构用扭剪型圆头螺栓和螺母连接副(以下简称栓接连接副)。

本部分设计的栓接连接副允许的预载荷≥$0.7R_m \times A_s$[1)]。

本部分规定的栓接连接副由一个螺栓、一个螺母和一个垫圈(仅在螺母支承面下使用)组成。

注:为取得满意的结果,确保螺栓的正确使用非常重要。有关正确使用的方法,可咨询或参照有关规范。

预载荷适应性试验方法见 GB/T 32076.2。

本部分适用于工业与民用建筑、桥梁、塔桅结构、锅炉钢结构、起重机械及其他钢结构用预载荷连接的扭剪型高强度螺栓连接副。

2 规范性引用文件

下列文件对于本文件的应用是必不可少的。凡是注日期的引用文件,仅注日期的版本适用于本文件。凡是不注日期的引用文件,其最新版本(包括所有的修改单)适用于本文件。

GB/T 90.1 紧固件 验收检查

GB/T 90.2 紧固件 标志与包装

GB/T 193 普通螺纹 直径与螺距系列

GB/T 1237 紧固件的标记方法

GB/T 3098.1 紧固件机械性能 螺栓、螺钉和螺柱

GB/T 3098.2 紧固件机械性能 螺母

GB/T 3103.1 紧固件公差 螺栓、螺钉和螺母

GB/T 5276 紧固件 螺栓、螺钉、螺柱和螺母 尺寸代号和标注

GB/T 5267.2 紧固件 非电解锌片涂层

GB/T 5267.3 紧固件 热浸镀锌层

GB/T 5779.1 紧固件表面缺陷 螺栓、螺钉和螺柱 一般要求

GB/T 5779.2 紧固件表面缺陷 螺母

GB/T 9145 普通螺纹 中等精度、优选系列的极限尺寸

GB/T 22028 热浸镀锌螺纹 在内螺纹上容纳镀锌层

GB/T 32076.1 预载荷高强度栓接结构连接副 第1部分:通用要求

GB/T 32076.2 预载荷高强度栓接结构连接副 第2部分:预载荷适应性

GB/T 32076.3 预载荷高强度栓接结构连接副 第3部分:HR型 大六角头螺栓和螺母连接副

GB/T 32076.6 预载荷高强度栓接结构连接副 第6部分:倒角平垫圈

---

1) R_m 是公称抗拉强度,A_s 是螺纹公称应力截面积。

3 螺栓

3.1 螺栓型式尺寸

螺栓的型式尺寸见图1和表1。梅花头的型式尺寸见图1和表2。尺寸代号和标注应符合GB/T 5276。

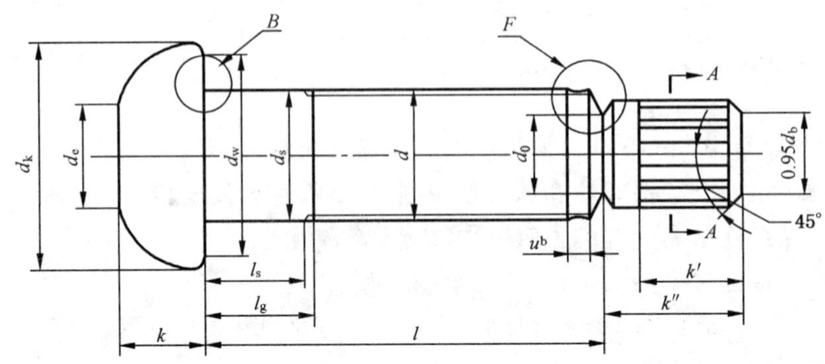

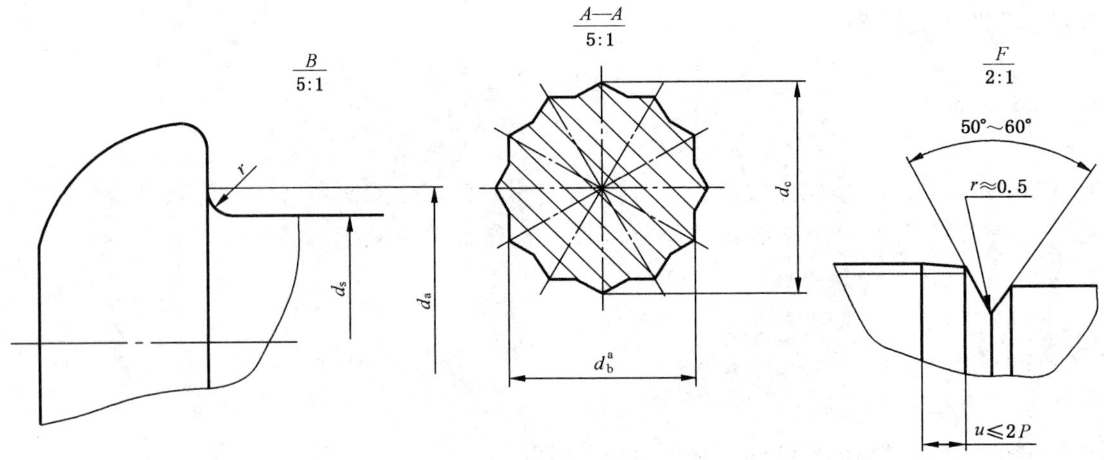

[a] d_b——内切圆直径。

[b] 不完整螺纹的长度 $u \leqslant 2P$。

图1 螺栓

表1 螺栓尺寸[a]

单位为毫米

螺纹规格 d		M12	M16	M20	(M22)[b]	M24	(M27)[b]	M30	M36
P^c		1.75	2	2.5	2.5	3	3	3.5	4
d_a	max	15.20	18.83	24.40	26.40	28.40	32.84	35.84	42.40
d_s	max	12.70	16.43	20.52	22.52	24.52	27.84	30.84	37.00
	min	11.30	15.57	19.48	21.48	23.48	26.16	29.16	35.00
d_k	max	22	30	37	41	44	50	55	67
d_w	min	20.9	27.9	34.5	38.5	41.5	42.8	46.5	58.5
d_e	≈	10	13	17	18	20	22	24	30
k	公称	8	10	13	14	15	17	19	23
	max	8.80	10.75	13.90	14.90	15.90	17.90	20.05	24.05
	min	7.20	9.25	12.10	13.10	14.10	16.10	17.95	21.95
r	min	1.2	1.2	1.2	1.2	1.6	2.0	2.0	2.0

表 1（续）

单位为毫米

螺纹规格 d			M12		M16		M20		(M22)[b]		M24		(M27)[b]		M30		M36	
l			l_s 和 l_g[d,e]															
公称	min	max	l_s min	l_g max	l_s min	l_g max	l_s min	l_g max	l_s min	l_g max	l_s min	l_g max	l_s min	l_g max	l_s min	l_g max	l_s min	l_g max
35	33.75	36.25	6	11.25														
40	38.75	41.25	9.75	15	8	14												
45	43.75	46.25	9.75	15	9	15	10	17.5										
50	48.75	51.25	14.75	20	14	20	10	17.5	11	18.5								
55	53.5	56.5	19.75	25	14	20	12.5	20	11	18.5	12	21						
60	58.5	61.5	24.75	30	19	25	17.5	25	12.5	20	12	21						
65	63.5	66.5	29.75	35	24	30	17.5	25	17.5	25	12	21	13.5	22.5				
70	68.5	71.5	34.75	40	29	35	22.5	30	17.5	25	16	25	13.5	22.5	15	25.5		
75	73.5	76.5	39.75	45	34	40	27.5	35	22.5	30	16	25	16	25	15	25.5		
80	78.5	81.5			39	45	32.5	40	27.5	35	21	30	16	25	15	25.5		
85	83.25	86.75			44	50	37.5	45	32.5	40	26	35	21	30	15	25.5	18	30
90	88.25	91.75			49	55	42.5	50	37.5	45	31	40	26	35	19.5	30	18	30
95	93.25	96.75			54	60	47.5	55	42.5	50	36	45	31	40	24.5	35	18	30
100	98.25	101.75			59	65	52.5	60	47.5	55	41	50	36	45	29.5	40	23	35
105	103.25	106.75			64	70	57.5	65	52.5	60	46	55	41	50	34.5	45	28	40
110	108.25	111.75			69	75	62.5	70	57.5	65	51	60	46	55	39.5	50	28	40
115	113.25	116.75			74	80	67.5	75	62.5	70	56	65	51	60	44.5	55	33	45
120	118.25	121.75			79	85	72.5	80	67.5	75	61	70	56	65	49.5	60	38	50
125	123.25	126.75			84	90	77.5	85	72.5	80	66	75	61	70	54.5	65	43	55
130	128.00	132.00			89	95	82.5	90	77.5	85	71	80	66	75	59.5	70	48	60
135	133.00	137.00					87.5	95	82.5	90	76	85	71	80	64.5	75	53	65
140	138.00	142.00					92.5	100	87.5	95	81	90	76	85	69.5	80	58	70
145	143.00	147.00					97.5	105	92.5	100	86	95	81	90	74.5	85	63	75
150	148.00	152.00					102.5	110	97.5	105	91	100	86	95	79.5	90	68	80
160	156.00	164.00					112.5	120	107.5	115	101	110	96	105	89.5	100	78	90
170	166.00	174.00							117.5	125	111	120	106	115	99.5	110	88	100
180	176.00	184.00							127.5	135	121	130	116	125	109.5	120	98	110
190	185.40	194.60							137.5	145	131	140	126	135	119.5	130	108	120
200	195.40	204.60							147.5	155	141	150	136	145	129.5	140	118	130
220	215.40	224.60							167.5	175	161	170	156	165	149.5	160	138	150

注：选用的长度规格由 $l_{s\ min}$ 和 $l_{g\ max}$ 确定。

[a] 非电解锌片涂层、热浸镀锌螺栓的尺寸公差适用于涂镀前。

[b] 尽可能不采用括号内的规格。

[c] P——螺距。

[d] $l_{g\ max}=l_{公称}-b$；$l_{s\ min}=l_{g\ max}-3P$。

[e] 当 $l_{s\ min}$ 按[d]中公式计算小于 $0.5d$ 时，$l_{s\ min}=0.5d$，且 $l_{g\ max}=l_{s\ min}+3P$ 。在阶梯线以上的螺栓为全螺纹螺栓。

注：由于颈部断裂尺寸与公差是由制造者根据材料、制造工艺和润滑等情况规定的，所以其断裂尺寸不是规定值。当螺栓梅花头在扭转应力下发生断裂时，正确的颈部断裂尺寸与公差应确保能达到规定的预载荷。

表 2　梅花头尺寸[a]

螺纹规格 d		M12	M16	M20	M22	M24	M27	M30	M36
d_b[a]	公称	7.7	11.1	13.9	15.4	16.7	19.0	21.1	25.4
	max	8.0	11.3	14.1	15.6	16.9	19.3	21.4	25.7
	min	7.4	11.0	13.8	15.3	16.6	18.7	20.8	25.1
d_c	≈	8.36	12.8	16.1	17.8	19.3	21.9	24.4	29.36
d_0	≈	6.9	10.9	13.6	15.1	16.4	18.6	20.6	25.6
k'	min	11.0	12.0	14.0	15.0	16.0	17.0	18.0	25.0
k''	max	16.0	17.0	19.0	21.0	23.0	24.0	25.0	33.0

[a] 非电解锌片涂层、热浸镀锌螺栓的尺寸公差适用于涂镀前，但 $d_{b\,max}$ 适用于涂镀后。

3.2　螺栓技术条件

螺栓技术条件和引用标准见表 3。

表 3　螺栓技术条件和引用标准

材　　料		钢
通用要求		GB/T 32076.1
螺　　纹	公　　差	6g[a]
	标　　准	GB/T 193、GB/T 9145
机械性能	性能等级	10.9
	标　　准	GB/T 3098.1
公　　差	产品等级	C（除 r 尺寸外）
	标　　准	GB/T 3103.1
表面处理[b]		不经处理[c]； 磷皂化处理应由供需协议； 热浸镀锌层技术要求按 GB/T 5267.3； 非电解锌片涂层技术要求按 GB/T 5267.2； 如需其他技术要求或表面处理，应由供需协议[d]
表面缺陷		GB/T 5779.1

[a] 热浸镀锌螺栓应与加大攻丝尺寸的螺母搭配使用。

[b] 当选择一个合适的表面处理方法（如清洗和涂镀层）时，需要考虑性能等级为 10.9 级的螺栓氢脆风险，见相关涂镀层标准。

[c] “不经处理”表示热处理的残余轻油覆盖层形成的常规表面状态。

[d] 在不损害螺栓机械性能或功能特性的条件下，供需协议可以使用其他涂镀层。不允许使用镉或镉合金镀层。无论采用哪种表面处理，都应保证连接副的紧固轴力和机械性能。

4　螺母

4.1　螺母型式尺寸

螺母的型式尺寸见图 2 和表 4。尺寸代号和标注应符合 GB/T 5276。

允许制造的型式

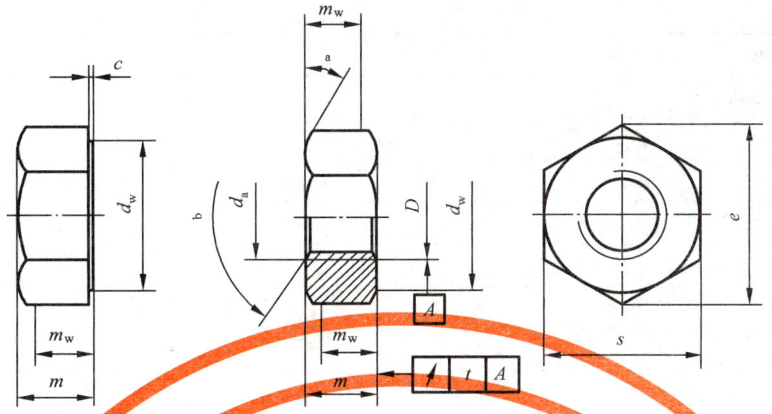

[a] 15°～30°。

[b] 110°～ 130°。

图 2 螺母

表 4 螺母尺寸[a]

单位为毫米

螺纹规格 D		M12	M16	M20	(M22)[b]	M24	(M27)[b]	M30	M36
P[c]		1.75	2	2.5	2.5	3	3	3.5	4
d_a	max	13	17.3	21.6	23.7	25.9	29.1	32.4	38.9
	min	12	16	20	22	24	27	30	36
d_w	max	[d]							
	min	20.1	24.9	29.5	33.3	38.0	42.8	46.6	55.9
e	min	23.91	29.56	35.03	39.55	45.20	50.85	55.37	66.44
m	max	12.35	16.35	20.65	22.65	24.65	27.65	30.65	36.60
	min	11.65	15.65	19.35	21.35	23.35	26.35	29.35	35.00
m_w	min	9.32	12.52	15.48	17.08	18.68	21.08	23.48	27.80
c	max	0.8	0.8	0.8	0.8	0.8	0.8	0.8	0.8
	min	0.4	0.4	0.4	0.4	0.4	0.4	0.4	0.4
s	max	22.00	27.00	34.00	36.00	41.00	46.00	50.00	60.00
	min	21.16	26.16	33.00	35.00	40.00	45.00	49.00	58.80
t		0.38	0.47	0.58	0.63	0.72	0.80	0.87	1.05

[a] 非电解锌片涂层、热浸镀锌螺母的尺寸公差适用于涂镀前。

[b] 尽可能不采用括号内的尺寸。

[c] P——螺距。

[d] $d_{w\,max} = s_{实际}$。

4.2 螺母技术条件

螺母技术条件和引用标准见表 5。

螺母的保证载荷值见表 6。

表 5 螺母技术条件和引用标准

材料		钢
通用要求		GB/T 32076.1
螺纹	公差	6H 或 6AZ[a]
	标准	GB/T 193、GB/T 9145、GB/T 22028
机械性能	性能等级	10[b]
	标准	GB/T 3098.2
公差	产品等级	B(除 m 和 c 的尺寸外)
	标准	GB/T 3103.1[c]
表面处理		不经处理[d]; 磷皂化处理应由供需协议; 热浸镀锌层技术要求按 GB/T 5267.3; 非电解锌片涂层技术要求按 GB/T 5267.2; 如需其他技术要求或表面处理,应由供需协议[e]
表面缺陷		GB/T 5779.2

[a] 6H 适用于无镀层螺母,而 6AZ 用于热浸镀锌。

[b] 保证载荷值见表 6,其他机械性能按 GB/T 3098.2 规定。

[c] 支承面垂直度公差见表 4 中 t。

[d] "不经处理"表示热处理的残余轻油覆盖层形成的常规表面状态。

[e] 在不损害机械性能或功能特性的条件下,供需协议可以使用其他涂镀层。不允许镉或镉合金镀层。无论采用哪种表面处理,都应保证连接副的紧固轴力和机械性能。

表 6 螺母保证载荷

螺纹规格 D	标准试验芯棒的公称应力截面积 A_s mm^2	保证载荷($A_s \times S_p$)[a] N
M12	84.3	104 900
M16	157	195 500
M20	245	305 000
M22	303	377 200
M24	353	439 500
M27	459	571 500
M30	561	698 400
M36	817	1 017 165

[a] 保证载荷值按保证应力 1 245 MPa 计算。

5 垫圈

符合本部分规定的螺栓和螺母栓接连接副应与 GB/T 32076.6 规定的垫圈搭配使用。

6 栓接连接副零件标志

6.1 螺栓标志

本部分规定预载荷高强度栓接结构用螺栓应在头部顶面用凹字或凸字标志(见图 3):

a) 按 GB/T 3098.1 规定的性能等级;

b) 制造者识别标志。

示例:螺栓标志

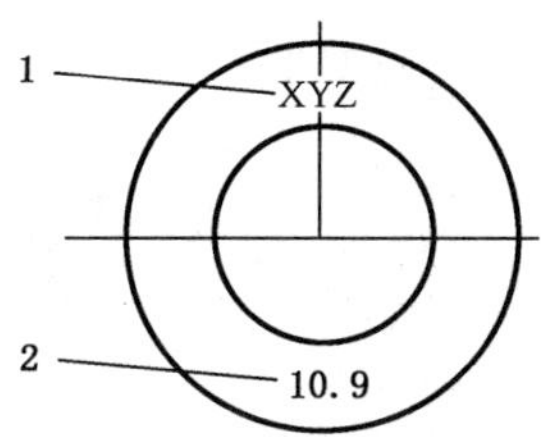

说明:

1——制造者识别标志;

2——性能等级。

图 3 螺栓标志示例

6.2 螺母标志

本部分规定预载荷高强度栓接结构用螺母应在螺母支承面用凹字,或在螺母顶面用凹字或凸字标志(见图 4):

a) 按 GB/T 3098.2 规定的性能等级;

b) 制造者识别标志。

示例:螺母标志

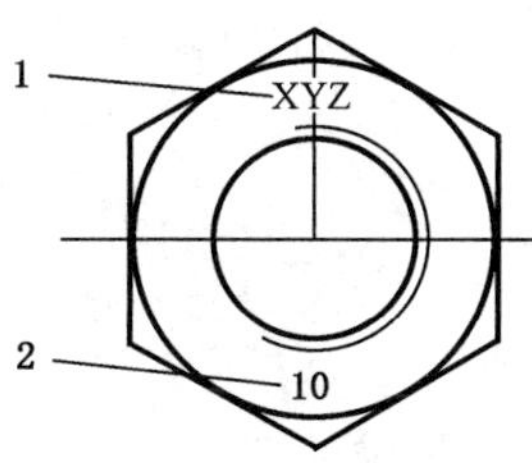

说明:

1——制造者识别标志;

2——性能等级。

图 4 螺母标志示例

7 栓接连接副功能特性

7.1 通则

在交货状态下,螺母或螺栓和垫圈上应经适当润滑处理,以确保拧紧栓接连接副时不出现咬死现象,并能获得所需的预载荷。

拧紧栓接连接副时,能否获得足够的预载荷取决于控制两个主要参数:

——润滑性能；
——梅花头的扭断性能。

因此，按照 7.2 和 7.3 试验时，应达到 7.4 对栓接连接副的功能特性要求。

注 1：在螺母支承面和无螺纹杆部之间，应保持 4 个完整螺纹间隙(不包括螺纹收尾)。

注 2：有关功能特性的详细资料见 GB/T 32076.2。

7.2 预载荷适应性试验

7.2.1 通则

栓接连接副的预载荷适应性试验，应在拧紧栓接连接副的过程中测量下列参数：
——螺栓轴力；
——螺栓和螺母之间的相对转角；
——如有要求，测量扭矩；
——如有要求，测量螺栓伸长。

7.2.2 试件安装

试验应在螺母下方放置一个垫圈的栓接连接副上进行。

栓接连接副试件应从一个单一栓接连接副批或扩展的栓接连接副批(见 GB/T 32076.1)中抽取。栓接连接副试件的每一零件仅应使用一次。

应在没有改变各个零件在交货时润滑状态的栓接连接副试件上实施试验。

7.2.3 试验结果

按 GB/T 32076.2 进行试验结果的评定。

从拧断梅花头起测量 $\Delta\theta_2$ 值，$\Delta\theta_2$ 值应大于 GB/T 32076.3 的规定。

7.3 标定预载荷适应性试验

应在与 7.2 相同的栓接连接副批中抽取的试件上进行适应性试验，以核查拧断梅花头时的预载荷值。

试验条件按 GB/T 32076.2 的规定。

试验装置应符合下列之一：
——扭剪扳手和螺栓轴力测量装置，或
——扭剪扳手和 GB/T 32076.2 规定的试验装置，或
——带梅花头套筒并符合 GB/T 32076.2 规定的试验装置。

注：本试验可与 7.2 规定的预载荷适应性试验结合进行。

当拧断梅花头时，应测量单个螺栓轴力值 F_{ri}。

7.4 技术要求

应进行 5 次螺栓轴力试验，梅花头拧断失效时的螺栓轴力值(F_r)应满足表 7 的规定，还应满足下列技术要求：
——单个值 $F_{ri} \geqslant 0.7R_m \times A_s$；
——平均值 $F_{r平均} \geqslant 0.77R_m \times A_s$；
——F_r 的变异系数 $V_{Fr} \leqslant 0.10$。

其中：

R_m ——螺栓公称抗拉强度；

A_s ——螺纹公称应力截面积。

$$V_{Fr} = \frac{s_{Fr}}{F_{r平均}}$$

式中：

s_{Fr}——标准偏差。

$$s_{Fr} = \sqrt{\frac{\sum (F_{ri} - F_{r平均})^2}{n-1}}$$

表 7 拧断梅花头时螺栓轴力极限值

螺纹规格 d	标准试验芯棒 螺纹公称应力截面积 A_s/mm²	$F_{r\,min}$ $0.7R_m \times A_s$/N	$F_{r平均\,min}$ $0.77R_m \times A_s$/N
M12	84.3	59 010	64 911
M 16	157	109 900	120 890
M20	245	171 500	188 650
M22	303	212 100	233 310
M24	353	247 100	271 810
M27	459	321 300	353 430
M30	561	392 700	431 970
M36	817	571 900	629 090

8 验收规则、标志与包装

8.1 验收检查应按批进行。同一材料、炉号、螺纹规格、长度（当螺栓长度≤100 mm 时，长度相差≤15 mm；螺栓长度>100 mm 时，长度相差≤20 mm，可视为同一长度）、机械加工、热处理及表面处理工艺的螺栓为同批；同一材料、炉号、螺纹规格、机械加工、热处理及表面处理工艺的螺母为同批；同一材料、炉号、规格、机械加工、热处理及表面处理工艺的垫圈为同批。分别由同批螺栓、螺母及垫圈组成的栓接连接副为同批栓接连接副。同批扭剪型圆头螺栓和螺母连接副的最大数量为 3 000 套。

8.2 栓接连接副紧固轴力的检验按批抽取 5 套，5 套栓接连接副的紧固轴力单个值、平均值及变异系数均应符合 7.4 的规定。

8.3 螺栓楔负载、螺母保证载荷、螺母硬度和垫圈硬度的检验按批抽取，样本大小 $n=5$，合格判定数 $Ac=0$。检验螺栓、螺母、垫圈的尺寸及表面缺陷的抽样方案应符合 GB/T 90.1 的规定。

8.4 标志与包装

8.4.1 栓接连接副零件标志按第 6 章规定。

8.4.2 制造者应以批为单位提供产品质量检验报告证书，应包括以下内容：

a） 批号、规格和数量；

b） 材料牌号、炉号、化学成分；

c） 螺栓、螺母和垫圈机械性能试验数据；

d） 栓接连接副紧固轴力单个值和平均值、变异系数和测试环境温度；

e） 出厂日期。

8.4.3 其余标志与包装的技术要求按 GB/T 90.2 规定。

9 标记

9.1 标记方法

标记方法按 GB/T 1237 规定，垫圈的标记按 GB/T 32076.6 规定。

9.2 标记示例

螺纹规格为 M16、公称长度 l=80 mm、性能等级为 10.9 级的圆头螺栓，与螺纹规格为 M16、性能等级为 10 级的大六角螺母和 GB/T 32076.6 规定的垫圈搭配、不经表面处理的预载荷高强度栓接结构用扭剪型圆头螺栓和螺母连接副的标记：

连接副 GB/T 32076.8 M16×80

“不经表面处理”以外的其他表面处理则应增加标记。

产品要求同示例 1，但需要热浸镀锌(tZn)，则应在标记中注明：

连接副 GB/T 32076.8 M16×80 tZn

附 录 A
（资料性附录）
螺栓、螺母和垫圈的质量

每 1 000 件钢螺栓的质量见表 A.1，每 1 000 件钢螺母的质量见表 A.2，每 1 000 件钢垫圈的质量见表 A.3。

表 A.1 螺栓质量

单位为千克

螺纹规格 d	M12	M16	M20	M22	M24	M27	M30	M36
l/mm	每 1 000 件钢螺栓的质量（ρ=7.85 kg/dm³）							
35	48.92							
40	53.79	109.25						
45	58.69	115.89	197.15					
50	62.38	122.37	210.18	265.36				
55	66.87	130.26	219.48	277.93	330.92			
60	71.26	137.53	228.21	290.52	345.67			
65	75.67	145.48	238.18	308.56	360.43	496.26		
70	80.19	153.38	249.27	321.23	377.59	515.37	664.56	
75	84.58	161.21	261.65	336.15	392.35	534.48	687.98	
80	89.36	169.13	273.93	351.07	411.94	553.59	711.4	
85	93.47	177.25	286.26	365.99	426.77	578.29	734.82	1 066.86
90	97.85	184.92	298.59	380.91	446.85	600.77	758.24	1 100.92
95	102.37	192.81	310.92	395.84	464.61	623.24	786.9	1 134.98
100	106.77	200.73	323.26	410.79	482.36	645.71	814.65	1 174.94
105	111.28	208.62	335.59	423.73	500.12	668.19	842.39	1 313.19
110	115.64	216.58	347.92	440.59	517.88	690.66	870.14	1 248.95
115	120.36	224.44	360.25	455.51	535.64	713.13	897.88	1 288.91
120	124.57	232.29	372.58	470.43	553.41	735.61	925.62	1 328.87
125	128.97	240.17	384.91	485.35	571.16	758.08	953.37	1 368.82
130	133.45	248.15	394.75	500.27	588.92	780.55	981.11	1 408.78
135	137.81	255.94	407.08	515.19	606.68	803.02	1 008.86	1 448.74
140	141.02	263.81	419.41	530.11	624.44	825.49	1 036.6	1 488.69
145	145.45	271.76	431.74	545.18	642.25	847.97	1 064.35	1 528.65
150	149.65	279.68	444.07	559.95	656.33	870.44	1 092.09	1 568.61
160	158.25	295.41	469.74	589.79	691.84	915.39	1 147.58	1 648.52
170	167.65	311.29	494.41	619.63	727.35	960.33	1 203.07	1 728.43
180	175.83	326.97	519.08	649.47	762.86	1 005.28	1 258.56	1 808.35
190	185.43	342.76	543.75	679.31	798.37	1 050.22	1 314.04	1 888.26
200	194.29	358.51	568.42	709.15	833.88	1 095.17	1 369.53	1 968.18
220	212.16	390.15	623.55	768.83	904.92	1 185.17	1 480.51	2 128.23

表 A.2 螺母质量

单位为千克

螺纹规格 d	每 1 000 件钢螺母的质量(ρ=7.85 kg/dm³)	
	单倒角	双倒角
M12	30	30
M16	56	56
M20	96	95
M22	135	134
M24	199	197
M27	279	277
M30	363	360
M36	614	609

表 A.3 垫圈质量

单位为千克

螺纹规格 d	M12	M16	M20	M22	M24	M27	M30	M36
每 1 000 件钢垫圈质量(ρ=7.85 kg/dm³)	6.52	13.41	20.27	21.59	29.19	46.78	59.82	100.29

ICS 21.060.10
J 13

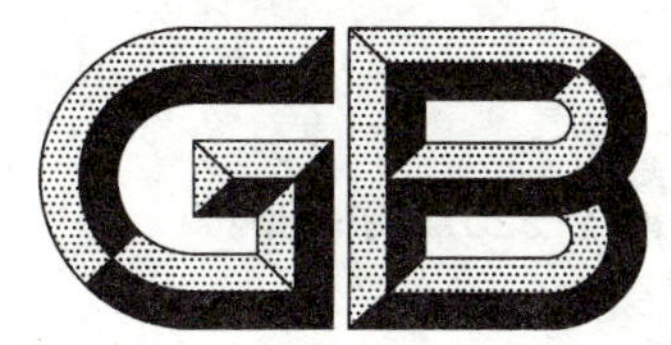

中华人民共和国国家标准

GB/T 32076.9—2017

预载荷高强度栓接结构连接副 第9部分:扭剪型大六角头螺栓和螺母连接副

High-strength structural bolting assemblies for preloading—Part 9:Torshear type bolt with hexagon head with large width across flats, and nut assemblies

2017-07-12 发布　　　　2018-02-01 实施

中华人民共和国国家质量监督检验检疫总局
中国国家标准化管理委员会　发布

前　言

GB/T 32076《预载荷高强度栓接结构连接副》包括以下部分：

——第1部分：通用要求；

——第2部分：预载荷适应性；

——第3部分：HR型　大六角头螺栓和螺母连接副；

——第4部分：HV型　大六角头螺栓和螺母连接副；

——第5部分：平垫圈；

——第6部分：倒角平垫圈；

——第7部分：M39～M64　大六角头螺栓和螺母连接副；

——第8部分：扭剪型圆头螺栓和螺母连接副；

——第9部分：扭剪型大六角头螺栓和螺母连接副。

本部分是GB/T 32076的第9部分。

本部分按照GB/T 1.1—2009给出的规则起草。

本部分由中国机械工业联合会提出。

本部分由全国紧固件标准化技术委员会(SAC/TC 85)归口。

本部分负责起草单位：中机生产力促进中心。

本部分参加起草单位：上海申光高强度螺栓有限公司、杭州华凌钢结构高强螺栓有限公司、宁波九龙紧固件制造有限公司、宁波宁力高强度紧固件有限公司、山东高强紧固件有限公司、浙江海力股份有限公司、晋亿实业股份有限公司、宁波中京电气科技有限公司、上海高强度螺栓厂有限公司、机械工业通用零部件产品质量监督检测中心。

本部分由全国紧固件标准化技术委员会负责解释。

预载荷高强度栓接结构连接副 第9部分:扭剪型大六角头螺栓和螺母连接副

1 范围

GB/T 32076的本部分与GB/T 32076.1规定了螺纹规格为M12～M36、性能等级为10.9/10、预载荷高强度栓接结构用大六角头螺栓和螺母预载荷连接副(以下简称栓接连接副)。

本部分设计的栓接连接副允许的预载荷≥$0.7R_m \times A_s$[1]。

本部分规定的栓接连接副由一个螺栓、一个螺母和2个垫圈(螺栓、螺母支承面下使用)组成。

注:为取得满意的结果,确保螺栓的正确使用非常重要。有关正确使用的方法,可咨询或参照有关规范。

预载荷适应性试验方法见GB/T 32076.2。

本部分适用于工业与民用建筑、桥梁、塔桅结构、锅炉钢结构、起重机械及其他钢结构用预载荷连接的扭剪型高强度螺栓连接副。

2 规范性引用文件

下列文件对于本文件的应用是必不可少的。凡是注日期的引用文件,仅注日期的版本适用于本文件。凡是不注日期的引用文件,其最新版本(包括所有修改单)适用于本文件。

GB/T 90.1　紧固件　验收检查

GB/T 90.2　紧固件　标志与包装

GB/T 193　普通螺纹　直径与螺距系列

GB/T 1237　紧固件的标记方法

GB/T 3098.1　紧固件机械性能　螺栓、螺钉和螺柱

GB/T 3098.2　紧固件机械性能　螺母

GB/T 3103.1　紧固件公差　螺栓、螺钉和螺母

GB/T 5276　紧固件　螺栓、螺钉、螺柱和螺母　尺寸代号和标注

GB/T 5267.2　紧固件　非电解锌片涂层

GB/T 5267.3　紧固件　热浸镀锌层

GB/T 5779.1　紧固件表面缺陷　螺栓、螺钉和螺柱　一般要求

GB/T 5779.2　紧固件表面缺陷　螺母

GB/T 9145　普通螺纹　中等精度、优选系列的极限尺寸

GB/T 22028　热浸镀锌螺纹　在内螺纹上容纳镀锌层

GB/T 32076.1　预载荷高强度栓接结构连接副　第1部分:通用要求

GB/T 32076.2　预载荷高强度栓接结构连接副　第2部分:预载荷适应性

GB/T 32076.3　预载荷高强度栓接结构连接副　第3部分:HR型　大六角头螺栓和螺母连接副

GB/T 32076.6　预载荷高强度栓接结构连接副　第6部分:倒角平垫圈

3 螺栓

3.1 螺栓型式尺寸

螺栓的型式尺寸见图1和表1。梅花头的型式尺寸见图1和表2。尺寸代号和标注应符合GB/T 5276。

---

1) R_m是公称抗拉强度,A_s是螺纹公称应力截面积。

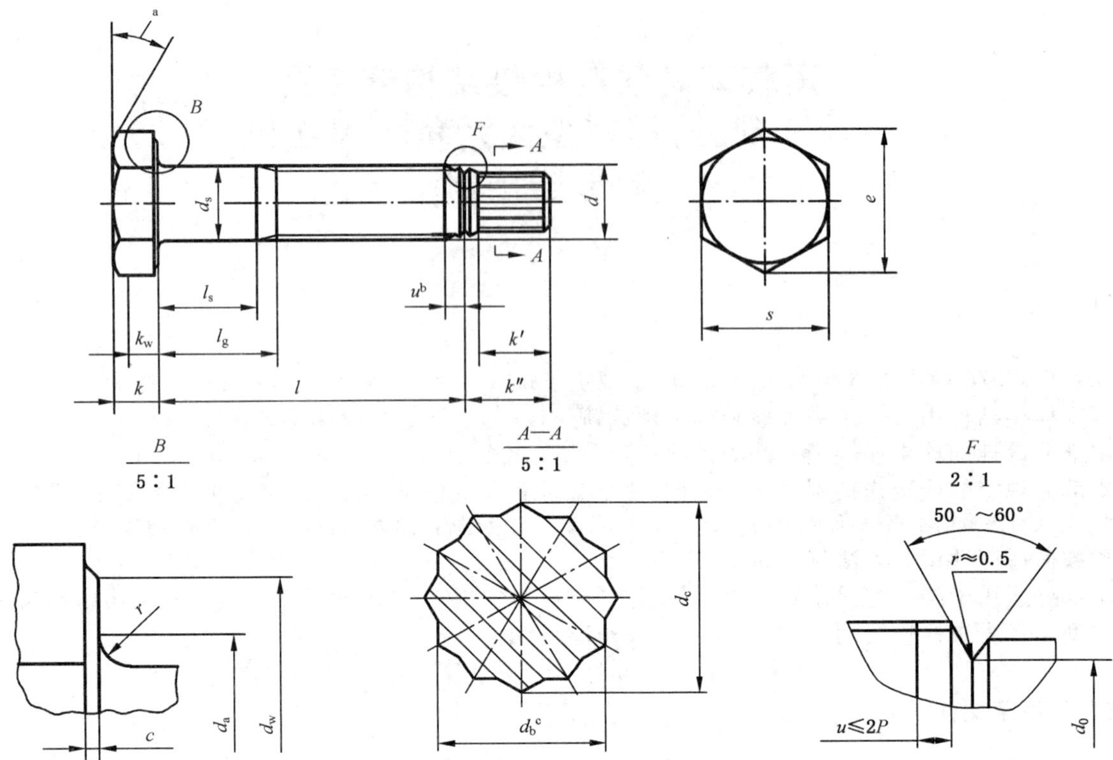

[a] 15°～30°。

[b] 不完整螺纹的长度 $u \leqslant 2P$。

[c] d_b——内切圆直径。

图 1 螺栓

表 1 螺栓尺寸[a] 单位为毫米

螺纹规格 d		M12	M16	M20	(M22)[b]	M24	(M27)[b]	M30	M36
P^c		1.75	2	2.5	2.5	3	3	3.5	4
c	max	0.8	0.8	0.8	0.8	0.8	0.8	0.8	0.8
	min	0.4	0.4	0.4	0.4	0.4	0.4	0.4	0.4
d_a	max	15.2	19.2	24.4	26.4	28.4	32.4	35.4	42.4
d_s	max	12.70	16.70	20.84	22.84	24.84	27.84	30.84	37.00
	min	11.30	15.30	19.16	21.16	23.16	26.16	29.16	35.00
d_w	max	[f]							
	min	20.1	24.9	29.5	33.3	38.0	42.8	46.6	51.0
e	min	23.91	29.56	35.03	39.55	45.20	50.85	55.37	66.44
k	公称	7.5	10	12.5	14	15	17	18.7	22.5
	max	7.95	10.75	13.40	14.90	15.90	17.90	19.75	23.55
	min	7.05	9.25	11.60	13.10	14.10	16.10	17.65	21.45
k_w	min	4.9	6.5	8.1	9.2	9.9	11.3	12.4	15.0
r	min	1.2	1.2	1.5	1.5	1.5	2.0	2.0	2.0
s	max	22	27	32	36	41	46	50	60
	min	21.16	26.16	31	35	40	45	49	58.8

表 1（续）

单位为毫米

螺纹规格 d			M12		M16		M20		(M22)[b]		M24		(M27)[b]		M30		M36	
l			l_s 和 l_g[d,e]															
公称	min	max	l_s min	l_g max	l_s min	l_g max	l_s min	l_g max	l_s min	l_g max	l_s min	l_g max	l_s min	l_g max	l_s min	l_g max	l_s min	l_g max
35	33.75	36.25	6	11.25														
40	38.75	41.25	9.75	15	8	14												
45	43.75	46.25	9.75	15	9	15	10	17.5										
50	48.75	51.25	14.75	20	14	20	10	17.5	11	18.5								
55	53.5	56.5	19.75	25	14	20	12.5	20	11	18.5	12	21						
60	58.5	61.5	24.75	30	19	25	17.5	25	12.5	20	12	21						
65	63.5	66.5	29.75	35	24	30	17.5	25	17.5	25	12	21	13.5	22.5				
70	68.5	71.5	34.75	40	29	35	22.5	30	17.5	25	16	25	13.5	22.5	15	25.5		
75	73.5	76.5	39.75	45	34	40	27.5	35	22.5	30	16	25	16	25	15	25.5		
80	78.5	81.5			39	45	32.5	40	27.5	35	21	30	16	25	15	25.5		
85	83.25	86.75			44	50	37.5	45	32.5	40	26	35	21	30	15	25.5	18	30
90	88.25	91.75			49	55	42.5	50	37.5	45	31	40	26	35	19.5	30	18	30
95	93.25	96.75			54	60	47.5	55	42.5	50	36	45	31	40	24.5	35	18	30
100	98.25	101.75			59	65	52.5	60	47.5	55	41	50	36	45	29.5	40	23	35
105	103.25	106.75			64	70	57.5	65	52.5	60	46	55	41	50	34.5	45	28	40
110	108.25	111.75			69	75	62.5	70	57.5	65	51	60	46	55	39.5	50	28	40
115	113.25	116.75			74	80	67.5	75	62.5	70	56	65	51	60	44.5	55	33	45
120	118.25	121.75			79	85	72.5	80	67.5	75	61	70	56	65	49.5	60	38	50
125	123.25	126.75			84	90	77.5	85	72.5	80	66	75	61	70	54.5	65	43	55
130	128.00	132.00			89	95	82.5	90	77.5	85	71	80	66	75	59.5	70	48	60
135	133.00	137.00					87.5	95	82.5	90	76	85	71	80	64.5	75	53	65
140	138.00	142.00					92.5	100	87.5	95	81	90	76	85	69.5	80	58	70
145	143.00	147.00					97.5	105	92.5	100	86	95	81	90	74.5	85	63	75
150	148.00	152.00					102.5	110	97.5	105	91	100	86	95	79.5	90	68	80
160	156.00	164.00					112.5	120	107.5	115	101	110	96	105	89.5	100	78	90
170	166.00	174.00							117.5	125	111	120	106	115	99.5	110	88	100
180	176.00	184.00							127.5	135	121	130	116	125	109.5	120	98	110
190	185.40	194.60							137.5	145	131	140	126	135	119.5	130	108	120
200	195.40	204.60							147.5	155	141	150	136	145	129.5	140	118	130
220	215.40	224.60							167.5	175	161	170	156	165	149.5	160	138	150

注：选用的长度规格由 $l_{s\,min}$ 和 $l_{g\,max}$ 确定。

a 非电解锌片涂层、热浸镀锌螺栓的尺寸公差适用于涂镀前。

b 尽可能不采用括号内的规格。

c P——螺距。

d $l_{g\,max}=l_{公称}-b$；$l_{s\,min}=l_{g\,max}-3P$。

e 当 $l_{s\,min}$ 按脚注 d 中公式计算小于 $0.5d$ 时，$l_{s\,min}=0.5d$，且 $l_{g\,max}=l_{s\,min}+3P$。在阶梯线以上的螺栓为全螺纹螺栓。

f $d_{w\,max}$＝实际测量。

注：由于颈部断裂尺寸与公差是由制造者根据材料、制造工艺和润滑等情况规定的，所以其断裂尺寸不是规定值。当螺栓梅花头在扭转应力下发生断裂时，正确的颈部断裂尺寸与公差应确保能达到规定的预载荷。

表 2 梅花头尺寸[a]

螺纹规格 d		M12	M16	M20	M22	M24	M27	M30	M36
d_b[a]	公称	7.7	11.1	13.9	15.4	16.7	19.0	21.1	25.4
	max	8.0	11.3	14.1	15.6	16.9	19.3	21.4	25.7
	min	7.4	11.0	13.8	15.3	16.6	18.7	20.8	25.1
d_c	≈	8.36	12.8	16.1	17.8	19.3	21.9	24.4	29.36
d_0	≈	6.9	10.9	13.6	15.1	16.4	18.6	20.6	25.6
k'	min	11.0	12.0	14.0	15.0	16.0	17.0	18.0	25.0
k''	max	16.0	17.0	19.0	21.0	23.0	24.0	25.0	33.0
[a] 非电解锌片涂层、热浸镀锌螺栓的尺寸公差适用于涂镀前，但 $d_{b\,max}$ 适用于涂镀后。									

3.2 螺栓技术条件

螺栓技术条件和引用标准见表 3。

表 3 螺栓技术条件和引用标准

材料		钢
通用要求		GB/T 32076.1
螺纹	公差	6g[a]
	标准	GB/T 193、GB/T 9145
机械性能	性能等级	10.9
	标准	GB/T 3098.1
公差	产品等级	C(除 c、r 尺寸外)
	标准	GB/T 3103.1
表面处理[b]		不经处理[c]； 磷皂化处理应由供需协议； 热浸镀锌层技术要求按 GB/T 5267.3； 非电解锌片涂层技术要求按 GB/T 5267.2； 如需其他技术要求或表面处理，应由供需协议[d]
表面缺陷		GB/T 5779.1

[a] 热浸镀锌螺栓应与加大攻丝尺寸的螺母搭配使用。

[b] 当选择一个合适的表面处理方法(如清洗和涂镀层)时，需要考虑性能等级为 10.9 级的螺栓氢脆风险，见相关涂镀层标准。

[c] “不经处理”表示热处理的残余轻油覆盖层形成的常规表面状态。

[d] 在不损害螺栓机械性能或功能特性的条件下，供需协议可以使用其他涂镀层。不允许使用镉或镉合金镀层。无论采用哪种表面处理，都应保证连接副的紧固轴力和机械性能。

4 螺母

4.1 螺母型式尺寸

螺母的型式尺寸见图 2 和表 4。尺寸代号和标注应符合 GB/T 5276。

允许制造的型式

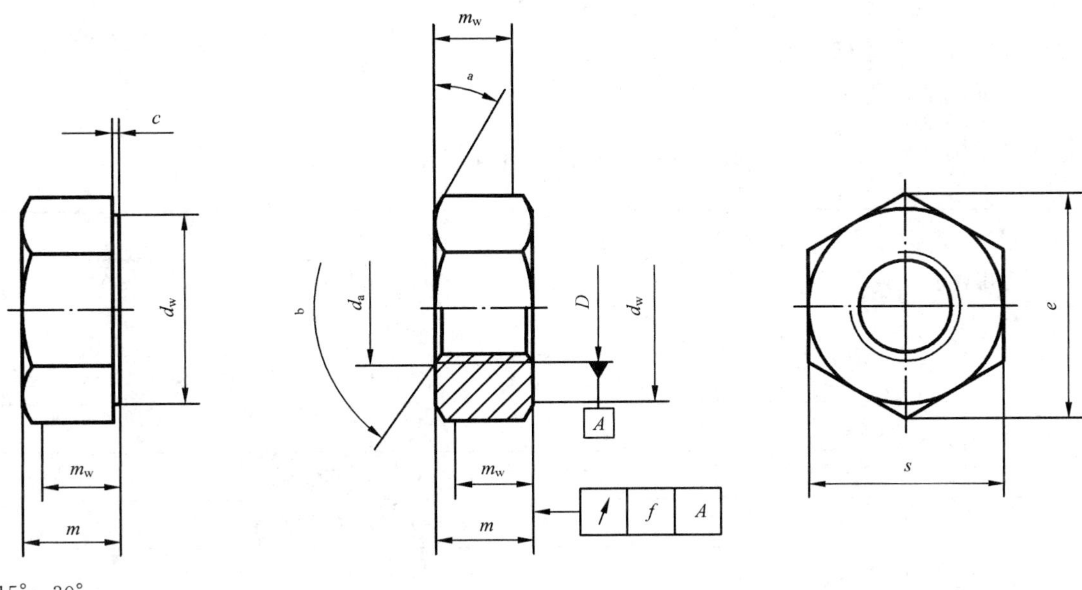

a 15°～30°。

b 110°～130°。

图 2 螺母

表 4 螺母尺寸[a]

单位为毫米

螺纹规格 D		M12	M16	M20	(M22)[b]	M24	(M27)[b]	M30	M36
P[c]		1.75	2	2.5	2.5	3	3	3.5	4
d_a	max	13	17.3	21.6	23.7	25.9	29.1	32.4	38.9
	min	12	16	20	22	24	27	30	36
d_w	max	d							
	min	20.1	24.9	29.5	33.3	38.0	42.8	46.6	55.9
e	min	23.91	29.56	35.03	39.55	45.20	50.85	55.37	66.44
m	max	12.35	16.35	20.65	22.65	24.65	27.65	30.65	36.60
	min	11.65	15.65	19.35	21.35	23.35	26.35	29.35	35.00
m_w	min	9.32	12.52	15.48	17.08	18.68	21.08	23.48	27.80
c	max	0.8	0.8	0.8	0.8	0.8	0.8	0.8	0.8
	min	0.4	0.4	0.4	0.4	0.4	0.4	0.4	0.4
s	max	22.00	27.00	34.00	36.00	41.00	46.00	50.00	60.00
	min	21.16	26.16	33.00	35.00	40.00	45.00	49.00	58.80
t		0.38	0.47	0.58	0.63	0.72	0.80	0.87	1.52

a 非电解锌片涂层、热浸镀锌螺母的尺寸公差适用于涂镀前。

b 尽可能不采用括号内的尺寸。

c P——螺距。

d $d_{w\,max}=s_{实际}$。

4.2 螺母技术条件

螺母技术条件和引用标准见表 5。

螺母的保证载荷值见表 6。

表 5 螺母技术条件和引用标准

材　　料		钢
通用要求		GB/T 32076.1
螺　　纹	公　　差	6H 或 6AZ[a]
	标　　准	GB/T 193、GB/T 9145、GB/T 22028
机械性能	性能等级	10[b]
	标　　准	GB/T 3098.2
公　　差	产品等级	B(除 m 和 c 的尺寸外)
	标　　准	GB/T 3103.1[c]
表面处理		不经处理[d]； 磷皂化处理应由供需协议； 热浸镀锌层技术要求按 GB/T 5267.3； 非电解锌片涂层技术要求按 GB/T 5267.2； 如需其他技术要求或表面处理，应由供需协议[e]
表面缺陷		GB/T 5779.2

[a] 6H 适用于无镀层螺母，而 6AZ 用于热浸镀锌。

[b] 保证载荷值见表 6，其他机械性能按 GB/T 3098.2 规定。

[c] 支承面垂直度公差见表 4 中 t。

[d] “不经处理”表示热处理的残余轻油覆盖层形成的常规表面状态。

[e] 在不损害机械性能或功能特性的条件下，供需协议可以使用其他涂镀层。不允许使用镉或镉合金镀层。无论采用哪种表面处理，都应保证连接副的紧固轴力和机械性能。

表 6 螺母保证载荷

螺纹规格 D	标准试验芯棒的公称应力截面积 A_s mm²	保证载荷($A_s \times S_p$)[a] N
M12	84.3	104 900
M16	157	195 500
M20	245	305 000
M22	303	377 200
M24	353	439 500
M27	459	571 500
M30	561	698 400
M36	817	1 017 165

[a] 保证载荷值按保证应力 1 245 MPa 计算。

5 垫圈

符合本部分规定的螺栓和螺母栓接连接副应与 GB/T 32076.6 规定的垫圈搭配使用。

6 栓接连接副零件标志

6.1 螺栓标志

本部分规定预载荷高强度栓接结构用螺栓应在头部顶面用凹字或凸字标志(见图 3)：

a) 按 GB/T 3098.1 规定的性能等级；

b) 制造者识别标志。

示例：螺栓标志

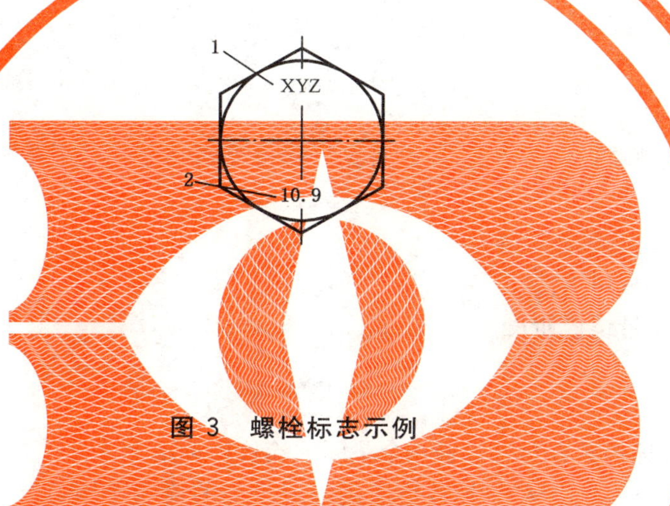

说明：

1——制造者识别标志；

2——性能等级。

图 3 螺栓标志示例

6.2 螺母标志

本部分规定预载荷高强度栓接结构用螺母应在螺母支承面用凹字，或在螺母顶面用凹字或凸字标志(见图 4)：

a) 按 GB/T 3098.2 规定的性能等级；

b) 制造者识别标志。

示例：螺母标志

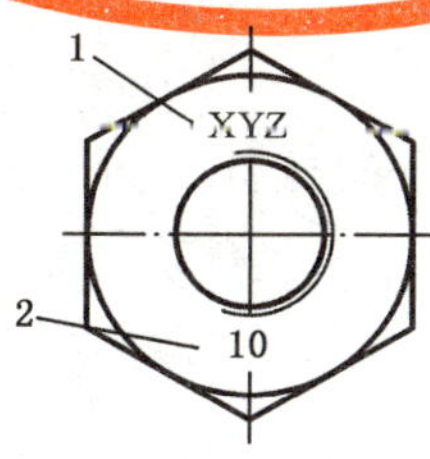

说明：

1——制造者识别标志；

2——性能等级。

图 4 螺母标志示例

7 栓接连接副功能特性

7.1 通则

在交货状态下，螺母或螺栓和垫圈上应经适当润滑处理，以确保拧紧栓接连接副时不出现咬死现象，并能获得所需的预载荷。

拧紧栓接连接副时，能否获得足够的预载荷取决于控制两个主要参数：

——润滑性能；

——梅花头的扭断性能。

因此，按照 7.2 和 7.3 做试验时，应达到 7.4 对栓接连接副的功能特性要求。

注 1：在螺母支承面和无螺纹杆部之间，应保持 4 个完整螺纹间隙(不包括螺纹收尾)。

注 2：有关功能特性的详细资料见 GB/T 32076.2。

7.2 预载荷适应性试验

7.2.1 通则

栓接连接副的预载荷适应性试验，应在拧紧栓接连接副的过程中测量下列参数：

——螺栓轴力；

——螺栓和螺母之间的相对转角；

——如有要求，测量扭矩；

——如有要求，测量螺栓伸长。

7.2.2 试件安装

试验应在螺栓和螺母下方分别放置一个垫圈的栓接连接副上进行。

栓接连接副试件应从一个单一栓接连接副批或扩展的栓接连接副批(见 GB/T 32076.1)中抽取。栓接连接副试件的每一零件仅应使用一次。

应在没有改变各个零件在交货时润滑状态的栓接连接副试件上实施试验。

7.2.3 试验结果

按 GB/T 32076.2 进行试验结果的评定。

从拧断梅花头起测量 $\Delta\theta_2$ 值，$\Delta\theta_2$ 值应大于 GB/T 32076.3 的规定。

7.3 标定预载荷适应性试验

应在与 7.2 相同的栓接连接副批中抽取的试件上进行适应性试验，以核查拧断梅花头时的预载荷值。

试验条件按 GB/T 32076.2 的规定。

试验装置应符合下列之一：

——扭剪扳手和螺栓轴力测量装置；

——扭剪扳手和 GB/T 32076.2 规定的试验装置；

——带梅花头套筒并符合 GB/T 32076.2 规定的试验装置。

注：本试验可与 7.2 规定的预载荷适应性试验结合进行。

当拧断梅花头时，应测量单个螺栓轴力值 F_{ri}。

7.4 技术要求

应进行5次螺栓轴力试验。拧断梅花头时的螺栓轴力值(F_r)应满足表7的规定。还应满足下列技术要求：

——单个值 $F_{ri} \geqslant 0.7R_m \times A_s$；

——平均值 $F_{r平均} \geqslant 0.77R_m \times A_s$；

——F_r 的变异系数 $V_{Fr} \leqslant 0.10$。

其中：

R_m ——螺栓公称抗拉强度；

A_s ——螺栓公称应力截面积。

$$V_{Fr} = \frac{s_{Fr}}{F_{r平均}}$$

式中：

s_{Fr}——标准偏差。

$$s_{Fr} = \sqrt{\frac{\sum (F_{ri} - F_{r平均})^2}{n-1}}$$

表7 拧断梅花头时螺栓轴力极限值

螺纹规格 d	标准试验芯棒 公称应力面积 A_s mm^2	$F_{r\,min}$ $0.7R_m \times A_s$ N	$F_{r平均\,min}$ $0.77R_m \times A_s$ N
M12	84.3	59 010	64 911
M 16	157	109 900	120 890
M20	245	171 500	188 650
M22	303	212 100	233 310
M24	353	247 100	271 810
M27	459	321 300	353 430
M30	561	392 700	431 970
M36	817	571 900	629 090

8 验收规则、标志与包装

8.1 验收检查应按批进行。同一材料、炉号、螺纹规格、长度(当螺栓长度≤100 mm时，长度相差≤15 mm；螺栓长度>100 mm时，长度相差≤20 mm，可视为同一长度)、机械加工、热处理及表面处理工艺的螺栓为同批；同一材料、炉号、螺纹规格、机械加工、热处理及表面处理工艺的螺母为同批；同一材料、炉号、规格、机械加工、热处理及表面处理工艺的垫圈为同批。分别由同批螺栓、螺母及垫圈组成的栓接连接副为同批栓接连接副。同批扭剪型大六角头螺栓和螺母连接副的最大数量为3 000套。

8.2 栓接连接副紧固轴力的检验按批抽取5套，5套栓接连接副的紧固轴力单个值、平均值及变异系数均应符合7.4的规定。

8.3 螺栓楔负载、螺母保证载荷、螺母硬度和垫圈硬度的检验按批抽取，样本大小 $n=5$，合格判定数 Ac=0。检验螺栓、螺母、垫圈的尺寸及表面缺陷的抽样方案应符合GB/T 90.1的规定。

8.4 标志与包装

8.4.1 栓接连接副零件标志按第6章规定。

8.4.2 制造者应以批为单位提供产品质量检验报告证书，应包括以下内容：

a) 批号、规格和数量；
b) 材料牌号、炉号、化学成分；
c) 螺栓、螺母和垫圈机械性能试验数据；
d) 栓接连接副紧固轴力单个值和平均值、变异系数和测试环境温度；
e) 出厂日期。

8.4.3 其余标志与包装的技术要求按 GB/T 90.2 规定。

9 栓接连接副标记

9.1 标记方法

标记方法按 GB/T 1237 规定，垫圈的标记按 GB/T 32076.6 规定。

9.2 标记示例

螺纹规格为 M16、公称长度 l=80 mm、性能等级为 10.9 级的大六角头螺栓，与螺纹规格为 M16、性能等级为 10 级的大六角螺母和 GB/T 32076.6 规定的垫圈搭配、不经表面处理的预载荷高强度栓接结构用扭剪型大六角头螺栓和螺母连接副标记：

连接副 GB/T 32076.9 M16×80

“不经表面处理”以外的其他表面处理则应增加标记。

产品要求同示例1，但需要热浸镀锌(tZn)，则应在标记中注明：

连接副 GB/T 32076.9 M16×80 tZn

附 录 A
（资料性附录）
螺栓、螺母和垫圈的质量

每 1 000 件钢螺栓的质量见表 A.1，每 1 000 件钢螺母的质量见表 A.2，每 1 000 件钢垫圈的质量见表 A.3。

表 A.1 螺栓质量

单位为千克

螺纹规格 d	M12	M16	M20	M22	M24	M27	M30	M36
l/mm	每 1 000 件钢螺栓的质量（ρ=7.85 kg/dm^3）							
35	55.27							
40	59.53	121.21						
45	63.79	127.81	213.52					
50	68.09	134.31	233.78	294.41				
55	72.59	142.21	234.04	306.99	392.62			
60	76.99	149.51	248.74	320.27	407.36			
65	81.39	157.41	258.72	335.19	422.09	570.97		
70	85.89	165.31	269.81	347.78	440.15	590.09	752.27	
75	90.29	173.21	282.14	362.58	453.97	610.55	775.69	
80	94.79	181.11	294.47	378.45	471.73	629.66	799.15	
85	99.19	189.01	306.85	393.37	489.49	651.13	822.52	1 313.22
90	103.59	196.91	319.13	406.31	507.24	674.62	849.83	1 347.25
95	108.09	204.81	331.46	422.37	524.99	697.08	877.57	1 381.27
100	112.49	212.71	343.83	437.31	542.76	719.55	905.32	1 421.22
105	116.99	220.61	356.13	452.23	560.51	742.02	933.05	1 461.17
110	121.39	228.51	368.46	467.14	579.41	764.55	960.81	1 495.19
115	125.79	236.41	380.79	482.06	597.16	786.97	988.55	1 535.14
120	130.29	244.21	393.12	496.99	614.92	809.44	1 016.29	1 575.09
125	134.69	252.11	405.45	511.91	632.68	831.92	1 044.04	1 615.05
130	139.19	260.01	415.29	526.83	650.44	854.39	1 071.78	1 655.32
135	143.59	267.91	427.62	541.75	668.22	876.86	1 099.53	1 694.95
140	149.89	275.81	439.95	556.67	685.96	899.33	1 127.27	1 734.97
145	154.29	283.71	452.28	571.59	702.56	921.81	1 155.02	1 774.85
150	158.69	291.61	464.61	586.51	720.32	944.28	1 182.76	1 814.85
160	167.59	307.41	490.28	616.35	755.83	989.22	1 238.25	1 894.71
170	176.49	323.21	514.95	646.19	791.35	1 034.17	1 293.74	1 974.61
180	185.39	338.91	539.62	676.03	826.85	1 079.11	1 349.23	2 054.52
190	194.19	354.71	564.29	705.87	862.37	1 124.06	1 404.71	2 134.42
200	203.09	370.51	588.96	735.71	897.88	1 169.12	1 461.21	2 214.32
220	220.89	402.76	638.32	795.63	968.97	1 258.88	1 575.23	2 374.22

表 A.2 螺母质量

单位为千克

螺纹规格 d	每 1 000 件钢螺母质量(ρ=7.85 kg/dm^3)	
	单倒角	双倒角
M12	30	30
M16	56	56
M20	96	95
M22	135	134
M24	199	197
M27	279	277
M30	363	360
M36	614	609

表 A.3 垫圈质量

单位为千克

螺纹规格 d	M12	M16	M20	M22	M24	M27	M30	M36
每 1 000 件钢垫圈质量(ρ=7.85 kg/dm^3)	6.52	13.41	20.27	21.59	29.19	46.78	59.82	100.29

ICS 35.100.05
L 79

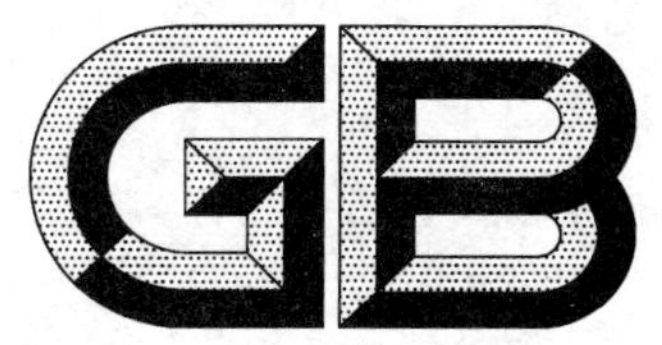

中华人民共和国国家标准

GB/T 32419.5—2017

信息技术　SOA技术实现规范
第5部分:服务集成开发

Information technology—SOA technology implementation specification—Part 5: Development of service integration

2017-09-07 发布　　　　2018-04-01 实施

中华人民共和国国家质量监督检验检疫总局
中国国家标准化管理委员会　发布

前　言

GB/T 32419《信息技术　SOA 技术实现规范》分为 6 个部分：

——第 1 部分：服务描述；

——第 2 部分：服务注册与发现；

——第 3 部分：服务管理；

——第 4 部分：基于发布/订阅的数据服务接口；

——第 5 部分：服务集成开发；

——第 6 部分：身份管理服务。

本部分为 GB/T 32419 的第 5 部分。

本部分按照 GB/T 1.1—2009 给出的规则起草。

请注意本文件的某些内容可能涉及专利。本文件的发布机构不承担识别这些专利的责任。

本部分由全国信息技术标准化技术委员会(SAC/TC 28)提出并归口。

本部分起草单位：北京方位捷讯科技有限公司、广西师范大学、普元信息技术股份有限公司、中国电子技术标准化研究院、北京东方通科技股份有限公司、浪潮软件股份有限公司、中国电子科技集团公司第二十八研究所、国家信息中心。

本部分主要起草人：刘鹏、徐枫、钱军、袁媛、徐宝新、贾德星、郭成昊、王子亮、宦茂盛、王潮阳、马捷。

信息技术　SOA 技术实现规范　第 5 部分：服务集成开发

1　范围

GB/T 32419 的本部分规定了可集成的服务类型，描述了服务构件、服务集成开发技术模型及功能要求，以及 3 种可选的服务集成开发模式。

本部分适用于 SOA 技术实现的开发、集成和应用。

2　规范性引用文件

下列文件对于本文件的应用是必不可少的。凡是注日期的引用文件，仅注日期的版本适用于本文件。凡是不注日期的引用文件，其最新版本（包括所有的修改单）适用于本文件。

GB/T 28174.2—2011　统一建模语言（UML）第 2 部分：上层结构

GB/T 29262—2012　信息技术　面向服务的体系结构（SOA）　术语

GB/T 29263—2012　信息技术　面向服务的体系结构（SOA）应用的总体技术要求

GB/T 33846.3　信息技术　SOA 支撑功能单元互操作　第 3 部分：服务交互通信

3　术语和定义及缩略语

3.1　术语和定义

GB/T 29262—2012 界定的以及下列术语和定义适用于本文件。

3.1.1

服务构件　service component

服务的基本单元，通过接口对外提供信息服务。

3.1.2

绑定　binding

客户端调用服务必须使用的访问机制的格式化描述。

3.1.3

属性　attribute

服务构件用于配置服务实现的数据，允许通过外部设置进行变更。

3.1.4

组合构件　composite component

多个服务构件的组合，对外呈现为一个独立的服务构件。

注：组合构件定义了自身的可见性边界，其内部构件不能直接被组合构件外界引用。

3.1.5

服务集成开发　service integration development

对多个服务按照某种模式进行组合调用，形成满足特定业务需求的新服务的行为。

3.1.6

接口　interface

提供服务构件功能的操作集合。

注：在本部分中泛指操作的集合。

3.2　缩略语

下列缩略语适用于本文件。

HTTP　超文本传送协议（Hypertext transfer protocol）

SOAP　简单对象访问协议(Simple Object Access Protocol)

4　可集成的服务类型

可集成的服务类型主要包括业务服务和支撑服务。业务服务是一种面向行业/领域应用的、可复用的、具有一定业务功能的服务。如基于数据库和计算模型，提供数据处理、分析和挖掘等功能的服务。业务服务一般需要满足服务的各项要素，能实现一定的行业/领域业务功能。业务服务在一定范围内具有较强的复用性。

支撑服务是业务服务所需的基础技术能力及服务的集合。典型的支撑服务包括：服务描述与发现、服务管理、服务编制、服务编排、服务开发、服务交互通信、信息服务、展现服务、身份管理服务、授权服务。更多的相关信息的见 GB/T 29263—2012 第 7 章。

5　服务构件

服务构件是服务的基本单元，包括：

a)　一个服务实现，是服务功能的一种具体实现。

b)　一个或多个服务接口，用于提供服务构件的不同功能。

c)　零个或多个服务属性，用于配置服务实现的属性数据值。

d)　一个或多个服务绑定，服务绑定被服务接口使用，用于描述服务的访问机制。

本部分中采用框图描述服务集成开发技术模型中的服务构件，如图 1a)所示，采用 GB/T 28174.2—2011 中规定的组件图元描述集成开发模式中的服务构件，如图 1b)所示。

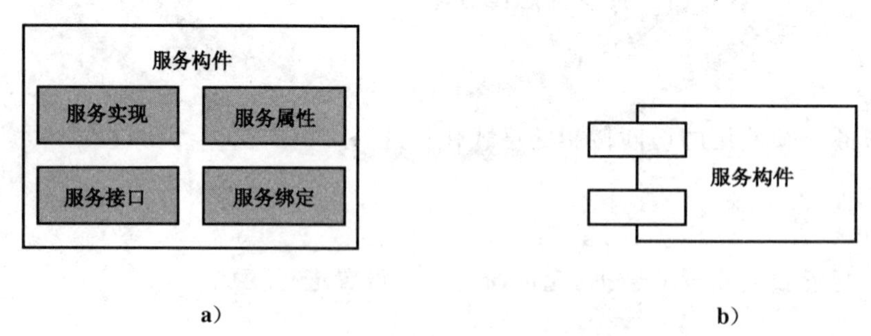

图 1　服务构件基本结构

6　服务集成开发技术模型

服务集成开发以服务构件为基本元素。通过调用其他服务的接口，使用被调用服务的服务实现，用于自身服务实现的开发。服务集成开发技术模型如图 2 所示。

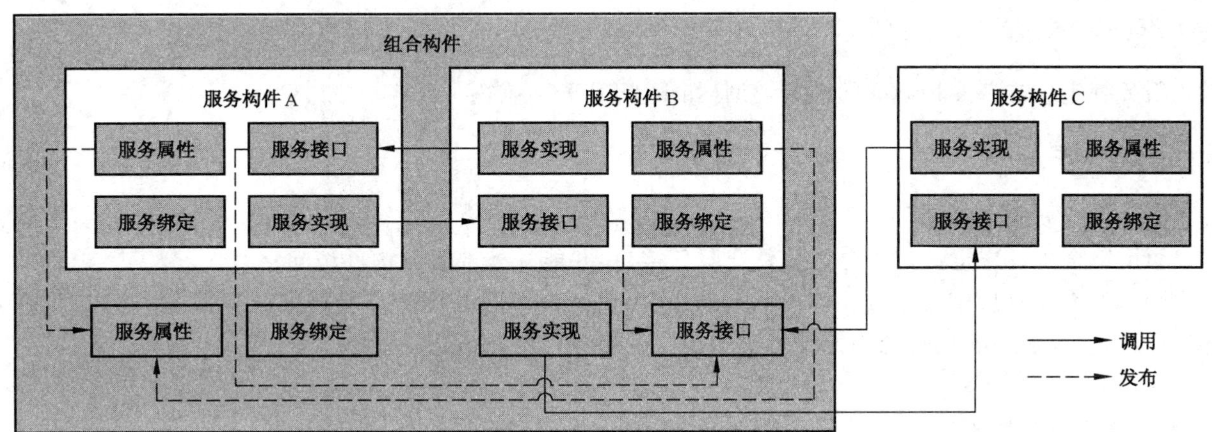

图2 SOA服务集成开发技术模型

图中，组合构件中的服务构件A的服务实现调用服务构件B的服务接口，形成组合构件的服务实现；服务构件A和服务构件B的服务属性联合发布成组合构件的服务属性；服务构件A和服务构件B的服务接口联合发布成组合构件的服务接口。

在图2中：

——服务实现在服务构件中定义，提供服务或调用其他服务构件实现服务的具体功能。

——服务接口提供一个或多个业务功能。

——服务属性由服务实现定义，为命名的属性提供了一个传递给服务实现的值。

——服务绑定被服务接口使用，用于描述服务的访问机制。

——组合构件组合内部服务构件提供的服务，对外部服务构件提供服务。

7 服务集成开发功能要求

7.1 服务实现

服务实现要求：

a) 服务实现可使用传统编程语言(如C、C#、Java等)、脚本语言或声明性语言进行开发。

b) 服务实现可定义使用某个特定的开发框架或运行时环境。

c) 服务实现应支持服务集成开发的直接模式、代理模式和流程模式。

d) 服务实现的过程中需要满足无状态。

7.2 服务属性

服务属性要求：

a) 服务属性可通过实现语言定义。

b) 服务属性应支持简单数据类型和复杂数据类型的声明。

7.3 服务接口

服务接口要求：

a) 服务接口应定义一个或多个服务操作。

b) 每个服务操作都应包含零个或一个请求(输入)消息，以及零个或一个响应(输出)消息。

c) 请求和响应消息可采用简单类型或复杂类型。

7.4 服务绑定

服务绑定应支持多种不同的绑定类型(如 HTTP、SOAP 等)。

7.5 组合构件

组合构件要求:

a) 组合构件应定义其所提供的公开服务接口,并能被外部服务构件访问。

b) 组合构件应定义服务构件可见性的边界,使其内部服务构件不能直接被外部服务构件直接引用。即,组合构件的内部结构对使用它的服务构件是不可见的。

8 服务集成开发应用模式

基于第 6 章、第 7 章,下面给出 3 种服务集成开发的应用模式:

a) 直接模式,直接调用服务,由集成服务调用服务,如图 3 所示。

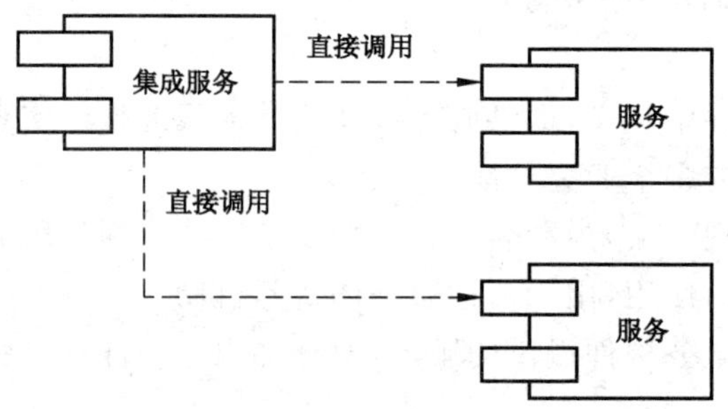

图 3 服务集成开发的直接模式

b) 代理模式,通过服务交互通信功能单元调用服务,如图 4 所示,具体要求见 GB/T 33846.3。

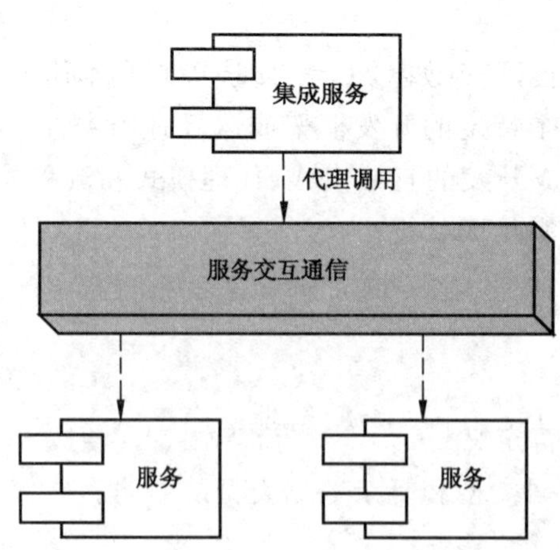

图 4 服务集成开发的代理模式

c) 流程模式,按照一定的顺序调用不同的服务,如图 5 所示。

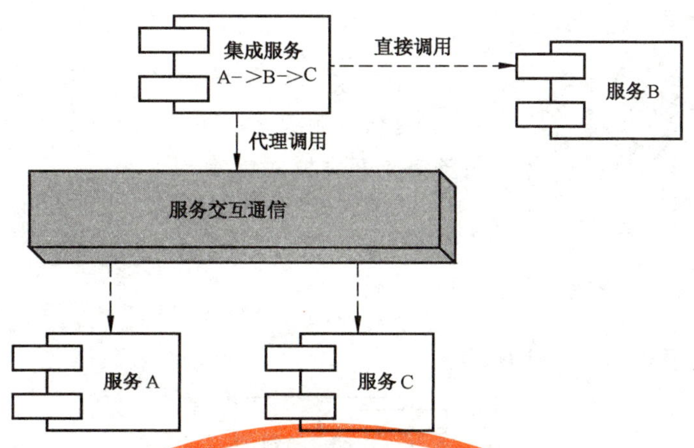

图5 服务集成开发的流程模式

实际开发中可综合使用以上3种模式或在其基础上扩展，参见附录A。

附 录 A
（资料性附录）
服务集成开发模式参考

A.1 元数据查询

元数据查询的集成模式如图A.1所示。

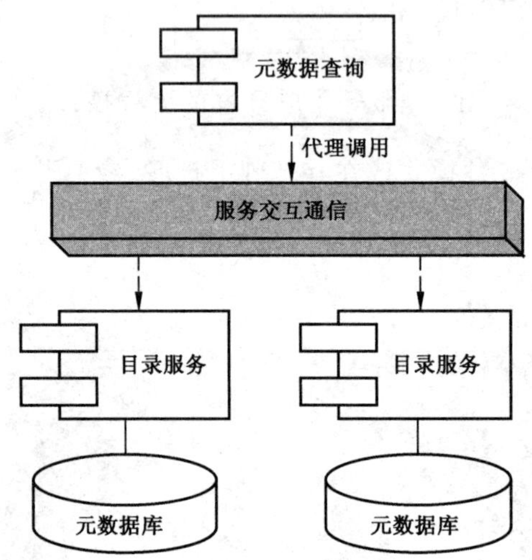

图 A.1 元数据查询集成模式

集成不同服务提供者发布的目录服务，提供元数据查询服务，实现分布式信息的发现、定位功能。

A.2 信息综合服务

信息综合服务的集成模式如图A.2所示。

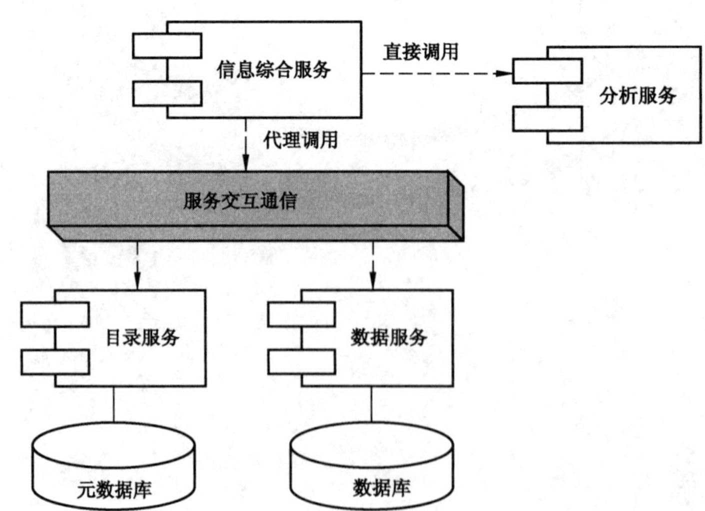

注：图中元数据库和数据库是不同的逻辑划分，物理实体可能是在一个总的数据库中。以下类同。

图 A.2 信息综合服务集成模式

集成服务提供者发布的目录服务、数据服务、分析服务，向浏览器用户提供综合及专业数据应用，实现空间数据基本浏览、量测计算、分析查询、专题制图等功能。

A.3 数据预览

数据预览的集成模式如图 A.3 所示。

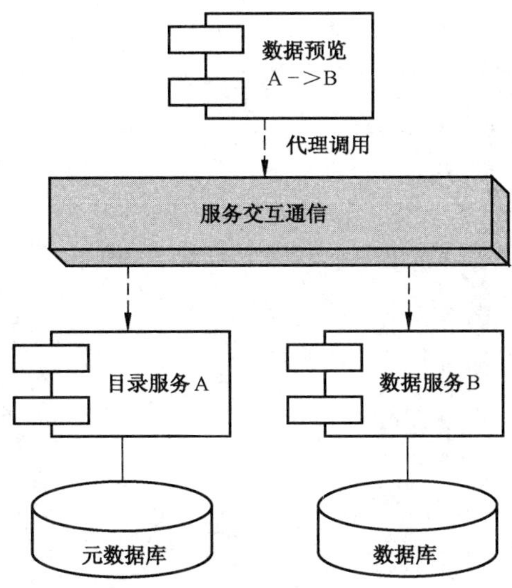

图 A.3 数据预览集成模式

集成不同服务提供者发布的目录服务和数据服务，提供数据预览服务。先通过目录服务发现感兴趣的数据，在通过数据服务获取数据提供地图浏览、属性查询、空间查询和图片浏览等功能。

A.4 影像浏览

影像浏览的集成模式如图 A.4 所示。

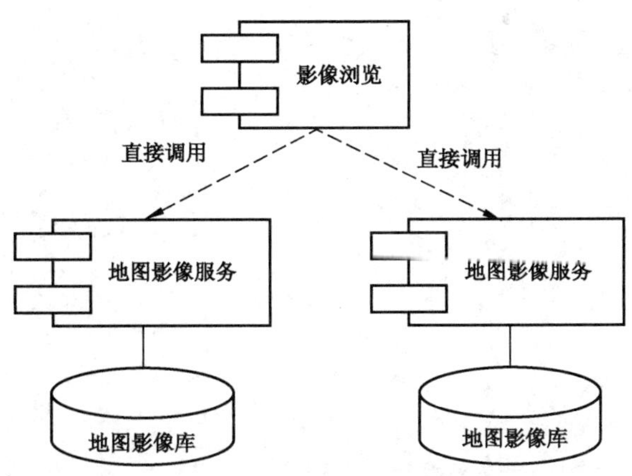

图 A.4 影像浏览集成模式

集成不同服务提供者发布的地图影像服务，提供影像浏览应用，实现地图影像的快速浏览和编辑操作功能。

ICS 35.100.05
L 79

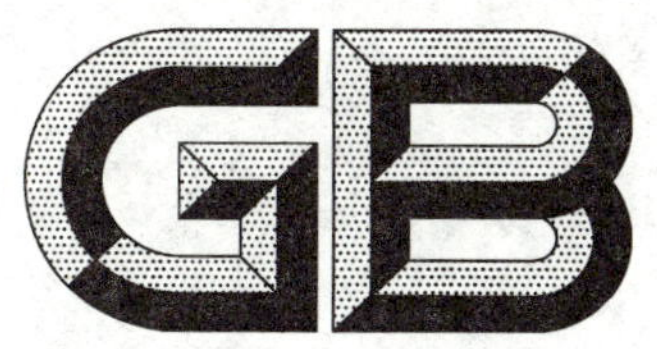

中华人民共和国国家标准

GB/T 32419.6—2017

信息技术　SOA技术实现规范 第6部分：身份管理服务

Information technology—Specification for SOA technical implementation—Part 6: Identity management service

2017-11-01 发布　　2018-05-01 实施

中华人民共和国国家质量监督检验检疫总局
中国国家标准化管理委员会　发布

前　言

GB/T 32419《信息技术　SOA技术实现规范》分为6个部分：

——第1部分：服务描述；

——第2部分：服务注册与发现；

——第3部分：服务管理；

——第4部分：基于发布/订阅的数据服务接口；

——第5部分：服务集成开发；

——第6部分：身份管理服务。

本部分为GB/T 32419的第6部分。

本部分按照GB/T 1.1—2009给出的规则起草。

请注意本文件的某些内容可能涉及专利。本文件的发布机构不承担识别这些专利的责任。

本部分由全国信息技术标准化技术委员会(SAC/TC 28)提出并归口。

本部分起草单位：北京有生博大软件技术有限公司、北京大学、北京东方通科技股份有限公司、北京长风信息技术产业联盟、中国电子技术标准化研究院、上海普元信息技术股份有限公司、工业和信息化部电子第五研究所、西安交通大学、华中科技大学、山东中创软件商用中间件股份有限公司。

本部分主要起草人：梅宏、赵斌、徐宝新、刘致杰、王潮阳、樊星、余云涛、钱军、李冬、侯迪、莫益军、商子豪。

信息技术　SOA技术实现规范　第6部分:身份管理服务

1　范围

GB/T 32419的本部分描述了身份管理服务参考模型及服务提供方式,规定了身份服务提供方的技术要求。

本部分适用于指导SOA应用中身份管理服务的开发、建立统一的身份管理服务,以及多种应用系统对身份管理服务的调用,在此基础上实现统一的身份管理。

2　规范性引用文件

下列文件对于本文件的应用是必不可少的。凡是注日期的引用文件,仅注日期的版本适用于本文件。凡是不注日期的引用文件,其最新版本(包括所有的修改单)适用于本文件。

GB/T 29262—2012　信息技术　面向服务的体系结构(SOA)　术语

3　术语和定义

GB/T 29262—2012界定的以及下列术语和定义适用于本文件。

3.1

实体　entity

可对系统或服务发起访问或请求的对象。

示例:如人员、角色、系统、软件、进程、设备等。

3.2

身份　identity

实体在信息系统中的映射,包括实体的标识和相关属性。

3.3

身份管理　identity management

对实体的身份标识、属性和生命周期所进行的管理。

3.4

身份管理服务　identity management service

对实体提供与身份相关的服务,包括鉴别、查询、同步、转换等服务。

3.5

身份同步　identity synchronization

使同一个实体在不同信息系统中的身份数据保持一致的相对关系。

3.6

业务服务提供方　business service provider

提供业务服务的信息系统。

3.7

身份服务提供方　identity service provider

提供身份管理服务的信息系统。

4　身份管理服务参考模型

4.1　概述

本章规定实体、身份、属性的形式及其关联关系，在此基础上描述身份管理服务提供方式。

4.2　实体、身份、属性及其关联关系

图1描述了在实体、身份、属性的表现形式及其关联关系。

同一个“实体”在不同的SOA应用场景中可具有不同的“身份”，而在同一个SOA应用场景中应仅具有一个身份。

一个“身份”可具有一组“属性”，包括但不限于：

——实体的基本信息；

——实体的分类信息；

——实体的变化信息；

——应用系统的辅助信息。

属性可以是相对不变的静态信息，也可以是变化的动态信息。

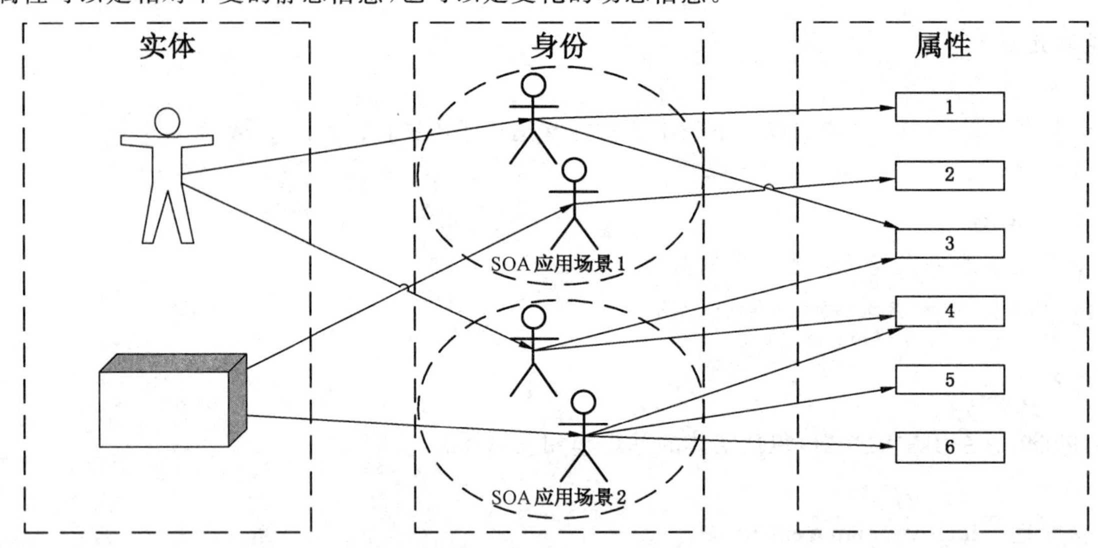

图1　实体、身份、属性及其关联关系示意图

4.3　身份管理服务提供方式

在同一个SOA应用场景下，身份管理服务提供方式如图2所示，包括三个基本角色：实体、业务服务提供方、身份服务提供方。身份管理服务的提供方式有两种模式，请求应答模式和身份同步模式。

请求应答模式是实体访问业务服务提供方1时，业务服务提供方1向身份服务提供方发送请求，身份服务提供方判别实体的合法性、实体所对应的身份信息之后发回响应，业务服务提供方1根据获得的身份信息，进行相应的处理。

身份同步模式是身份服务提供方把实体的身份信息同步到业务服务提供方2中，这样当实体访问业务服务提供方2时，业务服务提供方2可不用再向身份服务提供方请求身份管理服务，直接采用本地

的身份信息进行业务处理。

一个SOA应用场景应仅具有一个身份管理服务提供方。

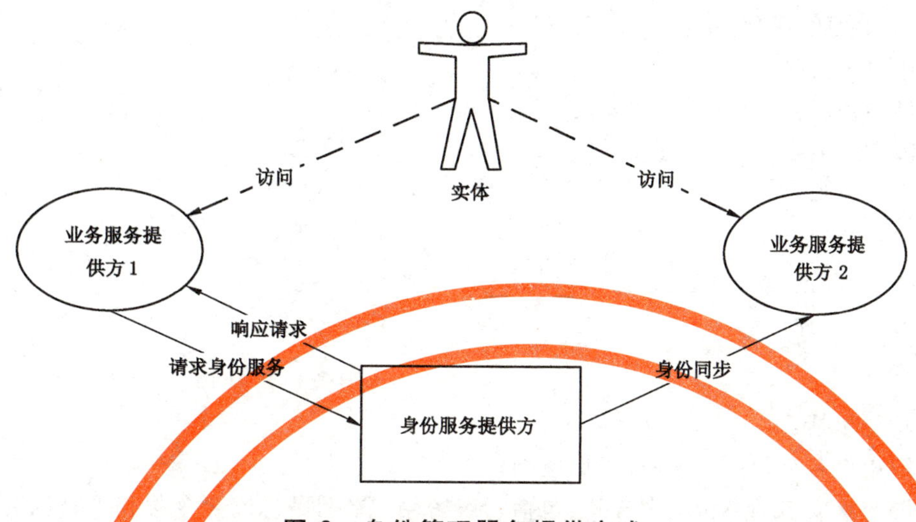

图2 身份管理服务提供方式

5 身份服务提供方技术要求

5.1 概述

在SOA应用场景中,由身份管理服务提供方来提供身份管理服务。本章针对身份服务提供方提出相关技术要求,包括:身份管控功能、身份服务功能、身份监管功能。

5.2 身份管控

5.2.1 身份管理

身份管理功能包括:

a) 可实现实体对应身份的管理功能,包括创建、修改、删除等维护功能;

b) 宜通过相应的授权进行保护,仅允许授权的实体调用此功能。

5.2.2 属性管理

属性管理功能包括:

a) 可实现实体对应身份的属性管理功能,应能创建、修改、删除、发布身份的属性信息;

b) 可根据不同的身份属性采用不同的管理策略;

c) 宜通过相应的授权进行保护,仅允许授权的实体调用此功能。

5.2.3 身份标识

身份标识功能包括:

a) 应通过唯一标识符对身份进行唯一的标识;

b) 宜使用与业务无关的唯一标识符来对身份进行唯一的标识;

c) 可使用证书或证书的唯一特征信息作为身份的唯一标识符。

5.2.4 凭证管理

凭证管理功能包括:

a） 凭证管理功能应包括创建、发布、管理用于身份鉴别的身份声明的信息。

b） 应提供凭证和身份进行关联或解除关联的方式。

c） 身份鉴别的凭证可包括：

——用户名/密码；

——动态密码；

——数字证书；

——安全令牌；

——生物特征。

5.3 身份服务

5.3.1 身份鉴别

身份鉴别功能包括：

a） 可采用用户名/密码方式进行身份鉴别；

b） 可扩展或集成多种身份鉴别方式，包括动态密码、数字证书、安全令牌和生物识别技术等；

c） 可支持集成第三方身份鉴别系统，将鉴别过程委托给第三方。

5.3.2 身份查询

身份查询功能包括：

a） 可实现对身份信息的查询功能，包括对身份及其属性查询的功能；

b） 宜通过相应的授权进行保护，仅允许授权的实体调用此功能。

5.3.3 身份映射

身份映射功能包括：

可建立多个应用系统之间实体的身份映射关系，实现从一个系统的身份资源到另一个系统身份资源的对应关系和转换。

5.3.4 身份同步

身份同步功能包括：

a） 可主动向应用系统同步身份信息；

b） 可支持推或拉的方式；

c） 当身份信息发生变化时，应主动将变化的身份信息同步给应用系统。

5.4 身份监管

身份监管功能包括：

a） 应对身份鉴别、身份信息变化、使用情况进行监管；

b） 可提供日志与审计信息；

c） 当发现使用异常的身份鉴别或身份信息时，应进行相应的处理。

ICS 25.040.40
J 07

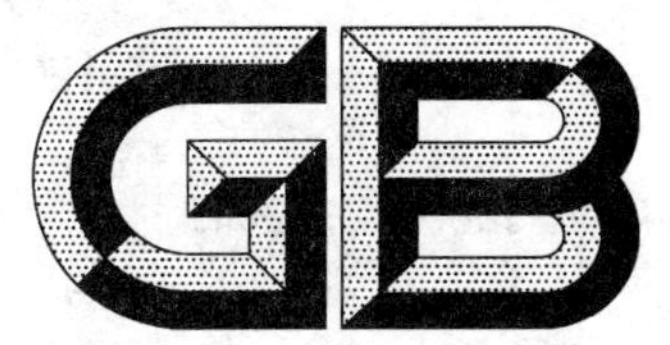

中华人民共和国国家标准

GB/T 32854.2—2017

自动化系统与集成 制造系统先进控制与优化软件集成 第2部分:架构和功能

Automation systems and integration—Integration of advanced process control and optimization software for manufacturing systems—Part 2: Framework and functions

2017-12-29 发布　　2017-12-29 实施

中华人民共和国国家质量监督检验检疫总局
中国国家标准化管理委员会　发布

前　言

GB/T 32854《自动化系统与集成　制造系统先进控制与优化软件集成》分为4个部分：

——第1部分：总述、概念及术语；

——第2部分：架构和功能；

——第3部分：活动模型和工作流；

——第4部分：信息交互和使用。

本部分为GB/T 32854的第2部分。

本部分按照GB/T 1.1—2009给出的规则起草。

请注意本文件的某些内容可能涉及专利。本文件的发布机构不承担识别这些专利的责任。

本部分由中国机械工业联合会提出。

本部分由全国自动化系统与集成标准化技术委员会(SAC/TC 159)归口。

本部分起草单位：浙江大学智能系统与控制研究所、浙江中控软件技术有限公司、北京机械工业自动化研究所、浙江大学宁波理工学院。

本部分主要起草人：苏宏业、黎晓东、张艳辉、邵寒山、李啸晨、谢磊、王海丹、马龙华。

自动化系统与集成 制造系统先进控制与优化软件集成 第2部分:架构和功能

1 范围

GB/T 32854 的本部分规定了先进控制与优化系统的架构以及系统内部和外部的架构关系,并详细规定了系统内部软测量模块、优化模块、先进控制模块、性能评估模块和运行平台的架构、组成和功能要求。

本部分适用于企业制造系统先进控制与优化领域的软件集成问题。

2 术语和定义

下列术语和定义适用于本文件。

2.1

辅助设计 aided design

利用已知的数据、经验或规则,协助用户进行设计。

2.2

外部架构 external framework

系统与其外部组件之间的架构关系。

2.3

内部架构 internal framework

系统内部各个模块之间的架构关系。

2.4

关键性能指标 key performance indicator

系统或组件的一些关键部分性能的衡量。

注1:KPIs 的选定主要依据任务、运行计划和改进程序的特定准则。

注2:本部分涉及的 KPIs 位于 GB/T 20720.1 和 GB/T 20720.3 中定义的第2层和第3层。

注3:改写 ISO 22400-1:2014,定义 2.1.5。

2.5

实验室校正 laboratory correction

运用实验室检测数据,对软测量输出结果进行调整,实现系统偏差的偏移校正。

2.6

先验知识 prior knowledge

无需经验或先于经验获得的知识。

示例:机理模型等。

2.7

过程稳定性　process stability

描述动态过程中变量当前所处的相对稳定状态。

2.8

二次校正　second-order correction

通过积累的历史数据，优化模型参数，校正预测模型与实际过程之间的偏差。

3　缩略语

下列缩略语适用于本文件。

APC-O：先进控制与优化（Advanced Process Control and Optimization）

DCS：分布式控制系统（Distributed Control System）

KPIs：关键性能指标（Key Performance Indicators）

LIMS：实验室信息管理系统（Laboratory Information Management System）

PCS：过程控制系统（Process Control System）

PLC：可编程逻辑控制器（Programmable Logical Controller）

MOM：制造运行管理（Manufacturing Operations Management）

TCP：传输控制协议（Transmission Control Protocol）

4　APC-O 系统架构

4.1　概述

APC-O 系统架构需要从不同角度对组成 APC-O 系统的各个部分进行组织和安排，并形成系统内部和外部的多个结构。APC-O 系统架构的基本组成部分，除了软测量模块、优化模块和先进控制模块和性能评估模块，还应具有先进控制与优化运行平台。先进控制与优化运行平台为 APC-O 系统提供运行环境，并支撑其他功能模块。

注 1：先进控制与优化运行平台具备其他模块需要的共有功能。

注 2：循环流化床锅炉先进过程控制的应用案例参见附录 A。

示例 1：系统的内部结构根据需要组合，可以是软测量模块和先进控制模块之间的组合，也可以性能评估模块和先进控制与优化运行平台之间的交互组合。

示例 2：系统的外部结构是先进控制与优化运行平台和过程控制系统之间的交互关系等。

APC-O 系统的基本架构如图 1 所示，根据 APC-O 系统的集成划分为内部架构和外部架构。

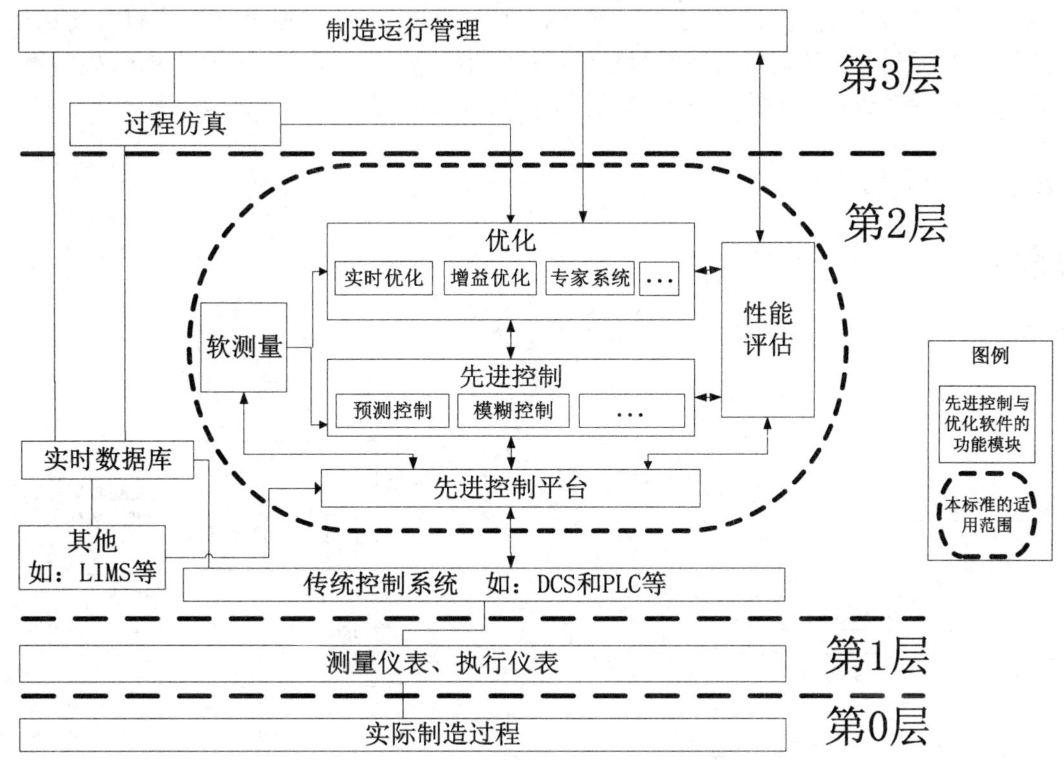

图 1 APC-O 系统的基本架构

4.2 内部架构

APC-O 系统的内部架构表示 APC-O 系统各个模块的功能以及相互之间的逻辑关系。工业应用中，根据实际过程需要选择全部或者部分功能模块，模型具体功能描述如下：

——软测量模块采集输入数据并进行计算，软测量模块的输出可以补充或者代替实验室分析结果或在线分析仪表数据，作为先进控制和优化模块的输入；

——先进控制模块从其他所有模块采集输入数据，其输出作为第 2 层中优化模块、性能评估模块和先进控制与优化运行平台的输入；

——优化模块从其他所有模块采集输入数据，优化模块的输出作为先进控制模块、性能评估模块和先进控制与优化运行平台的输入；

——性能评估模块通过分析先进控制系统的其他模块运行数据(软测量模块除外)，评估计算给出系统的运行状态和建议，并作为先进控制模块、优化模块和先进控制与优化运行平台的输入；

——先进控制与优化运行平台实现先进控制与优化系统和第 2 层之间的实时信息交互，并具备 4 个模块的通用辅助功能，如数据采集、权限管理和日志。

4.3 外部架构

APC-O 系统架构的外部架构需要表示 APC-O 系统或系统模块与功能层次中第 2 层或第 3 层之间的逻辑关系。具体逻辑关系描述如下：

——APC-O 系统从过程仿真获取先验知识，如：装置的工艺过程特性、装置变量之间的逻辑关系、工况分析以及工艺参数指导等；

——从制造运行管理系统(MOM)系统获取调度指令，如：生产指令、设备维护状态等；

——制造运行管理系统(MOM)通过性能评估模块了解 APC-O 的运行状态，并发起对 APC-O 系统进行维护指令,保持系统处于良好的运行状态;APC-O 系统通过先进控制与优化运行平台获取与过程相关的数据,如:装置测量值、装置阀门阀值、LIMS 系统中的化验数据等,并将控制运行指令发送到传统控制系统,如某 PID 回路设定值从 40 调整到 45 等。

5 APC-O 模块的架构和功能

5.1 软测量模块的架构和功能

5.1.1 概述

软测量模块的基本架构如图 2 所示。

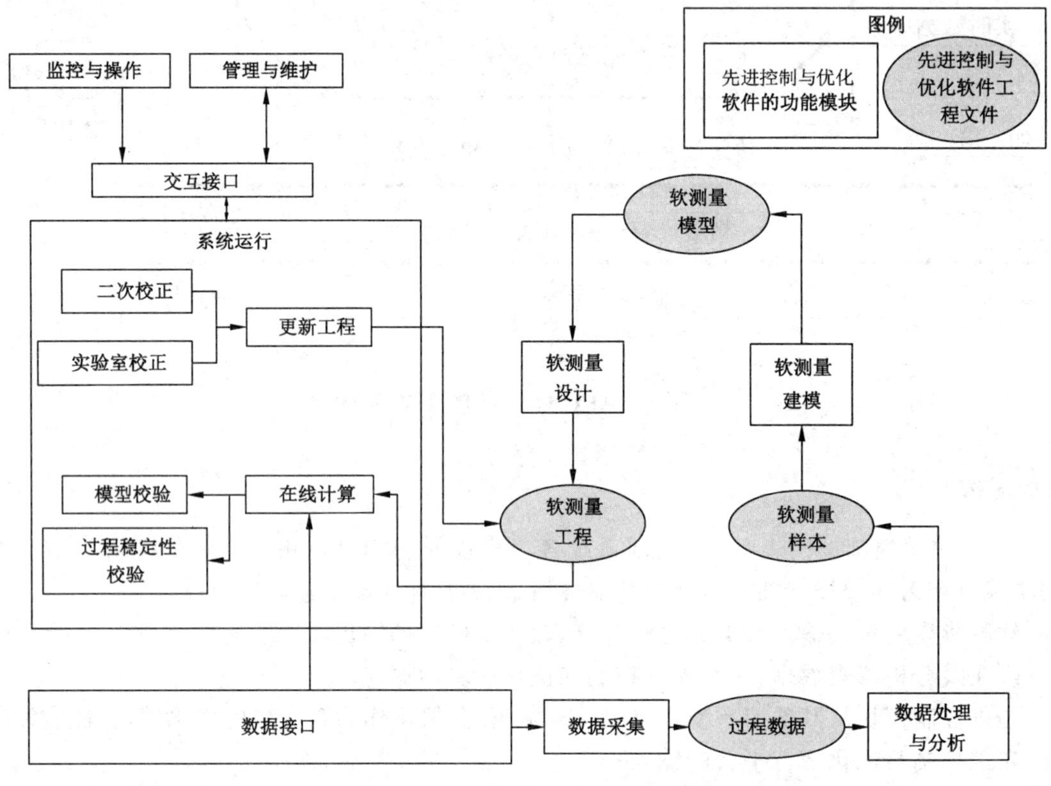

图 2 软测量模块的基本架构

软测量模块应具备 5.1.2～5.1.9 的功能。

5.1.2 软测量建模

通过分析软测量样本数据,采用合适的建模方法,如最小二乘方法,建立软测量模型。

5.1.3 软测量设计

按照工程方案设计软测量,组态工程文件,配置操作界面等。设计过程中需要考虑软测量的工程应用需求,变量滤波的处理方式等问题。

5.1.4 模型校验

实际应用中,软测量建模会存在偏差,模型校验模块则辅助分析模型的置信区间等相关信息,为工程人员在建模过程中提供决策支持。

5.1.5 在线计算

软测量在线投运后，系统自动根据工程文件的组态信息执行在线运行计算，输出计算结果。

5.1.6 过程稳定性校验

当过程出现异常波动时，过程稳定性校验给出软测量计算前提条件的参考参数。

5.1.7 更新工程

更新软测量应用工程。软测量在线工程应用过程中，根据现象具体情况，工程人员将会调整软测量参数信息，此类信息将通过更新工程文件保存。

5.1.8 偏差校正

消除生产过程中在线分析仪表的输出或实验室结果与软测量输出存在的偏差。由于扰动等原因，软测量模型与实际过程存在偏差，采用在线分析仪表输出或者实验室结果进行校正来消除偏差。

5.1.9 二次校正

在软测量模型偏差逐渐增加或者工程人员获得有效数据时，通过更新模型，提高模型的有效性。二次校正是工程人员的辅助工具，在系统维护过程中，支持快速的模型更新。

5.2 优化模块的架构和功能

5.2.1 概述

优化模块的基本架构如图 3 所示。

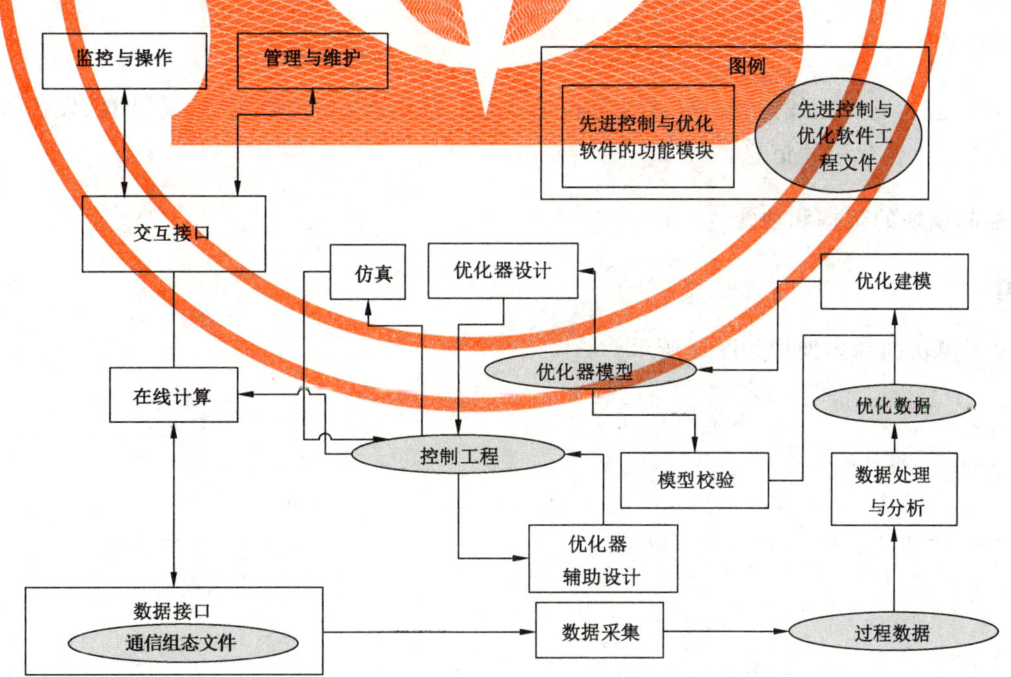

图 3 优化模块的基本架构

优化模块应具备5.2.2～5.2.7的功能。

5.2.2 优化建模

参考工程方案，建立优化模型，模型参数可以辨识计算也可以从先进控制模块获取。如：基于增益的优化器，其模型采用与先进控制对应的稳态模型；但是基于机理的优化器，则需要建模过程的机理模型。

5.2.3 优化器设计

选择能够实现优化目标的变量，确定为优化变量；根据工艺、过程的要求，确定优化器的约束条件；参考工程方案和目标，设定优化目标，制定方法。

5.2.4 优化器辅助设计

优化器设计的辅助模块，协助工程人员分析优化器的鲁棒性，提供初始参数，检查优化器是否存在奇异等缺陷，提高工程效率。

5.2.5 仿真

基于仿真过程的条件下，验证优化器是否符合工程方案设计需求。优化器仿真是系统运行前的关键步骤，主要功能是验证优化器是否按照设计要求实现。

5.2.6 模型校验

辅助模块，协助分析模型的有效性，如置信区间等。在实际应用过程中，模型与装置过程存在偏差，模型校验辅助工程人员对偏差进行量化分析。

5.2.7 在线计算

优化器投运后，完成在线运行。在线计算包括以下功能：读取生产数据、优化计算、发出操作指令、为监控与操作提供优化过程信息。

5.3 先进控制模块的架构和功能

5.3.1 概述

先进控制模块的基本架构如图4所示。

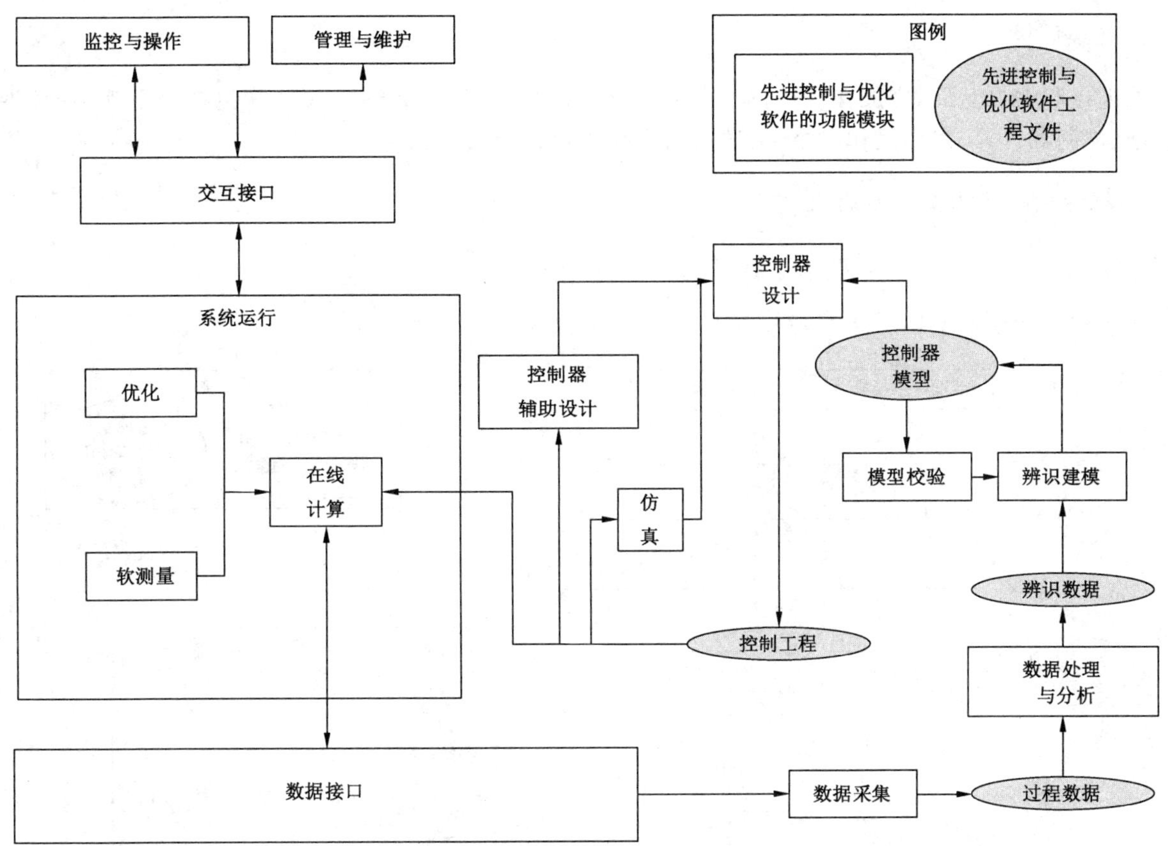

图 4 先进控制模块的基本架构

先进控制模块应具备 5.3.2～5.3.7 的功能。

5.3.2 辨识建模

根据控制器需要，模型辨识软件辨识出需要模型的参数，并根据仿真结果验证模型的效果。

5.3.3 模型校验

协助分析模型的有效性，如置信区间等。

5.3.4 控制器设计

参考工程方案设计控制器，基于常规控制系统完成逻辑切换、安全保护等，基于先进控制软件，完成控制变量设计、控制策略设计、通信位号组态等。

5.3.5 控制器辅助设计

协助工程人员分析控制器，根据模型提供控制器初始参数，分析控制器是否存在不稳定状态，如模型奇异等。

5.3.6 仿真

在设计的条件下，验证控制器是否符合工程方案设计需求。一般采用两步法进行仿真，一步是理想模型状态下，验证控制器是否符合设计要求；另一步是模型有偏情况下的仿真，分析控制器的鲁棒性和适应性。

5.3.7 在线计算

先进控制器投运后，完成在线运行。类似优化器在线计算，控制器在线计算包括以下功能：读取生产数据、控制器计算、发出操作指令、为监控与操作提供优化过程信息。

5.4 性能评估模块的架构和功能

5.4.1 概述

性能评估的基本架构如图5所示。

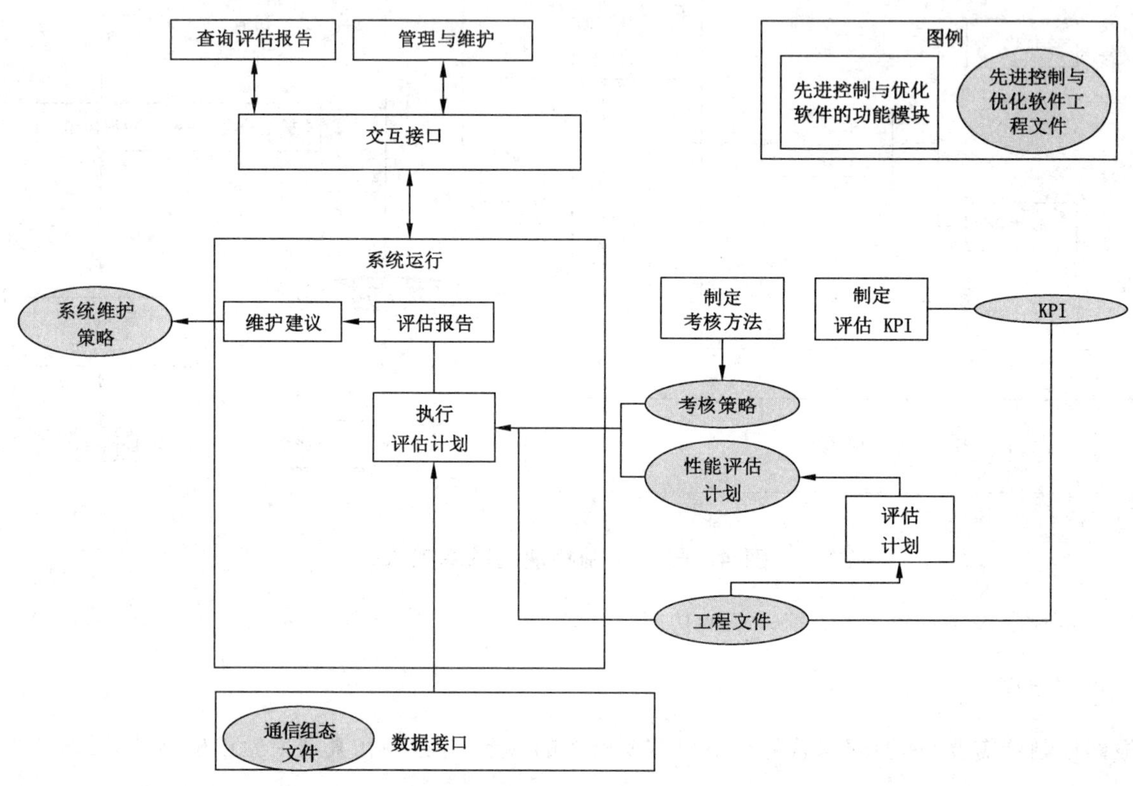

图5 性能评估模块的基本架构

性能评估模块应具备5.4.2～5.4.8的功能。

5.4.2 制定评估 KPI

工程人员分析生产过程，了解控制与优化系统，设计评估指标。工程人员需要根据不同的过程和生产需求，制定不一样的KPI，同时也要考虑KPI实现的可能性。并实现评估指标的软件组态，包括计算公式、位号和参数等。

示例1：被控变量的平稳率；控制器的投运率等。

示例2：控制器投运率＝控制器投运时间/装置正常生产时间。

5.4.3 制定考核方法

根据工程方案和实际生产状况，制定考核方法，设定评估指标阀值。

示例：控制器投运率的优良中差评级。

5.4.4 评估计划

根据工程方案和生产过程，制定评估计划。性能评估计划在实际制定过程中，需要同时兼顾生产过程的需求以及资源的限制。

5.4.5 维护建议

经过一定时间运行，性能评估系统将提供系统的维护建议。工程人员参考维护建议，并根据实际管理需求，更新工程方案或者工程方案中的考核策略部分。

5.4.6 执行评估计划

先进控制软件自动执行评估计划，采集数据、进行评估计算。评估计划由先进控制软件以后台服务的形式自动执行完成。

5.4.7 评估报告

根据评估结果，生成评估报告。评估报告自动保存到后台数据服务器，用户可以随时查看评估报告。通常情况下，评估报告由以下信息构成：报告说明信息、生产报表、关键趋势图以及维护建议。

5.4.8 查询评估报告

用户查看评估报告。

5.5 先进控制与优化运行平台的架构和功能

5.5.1 概述

先进控制与优化运行平台的基本架构如图6所示。

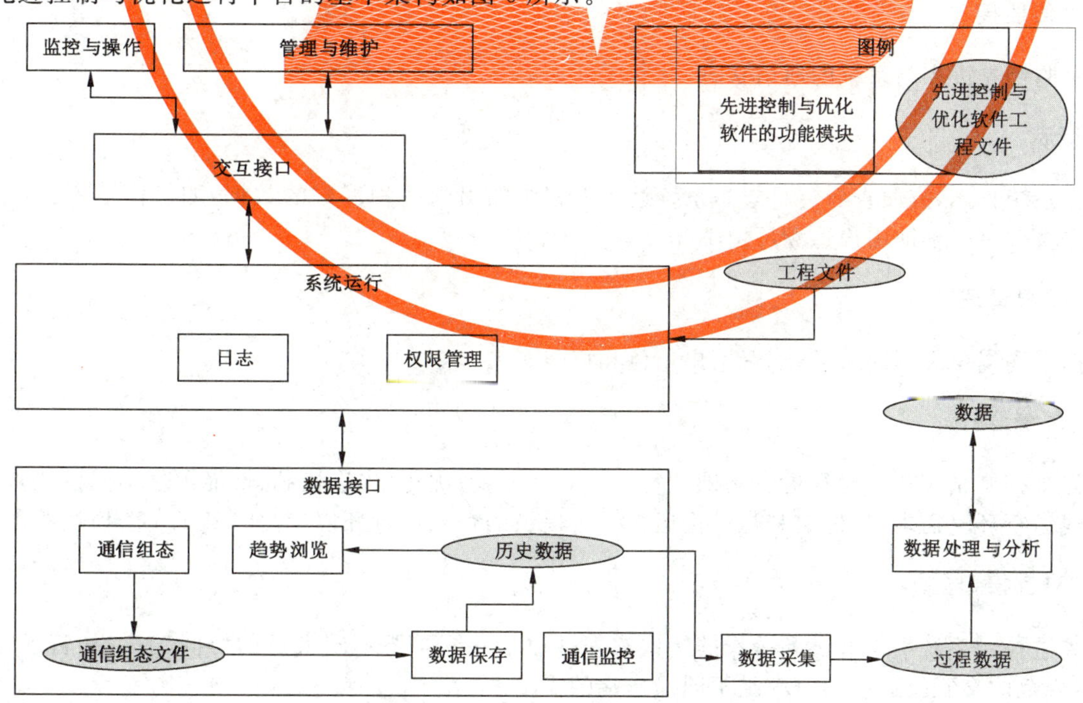

图6 先进控制与优化运行平台的基本架构

先进控制与优化运行平台应具备5.5.2～5.5.15的功能。

5.5.2 数据接口

为先进控制系统与生产过程数据提供通信接口。过程控制中应用最为广泛的通信协议:OPC 和 Modbus 协议。统一的通信规范,为先进控制系统的研发和应用提供了极大的便利性,先进控制软件的适应性也更强。

5.5.3 数据采集

测试完成后,按照测试记录,收集历史数据,并采集过程数据。

5.5.4 数据处理与分析

按照方案或者建模需求,处理和分析获取的数据。工程人员需要对原始数据进行处理和分析,如:剔除异常数据、测量值滤波等。

5.5.5 通信组态

对通信接口、位号等进行组态,保存配置文件。先进控制与优化系统部署过程中,通信组态是关键环节。

5.5.6 趋势浏览

查看数据的趋势图。工程人员通过趋势图了解装置的运行状态:查看历史数据趋势图,分析和了解装置运行特性;实时查看趋势图,掌握装置运行状态,及时调试控制器参数。

5.5.7 数据保存

实时保存生产过程的数据。装置的运行数据可以通过系统自动存储。

5.5.8 通信监控

实时监控先进控制系统的通信状态。

5.5.9 日志

保存系统日志,方便查看。日志是系统运行过程中的另外一种形式的数据,如操作指令、运行异常等。日志查询可以辅助用户追溯历史工况。

5.5.10 权限管理

根据不同岗位和不同人员,配置用户角色和权限。

5.5.11 系统运行

为先进控制系统在线运行提供基础环境。针对软测量、优化、先进控制、性能评估不同模块,存在相同的在线运行环境需求,先进控制与优化运行平台提供的在线运行环境应同时满足 4 个模块的需求。

5.5.12 交互接口

为先进控制系统提供调试和操作的接口。先进控制系统需要不同人员的协同工作,如管理、工程、操作等,规范的交互接口应同时满足不同操作端的需求。

5.5.13 监控软件

查看运行情况并进行操作。先进控制系统在线运行过程中,需要监控软件为用户提供系统运行信息,同时接受用户的操作指令。监控软件是系统与人的交互媒介。

5.5.14 监控与操作

先进控制与优化系统业务模块的监控与操作软件,实现对系统同的监控与操作功能。在系统使用过程中,存在两个不同角色的使用:项目实施的工程人员主要进行系统调试,需要调整模型和参数;用户的操作人员,主要发出开关切换、设定值、上下限等操作指令。监控与操作界面的设计是否优良直接影响到系统的应用体验,甚至影响到安全使用。

5.5.15 管理与维护

管理和维护先进控制系统。用户需要管理与维护先进控制系统,参考如下:装载控制器、卸载控制器、开启/停止先进控制系统等。

附 录 A
（资料性附录）
循环流化床锅炉先进过程控制的应用案例

A.1 锅炉工艺流程简介

工业锅炉是一种主要以煤为燃料生产蒸汽的机械设备，通过燃烧将燃料中的化学能转换为热能，是目前工业企业热电联产的主要动力设备。其中，循环流化床锅炉、煤粉锅炉、链条炉等应用较为普遍。

循环流化床锅炉主要由给料装置、布风装置、流化床燃烧室（炉膛）、循环灰分离器、飞灰回送装置、排渣装置、过热器、尾部受热面、烟道和辅助设备等组成。

典型的循环流化床锅炉结构见图 A.1 所示。

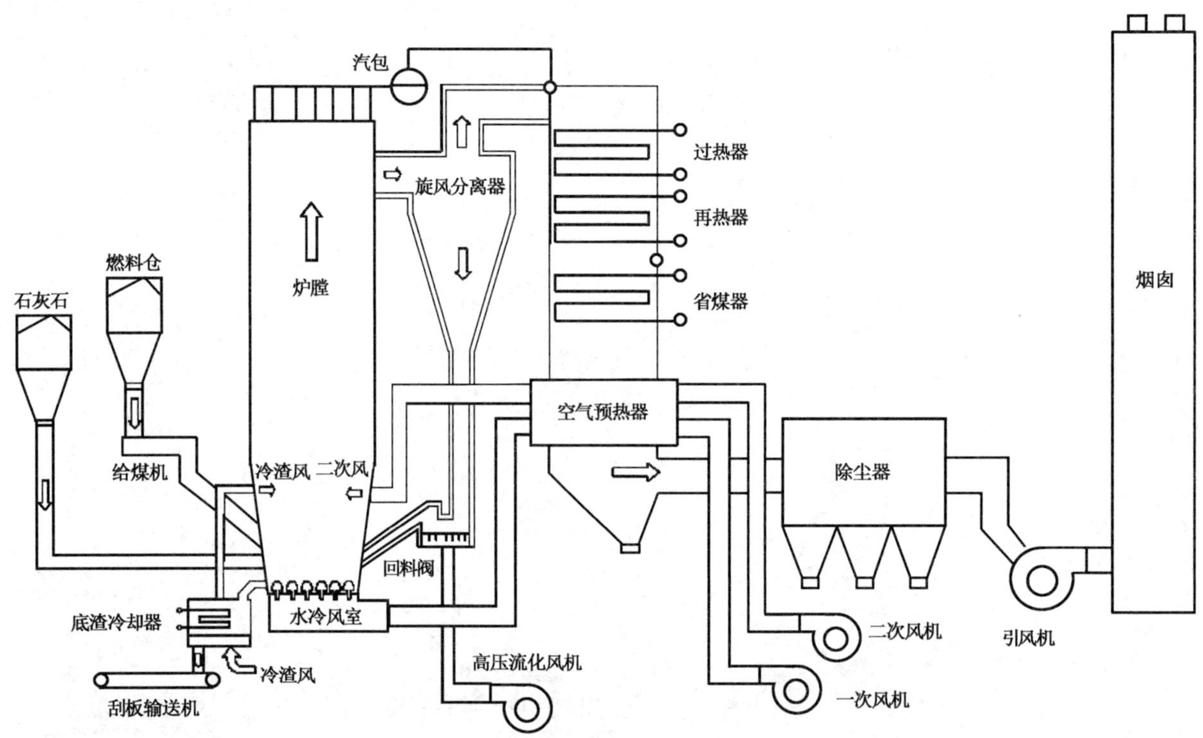

图 A.1 循环流化床锅炉结构示意图

A.2 先进控制与优化系统架构

A.2.1 概述

在 DCS 常规控制的基础上应用 APC-Suite 先进控制软件的多变量预测控制、智能控制、软测量等先进控制技术建立符合锅炉工艺特点和过程控制需求的先进控制系统，克服各种干扰因素，优化控制，实现对锅炉的安全、平稳控制，保证蒸汽品质，同时针对并联多台锅炉母管制运行过程实施负荷协调优化，快速响应外界对蒸汽需求的变化，提高锅炉整体自动化水平，降低操作劳动强度，并在此基础上通过燃烧优化和“卡边”控制，提高锅炉热效率，实现节能降耗，并实现减少碳排放、污染排放等。图 A.2 是循环流化床锅炉先进控制系统总体结构，其中先进控制平台与系统监控软件共同构成了先进控制与优化运行平台，主要功能包括数据通信和人机交互。

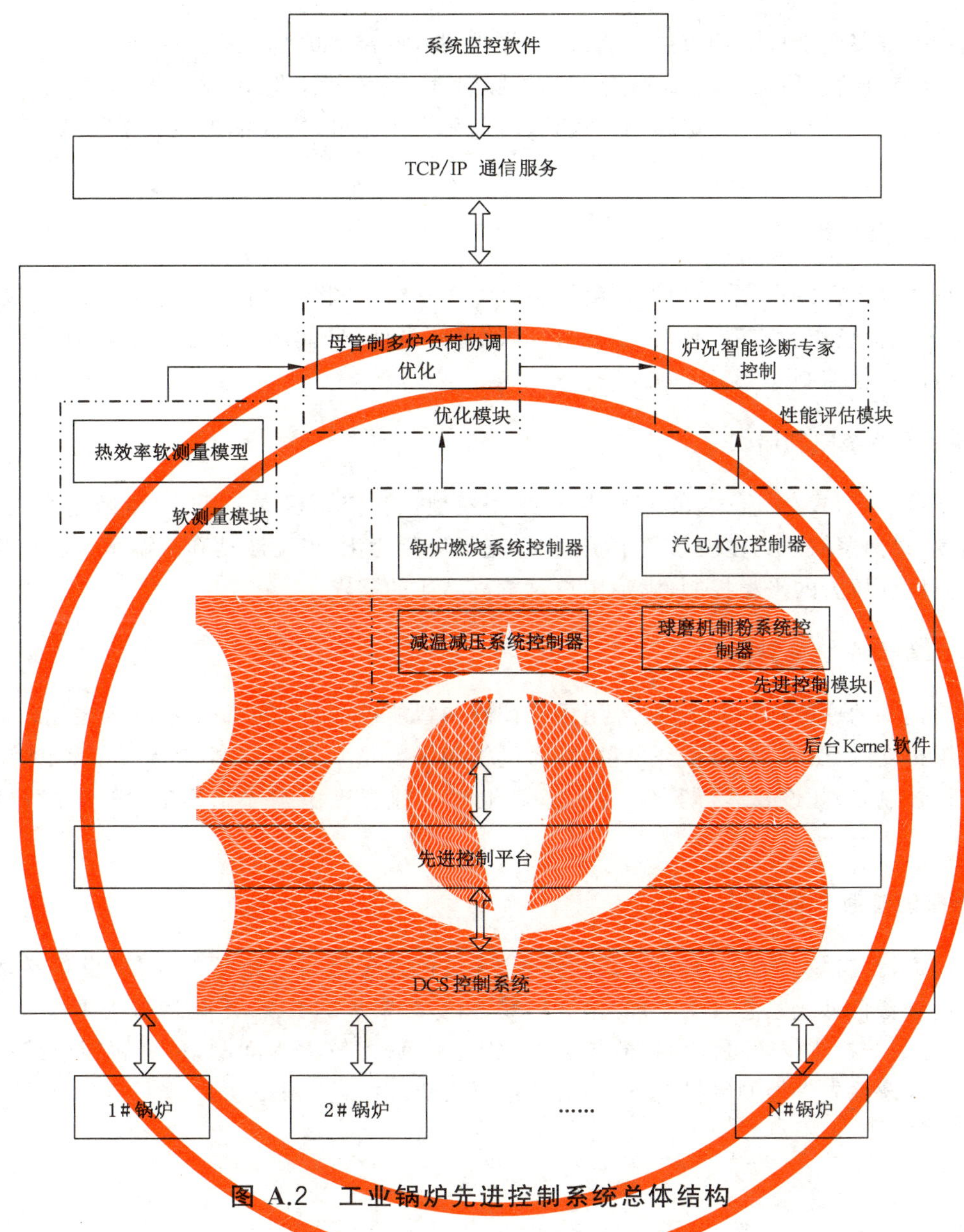

图 A.2 工业锅炉先进控制系统总体结构

A.2.2 热效率软测量模型

根据锅炉工艺特点，通过工艺计算和回归分析，建立锅炉热效率软测量模型，在线计算锅炉热效率，准确判断各台锅炉的运行工况，从而为各台锅炉的负荷分配和燃烧优化提供参考依据，实现经济运行。

A.2.3 母管制多炉负荷协调优化

设置负荷调节炉和运行炉便捷切换模式，建立以负荷调节炉主蒸汽压力目标值为操纵变量，以蒸汽母管压力为被控变量的模型预测控制器，根据母管蒸汽压力目标值与实际值的偏差及变化趋势实时调节各负荷调节炉主蒸汽压力目标值，并平衡各炉运行工况和运行负荷，实现对各炉运行负荷的合理分配和协调优化控制，同时结合锅炉燃烧优化控制实现对锅炉运行负荷的快速调整，稳定蒸汽母管压力，快速满足外界对蒸汽的需求。

A.2.4 锅炉燃烧系统控制器

建立锅炉燃烧多变量模型约束控制器，通过优化调节各台锅炉给煤量、一次风量、二次风量、引风量等操作手段，维持合适的风煤比，分级优化控制炉膛温度、烟气含氧量、炉膛负压、主蒸汽压力、主蒸汽流量等工艺参数，实现锅炉安全、稳定燃烧，快速满足负荷变化需求，提高锅炉热效率，稳定蒸汽品质，降低煤耗。

A.2.5 汽包水位控制器

根据锅炉实际运行特点，采用模型预测控制算法建立给水调节阀开度与给水流量、汽包水位串级控制器，并引入蒸汽流量作为前馈，有效克服汽包“假水位”事件，自动调节给水流量，跟踪锅炉的蒸发量，实现汽包水位的平稳控制。

A.2.6 减温减压系统控制器

根据减温器(表面式/混合式)的工艺特点，采用模型预测控制建立一级、二级减温水调节阀开度与过热蒸汽温度、过热蒸汽压力多变量约束控制器，克服负荷变化、炉况波动和减温水温度变化的影响，实现过热蒸汽温度和压力的平稳控制，满足用户对蒸汽品质的需求。

A.2.7 球磨机制粉系统控制器

针对煤粉锅炉的球磨机制粉系统，采用预测控制和智能控制建立多变量解耦双层优化控制器，通过实时调节给煤机变频、热风量、再循环风量、冷风量等操纵变量实现对球磨机出口温度、入口负压、进出口差压的平稳控制，保证设备运行安全，在此基础上建立球磨机稳态优化策略，增大球磨机出力，降低消耗。

A.2.8 炉况智能诊断专家控制

建立锅炉运行过程实时监控和智能诊断系统，通过监控关键工艺指标的变化、设备异常事件等，及时发现并给出报警信息或紧急自动处理，避免炉况恶化，为锅炉的安全、平稳运行提供保障。

此外，针对锅炉检测仪表可能出现的数据异常突变或偏差较大等问题，采用智能监控与诊断功能，采取滤波剔除或解除先进控制等措施，保证锅炉运行安全。

参 考 文 献

[1] GB/T 2900.56—2002 电工术语 自动控制(Electrotechnical terminology—Automatic control)

[2] GB/T 16642—2008 企业集成 企业建模框架(Enterprise integration—Framework for enterprise modelling)

[3] 王树青,等. 先进控制技术及应用. 北京:化学工业出版社,2001.

[4] 金以慧. 过程控制. 北京:清华大学出版社,1993.

[5] 诸静,等. 智能预测控制及其应用. 杭州:浙江大学出版社,2002.

[6] 王树青,等. 工业过程控制工程. 北京:化学工业出版社,2003.

[7] IEC 62264-1 企业控制系统集成 第1部分:模型和术语(Enterprise-control system integration—Part 1: Models and terminology)

[8] IEC 62264-3 企业控制系统集成 第3部分:制造运行管理的活动模型(Enterprise-control system integration—Part 3: Activity models of manufacturing operations management)

[9] J. Richalet, A. Rault, J.L. Testud, and J. Papon. Model predictive heuristic control: Application to industrial processes. Automatica, 14(2): 413-428, 1978.

[10] J. Richalet. Practique de la commande predictive. Hermes, 1992.

[11] Eduardo F. Camacho and Carlos Bordons. Model predictive control. Springer-Verlag, 1999.

[12] S. Joe Qin, Thomas A. Badgwell. An overview of nonlinear model predictive control applications. Nonlinear model predictive control 26 (2000): 369-392.

[13] S. Joe Qin, Thomas A. Badgwell. A survey of industrial model predictive control technology. Control Engineering Practice 11 (2003): 733-764.

ICS 35.020
L 04

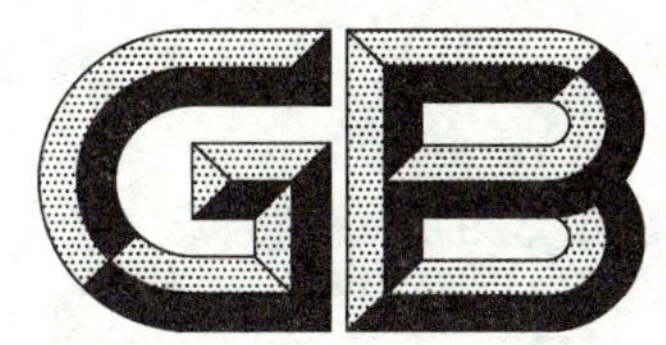

中华人民共和国国家标准

GB/T 32910.1—2017

数据中心 资源利用
第1部分：术语

Data center—Resource utilization—Part 1: Terminology

2017-11-01 发布　　　　2018-05-01 实施

中华人民共和国国家质量监督检验检疫总局
中国国家标准化管理委员会　发布

前　言

GB/T 32910《数据中心 资源利用》目前拟分为如下部分：

——第1部分：术语；

——第2部分：关键性能指标设置要求；

——第3部分：电能能效要求和测量方法；

…………

本部分为GB/T 32910的第1部分。

本部分按照GB/T 1.1—2009给出的规则起草。

请注意本文件的某些内容可能涉及专利。本文件的发布机构不承担识别这些专利的责任。

本部分由全国信息技术标准化技术委员会(SAC/TC 28)提出并归口。

本部分起草单位：中国电子技术标准化研究院、国家发展和改革委员会能源研究所、国家节能中心、国家机关事务管理局、国家电网公司信息通信分公司、浪潮电子信息产业股份有限公司、华为技术有限公司、清华大学、上海市建筑科学研究院、国家能源局信息中心、中国国家标准化管理委员会标准信息中心、中国人民银行、贵州贵安新区管理委员会、中国石油勘探开发研究院计算机应用技术研究所、中国移动通信集团公司、北京科计通科技有限公司、北京林业大学、万国数据服务有限公司、中兴通讯股份有限公司、北京纳源丰科技发展有限公司、北京通和实益电信科学技术研究所有限公司、北京科海致能科技有限公司、中科赛能(北京)科技有限公司。

本部分主要起草人：高麟鹏、冯升波、赵丙镇、桂华、李震、刘宇、黄群骥、吕俊峰、高书辰、于庆友、赵吉志、刘紫亮、林立、文静华、陈洁云、杨建荣、冯剑超、赵京、胡雄伟、王玮、焦毅、赵辉、刘晓辉、马江、田守辉、郑竺凌、王力坚、赵钢、郭欣、赵江、平原、胡捷。

数据中心　资源利用
第1部分：术语

1 范围

GB/T 32910 的本部分给出了数据中心资源利用领域中常用术语和定义。

本部分适用于数据中心领域技术和管理方面的交流。

2 术语和定义

2.1

数据中心　data center

由计算机场地(机房),其他基础设施、信息系统软硬件、信息资源(数据)和人员以及相应的规章制度组成的实体。

2.2

数据中心资源　data center resource

是为支持数据中心正常运行所利用和拥有的物力、财力、人力等各种物质要素的总称。

在 GB/T 32910 中简称资源。

注：资源包括例如能源、人力资源、信息资源和计算资源等。

2.3

资源利用　resource utilization

数据中心对支持其正常运行的能源、人力资源、信息资源、计算资源和水等资源的利用。

2.4

资源效率　resource efficiency

数据中心内系统或设备输出量与相应资源消耗量的比值。

注：计算资源效率时,可能关注不同的特定系统或设备的不同输出和不同资源消耗,因此,输出量与消耗量的比值可能有不同的单位。

2.5

能源　energy

支持设备、系统和基础设施运行的各种能量来源的统称。

2.6

一次能源　primary energy

在自然界是以天然形式存在的、未经加工或转换的能源。

按在自然界能否循环再生,分可再生能源和非再生能源。

2.7

可再生能源　renewable energy

一次能源的一类,在一定程度上,地球上此类能源可在自然过程中再生。

注：此类能源包括例如太阳能、水能、风能、生物质能、海洋能和地热能等。

2.8

非再生能源　non-renewable energy

一次能源的一类,地球上此类能源在自然界短期内无法复生。

注：此类能源包括例如煤、石油、天然气和核燃料。

2.9

二次能源 secondary energy

由一次能源加工转换而成的能源。

2.10

集中式能源系统 centralized energy system

由中央能源供应系统为数据中心提供能源的供配系统。

2.11

分布式能源系统 distributed energy system

以分布形式为数据中心内用能设施提供能源的能源供配系统。

2.12

用能设施 energy consuming facilities

数据中心内为实现特定功能或完成服务必须直接消耗能源的设施。

2.13

能源利用 energy utilization

数据中心对支持其正常运行的能源的利用。

2.14

能源服务 energy services

数据中心运行过程中与能源供应、能源利用有关的活动，包括促使降低能耗的活动。

2.15

能源方针 energy policy

数据中心最高管理者制定的有关能源服务的宗旨和方向。

2.16

能源目标 energy objective

表明数据中心的能源方针得以遵循的、有明确预期结果的具体体现。

2.17

能源管理体系 energy management system

基于数据中心的能源方针和能源目标的一系列相互关联或相互作用的能源管理要素的集合。

2.18

能源管理团队 energy management team

数据中心内负责有效推进实施能源管理体系和能源绩效持续改进的人员或群体。

2.19

能源评审 energy review

基于数据和其他信息，确定组织的能源绩效水平，识别改进机会的活动。

注：在一些国际或国家标准中，如对能源因素或能源概况的识别和评审的表述都属于能源评审的内容。

2.20

供能系统 energy supply system

是为数据中心提供其所消耗的电能等各种能源的系统。

2.21

辅助系统 auxiliary system

数据中心内用以保证信息系统正常运行的基础设施的统称。

2.22

电源分配单元 power distribution unit；PDU

电压转换成适合机架内设备使用的配电装置。

2.23

不间断电源　uninterruptible power supply

由变换器、开关和储能装置(如蓄电池)组合构成的,在输入电源故障时,用以维持负载电力连续性的电源设备。

2.24

能量存储装置　energy storage set

贮存能量的装置。如,蓄电池。

2.25

自然冷却　free cooling

是利用密度随自然温度变化而产生的流体循环过程来带走热量的冷却方式。

2.26

列头柜　array cabinet

为成行排列或按功能区划分的机柜提供网络布线传输服务或配电管理的设备,一般位于一列机柜的端头。

2.27

机柜　cabinet

用于存放信息系统硬件和相关控制设备的装置。

索　引

汉语拼音索引

英文对应词索引

D

E

F

N

P

R

S

U

ICS 35.020
L 60

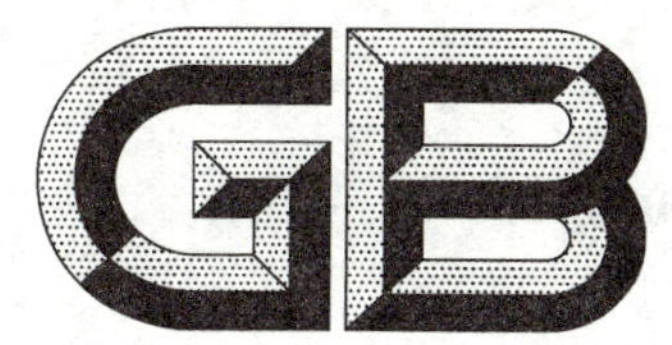

中华人民共和国国家标准

GB/T 32910.2—2017

数据中心　资源利用
第2部分：关键性能指标设置要求

Data center—Resource utilization—
Part 2:Setting requirement for key performance indicators

2017-07-31 发布　　2018-02-01 实施

中华人民共和国国家质量监督检验检疫总局
中国国家标准化管理委员会 发布

前　言

GB/T 32910《数据中心　资源利用》,目前拟包括如下部分:

——第1部分:术语;

——第2部分:关键性能指标设置要求;

——第3部分:电能能效要求和测量方法;

……

本部分为GB/T 32910的第2部分。

本部分按照GB/T 1.1—2009给出的规则起草。

请注意本文件的某些内容可能涉及专利。本文件的发布机构不承担识别这些专利的责任。

本部分由全国信息技术标准化技术委员会(SAC/TC 28)提出并归口。

本部分起草单位:中国电子技术标准化研究院、国家电网公司信息通信分公司、国家发展和改革委员会能源研究所、浪潮电子信息产业股份有限公司、华为技术有限公司、清华大学、兰州理工大学、国家机关事务管理局、国家能源局信息中心、中国国家标准化管理委员会标准信息中心、中国人民银行、贵州贵安新区管理委员会、中国移动通信集团公司、北京科计通科技有限公司、北京林业大学、万国数据服务有限公司、中兴通讯股份有限公司、上海市建筑科学研究院、北京纳源丰科技发展有限公司、北京通和实益电信科学技术研究所有限公司、北京科海致能科技有限公司、中科赛能(北京)科技有限公司。

本部分主要起草人:高麟鹏、吕俊峰、冯升波、李震、刘宇、黄群骥、陈伟、申其辉、桂华、赵吉志、李道正、林立、赵丙镇、文静华、陈洁云、杨建荣、高书辰、冯剑超、赵京、胡雄伟、王玮、赵辉、刘晓辉、马江、田守辉、郑竺凌、王力坚、郭欣、赵江、平原、胡捷。

数据中心　资源利用
第2部分:关键性能指标设置要求

1　范围

GB/T 32910的本部分界定了数据中心边界,规定了关键性能指标(KPI)的设置要求、描述方法、用途,并给出了KPI示例。

本部分适用于规范数据中心全生命周期(包括:设计、建设、运维等各阶段)的关键性能指标的描述和建立。

2　规范性引用文件

下列文件对于本文件的应用是必不可少的。凡是注日期的引用文件,仅注日期的版本适用于本文件。凡是不注日期的引用文件,其最新版本(包括所有的修改单)适用于本文件。

GB/T 2887—2011　计算机场地通用规范

3　术语和定义

下列术语和定义适用于本文件。

3.1

数据中心能耗　data center energy consumption

数据中心设备或系统一段时间内实际消耗的各种能源总量。

注:本部分中提及的能源一般将设备或系统所消耗的能源转化为电能进行统一计算,单位为kW·h。

3.2

数据中心能源效率　data center energy efficiency

数据中心内能源输出量与输入量的比值。

注:上述能源可通过转换为电能进行统一计算。

3.3

数据中心资源利用关键性能　data center resource utilization key performance

一系列可以准确反映数据中心对资源利用情况的性能。

3.4

数据中心关键性能指标　data center key performance indicator

用于反应数据中心内一个或多个系统资源利用状况的度量值。

3.5

数据中心资源效率　data center resource efficiency

数据中心内系统或设备输出量与相应资源消耗量的比值。

注:计算资源效率时,可能关注不同的特定系统或设备的不同输出和不同资源消耗,因此,输出量与消耗量的比值可能有不同的单位。

4 缩略语

下列缩略语适用于本文件。

KPI:关键性能指标(Key Performance Indicator)

IT:信息技术(Information Technology)

EEUE:电能使用效率(Electric Energy Usage Effectiveness)

REF:可再生能源比率(Renewable Energy Factor)

pPUE:局部电能使用效率(partial Power Usage Effectiveness)

5 数据中心边界

5.1 概述

数据中心的边界可用其所容纳的周界、空间或设备来界定,数据中心的边界决定了 KPI 所涉及的范围和内容。跟踪测算 KPI 应具有清晰的边界定义。数据中心边界条件包括物理空间、逻辑范围等相关条件。

5.2 数据中心的边界与关键性能指标

当数据中心边界条件描述为整体空间和用能负载时,应同步描述数据中心的空间和其内部设备等评估数据中心的关键要素。为准确反映数据中心资源效率的变化,当其边界发生改变时应同时对相关 KPI 进行更新。当对数据中心的 KPI 进行披露时,应同步披露该数据中心的相关边界条件。

数据中心所属的全部对象(包括水、电等资源)皆应包含在数据中心的边界内。建立 KPI 时所需描述的边界应包含在数据中心的边界内,如:pPUE 所规定的边界是数据中心边界的一部分。

5.3 数据中心的物理范围

数据中心的物理范围包括建筑物内的如下区域:

a) 计算机场地区域(计算机场地定义见 GB/T 2887—2011),如:计算机机房;
b) 通信网络场地区域,如:通信机房;
c) 配电间区域;
d) 空调机房区域;
e) 安防、消防控制室区域;
f) 办公场所区域,如:办公室、餐厅;
g) 仓库区域;
h) 公共区域,如:大堂、走廊、电梯;
i) 公共与私人入口区域,如:搬运通道;
j) 有特定用途的区域,如:围墙,大门/物理入口,循环道路,停车场和污水处理的区域。

5.4 数据中心的设备

5.4.1 IT 及通信基础设施

IT 及通信基础设施包括但不限于:

a) 服务器和计算机系统:服务器、工作站、小型主机、信息安全设备等;

b) 网络和通信系统：交换机、路由器、防火墙、网络分析仪、负载均衡设备等；
c) 数据存储系统：磁盘存储阵列、磁带存储设备等；
d) 辅助电子设备：网络管理系统、可视化显示和控制终端、打印机等。

5.4.2 供电系统基础设施

供电系统基础设施包括但不限于：

a) 发电设备：废热发电设备，备用电源设备（柴油发电机组），可再生能源（生物能、太阳能、风能等）；
b) 市政电网及其配套设施：变电站等；
c) 配电设备：变压器、中低压配电保护装置、切换开关等；
d) 电源系统：不间断电源、交直流变换系统（AC/DC 和 DC/DC 转换器）、储能器（电池）等；
e) 安全保护控制系统：过载保护装置、电能质量测量装置、负载平衡器等。

5.4.3 制冷系统基础设施

制冷系统基础设施包括但不限于：

a) 水处理系统：给水系统、排水系统、废水污水水处理系统；
b) 液体调节和控制器：冷水机、冷却塔、水泵、缓冲罐；
c) 空调：加湿器、过滤系统、通风系统、自动化与控制系统；
d) 传感器：温度传感器、湿度传感器、风速传感器等；
e) 新风系统：新风控制系统、排烟器、百叶窗等。

5.4.4 照明、安防及消防系统基础设施

照明、安防及消防系统基础设施包括但不限于：

a) 照明设备：室内照明设备和室外照明设备；
b) 消防系统：感烟探测器、蓄水池和消防喷淋系统等；
c) 安防系统：门禁系统、安全与控制系统、报警系统、广播系统；
d) 闭路电视系统：视频图像监控系统。

6 关键性能指标

6.1 综述

建立 KPI 应反应数据中心的系统设施对某种资源的利用状况，应描述该 KPI 所对应的数据中心的空间、逻辑、系统等边界条件。KPI 应适用各种业务类型的数据中心，且能够通过 KPI 反应数据中心在其全生命周期（包括：设计、建设、运维、改造）过程中相应资源的利用情况。

在使用 KPI 对数据中心进行资源利用状况评价时，使用者应关注影响该 KPI 数值的数据中心的边界条件等因素。

6.2 关键性能指标的通用要求

6.2.1 KPI 应适用于任何规模的数据中心。

6.2.2 KPI 应适用于数据中心的整个生命周期和各个负荷阶段（从零负荷到满负荷）。

6.2.3 设计数据中心的 KPI 时，其计算参数应可测量，KPI 的测量点和测量方法应满足如下要求：

a) KPI的计算参数的测量点应可以明确描述；

b) KPI的评估应具有确定时间周期；

c) KPI的所有相关计算参数应在指定时间段内可测量；

d) KPI的所有相关计算参数都应具有明确的测量周期，并且计算KPI时不应使用超过测量周期所测得的参数。

6.2.4 KPI应在其计算公式中明确界定其内涵、外延及特例。

6.2.5 KPI应明确定义其在数据中心内适用的系统。

6.3 关键性能指标的描述方法

6.3.1 数据中心KPI的描述至少应包括如下但不限于：

a) KPI反应的数据中心所利用的资源类别；

b) KPI所对应的数据中心内资源消耗系统；

c) KPI的定义；

d) KPI的计算公式和计算方法；

e) 描述计算KPI所需参数的测量点和测量方法；

f) 描述KPI对于数据中心运营者的使用方法。

6.3.2 描述数据中心相关KPI还可包括：

a) KPI对各规模数据中心设施的适用性；

b) KPI披露要求——包括类别或者环境指标；

c) KPI的不适用(例外)及适用情况；

d) 独立建筑或综合建筑内数据中心对应KPI的示例。

6.4 关键性能指标的用途

通过关注数据中心KPI的变化并采取适当措施可提高数据中心的资源利用效率。例如：实现能源或资源消耗的最小化、促进实现数据中心对资源的最佳使用、推动资源再利用以及可再生能源利用等。

通过关注KPI可实现提升和改进能效测量和监测手段。

通过数值形式展现的KPI，可通过以时间为坐标用图表方式描述其变化趋势。由于单个KPI数值形式的多样性，不宜将KPI进行组合，或通过可视化形式(例如：网状图)在不同数据中心之间进行比较。除非特别说明，不应将多个KPI整合为一个复合KPI，不能将KPI用于不同数据中心间的资源效率比较。

6.5 关键性能指标示例

建立KPI是用以评价支持数据中心正常运行所利用和拥有的物力、财力、人力等各种形式资源的利用情况，以下是部分现有数据中心KPI：

——电能使用效率；

——可再生能源利用率；

——制冷负载因子；

——供电负载因子；

——数据中心基础设施效率；

——局部电能使用效率；

——水资源使用效率；

——碳使用效率；

——能源再利用效率；

——IT 设备能源使用效率；

——IT 设备利用率。

作为示例，电能使用效率和可再生能源利用率的详细描述参见附录 A 和附录 B。

附 录 A
（资料性附录）
电能使用效率 EEUE

EEUE是反应数据中心电能利用的KPI。

EEUE反应了数据中心基础设施的电能使用效率，此指标与数据中心所处地理环境气候及采用制冷方式、安全等级（数据中心的安全等级划分规范见GB/T 2887—2011）、IT设备使用负荷率、IT设备运行特点、数据中心运行维护特点等因素相关。EEUE不涉及IT设备具体负载、IT设备使用及IT设备的能源效率。EEUE不涉及数据中心其他资源的使用效率（例如人力、空间等），不单独考虑可再生能源的利用和能源的回收再利用（例如余热回收）。EEUE与数据中心基础设施紧密相关，体现了数据中心整体能耗与IT设备能耗之间的关系，不是数据中心生产效率的衡量指标。

EEUE定义为数据中心整体能耗与IT设备能耗之间的比值，通过EEUE可以达成以下目的：

a) 为新建数据中心确定电能使用效率的设计目标；

b) 为改善数据中心电能能效提供数据基础，如为数据中心运维人员改善设计和工作流程提供数据依据；

c) 通过合理的修正可与其他数据中心水平进行电能能效比较。

EEUE可对数据中心供配电系统设计、冷却系统设计及其他基础设施部署和日常维护提供有益指导。EEUE不能为数据中心IT设备的运维和IT设备的效能提供指导，但是IT设备部署和运行方式的变更会影响EEUE数值的变化。例如，在数据中心IT架构中使用虚拟化技术，可以减少整体IT设备负载，但可能会导致EEUE值的增加。对EEUE的使用，不应只关注相关因素变化之间的相互影响，而应重点关注导致EEUE值增加的具体因素，这些因素可通过未来的整改优化来提升。通过对数据中心基础设施和运维进行能效提升，可实现EEUE值的优化。

由于数据中心存在配电损耗及制冷系统能耗，EEUE值计算结果不会小于1。EEUE指标主要考虑了三种能耗：IT设备能耗、配电损耗和制冷系统能耗。计算EEUE时不考虑热回收、可再生能源利用带来的节能效果，因为上述措施的节能效果并不影响数据中心电气、制冷等基础设施系统的电能使用效率，因此EEUE实测值不能小于1。如采用热电联产、热回收、自发电等节能措施，可利用数据中心其他KPI进行衡量。

对EEUE进行披露时，应提供相应的测量周期和测量频率。在未考虑相关因素的情况下，EEUE实测值不适用于不同数据中心之间的比较。如需进行不同数据中心EEUE值的比较，需要考虑数据中心所处的地理气候环境、安全等级和IT设备使用负荷率的影响，以及EEUE测量方法选择的一致性。

附　录　B
（资料性附录）
可再生能源利用率 REF

REF 即可再生能源利用率，是反应数据中心可再生能源利用的 KPI。

随着资源消耗量的增加，可再生能源越来越受到人们的重视，很多地区制定可再生能源的激励政策，旨在降低对不可再生能源的依赖度，进而促进社会的可持续发展。在数据中心内使用可再生能源可以减少数据中心运行费用中的电费支出。

REF 是反应数据中心可再生能源的度量值，通过采取相应措施改善 REF 可提高数据中心的可用性并降低其对不可再生能源的依赖度。

可再生能源利用率的定义是数据中心具有所有权的可再生能源与数据中心的总能源消耗的比值，按式(B.1)计算：

$$REF = Er/Edc \tag{B.1}$$

式中：

REF ——可再生能源利用率；

Er ——数据中心具有所有权的可再生能源；

Edc ——数据中心的总能源消耗。

REF 数值最大为 1(当 Er>Edc 时)。

可再生能源利用率(REF)是一个年度内的平均指标，其中电能的单位是 kW·h。在参数 Er 的统计测量范围内包括：数据中心实际消耗的可再生能源和数据中心具有所有权的可再生能源。但要遵循以下规定，如数据中心自建太阳能发电系统，并且将一部分自发电能出售给其他单位，则该部分被出售的电能不能计入 REF 的计算。

ICS 35.040
L 80

中华人民共和国国家标准

GB/T 32918.5—2017

信息安全技术
SM2 椭圆曲线公钥密码算法
第5部分:参数定义

Information security technology—Public key cryptographic algorithm SM2 based on elliptic curves—Part 5: Parameter definition

2017-05-12 发布　　2017-12-01 实施

中华人民共和国国家质量监督检验检疫总局
中国国家标准化管理委员会　发布

前　言

GB/T 32918《信息安全技术　SM2 椭圆曲线公钥密码算法》分为 5 个部分：

——第 1 部分：总则；

——第 2 部分：数字签名算法；

——第 3 部分：密钥交换协议；

——第 4 部分：公钥加密算法；

——第 5 部分：参数定义。

本部分为 GB/T 32918 的第 5 部分。

本部分按照 GB/T 1.1—2009 给出的规则起草。

请注意本文件的某些内容可能涉及专利。本文件的发布机构不承担识别这些专利的责任。

本部分由国家密码管理局提出。

本部分由全国信息安全标准化技术委员会(SAC/TC 260)归口。

本部分起草单位：北京华大信安科技有限公司、中国人民解放军信息工程大学、中国科学院数据与通信保护研究教育中心。

本部分主要起草人：陈建华、祝跃飞、叶顶峰、胡磊、裴定一、彭国华、张亚娟、张振峰。

引　言

N.Koblitz 和 V.Miller 在 1985 年各自独立地提出将椭圆曲线应用于公钥密码系统。椭圆曲线公钥密码所基于的曲线性质如下：

——有限域上椭圆曲线在点加运算下构成有限交换群，且其阶与基域规模相近；

——类似于有限域乘法群中的乘幂运算，椭圆曲线多倍点运算构成一个单向函数。

在多倍点运算中，已知多倍点与基点，求解倍数的问题称为椭圆曲线离散对数问题。对于一般椭圆曲线的离散对数问题，目前只存在指数级计算复杂度的求解方法。与大数分解问题及有限域上离散对数问题相比，椭圆曲线离散对数问题的求解难度要大得多。因此，在相同安全程度要求下，椭圆曲线密码较其他公钥密码所需的密钥规模要小得多。

SM2 是国家密码管理局组织制定并提出的椭圆曲线密码算法标准。GB/T 32918 的主要目标如下：

——GB/T 32918.1—2016 定义和描述了 SM2 椭圆曲线密码算法的相关概念及数学基础知识，并概述了该部分同其他部分的关系。

——GB/T 32918.2—2016 描述了一种基于椭圆曲线的签名算法，即 SM2 签名算法。

——GB/T 32918.3—2016 描述了一种基于椭圆曲线的密钥交换协议，即 SM2 密钥交换协议。

——GB/T 32918.4—2016 描述了一种基于椭圆曲线的公钥加密算法，即 SM2 加密算法，该算法需使用 GB/T 32905—2016 定义的 SM3 密码杂凑算法。

——GB/T 32918.5—2017 给出了 SM2 算法使用的椭圆曲线参数，以及使用椭圆曲线参数进行 SM2 运算的示例结果。

信息安全技术
SM2 椭圆曲线公钥密码算法
第 5 部分:参数定义

1 范围

GB/T 32918 的本部分规定了 SM2 椭圆曲线公钥密码算法的曲线参数。

本部分适用于数字签名与验证(参见附录 A)、密钥交换与验证(参见附录 B)、消息加解密示例(参见附录 C)。

2 规范性引用文件

下列文件对于本文件的应用是必不可少的。凡是注日期的引用文件,仅注日期的版本适用于本文件。凡是不注日期的引用文件,其最新版本(包括所有的修改单)适用于本文件。

GB/T 32905—2016 信息安全技术 SM3 密码杂凑算法

GB/T 32918.1—2016 信息安全技术 SM2 椭圆曲线公钥密码算法 第 1 部分:总则

GB/T 32918.2—2016 信息安全技术 SM2 椭圆曲线公钥密码算法 第 2 部分:数字签名算法

GB/T 32918.3—2016 信息安全技术 SM2 椭圆曲线公钥密码算法 第 3 部分:密钥交换协议

GB/T 32918.4—2016 信息安全技术 SM2 椭圆曲线公钥密码算法 第 4 部分:公钥加密算法

3 符号

下列符号适用于本文件。

p 大于 3 的素数。

a, b F_q 中的元素,它们定义 F_q 上的一条椭圆曲线 E。

n 基点 G 的阶[n 是 $\# E(F_q)$的素因子]。

x_G 生成元的 x 坐标

y_G 生成元的 y 坐标

4 参数定义

SM2 使用素数域 256 位椭圆曲线。

椭圆曲线方程:$y^2=x^3+ax+b$

曲线参数:

p=FFFFFFFE FFFFFFFF FFFFFFFF FFFFFFFF FFFFFFFF 00000000 FFFFFFFF FFFFFFFF

a=FFFFFFFE FFFFFFFF FFFFFFFF FFFFFFFF FFFFFFFF 00000000 FFFFFFFF FFFFFFFC

b=28E9FA9E 9D9F5E34 4D5A9E4B CF6509A7 F39789F5 15AB8F92 DDBCBD41 4D940E93

n=FFFFFFFE FFFFFFFF FFFFFFFF FFFFFFFF 7203DF6B 21C6052B 53BBF409 39D54123

x_G=32C4AE2C 1F198119 5F990446 6A39C994 8FE30BBF F2660BE1 715A4589 334C74C7

y_G=BC3736A2 F4F6779C 59BDCEE3 6B692153 D0A9877C C62A4740 02DF32E5 2139F0A0

附 录 A
（资料性附录）
数字签名与验证示例

A.1 综述

本附录选用 GB/T 32905—2016 给出的密码杂凑算法，其输入是长度小于 2^{64} 的消息比特串，输出是长度为 256 比特的杂凑值，记为 $H_{256}(\ )$。

本附录使用 GB/T 32918.2—2016 规定的数字签名算法计算得到各步骤中的相应数值。

本附录中，所有用 16 进制表示的数，左边为高位，右边为低位。

本附录中，消息采用 GB/T 1988 编码。

设 ID_A 的 GB/T 1988 为：31323334 35363738 31323334 35363738。$ENTL_A$=0080。

A.2 SM2 椭圆曲线数字签名

椭圆曲线方程为：$y^2=x^3+ax+b$

示例 1：F_p-256

素数 p：FFFFFFFE FFFFFFFF FFFFFFFF FFFFFFFF FFFFFFFF 00000000 FFFFFFFF FFFFFFFF

系数 a：FFFFFFFE FFFFFFFF FFFFFFFF FFFFFFFF FFFFFFFF 00000000 FFFFFFFF FFFFFFFC

系数 b：28E9FA9E 9D9F5E34 4D5A9E4B CF6509A7 F39789F5 15AB8F92 DDBCBD41 4D940E93

基点 $G=(x_G, y_G)$，其阶记为 n。

坐标 x_G：32C4AE2C 1F198119 5F990446 6A39C994 8FE30BBF F2660BE1 715A4589 334C74C7

坐标 y_G：BC3736A2 F4F6779C 59BDCEE3 6B692153 D0A9877C C62A4740 02DF32E5 2139F0A0

阶 n：FFFFFFFE FFFFFFFF FFFFFFFF FFFFFFFF 7203DF6B 21C6052B 53BBF409 39D54123

待签名的消息 M：message digest

M 的 GB/T 1988 编码的 16 进制表示：6D657373616765206469676573 74

私钥 d_A：3945208F 7B2144B1 3F36E38A C6D39F95 88939369 2860B51A 42FB81EF 4DF7C5B8

公钥 $P_A=(x_A, y_A)$：

坐标 x_A：09F9DF31 1E5421A1 50DD7D16 1E4BC5C6 72179FAD 1833FC07 6BB08FF3 56F35020

坐标 y_A：CCEA490C E26775A5 2DC6EA71 8CC1AA60 0AED05FB F35E084A 6632F607 2DA9AD13

杂凑值 $Z_A=H_{256}(ENTL_A \parallel ID_A \parallel a \parallel b \parallel x_G \parallel y_G \parallel x_A \parallel y_A)$。

Z_A：B2E14C5C 79C6DF5B 85F4FE7E D8DB7A26 2B9DA7E0 7CCB0EA9 F4747B8C CDA8A4F3

签名各步骤中的有关值：

$\overline{M}=Z_A \parallel M$：

B2E14C5C 79C6DF5B 85F4FE7E D8DB7A26 2B9DA7E0 7CCB0EA9 F4747B8C CDA8A4F3
6D657373 61676520 64696765 7374

密码杂凑算法值 $e=H_{256}(\overline{M})$：F0B43E94 BA45ACCA ACE692ED 534382EB 17E6AB5A 19CE7B31 F4486FDF C0D28640

产生随机数 k：59276E27 D506861A 16680F3A D9C02DCC EF3CC1FA 3CDBE4CE 6D54B80D EAC1BC21

计算椭圆曲线点 $(x_1, y_1)=[k]G$：

坐标 x_1：04EBFC71 8E8D1798 62043226 8E77FEB6 415E2EDE 0E073C0F 4F640ECD 2E149A73

坐标 y_1：E858F9D8 1E5430A5 7B36DAAB 8F950A3C 64E6EE6A 63094D99 283AFF76 7E124DF0

计算 $r=(e+x_1)\bmod n$:F5A03B06 48D2C463 0EEAC513 E1BB81A1 5944DA38 27D5B741 43AC7EAC EEE720B3

$(1+d_A)^{-1}$:4DFE9D9C 1F5901D4 E6F58E4E C3D04567 822D2550 F9B88E82 6D1B5B3A B9CD0FE0

计算 $s=((1+d_A)^{-1}\cdot(k-r\cdot d_A))\bmod n$:B1B6AA29 DF212FD8 763182BC 0D421CA1 BB9038FD 1F7F42D4 840B69C4 85BBC1AA

消息 M 的签名为 (r,s):

值 r:F5A03B06 48D2C463 0EEAC513 E1BB81A1 5944DA38 27D5B741 43AC7EAC EEE720B3

值 s:B1B6AA29 DF212FD8 763182BC 0D421CA1 BB9038FD 1F7F42D4 840B69C4 85BBC1AA

验证各步骤中的有关值:

密码杂凑算法值 $e'=H_{256}(\overline{M}')$:F0B43E94 BA45ACCA ACE692ED 534382EB 17E6AB5A 19CE7B31 F4486FDF C0D28640

计算 $t=(r'+s')\bmod n$:A756E531 27F3F43B 851C47CF EEFD9E43 A2D133CA 258EF4EA 73FBF468 3ACDA13A

计算椭圆曲线点 $(x_0',y_0')=[s']G$:

坐标 x_0':2B9CE14E 3C8D1FFC 46D693FA 0B54F2BD C4825A50 6607655D E22894B5 C99D3746

坐标 y_0':277BFE04 D1E526B4 E1C32726 435761FB CE0997C2 6390919C 4417B3A0 A8639A59

计算椭圆曲线点 $(x_{00}',y_{00}')=[t]P_A$:

坐标 x_{00}':FDAC1EFA A770E463 5885CA1B BFB360A5 84B238FB 2902ECF0 9DDC935F 60BF4F9B

坐标 y_{00}':B89AA926 3D5632F6 EE82222E 4D63198E 78E095C2 4042CBE7 15C23F71 1422D74C

计算椭圆曲线点 $(x_1',y_1')=[s']G+[t]P_A$:

坐标 x_1':04EBFC71 8E8D1798 62043226 8E77FEB6 415E2EDE 0E073C0F 4F640ECD 2E149A73

坐标 y_1':E858F9D8 1E5430A5 7B36DAAB 8F950A3C 64E6EE6A 63094D99 283AFF76 7E124DF0

计算 $R=(e'+x_1')\bmod n$:F5A03B06 48D2C463 0EEAC513 E1BB81A1 5944DA38 27D5B741 43AC7EAC EEE720B3

附 录 B
（资料性附录）
密钥交换及验证示例

B.1 一般要求

本附录选用 GB/T 32905—2016 给出的密码杂凑算法，其输入是长度小于 2^{64} 的消息比特串，输出是长度为 256 比特的杂凑值，记为 $H_{256}(\ )$。

本附录使用 GB/T 32918.3—2016 规定的密钥交换协议计算得到各步骤中的相应数值。

本附录中，所有用 16 进制表示的数，左边为高位，右边为低位。

设 ID_A 的 GB/T 1988 编码为：31323334 35363738 31323334 35363738。$ENTL_A$=0080。

设 ID_B 的 GB/T 1988 编码为：31323334 35363738 31323334 35363738。$ENTL_B$=0080。

B.2 SM2 椭圆曲线密钥交换协议

椭圆曲线方程为：$y^2=x^3+ax+b$

示例 1： F_p-256

素数 p：FFFFFFFE FFFFFFFF FFFFFFFF FFFFFFFF FFFFFFFF 00000000 FFFFFFFF FFFFFFFF

系数 a：FFFFFFFE FFFFFFFF FFFFFFFF FFFFFFFF FFFFFFFF 00000000 FFFFFFFF FFFFFFFC

系数 b：28E9FA9E 9D9F5E34 4D5A9E4B CF6509A7 F39789F5 15AB8F92 DDBCBD41 4D940E93

余因子 h：1

基点 $G=(x_G,y_G)$，其阶记为 n。

坐标 x_G：32C4AE2C 1F198119 5F990446 6A39C994 8FE30BBF F2660BE1 715A4589 334C74C7

坐标 y_G：BC3736A2 F4F6779C 59BDCEE3 6B692153 D0A9877C C62A4740 02DF32E5 2139F0A0

阶 n：FFFFFFFE FFFFFFFF FFFFFFFF FFFFFFFF 7203DF6B 21C6052B 53BBF409 39D54123

用户 A 的私钥 d_A：81EB26E9 41BB5AF1 6DF11649 5F906952 72AE2CD6 3D6C4AE1 678418BE 48230029

用户 A 的公钥 $P_A=(x_A,y_A)$：

坐标 x_A：160E1289 7DF4EDB6 1DD812FE B96748FB D3CCF4FF E26AA6F6 DB9540AF 49C94232

坐标 y_A：4A7DAD08 BB9A4595 31694BEB 20AA489D 6649975E 1BFCF8C4 741B78B4 B223007F

用户 B 的私钥 d_B：78512991 7D45A9EA 5437A593 56B82338 EAADDA6C EB199088 F14AE10D EFA229B5

用户 B 的公钥 $P_B=(x_B,y_B)$：

坐标 x_B：6AE848C5 7C53C7B1 B5FA99EB 2286AF07 8BA64C64 591B8B56 6F7357D5 76F16DFB

坐标 y_B：EE489D77 1621A27B 36C5C799 2062E9CD 09A92643 86F3FBEA 54DFF693 05621C4D

杂凑值 $Z_A=H_{256}(ENTL_A \parallel ID_A \parallel a \parallel b \parallel x_G \parallel y_G \parallel x_A \parallel y_A)$。

Z_A：3B85A571 79E11E7E 513AA622 991F2CA7 4D1807A0 BD4D4B38 F90987A1 7AC245B1

杂凑值 $Z_B=H_{256}(ENTL_B \parallel ID_B \parallel a \parallel b \parallel x_G \parallel y_G \parallel x_B \parallel y_B)$。

Z_B：79C988D6 3229D97E F19FE02C A1056E01 E6A7411E D24694AA 8F834F4A 4AB022F7

密钥交换 A1～A3 步骤中的有关值：

产生随机数 r_A：D4DE1547 4DB74D06 491C440D 305E0124 00990F3E 390C7E87 153C12DB 2EA60BB3

计算椭圆曲线点 $R_A=[r_A]G=(x_1,y_1)$：

坐标 x_1：64CED1BD BC99D590 049B434D 0FD73428 CF608A5D B8FE5CE0 7F150269 40BAE40E

坐标 y_1:376629C7 AB21E7DB 26092249 9DDB118F 07CE8EAA E3E7720A FEF6A5CC 062070C0

密钥交换 B1～B9 步骤中的有关值:

产生随机数 r_B:7E071248 14B30948 9125EAED 10111316 4EBF0F34 58C5BD88 335C1F9D 596243D6

计算椭圆曲线点 $R_B=[r_B]G=(x_2,y_2)$:

坐标 x_2:ACC27688 A6F7B706 098BC91F F3AD1BFF 7DC2802C DB14CCCC DB0A9047 1F9BD707

坐标 y_2:2FEDAC04 94B2FFC4 D6853876 C79B8F30 1C6573AD 0AA50F39 FC87181E 1A1B46FE

取 $\bar{x}_2=2^{127}+(x_2\&(2^{127}-1))$:FDC2802C DB14CCCC DB0A9047 1F9BD707

计算 $t_B=(d_B+\bar{x}_2\cdot r_B)\bmod n$:

D0429637 F5A6D5D1 E6C54523 5169DF85 23116306 0A654ECB A0F657FD 629E8DD9

取 $\bar{x}_1=2^{127}+(x_1\&(2^{127}-1))$:CF608A5D B8FE5CE0 7F150269 40BAE40E

计算椭圆曲线点 $[\bar{x}_1]R_A=(x_{A0},y_{A0})$:

坐标 x_{A0}:8D62DAF7 DC084E4A 85D32214 68605854 5837BDC2 2D6E9AFE 015828A8 E1094EC2

坐标 y_{A0}:564DC0FA 639B2967 E65F3448 CA06627E F3FE67C2 1561C5BE BB399552 29A84760

计算椭圆曲线点 $P_A+[\bar{x}_1]R_A=(x_{A1},y_{A1})$:

坐标 x_{A1}:85C40F88 CECA80E3 8172093F C4BA4581 88E7C58A F81CF2AF 454EC431 43E55615

坐标 y_{A1}:8C152CB0 A131C958 C279DEBE CC6AB739 6A7BC875 FC801BB2 94C284F4 7F65F6ED

计算 $V=[h\cdot t_B](P_A+[\bar{x}_1]R_A)=(x_V,y_V)$:

坐标 x_V:C558B44B EE5301D9 F52B44D9 39BB5958 4D75B903 4DD6A9FC 82687210 9A65739F

坐标 y_V:3252B35B 191D8AE0 1CD122C0 25204334 C5EACF68 A0CB4854 C6A7D367 ECAD4DE7

计算 $K_B=KDF(x_V\parallel y_V\parallel Z_A\parallel Z_B,klen)$:

$x_V\parallel y_V\parallel Z_A\parallel Z_B$:

C558B44B EE5301D9 F52B44D9 39BB5958 4D75B903 4DD6A9FC 82687210 9A65739F 3252B35B
191D8AE0 1CD122C0 25204334 C5EACF68 A0CB4854 C6A7D367 ECAD4DE7 3B85A571 79E11E7E
513AA622 991F2CA7 4D1807A0 BD4D4B38 F90987A1 7AC245B1 79C988D6 3229D97E F19FE02C
A1056E01 E6A7411E D24694AA 8F834F4A 4AB022F7

$klen=128$

共享密钥 K_B:6C893473 54DE2484 C60B4AB1 FDE4C6E5

计算选项 $S_B=Hash(0x02\parallel y_V\parallel Hash(x_V\parallel Z_A\parallel Z_B\parallel x_1\parallel y_1\parallel x_2\parallel y_2))$:

$x_V\parallel Z_A\parallel Z_B\parallel x_1\parallel y_1\parallel x_2\parallel y_2$:

C558B44B EE5301D9 F52B44D9 39BB5958 4D75B903 4DD6A9FC 82687210 9A65739F 3B85A571
79E11E7E 513AA622 991F2CA7 4D1807A0 BD4D4B38 F90987A1 7AC245B1 79C988D6 3229D97E
F19FE02C A1056E01 E6A7411E D24694AA 8F834F4A 4AB022F7 64CED1BD BC99D590 049B434D
0FD73428 CF608A5D B8FE5CE0 7F150269 40BAE40E 376629C7 AB21E7DB 26092249 9DDB118F
07CE8EAA E3E7720A FEF6A5CC 062070C0 ACC27688 A6F7B706 098BC91F F3AD1BFF 7DC2802C
DB14CCCC DB0A9047 1F9BD707 2FEDAC04 94B2FFC4 D6853876 C79B8F30 1C6573AD 0AA50F39
FC87181E 1A1B46FE

$Hash(x_V\parallel Z_A\parallel Z_B\parallel x_1\parallel y_1\parallel x_2\parallel y_2)$:

90E2A628 E4F57ABD 78339EA3 3F967D11 A154117B EA442F7B 627D4F4D D047B7F6

$0x02\parallel y_V\parallel Hash(x_V\parallel Z_A\parallel Z_B\parallel x_1\parallel y_1\parallel x_2\parallel y_2)$:

02 3252B35B 191D8AE0 1CD122C0 25204334 C5EACF68 A0CB4854 C6A7D367 ECAD4DE7
90E2A628 E4F57ABD 78339EA3 3F967D11 A154117B EA442F7B 627D4F4D D047B7F6

选项 S_B:D3A0FE15 DEE185CE AE907A6B 595CC32A 266ED7B3 367E9983 A896DC32 FA20F8EB

密钥交换 A4～A10 步骤中的有关值:

取 $\bar{x}_1=2^{127}+(x_1\&(2^{127}-1))$:CF608A5D B8FE5CE0 7F150269 40BAE40E

计算 $t_A=(d_A+\bar{x}_1\cdot r_A)\bmod n$:3D68C0C0 6DC40F17 B9DDFE00 93D3C0E4 969ED112 4A187FA8
AD02F81E 3C11CCE6

取 $\bar{x}_2=2^{127}+(x_2\&(2^{127}-1))$：FDC2802C DB14CCCC DB0A9047 1F9BD707

计算椭圆曲线点$[\bar{x}_2]R_B=(x_{B0},y_{B0})$：

坐标 x_{B0}：DA68EF84 FE616D92 438BBE69 BCC52DB9 CE5CBEA9 93944CBC 331BA26D 6082E912

坐标 y_{B0}：4831E862 898B4356 32D8FFA0 1869CD65 645822BD D3B4E9E0 46BCAB85 6F02F110

计算椭圆曲线点 $P_B+[\bar{x}_2]R_B=(x_{B1},y_{B1})$：

坐标 x_{B1}：FE7C111C C3E628E3 FE709DF2 E6E331CD C2A3A30E EA0CDC3C D10C0759 EAB15199

坐标 y_{B1}：12D6F496 361948C9 EC67E603 DF93C008 86EFAEEA C591C2D5 D16B67F2 FE1AD77E

计算 $U=[h\cdot t_A](P_B+[\bar{x}_2]R_B)=(x_U,y_U)$：

坐标 x_U：C558B44B EE5301D9 F52B44D9 39BB5958 4D75B903 4DD6A9FC 82687210 9A65739F

坐标 y_U：3252B35B 191D8AE0 1CD122C0 25204334 C5EACF68 A0CB4854 C6A7D367 ECAD4DE7

计算 $K_A=KDF(x_U\parallel y_U\parallel Z_A\parallel Z_B,klen)$：

$x_U\parallel y_U\parallel Z_A\parallel Z_B$：

C558B44B EE5301D9 F52B44D9 39BB5958 4D75B903 4DD6A9FC 82687210 9A65739F 3252B35B 191D8AE0 1CD122C0 25204334 C5EACF68 A0CB4854 C6A7D367 ECAD4DE7 3B85A571 79E11E7E 513AA622 991F2CA7 4D1807A0 BD4D4B38 F90987A1 7AC245B1 79C988D6 3229D97E F19FE02C A1056E01 E6A7411E D24694AA 8F834F4A 4AB022F7

$klen=128$

共享密钥 K_A：6C893473 54DE2484 C60B4AB1 FDE4C6E5

计算选项 $S_1=Hash(0x02\parallel y_U\parallel Hash(x_U\parallel Z_A\parallel Z_B\parallel x_1\parallel y_1\parallel x_2\parallel y_2))$：

$x_U\parallel Z_A\parallel Z_B\parallel x_1\parallel y_1\parallel x_2\parallel y_2$：

C558B44B EE5301D9 F52B44D9 39BB5958 4D75B903 4DD6A9FC 82687210 9A65739F 3B85A571 79E11E7E 513AA622 991F2CA7 4D1807A0 BD4D4B38 F90987A1 7AC245B1 79C988D6 3229D97E F19FE02C A1056E01 E6A7411E D24694AA 8F834F4A 4AB022F7 64CED1BD BC99D590 049B434D 0FD73428 CF608A5D B8FE5CE0 7F150269 40BAE40E 376629C7 AB21E7DB 26092249 9DDB118F 07CE8EAA E3E7720A FEF6A5CC 062070C0 ACC27688 A6F7B706 098BC91F F3AD1BFF 7DC2802C DB14CCCC DB0A9047 1F9BD707 2FEDAC04 94B2FFC4 D6853876 C79B8F30 1C6573AD 0AA50F39 FC87181E 1A1B46FE

$Hash(x_U\parallel Z_A\parallel Z_B\parallel x_1\parallel y_1\parallel x_2\parallel y_2)$：

90E2A628 E4F57ABD 78339EA3 3F967D11 A154117B EA442F7B 627D4F4D D047B7F6

$0x02\parallel y_U\parallel Hash(x_U\parallel Z_A\parallel Z_B\parallel x_1\parallel y_1\parallel x_2\parallel y_2)$：

02 3252B35B 191D8AE0 1CD122C0 25204334 C5EACF68 A0CB4854 C6A7D367 ECAD4DE7 90E2A628 E4F57ABD 78339EA3 3F967D11 A154117B EA442F7B 627D4F4D D047B7F6

选项 S_1：D3A0FE15 DEE185CE AE907A6B 595CC32A 266ED7B3 367E9983 A896DC32 FA20F8EB

计算选项 $S_A=Hash(0x03\parallel y_U\parallel Hash(x_U\parallel Z_A\parallel Z_B\parallel x_1\parallel y_1\parallel x_2\parallel y_2))$：

$x_U\parallel Z_A\parallel Z_B\parallel x_1\parallel y_1\parallel x_2\parallel y_2$：

C558B44B EE5301D9 F52B44D9 39BB5958 4D75B903 4DD6A9FC 82687210 9A65739F 3B85A571 79E11E7E 513AA622 991F2CA7 4D1807A0 BD4D4B38 F90987A1 7AC245B1 79C988D6 3229D97E F19FE02C A1056E01 E6A7411E D24694AA 8F834F4A 4AB022F7 64CED1BD BC99D590 049B434D 0FD73428 CF608A5D B8FE5CE0 7F150269 40BAE40E 376629C7 AB21E7DB 26092249 9DDB118F 07CE8EAA E3E7720A FEF6A5CC 062070C0 ACC27688 A6F7B706 098BC91F F3AD1BFF 7DC2802C DB14CCCC DB0A9047 1F9BD707 2FEDAC04 94B2FFC4 D6853876 C79B8F30 1C6573AD 0AA50F39 FC87181E 1A1B46FE

$Hash(x_U\parallel Z_A\parallel Z_B\parallel x_1\parallel y_1\parallel x_2\parallel y_2)$：90E2A628 E4F57ABD 78339EA3 3F967D11 A154117B EA442F7B 627D4F4D D047B7F6

$0x03\parallel y_U\parallel Hash(x_U\parallel Z_A\parallel Z_B\parallel x_1\parallel y_1\parallel x_2\parallel y_2)$：

03 3252B35B 191D8AE0 1CD122C0 25204334 C5EACF68 A0CB4854 C6A7D367 ECAD4DE7 90E2A628 E4F57ABD 78339EA3 3F967D11 A154117B EA442F7B 627D4F4D D047B7F6

选项 S_A:18C7894B 3816DF16 CF07B05C 5EC0BEF5 D655D58F 779CC1B4 00A4F388 4644DB88

密钥交换 B10 步骤中的有关值:

计算选项 $S_2 = Hash(0x03 \parallel y_V \parallel Hash(x_V \parallel Z_A \parallel Z_B \parallel x_1 \parallel y_1 \parallel x_2 \parallel y_2))$:

$x_V \parallel Z_A \parallel Z_B \parallel x_1 \parallel y_1 \parallel x_2 \parallel y_2$:

C558B44B EE5301D9 F52B44D9 39BB5958 4D75B903 4DD6A9FC 82687210 9A65739F 3B85A571 79E11E7E 513AA622 991F2CA7 4D1807A0 BD4D4B38 F90987A1 7AC245B1 79C988D6 3229D97E F19FE02C A1056E01 E6A7411E D24694AA 8F834F4A 4AB022F7 64CED1BD BC99D590 049B434D 0FD73428 CF608A5D B8FE5CE0 7F150269 40BAE40E 376629C7 AB21E7DB 26092249 9DDB118F 07CE8EAA E3E7720A FEF6A5CC 062070C0 ACC27688 A6F7B706 098BC91F F3AD1BFF 7DC2802C DB14CCCC DB0A9047 1F9BD707 2FEDAC04 94B2FFC4 D6853876 C79B8F30 1C6573AD 0AA50F39 FC87181E 1A1B46FE

$Hash(x_V \parallel Z_A \parallel Z_B \parallel x_1 \parallel y_1 \parallel x_2 \parallel y_2)$:90E2A628 E4F57ABD 78339EA3 3F967D11 A154117B EA442F7B 627D4F4D D047B7F6

$0x03 \parallel y_V \parallel Hash(x_V \parallel Z_A \parallel Z_B \parallel x_1 \parallel y_1 \parallel x_2 \parallel y_2)$:

03 3252B35B 191D8AE0 1CD122C0 25204334 C5EACF68 A0CB4854 C6A7D367 ECAD4DE7 90E2A628 E4F57ABD 78339EA3 3F967D11 A154117B EA442F7B 627D4F4D D047B7F6

选项 S_2:18C7894B 3816DF16 CF07B05C 5EC0BEF5 D655D58F 779CC1B4 00A4F388 4644DB88

附　录　C
（资料性附录）
消息加解密示例

C.1　一般要求

本附录选用 GB/T 32905—2016 给出的密码杂凑算法，其输入是长度小于 2^{64} 的消息比特串，输出是长度为 256 比特的杂凑值，记为 $H_{256}(\ )$。

本附录使用 GB/T 32918.4—2016 规定的公钥加密算法计算得到各步骤中的相应数值。

本附录中，所有用 16 进制表示的数，左边为高位，右边为低位。

本附录中，明文采用 GB/T 1988 编码。

C.2　SM2 椭圆曲线消息加解密

椭圆曲线方程为：$y^2 = x^3 + ax + b$

示例：F_p-256

素数 p：FFFFFFFE　FFFFFFFF　FFFFFFFF　FFFFFFFF　FFFFFFFF　00000000　FFFFFFFF　FFFFFFFF

系数 a：FFFFFFFE　FFFFFFFF　FFFFFFFF　FFFFFFFF　FFFFFFFF　00000000　FFFFFFFF　FFFFFFFC

系数 b：28E9FA9E　9D9F5E34　4D5A9E4B　CF6509A7　F39789F5　15AB8F92　DDBCBD41　4D940E93

基点 $G=(x_G, y_G)$，其阶记为 n。

坐标 x_G：32C4AE2C　1F198119　5F990446　6A39C994　8FE30BBF　F2660BE1　715A4589　334C74C7

坐标 y_G：BC3736A2　F4F6779C　59BDCEE3　6B692153　D0A9877C　C62A4740　02DF32E5　2139F0A0

阶 n：FFFFFFFE　FFFFFFFF　FFFFFFFF　FFFFFFFF　7203DF6B　21C6052B　53BBF409　39D54123

待加密的消息 M：encryption　standard

消息 M 的 16 进制表示：656E63　72797074　696F6E20　7374616E　64617264

私钥 d_B：3945208F　7B2144B1　3F36E38A　C6D39F95　88939369　2860B51A　42FB81EF　4DF7C5B8

公钥 $P_B=(x_B, y_B)$为：

坐标 x_B：09F9DF31　1E5421A1　50DD7D16　1E4BC5C6　72179FAD　1833FC07　6BB08FF3　56F35020

坐标 y_B：CCEA490C　E26775A5　2DC6EA71　8CC1AA60　0AED05FB　F35E084A　6632F607　2DA9AD13

加密各步骤中的有关值：

产生随机数 k：59276E27　D506861A　16680F3A　D9C02DCC　EF3CC1FA　3CDBE4CE　6D54B80D　EAC1BC21

计算椭圆曲线点 $C_1=[k]G=(x_1, y_1)$：

坐标 x_1：04EBFC71　8E8D1798　62043226　8E77FEB6　415E2EDE　0E073C0F　4F640ECD　2E149A73

坐标 y_1：E858F9D8　1E5430A5　7B36DAAB　8F950A3C　64E6EE6A　63094D99　283AFF76　7E124DF0

在此 C_1 选用未压缩的表示形式，点转换成字节串的形式为 $PC \parallel x_1 \parallel y_1$，其中 PC 为单一字节且 $PC=04$，仍记为 C_1。

计算椭圆曲线点$[k]P_B=(x_2, y_2)$：

坐标 x_2：335E18D7　51E51F04　0E27D468　138B7AB1　DC86AD7F　981D7D41　6222FD6A　B3ED230D

坐标 y_2：AB743EBC　FB22D64F　7B6AB791　F70658F2　5B48FA93　E54064FD　BFBED3F0　BD847AC9

消息 M 的比特长度 $klen=152$

计算 $t=KDF(x_2 \parallel y_2, klen)$：44E60F　DBF0BAE8　14376653　74BEF267　49046C9E

计算 $C_2=M \oplus t$：21886C　A989CA9C　7D580873　07CA9309　2D651EFA

计算 $C_3=Hash(x_2 \parallel M \parallel y_2)$：

$x_2 \parallel M \parallel y_2$：

335E18D7　51E51F04　0E27D468　138B7AB1　DC86AD7F　981D7D41　6222FD6A　B3ED230D
656E6372　79707469　6F6E2073　74616E64　617264AB　743EBCFB　22D64F7B　6AB791F7
0658F25B　48FA93E　54064FDB　FBED3F0B　D847AC9

C_3:59983C18　F809E262　923C53AE　C295D303　83B54E39　D609D160　AFCB1908　D0BD8766

输出密文 $M=C_1 \parallel C_3 \parallel C_2$：

04　04EBFC71　8E8D1798　62043226　8E77FEB6　415E2EDE　0E073C0F　4F640ECD　2E149A73
E858F9D8　1E5430A5　7B36DAAB　8F950A3C　64E6EE6A　63094D99　283AFF76　7E124DF0
59983C18　F809E262　923C53AE　C295D303　83B54E39　D609D160　AFCB1908　D0BD8766
21886CA9　89CA9C7D　58087307　CA93092D　651EFA

解密各步骤中的有关值：

计算椭圆曲线点$[d_B]C_1=(x_2,y_2)$：

坐标 x_2:335E18D7　51E51F040　E27D4681　38B7AB1D　C86AD7F9　81D7D416　222FD6AB　3ED230D

坐标 y_2:AB743EBC　FB22D64F　7B6AB791　F70658F2　5B48FA93　E54064FD　BFBED3F0　BD847AC9

计算 $t=KDF(x_2 \parallel y_2, klen)$:44E60F　DBF0BAE8　14376653　74BEF267　49046C9E

计算 $M'=C_2 \oplus t$:656E63　72797074　696F6E20　7374616E　64617264

计算 $u=Hash(x_2 \parallel M' \parallel y_2)$：

59983C18　F809E262　923C53AE　C295D303　83B54E39　D609D160　AFCB1908　D0BD8766

明文 M':656E63　72797074　696F6E20　7374616E　64617264,即为:encryption　standard

参 考 文 献

[1] GB/T 1988—1998 信息技术 信息交换用七位编码字符集

ICS 13.020.40
J 88

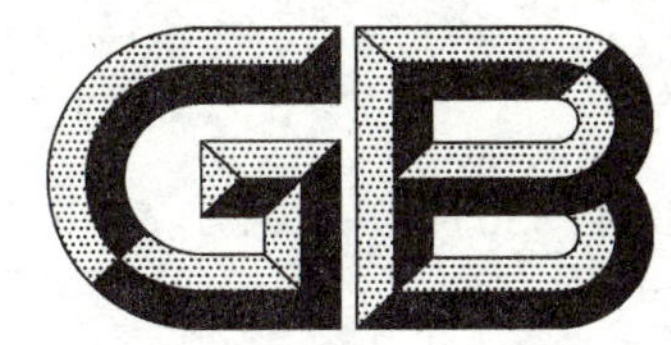

中华人民共和国国家标准

GB/T 33017.5—2017

高效能大气污染物控制装备评价技术要求 第5部分:空气净化器

Technical requirements of high efficiency air pollution control equipment for assessment—Part 5: Air cleaners

2017-12-29 发布　　2018-07-01 实施

中华人民共和国国家质量监督检验检疫总局
中国国家标准化管理委员会　发布

前　言

GB/T 33017《高效能大气污染物控制装备评价技术要求》分为以下5个部分：

——第1部分：编制通则；

——第2部分：电除尘器；

——第3部分：袋式除尘器；

——第4部分：电袋复合除尘器；

——第5部分：空气净化器。

本部分为GB/T 33017的第5部分。

本部分按照GB/T 1.1—2009给出的规则起草。

本部分由国家发展和改革委员会提出。

本部分由全国环保产业标准化技术委员会(SAC/TC 275)归口。

本部分起草单位：中国标准化研究院、上海市计量测试技术研究院、同济大学、广东美的环境电器制造有限公司、珠海格力电器股份有限公司、莱克电气绿能科技(苏州)有限公司、东莞市宇洁新材料有限公司、威凯检测技术有限公司、3M中国有限公司、大金空调(上海)有限公司、深圳市鼎信科技有限公司、上海市环境保护工业行业协会、广东省微生物分析检测中心、厦门美时美克空气净化有限公司、飞利浦(中国)投资有限公司、霍尼韦尔自动化控制(中国)有限公司、广东松下环境系统有限公司、上海爱启环境技术工程有限公司、中国检验检疫科学研究院、中家院(北京)检测认证有限公司。

本部分主要起草人：黄进、沈浩、林翎、李振海、陈俊、宁贵勇、秦卫华、王宝柱、杨贤飞、程亮、罗俊华、高凤翔、王康、丁臻敏、谢小保、林阳新、张志强、刘海林、吴秀玲、段海宁、张晓昕、陈立立、杨瑾、赵海山、吴玉平、刘开。

高效能大气污染物控制装备评价技术要求 第5部分：空气净化器

1 范围

GB/T 33017的本部分规定了高效能空气净化器的术语和定义、评价要求、试验方法、计算方法、评价方法。

本部分适用于单相额定电压不超过250V、颗粒物洁净空气量为30 m^3/h～800 m^3/h的空气净化器。

本部分不适用于：

——仅采用离子发生技术的空气净化器；

——风道式空气净化装置及其他类似的空气净化器；

——仅具备气体污染物、微生物净化能力的空气净化器；

——专为工业用途、医疗用途和车辆设计的空气净化器；

——在腐蚀性或爆炸性气体(如粉尘、蒸汽或瓦斯)特殊环境场所所使用的空气净化器。

2 规范性引用文件

下列文件对于本文件的应用是必不可少的。凡是注日期的引用文件，仅注日期的版本适用于本文件。凡是不注日期的引用文件，其最新版本(包括所有的修改单)适用于本文件。

GB/T 4214.1 声学 家用电器及类似用途器具噪声测试方法 第1部分：通用要求

GB 4343.1 家用电器、电动工具和类似器具的电磁兼容要求 第1部分：发射

GB/T 4343.2 家用电器、电动工具和类似器具的电磁兼容要求 第2部分：抗扰度

GB 4706.1 家用和类似用途电器的安全 第1部分：通用要求

GB 4706.45 家用和类似用途电器的安全 空气净化器的特殊要求

GB/T 5296.2 消费品使用说明 第2部分：家用和类似用途电器

GB/T 18801—2015 空气净化器

GB/T 18883—2002 室内空气质量标准

GB 21551.3 家用和类似用途电器的抗菌、除菌、净化功能 空气净化器的特殊要求

GB/T 26572—2011 电子电气产品中限用物质的限量要求

HJ 633—2012 环境空气质量指数(AQI)技术规定

电器电子产品有害物质限制使用管理办法(中华人民共和国工业和信息化部、中华人民共和国发展和改革委员会、中华人民共和国科学技术部、中华人民共和国财政部、中华人民共和国环境保护部、中华人民共和国商务部、中华人民共和国海关总署、国家质量监督检验检疫总局令第32号，2016年1月6日发布/2016年7月1日实施)

ANSI/AHAM AC-1:2013 家用便携式电动空气净化器性能测量方法(Method for measuring performance of portable household electric room air cleaners)

3 术语和定义

下列术语和定义适用于本文件。

3.1

空气净化器　air cleaner

使室内空气经过净化部件实现空气循环净化，具有一定颗粒物去除能力，可以具有一定气态污染物、微生物去除能力的电器设备。

3.2

高效能空气净化器　high efficiency air cleaner

技术性能先进、能源利用效率领先、环保性能优越和运行安全可靠的空气净化器。

3.3

额定状态　rated condition

空气净化器标称的净化能力对应的工作状态。

3.4

颗粒物洁净空气量　clean air delivery rate of particle;CADR

空气净化器在额定状态和规定的试验条件下，针对颗粒物净化能力的参数，表示空气净化器提供的洁净空气的速率。

3.5

PM2.5 洁净空气量　clean air delivery rate of PM2.5；$CADR_{PM2.5}$

空气净化器对细颗粒物 PM2.5 净化性能的参数。表示空气净化器提供无 PM2.5 污染的洁净空气的速率。

3.6

气态污染物净化效率　purification efficiency of gaseous pollutants

空气净化器在额定状态和规定的试验条件下，在经过推算的等效测试时间运行后，针对气态污染物的净化能力的参数，表示空气净化器在标称的适用面积工况下运行 1 h 后，对气态污染物的净化效率，用字母 Q 表示。

3.7

待机功率　standby power

空气净化器接通电源，等待启动工作指令(按键、遥控、传感器等)期间的功率消耗。

3.8

净化输入功率　input power of purification

空气净化器在额定状态下提供颗粒物洁净空气量时所需的输入功率。

注 1：包括电机、静电高压发生器、离子发生器、控制和驱动电路等部分及其他不可单独关闭功能的用电部件的输入功率。

注 2：不包括空气净化器具备的可分离的其他功能，只考虑实现颗粒物净化能力所需消耗的输入功率。

3.9

能效比　energy efficiency ratio;EER

空气净化器在额定状态下所提供的颗粒物洁净空气量与输入功率的比值。

3.10

能效比衰减率　energy efficiency decay rate;EEDR

空气净化器在额定状态和规定的试验条件下，经过加载一定量测试用颗粒物后，通过测试其能效比的变化速率，计算得到的表征空气净化器能效比衰减的参数。

3.11

适用面积　effective room size

空气净化器在规定的条件下，以空气净化器明示的颗粒物洁净空气量为依据，经推算得出能够满足对颗粒物净化要求所适用的最大室内面积，用字母 A 表示。

3.12

过滤器更换维护周期　filter replacement and maintenance cycle

空气净化器在额定状态和规定的加速老化试验条件下运行，经测试得到的污染物加载周期，所计算得出空气净化器相应净化部件需要更换或清洁的时间，用 T_{week} 表示。

4　评价要求

4.1　高效能空气净化器评价基本要求

4.1.1　空气净化器生产制造企业应建立、实施并保持质量管理体系、环境管理体系。

4.1.2　空气净化器外观质量不应有指纹、划痕、气泡和缩孔等缺陷；主要部件应使用安全、无毒无害、无异味、不造成二次污染的材料制作，并坚固耐用。

4.1.3　空气净化器的电子零部件应选用安全可靠部件，整机的安全要求应符合 GB 4706.1、GB 4706.45 的规定。

4.1.4　空气净化器的电磁兼容要求应符合 GB 4343.1 和 GB/T 4343.2 的规定。

4.1.5　空气净化器的有害物质含量应符合 GB/T 26572—2011 以及《电器电子产品有害物质限制使用管理办法》的规定。

4.1.6　空气净化器的性能特征标识作为器具的使用说明，应符合 GB/T 5296.2 的规定。

4.2　高效能空气净化器评价指标要求

高效能空气净化器的技术性能、能源效率、环境保护、运行安全可靠性等综合评价指标应符合表 1 的要求。

表 1　高效能空气净化器评价指标

序号	一级评价指标	二级评价指标	评价方法和要求
1	技术性能指标	颗粒物洁净空气量	实测值应不小于标称值
		PM2.5 洁净空气量（标称具备功能时）	实测值应不小于标称值
		气态污染物净化效率（标称具备功能时）	≥80%
		除菌率（标称具备功能时）	≥99%
2	能源效率指标	待机功率	≤2.0W
		能效比	≥8.00 $m^3/(W \cdot h)$
		能效比衰减率	≤14.0
3	环境保护指标	臭氧浓度百分比	$\leqslant 3\times10^{-6}$
		TVOC 浓度	≤0.08 mg/m^3
		PM10 浓度	≤0.03 mg/m^3
		噪声（声功率级）	50 m^3/h≤CADR(标称值)≤150 m^3/h:≤52 dB(A)
			150 m^3/h<CADR(标称值)≤300 m^3/h:≤58 dB(A)
			300 m^3/h<CADR(标称值)≤450 m^3/h:≤63 dB(A)
			450 m^3/h<CADR(标称值)≤800 m^3/h:≤67 dB(A)

表 1 （续）

序号	一级评价指标	二级评价指标	评价方法和要求
4	运行安全可靠性指标	紫外线辐射	200 nm～280 nm:总辐照度≤0.003 W/m^2;分光辐照度≤10^{-5} $W/(m^2 \cdot nm)$
			250 nm～400 nm:总辐照度≤1 mW/m^2
		适用面积	标称值应等于计算值
		颗粒物过滤器更换维护周期（特定状态）	一次性使用过滤器更换周期:≥26 周
			可重复使用过滤器单次维护周期:≥16 周

5 试验方法

5.1 试验条件和试验设备满足 GB/T 4214.1、GB 4343.1、GB/T 4343.2、GB 4706.1、GB 4706.45、GB/T 18801—2015、GB 21551.3、GB/T 26572—2011 和附录 A 、附录 B、附录 C 中相应试验所需的要求。

5.2 对颗粒物洁净空气量的试验，按 GB/T 18801—2015 附录 B 中规定的方法进行。

5.3 对 PM2.5 洁净空气量的试验，按附录 A 中规定的方法进行。

5.4 对气态污染物净化效率的试验，按附录 B 中规定的方法进行。

5.5 对除菌率的试验，按 GB 21551.3 中规定的模拟现场方法进行。

5.6 对待机功率、能效比的试验，按 GB/T 18801—2015 中规定的方法进行。

5.7 对能效比衰减率的试验，按附录 C 中规定的方法进行。

5.8 对臭氧浓度百分比的试验，按 GB 4706.45 中规定的方法进行。

试验应在拆除对臭氧发生浓度有消除作用的可拆卸过滤器后进行，可拆卸过滤器与不可拆卸过滤器的判定依据 GB 4706.1 中可拆卸部件与不可拆卸部件的规定；测试舱体积不应超过 30 m^3。

5.9 对 TVOC 浓度和 PM10 浓度的试验，按 GB 21551.3 中规定的方法进行。

5.10 对噪声的试验，按 GB/T 4214.1 中规定的方法进行。

5.11 对紫外线辐射的试验，按 GB 4706.45 中规定的方法进行。

5.12 对过滤器更换维护周期的试验，按附录 C 中规定的方法进行。

6 计算方法

6.1 对颗粒物洁净空气量的计算，按 GB/T 18801—2015 附录 B 中规定的方法进行。

6.2 对 PM2.5 洁净空气量的计算，按附录 A 中规定的方法进行。

6.3 对气态污染物净化效率的计算，按附录 B 中规定的方法进行。

6.4 对除菌率的计算，按 GB 21551.3 中规定的方法进行。

6.5 对能效比的计算，按附录 C 中规定的方法进行。

6.6 对能效比衰减率的计算，按附录 C 中规定的方法进行。

6.7 对臭氧浓度百分比的计算，按 GB 4706.45 中规定的方法进行。

6.8 对 TVOC 浓度和 PM10 浓度的计算，按 GB 21551.3 中规定的方法进行。

6.9 对噪声的计算，按 GB/T 4214.1 中规定的方法进行。

6.10 对紫外线辐射的计算，按 GB 4706.45 中规定的方法进行。

6.11 对适用面积的计算，依据 ANSI/AHAM AC-1：2013 中规定的“标称颗粒物洁净空气量×0.086 5”进行，结果采用四舍五入法保留整数。

6.12 对过滤器更换维护周期的计算，按附录 C 中规定的方法进行。

7 评价方法

符合 4.1 和 4.2 要求的空气净化器，评价为高效能空气净化器。

附　录　A
（规范性附录）
PM2.5 洁净空气量试验和计算方法

A.1　试验条件

试验应在符合 GB/T 18801—2015 中 6.1 规定的要求和下述条件下进行：

a) 试验应在环境温度为(25±2) ℃、相对湿度(50±10)%、无外界气流、无强烈阳光和其他辐射作用的试验室内进行，且实验室内颗粒物和化学性气体污染物浓度应符合 GB/T 18883—2002 的要求。

b) 试验电源为单相交流正弦波，试验电压为 220 V、频率为 50 Hz，电压和频率波动范围不得超过额定值的±1%。

A.2　试验设备和测试仪器

A.2.1　准备工作

试验前应对试验设备、测试仪器和记录设备进行检查，确保均处于正常工作状态。试验设备和测试仪器应定期计量校准。

A.2.2　试验设备

试验用设备应符合下述要求：

a) 30 m^3 测试舱：按照 GB/T 18801—2015 中附录 A 规定的舱内尺寸、框架、壁、地板、顶板、密封材料、搅拌风扇、循环风扇和气密性等要求；

b) 香烟烟雾发生装置：按照 GB/T 18801—2015 中图 B.1 所示原理要求，并能在 40 s～50 s 内完成单支香烟的完全燃烧。置于 30 m^3 测试舱外部使用。

A.2.3　测试仪器

测试仪器包括温湿度计、计时仪表、功率测试仪、激光尘埃粒子计数器[测试粒径范围为 0.1 μm～2.5 μm，测量下限不高于 50 个/L，量程应满足 10^8 个/L(如果量程达不到，应配置适合的稀释器)]等，并应符合 GB/T 18801—2015 中 6.2 规定的要求。所有仪器宜配置连续记录设备。

A.3　颗粒物源

试验用颗粒物源为香烟烟雾，其中 PM2.5 计数占比不小于 99%，30 m^3 测试舱内 30 min 自然衰减率不大于 5%；测试粒径范围为 0.1 μm～2.5 μm，初始浓度应在 2.4×10^7 个/L～3.5×10^7 个/L 范围内。

香烟可以选取红塔山牌，密封后在 4 ℃～7 ℃冷藏储存，储存期不超过 6 个月，使用前需在实验室稳定 24 h。

A.4 试验方法

A.4.1 基本要求

试验应按以下程序连续进行，并尽量在最短的时间内完成。整个试验过程中做好记录工作，包括试验日期、时间、环境温湿度条件、测试舱内 PM2.5 浓度背景值和实测值等。

A.4.2 预运行

按照下述步骤，对被测空气净化器进行预运行：

a) 打开被测空气净化器包装，按说明书要求确认其整机状态、过滤器安装和各项功能正常；

b) 将被测空气净化器调节到额定状态在满足 A.1 规定的试验条件下运行至少 30 min 后待测。

A.4.3 试验步骤

A.4.3.1 自然衰减试验

按照下述步骤，进行 PM2.5 洁净空气量的自然衰减试验：

a) 打开搅拌风扇，并开启测试仪器，对测试舱内实验条件进行监测，当监测数据满足 A.1 的规定时，关闭搅拌风扇继续监测 10 min，确认数据没有反弹，并记录环境温湿度、背景浓度等；

b) 测试舱内 PM2.5 的发生，按下述步骤进行：

   1) 打开搅拌风扇和循环风扇，点燃置于香烟烟雾发生装置内的试验用香烟，并将发生的烟雾通入测试舱，监测测试舱内 PM2.5 浓度变化，当满足初始浓度的要求后，将烟雾导出管从测试舱内取出并封闭送样口；

   2) 保持搅拌风扇继续运行 2 min，以均匀混合测试舱内 PM2.5 浓度；

   3) 关闭搅拌风扇 3 min，以稳定测试舱内的 PM2.5 浓度，在后续的整个试验过程中，搅拌风扇不得再次开启运行，循环风扇保持运行；

c) 测试关闭搅拌风扇 3min 后的 PM2.5 浓度，对应的采样时间记作 t_0，应满足 A.3 的规定；

d) 数据记录：在 t_0 时刻后每间隔 1 min 读取 1 个数据，每个数据采样时间为 1 min，连续测试 20 min，从初始浓度开始，取 10 个数值，记录为 $t_1 \sim t_{10}$；

e) 试验结束后，再次记录测试舱内温湿度，应满足 A.1 的规定；

f) PM2.5 的自然衰减 $K_{n-PM2.5}$ 按 GB/T 18801—2015 附录 B 的规定进行计算；

g) 试验的可靠程度应满足测试数据上下限在 95% 的置信区间内的要求，按 A.6 的规定进行计算。

A.4.3.2 总衰减试验

按照下述步骤，进行空气净化器对 PM2.5 洁净空气量的总衰减试验：

a) 按照 GB/T 18801—2015 中 B.4a)、B.4b) 的规定做好实验前准备工作；

b) 按 A.4.3.1a)～A.4.3.1b) 的规定进行试验；

c) 测试关闭搅拌吊扇 3 min 后的 PM2.5 浓度，对应的采样时间记作 T_0；

d) 从 T_0 时刻开始，在测试舱外开启被测空气净化器，调至额定状态，运行至少 1 min 后，测试 PM2.5 浓度，对应的采样时间记作 T_1，应满足 A.3 的规定；

e) 数据记录：从初始浓度开始，在 T_1 时刻后每间隔 1 min 读取 1 个数据，每个数据采样时间为 1 min，连续测试 20 min，取 10 个数值，记录为 $T_2 \sim T_{11}$，计算所用数据最少为 9 个连续的测试数值，其中 PM2.5 浓度的最小值应不低于试验仪器测量下限的 2 倍；

f) 关闭被测空气净化器，再次记录测试舱内温湿度，应满足 A.1 的规定；

g) PM2.5 的总衰减常数 $K_{e-PM2.5}$ 按 GB/T 18801—2015 附录 B 的规定进行计算；

h) 试验的可靠程度应满足测试数据上下限在 95% 的置信区间内和相关系数 $R^2 \geqslant 0.98$ 的要求，按 A.6 的规定进行计算；

i) 测试的标准偏差应不大于 10% 或 15 m^3/h 的较大值。

A.5 PM2.5 洁净空气量($CADR_{PM2.5}$)计算

空气净化器的 PM2.5 洁净空气量($CADR_{PM2.5}$)按式(A.1)进行计算，结果保留整数位：

$$CADR_{PM2.5} = 60V(K_{e-PM2.5} - K_{n-PM2.5}) \quad \cdots\cdots (A.1)$$

式中：

$CADR_{PM2.5}$——PM2.5 洁净空气量，单位为立方米每小时(m^3/h)；

V——测试舱的体积，单位为立方米(m^3)；

$K_{e-PM2.5}$——PM2.5 总衰减常数，单位为每分(min^{-1})；

$K_{n-PM2.5}$——PM2.5 自然衰减常数，单位为每分(min^{-1})；

60——每小时的分钟数，单位为分(min)。

A.6 衰减常数和相关系数计算

衰减常数和相关系数的计算按照 GB/T 18801—2015 附录 B 中规定的方法进行。

附 录 B
（规范性附录）
气态污染物净化效率试验和计算方法

B.1 试验条件

试验应在符合 A.1 规定的要求下进行。

B.2 试验设备和测试仪器

B.2.1 准备工作

试验前应对试验设备、测试仪器和记录设备进行检查，确保均处于正常工作状态。试验设备和测试仪器应定期计量校准。

B.2.2 试验设备

试验用 30 m^3 测试舱，应符合 A.2.2a)的规定要求，并应满足测试舱密闭 2 h 后，气态污染物(例如：甲醛、甲苯等)浓度不超过 GB/T 18883—2002 规定相应标准值的 20%。

B.2.3 测试仪器

测试仪器包括温湿度计、计时仪、功率测试仪、分光光度计、气相色谱仪、在线气态污染物浓度测试仪等，其中气相色谱仪应满足配备氢火焰离子化检测器、在线气态污染物浓度测试仪应满足分辨率不低于 0.01 mg/m^3 外，其他仪器应符合 GB/T 18801—2015 中 6.2 规定的要求。所有仪器宜配置连续记录设备。

B.3 特征气态污染物的选定和发生

B.3.1 特征气态污染物的选定

以室内环境中常见的气态污染物为特征污染物，见表 B.1。

表 B.1 特征气态污染物

气态污染物分类	特征气态污染物	GB/T 18883—2002 标准值	检验方法
装修气体污染物	甲醛 HCHO	0.10 mg/m^3	参考 GB/T 18883—2002 附录 A 或在线分析仪法
	甲苯 C_7H_8	0.20 mg/m^3	
环境大气污染物	二氧化硫 SO_2	0.50 mg/m^3	
	二氧化氮 NO_2	0.24 mg/m^3	
恶臭气体	氨 NH_3	0.20 mg/m^3	
注：其他气态污染物参考相应室内空气质量控制标准。			

B.3.2 气态污染物发生

B.3.2.1 发生方式

特征气态污染物发生方式建议以下述方式进行：

a) 气态污染物为甲醛时，可选用由多聚甲醛（纯度不低于96%，优级纯）加热裂解发生；

b) 气态污染物常温常压下有分析纯以上级别试剂（如甲苯、甲醛、氨等），可采用发生的气态污染物纯度高、效率高的设备发生；

c) 气态污染物有标准气体（如二氧化硫、二氧化氮、氨等），可选用适当浓度的标准气体钢瓶直接发生。

B.3.2.2 发生初始浓度规定

试验开始时，测试舱内气态污染物初始浓度应控制在GB/T 18883—2002规定的相应浓度限值的（10±1）倍范围内。

若进行非特征气态污染物的净化效率试验时，初始浓度应控制在参考的相应室内空气质量控制标准限值的（10±1）倍范围内。

B.4 试验方法

B.4.1 基本要求

试验应按以下程序连续进行，并尽量在最短的时间内完成。整个试验过程中做好记录工作，包括试验日期、时间、环境温湿度条件、测试舱内气态浓度背景值和实测值等。

B.4.2 预运行

按照下述步骤，对被测空气净化器进行预运行：

a) 打开被测空气净化器包装，按说明书要求确认其整机状态、过滤器安装和各项功能正常；

b) 将被测空气净化器调节到额定状态在满足A.1规定的试验条件下运行至少60 min；

c) 按照B.4.3.2b)～B.4.3.2c)的规定将被测空气净化器置于测试舱内运行后取出，在实验室内静置24 h后待测。此运行过程中不需要采样分析气态污染物浓度。

B.4.3 试验步骤

B.4.3.1 气态污染物的自然衰减试验

按照下述步骤，进行气态污染物的自然衰减试验：

a) 打开搅拌风扇，并开启测试仪器，对测试舱内实验条件进行监测。当监测数据满足B.1的规定时，关闭搅拌风扇继续监测10 min，确认数据没有反弹，并记录环境温湿度、背景浓度等。

b) 测试舱内气态污染物的发生，按下述步骤进行：

   1) 打开搅拌风扇和循环风扇，并发生气态污染物，监测测试舱内气态污染物浓度变化，当满足初始浓度的要求后，停止发生，将发生器导入管从测试舱内取出，并封闭送样口；

   2) 保持搅拌风扇继续运行5 min，以均匀混合测试舱内气态污染物浓度；

   3) 关闭搅拌风扇10 min，以稳定测试舱内的气态污染物浓度。在后续的整个试验过程中，搅拌风扇不得再次开启，循环风扇保持运行。

c) 测试关闭搅拌风扇10min后的气态污染物浓度计作C'_0，对应的采样时间记作t_0，应满足B.3.2.2规定的要求。

d) 待测试舱内的初始样采集完成后，开始试验。试验过程中，每 5 min 采集 1 次，分别记作 t_5、t_{10}、t_{15}、…、t_n、t_{n+5}、t_{n+10}、t_{n+15}、t_{n+20}，实测所得的相应气态污染物浓度分别记作 C'_5、C'_{10}、C'_{15}、…、C'_n、C'_{n+5}、C'_{n+10}、C'_{n+15}、C'_{n+20}。t_n 为按式(B.5)计算得出待测空气净化器需要的等效测试时间 T 时刻最接近的一个外延时间点，C'_n 为 t_n 的气态污染物浓度。总试验时间至少为60 min，最长不超过 180 min，60 min 的自然衰减率应不大于 10%或 180 min 的自然衰减率应不大于 20%。

e) 试验结束后，再次记录测试舱内温湿度，应满足 B.1 的规定。

f) 按照 B.5.2.1 计算空气净化器在等效测试时间时气态污染物的浓度，并按式(B.7)计算气态污染物自然衰减率 Q_n。

B.4.3.2 气态污染物的净化效率试验

按照下述步骤，进行空气净化器对气态污染物的净化效率试验：

a) 按照 GB/T 18801—2015 中 B.4a)、B.4b)的规定做好实验前准备工作。

b) 按 B.4.3.1a)～B.4.3.1c)的规定进行试验。

c) 待测试舱内的初始样采集完成后，开启待测空气净化器至额定状态，开始试验。试验过程中，每 5 min 采集 1 次，分别记作 t_5、t_{10}、t_{15}、…、t_n、t_{n+5}、t_{n+10}、t_{n+15}、t_{n+20}，实测所得的相应气态污染物浓度分别记作 C_5、C_{10}、C_{15}、…、C_n、C_{n+5}、C_{n+10}、C_{n+15}、C_{n+20}。t_n 为按式(B.5)计算得出的等效测试时间 T 时刻最接近的一个外延时间点，C_n 为 t_n 的气态污染物浓度。总采样时间最长不超过 180 min。

d) 关闭空气净化器，记录实验室内的温度和相对湿度，应满足 B.1 的规定。

e) 按照 B.5.2.1 计算空气净化器在等效测试时间时气态污染物的浓度，并按式(B.8)计算气态污染物净化效率 Q。

B.5 计算

B.5.1 等效测试时间推导和计算

B.5.1.1 等效测试时间的推导

气态污染物净化效率测试方法中，等效测试时间作为影响测试结果的核心参数尤显重要，以下是对等效测试时间的推导过程的说明：

a) 在理想状态下(不考虑浓度扩散均匀性和实际空气交换比率等因素)，空气净化器对气态污染物的净化效率由其使用空间中的空气循环次数决定。若规定实际运行时间为 1 h，得到方程(B.1)：

$$n=\frac{1\times Q}{V_A} \qquad \cdots\cdots(B.1)$$

式中：

n ——空气循环次数，单位为次；

1 ——1 小时，单位为小时(h)；

Q ——空气净化器的风量，单位为立方米每小时(m^3/h)；

V_A ——空气净化器的使用空间，单位为立方米(m^3)。

b) 当空气净化器实际使用环境中的气态污染物初始浓度与测试时测试舱内初始浓度相同时，得到空气净化器在测试舱内循环 n 次后的气态污染物净化效率，即可用来表示空气净化器在适用面积下对环境气态污染物的净化效率，得到方程(B.2)：

$$n_t = \frac{t \times Q}{V_t} \quad \cdots\cdots (B.2)$$

式中：

n_t ——测试舱内空气循环次数，单位为次；

t ——等效测试时间，单位为小时(h)；

Q ——空气净化器的风量，单位为立方米每小时(m^3/h)；

V_t ——测试舱的内部空间，单位为立方米(m^3)。

c) 当 $n = n_t$ 时，即实际使用空间的空气循环次数与测试舱内的空气循环次数相同时，得到方程(B.3)：

$$\frac{1 \times Q}{V_A} = \frac{t \times Q}{V_t} \quad \cdots\cdots (B.3)$$

d) 由于房间体积 $V = A \times H$，其中，实际使用房间的室内面积为 A，高度 H 取 2.4 m；测试舱面积 A 为 12 m^2，高度 H 为 2.5 m。代入方程(B.3)，得到方程(B.4)：

$$t = \frac{V_t}{V_A} = \frac{12 \times 2.5}{A \times 2.4} = \frac{12.5}{A} \quad \cdots\cdots (B.4)$$

B.5.1.2 等效测试时间的计算

等效测试时间按式(B.5)进行计算，结果保留整数位：

$$T = \frac{12.5}{A} \times 60 \quad \cdots\cdots (B.5)$$

式中：

T ——30 m^3 测试舱内的等效测试时间，单位为分(min)；

12.5 ——引用参数；

A ——空气净化器标称的适用面积，为标称颗粒物洁净空气量与 0.086 5 的乘积，单位为平方米(m^2)；

60 ——每小时的分钟数，单位为分(min)。

B.5.2 气态污染物净化效率计算

B.5.2.1 等效测试时间时气态污染物浓度计算

按照下述方法，计算空气净化器在等效测试时间时气态污染物的浓度：

a) 将自然衰减和总衰减测试中的试验数据分别进行一元三次方程拟合，得到方程(B.6)：

$$C_t = at^3 + bt^2 + ct + d \quad \cdots\cdots (B.6)$$

式中：

C_t ——实际测试时间下对应的气态污染物拟合浓度，单位为毫克每立方米(mg/m^3)；

t ——采样时间点，t=5、10、15、…、n、n+5、n+10、n+15、n+20，单位为分(min)；

a、b、c、d ——拟合系数。

b) 将等效测试时间 T 代入自然衰减和总衰减的拟合方程，分别计算出 T 时刻的自然衰减、总衰减下的浓度值，记作 C_{Tn} 和 C_{Te}，单位为毫克每立方米(mg/m^3)，结果保留 2 位小数。

B.5.2.2 自然衰减率计算

自然衰减率按式(B.7)进行计算，结果保留整数位：

$$Q_n = \frac{C'_0 - C_{Tn}}{C'_0} \times 100 \quad \cdots\cdots (B.7)$$

式中：

Q_n ——T 时刻的自然衰减率，%；

C'_0——由拟合方程计算得出的自然衰减测试的初始浓度，单位为毫克每立方米（mg/m^3）；

C_{Tn}——由拟合方程计算得出的自然衰减测试时的 T 时刻浓度，单位为毫克每立方米（mg/m^3）。

B.5.2.3 气态污染物净化效率计算

空气净化器气态污染物净化效率按式(B.8)进行计算，结果保留整数位：

$$Q=\frac{C_0(1-Q_n)-C_{Te}}{C_0(1-Q_n)}\times 100 \qquad \cdots\cdots\cdots\cdots(B.8)$$

式中：

Q ——气态污染物净化效率，%；

C_0 ——由拟合方程计算得出的总衰减测试的初始浓度，单位为毫克每立方米（mg/m^3）；

C_{Te} ——由拟合方程计算得出的总衰减测试时的 T 时刻浓度，单位为毫克每立方米（mg/m^3）。

B.6 偏差要求

相同测试时间的拟合方程计算浓度值与实测浓度值的偏差，应不大于 10%或 3 倍最低检出限的较大值。

附 录 C
（规范性附录）
能效比衰减率和过滤器更换维护周期试验和计算方法

C.1 试验条件

试验应在符合 A.1 规定的要求下进行，并满足 30 m^3 测试舱内 0.3 μm 以上颗粒物粒子数背景浓度应不高于 10 000 个/L，且 3 m^3 测试舱内相对湿度为(50±5)%、PM10 背景浓度应不高于 0.10 mg/m^3。

C.2 试验设备和测试仪器

C.2.1 准备工作

试验前应对试验设备、测试仪器和记录设备进行检查，确保均处于正常工作状态。试验设备和测试仪器应定期计量校准。

C.2.2 试验设备

试验用设备应符合下述要求：

a) 30 m^3 测试舱：按照 A.2.2a)的规定要求，用于空气净化器颗粒物洁净空气量试验。

b) 3 m^3 测试舱：按照 GB/T 18801—2015 中附录 A 规定的舱内尺寸、框架、壁、地板、顶板、密封材料、搅拌风扇和气密性等规定要求；测试舱密闭 2 h 后，内部气态污染物(例如：甲醛、甲苯等)浓度不超过 GB/T 18883—2002 规定相应限值的 20%。用于颗粒物加载试验。

c) 香烟烟雾发生装置：按照 A.2.2b)的规定要求，置于 30 m^3 测试舱外部使用。

d) 人工尘发生装置：能够在一定时间内连续、完全发生人工尘，参见附录 D，置于 3 m^3 测试舱内部使用。

C.2.3 测试仪器

测试仪器应满足 A.2.3 规定的要求。

C.3 颗粒物源

试验用颗粒物源应符合下述要求：

a) 人工尘：成分和粒径分布模拟我国大气霾颗粒物；空气动力学当量直径 2.5 μm 以下粒子的计重占比为 60%～80%；发生在 3 m^3 测试舱内，15 min 后的质量浓度自然衰减不大于 5%；其他参见附录 D；

b) 香烟烟雾：按照 A.3 的规定要求。

C.4 加载要求

C.4.1 基本要求

采用人工尘进行加载试验，并应符合下述基本要求：

a) 在 3 m^3 测试舱内，使用人工尘发生装置发生人工尘，对空气净化器进行加载试验，确保单次发生的基准发生量为(220±20) mg，以重量法测得；

b) 将人工尘发生装置放置于测试舱内高度为 0.3 m～0.5 m 的平台上，发生口应处于至少离开舱壁 20 cm 的居中位置，并尽可能远离放置于测试舱中心位置的空气净化器的进风口；

c) 在整个加载过程中，观察人工尘发生状况，确保发生充分。

C.4.2 加载量

C.4.2.1 加载量确定

加载试验前，按照被测空气净化器的颗粒物洁净空气量标称值确定试验所需的单组理论加载量、单组实际加载量、单组每次发生量和单组发生次数；若无标称值，则按照实测值确定。见表 C.1。

表 C.1 单组理论加载量、单组实际加载量、单组每次发生量和单组发生次数对照表

颗粒物洁净空气量区间 m^3/h	单组理论加载量 mg	单组实际加载量 mg	单组每次发生量 mg	单组发生次数 次
50≤CADR≤100	110～220	220	220	1
100＜CADR≤200	220～440	440	220	2
200＜CADR≤300	440～660	660	220	3
300＜CADR≤400	660～880	880	220	4
400＜CADR≤500	880～1 100	1 100	220	5
500＜CADR≤600	1 100～1 320	1 320	220	6
600＜CADR≤700	1 320～1 540	1 540	220	7
700＜CADR≤800	1 540～1 760	1 760	220	8

C.4.2.2 单组理论加载量推导

按照以下特定方法和条件推算空气净化器的单组理论加载量：

a) 空气净化器颗粒物单组理论加载量推算见式(C.1)，结果保留整数位：

$$Q_p = (7 \times t) \times (A \times H) \times (C_a \times k_v \times P_p) \times R \div 1\,000 \qquad \text{(C.1)}$$

式中：

Q_p ——空气净化器颗粒物单组理论加载量，也称为单周理论加载量，单位为毫克(mg)；

$7 \times t$ ——空气净化器每周运行时间，单位为小时(h)；

A ——空气净化器的标称适用面积，单位为平方米(m^2)；

H ——室内高度，单位为米(m)；

C_a ——室外 PM2.5 浓度设定值，单位为微克每立方米($\mu g/m^3$)；

k_v ——建筑物换气次数，单位为每小时(h^{-1})；

P_p ——建筑围护结构对颗粒物的穿透系数，无量纲；

R ——空气净化器在适用面积下的颗粒物浓度降低比率，%；

1 000——单位转换系数。

b) 参数选取见表 C.2。

c) 将表 C.2 中的参数代入式(C.1)，计算得到空气净化器的单组(单周)理论加载量。例如：对于颗粒物洁净空气量标称值为100 m^3/h 的空气净化器，单组单组(单周)理论加载量为220 mg。

表 C.2 颗粒物单周加载量计算参数选取表

参 数	选取方式	引用依据
t	12 h(设定的空气净化器1天运行时间)	GB/T 18801—2015
A	以"实测颗粒物洁净空气量(CADR)×0.0865"计算得到	ANSI/AHAM A C-1:2013
H	2.4 m	GB/T 18801—2015
C_a	200 $\mu g/m^3$	HJ 633—2012(PM2.5为首要污染物时空气质量重度污染状态下PM2.5平均浓度)
k_v	1.0 h^{-1}	ANSI/AHAM A C-1:2013
P_p	0.8	GB/T 18801—2015
R	80%	ANSI/AHAM AC-1:2013

C.4.3 加载间隔时间

加载试验前，按照被测空气净化器的颗粒物洁净空气量标称值和试验的其他固定条件参数，确定加载试验所需的次间间隔时间和组间间隔时间，分别按式(C.2)、式(C.3)进行计算：

a) 加载试验的次间间隔时间按式(C.2)进行计算，结果保留整数位：

$$T_s = \frac{-\ln\left(\frac{3 \times C_s}{Q_s}\right)}{\frac{\text{CADR} \times 75\%}{3 \times 60}} \times 60 = \frac{38672}{\text{CADR}} \qquad \cdots\cdots(\text{C.2})$$

式中：

T_s ——单组每次加载之间的间隔时间，单位为秒(s)；

3 ——加载试验时的测试舱体积，单位为立方米(m^3)；

C_s ——空气净化器在测试舱内额定状态下运行，设定的单组每次加载间隔时间后舱内颗粒物残留浓度，单位为毫克每立方米(mg/m^3)，设定值为5 mg/m^3；

Q_s ——人工尘单次发生的基准发生量，单位为毫克(mg)，规定为220 mg；

CADR ——空气净化器颗粒物洁净空气量标称值，单位为立方米每小时(m^3/h)；

75% ——空气净化器颗粒物洁净空气量标称值降低到测试终点百分比；

60 ——时间单位换算系数。

b) 加载试验的组间间隔时间按式(C.3)进行计算，结果保留整数位：

$$T_g = \frac{-\ln\left(\frac{3 \times C_g}{Q_s}\right)}{\frac{\text{CADR} \times 75\%}{3 \times 60}} \times 60 + 120 = \frac{61848}{\text{CADR}} + 120 \qquad \cdots\cdots(\text{C.3})$$

式中：

T_g ——单组加载之间的间隔时间，单位为秒(s)；

3 ——加载试验时的测试舱体积，单位为立方米(m^3)；

C_g ——空气净化器在测试舱内额定状态下运行，设定的单组加载间隔时间后舱内颗粒物残留浓度，单位为毫克每立方米（mg/m^3），设定值为 1 mg/m^3；

Q_s ——人工尘单次发生的基准发生量，单位为毫克(mg)，规定为 220 mg；

CADR ——空气净化器颗粒物洁净空气量标称值，单位为立方米每小时（m^3/h）；

75% ——空气净化器颗粒物洁净空气量标称值降低到测试终点百分比；

60 ——时间单位换算系数；

120 ——补偿时间，单位为秒(s)。

C.5 试验方法

C.5.1 基本要求

空气净化器的能效比衰减速率试验应按以下程序连续进行，并尽量在最短的时间内完成。整个试验过程中做好记录工作，包括试验日期、时间、环境温湿度条件、测试舱内颗粒物浓度背景值和实测值等。

C.5.2 预运行

被测空气净化器按照 A.4.2 的规定要求进行预运行。

C.5.3 试验步骤

C.5.3.1 按照 GB/T 18801—2015 中 B.4a)、B.4b)的规定做好实验前准备工作，并确保 30 m^3 测试舱内的温湿度和颗粒物背景浓度满足 B.1 规定的要求后，以香烟烟雾为尘源，测试得到空气净化器的颗粒物洁净空气量初始值，记作 $CADR_0$；按照 GB/T 18801—2015 中规定的输入功率测试方法，测试得到空气净化器的净化输入功率初始值，记作 P_0。

C.5.3.2 确保 3 m^3 测试舱内温湿度和颗粒物背景浓度满足 C.1 规定的要求后，将被测空气净化器放置于测试舱中心位置地板上，并按照 C.4.1 的规定合理安置人工尘发生装置，开启空气净化器调至额定状态，关闭测试舱门，打开搅拌风扇，整个加载过程中被测空气净化器和搅拌风扇保持连续开启。

C.5.3.3 启动人工尘发生装置，按照 C.4.2 规定的单组实际加载量、单组发生次数和 C.4.3 规定的次间间隔时间、组间间隔时间进行人工尘的加载试验。加载过程中，测试舱门不得再次开启。

C.5.3.4 连续加载一定次数后，取出被测空气净化器，按照 C.5.3.1 规定的方法，测试得到空气净化器的颗粒物洁净空气量和净化输入功率，并分别记作 $CADR_n$ 和 P_n。

C.5.3.5 重复 C.5.3.2～C.5.3.4 步骤，直至被测空气净化器的实测 $CADR_n$ 小于 $CADR_0$ 的 75%时，试验终止。

注 1：被测空气净化器在加载和洁净空气量试验过程中转移时，小心轻放，避免冲击和震动。

注 2：加载完成需进行洁净空气量试验时，包括移转和试验宜在 45 min 内完成，并开始下一组加载试验。

注 3：全部测试过程尽可能连续完成，避免有过夜等长时间停顿间隔。

C.6 计算

C.6.1 加速老化理论加载次数计算

空气净化器加速老化理论加载次数按式(C.4)进行计算，结果保留一位小数：

$$P_r = P_n \times \frac{CADR_{0-MAX}}{CADR_0} \qquad \cdots\cdots(C.4)$$

式中：

P_r ——加速老化理论加载次数，单位为次；

P_n ——加速老化实际加载次数，单位为次；

$CADR_{0-MAX}$ ——颗粒物洁净空气量区间的上限值，单位为立方米每小时(m^3/h)；

$CADR_0$ ——颗粒物洁净空气量初始值，单位为立方米每小时(m^3/h)。

C.6.2 颗粒物洁净空气量(CADR)下降到 75%初始值($CADR_0$)时理论加载次数(P_r)拟合计算

将被测空气净化器实测 CADR 包含 75%$CADR_0$ 或更小的实测值及之前所有实测值占初始值的百分比的数据列和按式(C.4)计算得到的加速老化理论加载次数的数据列，以一元二次方程拟合，计算得到被测空气净化器 75%$CADR_0$ 时的理论加载次数，结果保留一位小数。

C.6.3 颗粒物洁净空气量(CADR)下降到 75%初始值($CADR_0$)时净化输入功率(P)拟合计算

试验过程中，当被测空气净化器净化输入功率变化率大于 3%时，将被测空气净化器实测 CADR 包含 75%$CADR_0$或更小的实测值及之前所有实测值占初始值的百分比的数据列和对应净化输入功率的数据列，以一元二次方程拟合，计算得到被测空气净化器 75%$CADR_0$时的净化输入功率，结果保留一位小数；当被测空气净化器净化输入功率变化率不大于 3%时，不需进行拟合计算，以初始值作为计算能效比的净化输入功率。

C.6.4 能效比(EER)计算

C.6.4.1 空气净化器的能效比按式(C.5)计算，结果保留两位小数：

$$EER = \frac{CADR}{P} \qquad \cdots\cdots(C.5)$$

式中：

EER ——能效比，单位为立方米每瓦时[$m^3/(W \cdot h)$]；

CADR ——颗粒物洁净空气量实测值，单位为立方米每小时(m^3/h)；

P ——净化输入功率实测值，单位为瓦特(W)，结果保留一位小数。

C.6.4.2 按式(C.5)分别计算被测空气净化器初始能效比和 75%$CADR_0$ 时的能效比，分别记作 EER_0 和 EER_{75}。空气净化器初始能效比和 75%$CADR_0$ 时的能效比，分别记作 EER_0 和 EER_{75}。

C.6.5 净化能力变化率计算

将被测空气净化器实测 CADR 包含 75%$CADR_0$ 及之前所有实测值占初始值的百分比的数据列和加速老化理论加载次数(P_r)的数据列，以线性方程(C.6)拟合，计算得到斜率，结果保留四位有效数字：

$$y = ax + b \qquad \cdots\cdots(C.6)$$

式中：

y ——CADR 占 $CADR_0$ 的百分比，%；

x ——理论加载次数，单位为次；

a ——斜率，表示净化能力的变化率；

b ——截距。

C.6.6 能效比衰减率计算

空气净化器能效比衰减率按式(C.7)进行计算，结果保留一位小数：

$$EEDR = \left(\frac{EER_0}{EER_{75}} \times \frac{1}{EER_{m0}} \times |a|\right) \times 10\,000 \qquad \cdots\cdots(C.7)$$

式中：

EEDR ——能效比衰减率；

EER_{75} ——75%初始颗粒物洁净空气量时的能效比，单位为立方米每瓦时[m^3/(W·h)]；

EER_0 ——初始能效比，单位为立方米每瓦时[m^3/(W·h)]；

EER_{m0} ——标称颗粒物洁净空气量与实测初始净化输入功率的计算值，以能效比形式表示；

a ——斜率，表示净化能力的变化率；

k ——倍率系数设定值。

C.6.7 过滤器更换维护周期(加速老化状态)计算

按式(C.4)计算被测空气净化器的颗粒物洁净空气量下降到初始值75%时的理论加载次数，按式(C.8)进行计算加速老化状态下空气净化器过滤器更换维护周期，结果保留整数位：

$$T_{week}=1\times P_r \qquad \text{(C.8)}$$

式中：

T_{week}——过滤器更换维护周期，单位为周；

1 ——空气净化器完成每一理论加载次数所对应的过滤器更换维护周期，单位为周每次(周/次)；

P_r ——理论加载次数，单位为次。

附　录　D
（资料性附录）
人工尘的发生与基准发生量的测定

D.1　人工尘

D.1.1　基本要求

人工尘的成分和粒径分布模拟我国大气霾颗粒物，主要成分包括碱金属盐颗粒、硅酸盐颗粒、金属氧化物颗粒、有机碳颗粒等，符合 C.3a)规定的要求，同时具备以下特性：

a)　无毒、无刺激性气味；

b)　与使用环境中过滤器对颗粒物的失效机制相近。

D.1.2　主要成分和比例

人工尘中主要成分和比例见表 D.1。

表 D.1　人工尘的主要成分和比例表

成分	化学式	粒径/μm	计重占比/%
氯化钾	KCl	0.1～10.0	60～75
氯化钠	NaCl		
硅酸镁	$Mg_3[Si_4O_{10}](OH)_2$		15～25
二氧化硅	SiO_2		
三氧化二铝	Al_2O_3		
有机碳	OC		10～15

D.1.3　颗粒物粒径分布

人工尘的粒径分布与浓度为 200 μg/m^3 时大气霾颗粒物的质量浓度谱分布相近，粒径峰值约为 0.8 μm，见图 D.1。

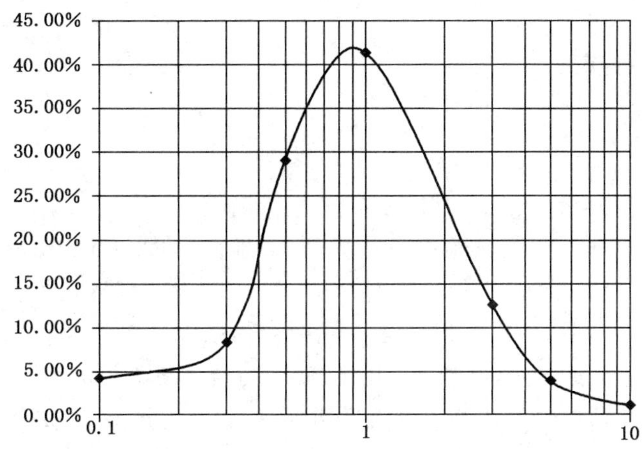

图 D.1　颗粒物质量浓度谱分布图

D.2　人工尘的发生

D.2.1　发生管

将人工尘颗粒物粉体、抛射剂均匀混合后装填入一端封闭的金属管内，金属管另一端采用可激光引发的封闭材料密封，制成发生管。发生管引发燃烧后，产生的高温等离子体气流将颗粒物分散、消除静电、抛射到测试空间环境中，抛射时间应不超过 5s。发生管在一般实验室条件下避光储存，储存期不超过 6 个月。

D.2.2　发生装置

人工尘发生装置满足以下要求：

a)　采用激光连续引燃方式工作，激光功率不超过 3 W，柱状光束整形，保证人工尘源能够在一定时间内连续、完全发生；

b)　发生装置能在 5 s 内完成单支人工尘发生管的完全发生，并能控制两支发生管之间最小发生间隔时间不超过 10 s；

c)　人工合成颗粒物发生装置原理示意见图 D.2。

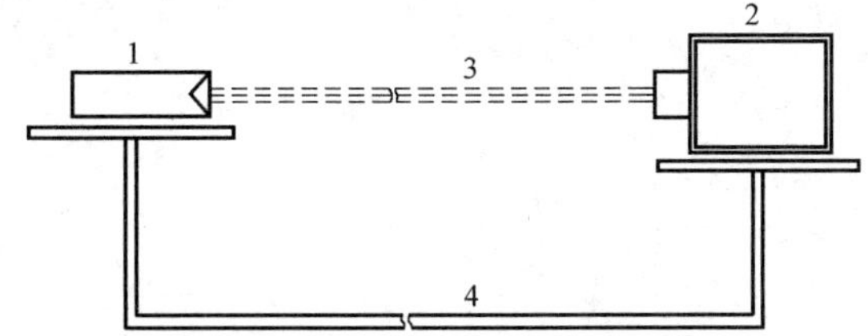

说明：

1——标准颗粒物发生器；

2——激光器；

3——激光束；

4——支架。

图 D.2　人工合成颗粒物发生装置原理示意图

D.3 人工尘基准发生量的测定

D.3.1 基准发生量的测定

按照下述步骤,对单支发生管人工尘基准发生量进行测定:

a) 将发生装置置于 30 m^3 测试舱的中心位置,距离地面高度 700 mm,启动搅拌风扇并运转平稳后,引发一支人工尘发生管,再保持搅拌风扇运行 1 min 后,将其关闭;

b) 关闭搅拌风扇 1 min 后,使用β射线法大气颗粒物浓度自动检测仪,每分钟检测一次测试舱内 PM10 颗粒物质量浓度,连续检测 15 组,以其平均值计算 30 m^3 测试舱内颗粒物总质量,等效为单支发生管基准颗粒物发生量。单支发生管基准发生量应为(220±20) mg。

D.3.2 衰减率的测定

按照下述步骤,对人工尘的衰减率进行测定:

a) 将发生装置置于 3 m^3 测试舱的中心位置,启动搅拌风扇并运转平稳后,引发一支人工尘发生管,再保持搅拌风扇运行 1 min 后,将其关闭;

b) 关闭搅拌风扇 1 min 后,使用激光颗粒物浓度测试仪,每分钟检测一次测试舱内 PM10 颗粒物质量浓度,连续监测 15 min,总衰减应不大于 5%。

ICS 77.140.65
H 49

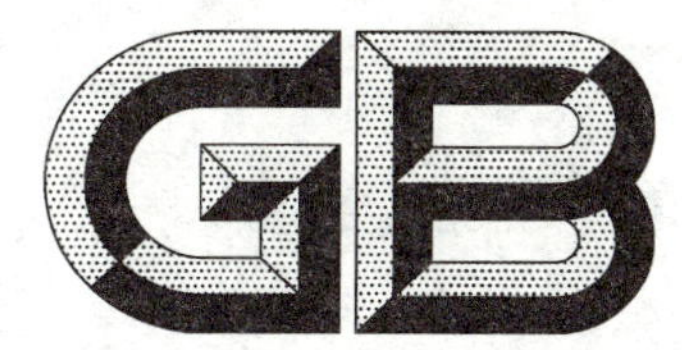

中华人民共和国国家标准

GB/T 33026—2017

建筑结构用高强度钢绞线

High strength steel wire strand for building structures

2017-02-28 发布　　　　2017-11-01 实施

中华人民共和国国家质量监督检验检疫总局
中国国家标准化管理委员会　发布

前　言

本标准按照 GB/T 1.1—2009 给出的规则起草。

本标准由中国钢铁工业协会提出。

本标准由全国钢标准化技术委员会(SAC/TC 183)归口。

本标准起草单位：广东坚宜佳五金制品有限公司、广东坚朗五金制品股份有限公司、奥盛新材料股份有限公司、江苏普菲卡特科技有限公司、冶金工业信息标准研究院。

本标准主要起草人：尚景朕、杜万明、任翠英、王玲君、周生根、施忠、游胜意、虞建宏。

建筑结构用高强度钢绞线

1 范围

本标准规定了建筑结构用高强度钢绞线(以下简称钢绞线)的术语和定义、分类和标记、订货内容、材料、技术要求、检验方法、检验规则及标志、包装、质量证明书、运输和贮存。

本标准适用于公称抗拉强度不低于 1 570 MPa 的建筑结构用钢绞线。

2 规范性引用文件

下列文件对于本文件的应用是必不可少的。凡是注日期的引用文件,仅注日期的版本适用于本文件。凡是不注日期的引用文件,其最新版本(包括所有的修改单)适用于本文件。

GB/T 228.1 金属材料 拉伸试验 第1部分:室温试验方法

GB/T 238 金属材料 线材 反复弯曲试验方法

GB/T 239.1 金属材料 线材 第1部分:单向扭转试验方法

GB/T 1839 钢产品镀锌层质量试验方法

GB/T 2104 钢丝绳包装、标志及质量证明书的一般规定

GB/T 2976 金属材料 线材 缠绕试验方法

GB/T 8170 数值修约规则与极限数值的表示和判定

GB/T 8358 钢丝绳 实际破断拉力测定方法

GB/T 8706 钢丝绳 术语、标记和分类

GB/T 24191 钢丝绳 实际弹性模量测定方法

YB/T 4541 建筑工程用锌-5%铝-混合稀土合金镀层钢丝

YB/T 5343—2015 制绳用钢丝

3 术语和定义

GB/T 8706 界定的以及下列术语和定义适用于本文件。

3.1

高强度钢绞线 high strength steel wire strand

由若干根公称抗拉强度不低于 1 570 MPa 钢丝制成的钢绞线。

3.2

钢绞线有效截面积 effective cross-section area of steel wire strand

根据单根钢丝公称直径计算的所有钢丝截面积总和。

4 分类和标记

4.1 分类

4.1.1 按钢绞线截面构造形式分类

钢绞线按截面构造形式分类分为 1×7、1×19、1×37 和 1×n,其典型结构示意图及参数见表1。根

据供需双方协议，可制造其他结构和规格的钢绞线。

表 1　钢绞线典型结构示意图及参数

钢绞线结构	钢绞线截面构造形式	钢绞线结构	钢绞线截面构造形式
1×7		1×37	
1×19		1×*n*	1 2 3 4 *N*

注：$n=1+(1+2+3+4+\cdots\cdots+N)\times 6=3N^2+3N+1$

式中：n ——钢绞线中钢丝总根数；

N ——钢绞线钢丝层数(除中心钢丝外钢丝层数)。

4.1.2　按钢绞线公称抗拉强度级别分类

钢绞线按其公称抗拉强度分为三级：1 570 MPa、1 670 MPa、1 770 MPa。

4.1.3　按钢绞线钢丝镀层分类

钢绞线按其钢丝镀层类别分为两类：镀锌(用“Zn”表示)钢绞线和锌-5%铝-稀土合金镀层(用“Zn-5%Al-RE”表示)钢绞线。

4.2　标记

4.2.1　标记方法

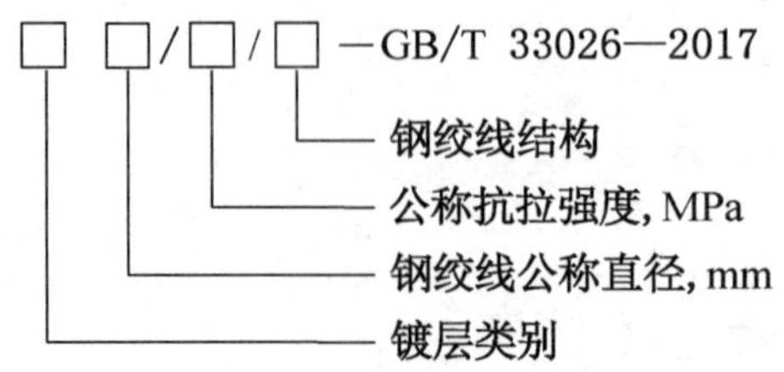

4.2.2 标记示例

示例 1:以符合 GB/T 33026—2017,公称直径为 ϕ52 mm,钢绞线结构为 1×127,公称抗拉强度为 1 670 MPa 的镀锌钢绞线为例,其标记为:

Zn 52/1 670/1×127-GB/T 33026—2017

示例 2:以符合 GB/T 33026—2017,公称直径为 ϕ52 mm,钢绞线结构为 1×127,公称抗拉强度为 1 570 MPa 的镀锌-5%铝-稀土合金钢绞线为例,其标记为:

Zn-5%Al-RE 52/1 570/1×127-GB/T 33026—2017

5 订货内容

按本标准订货的合同应主要包括以下内容:

a) 本标准编号;
b) 产品名称;
c) 钢丝镀层;
d) 结构(代号);
e) 公称直径;
f) 公称抗拉强度级别;
g) 数量(长度或重量);
h) 其他要求。

6 材料

6.1 钢绞线用镀锌钢丝应符合 YB/T 5343—2015 中一般用途钢丝 A 级的相关规定。

6.2 钢绞线用镀锌-5%铝-稀土合金钢丝应符合 YB/T 4541 中的相关规定。

7 技术要求

7.1 捻制

7.1.1 钢绞线用钢丝应为同一公称直径(除中心丝以外)、同一公称抗拉强度、同一镀层类别的钢丝。

7.1.2 钢绞线捻制时相邻层捻向应相反,外层宜采用右捻。

7.1.3 钢绞线外层捻距取钢绞线公称直径的 8 倍~13 倍。

7.1.4 钢绞线产品中钢丝任意两个焊接接头的距离不得小于 50 m,接头应做防腐处理,两端一个捻距长度内不应有焊接接头,焊接部位的抗拉强度不低于相应级别钢丝公称抗拉强度的 50%,外层钢丝不应有任何形式的钢丝接头。

7.2 外观

7.2.1 钢绞线表面应整洁,排列整齐,无交叉错位,不应有划伤、锈蚀、硬弯等缺陷。

7.2.2 钢绞线钢丝表面应光滑、洁净,不应有折叠、漏镀、裂纹、麻面、划伤或其他影响使用的表面缺陷。

7.2.3 钢绞线应色泽均匀。镀锌-5%铝-稀土合金钢绞线表面色泽在空气中暴露后允许有颜色变化。

7.3 尺寸

7.3.1 长度允许偏差

钢绞线长度允许偏差为订货长度的 0~+5%。

7.3.2 直径允许偏差

钢绞线直径允许偏差为公称直径的 0～+3%，任一位置两个测量结果之差与公称直径之比不大于 4%。

7.4 力学性能

7.4.1 弹性模量

钢绞线弹性模量不应小于 1.5×10^{5} MPa。

7.4.2 钢绞线最小破断拉力

7.4.2.1 钢绞线最小理论破断拉力应根据式(1)进行计算。

$$F_{c,min}=A_{c}\times R_{r}\times K/1\ 000 \qquad \cdots\cdots(1)$$

式中：

$F_{c,min}$——钢绞线最小理论破断拉力，单位为千牛(kN)；

A_{c} ——钢绞线有效截面积，单位为平方毫米(mm^{2})；

R_{r} ——钢丝公称抗拉强度，单位为兆帕(MPa)；

K ——钢绞线强度折减系数，K 值见表 2。

表 2 钢绞线强度折减系数

钢绞线结构	钢绞线强度折减系数 K
1×7、1×19	0.90
1×37、1×61、1×91、1×127、1×169、1×217、1×271、1×331、1×397、1×469、1×547	0.88
1×631、1×721	0.86

7.4.2.2 钢绞线典型结构与性能参数参见附录 A。

7.5 钢绞线拆股钢丝

7.5.1 钢绞线拆股钢丝抗拉强度

钢绞线拆股钢丝抗拉强度应不低于表 3 的规定，且断后伸长率不应低于 4%。

表 3 钢绞线拆股钢丝抗拉强度允许最低值

公称抗拉强度级别	1 570 级	1 670 级	1 770 级
抗拉强度 MPa	1 520	1 620	1 720

7.5.2 反复弯曲与扭转

钢绞线拆股钢丝的最少反复弯曲次数与最小扭转次数应符合表 4 规定。

表 4 钢绞线拆股钢丝反复弯曲与扭转要求

钢丝公称直径 d mm	钢丝最小反复弯曲次数				钢丝最小扭转次数			
	弯曲半径 mm	公称抗拉强度级别			试验钳口标距 mm	公称抗拉强度级别		
		1 570 级	1 670 级	1 770 级		1 570 级	1 670 级	1 770 级
1.60≤d<2.00	5	7	6	6	100d	14	12	12
2.00≤d<2.40	7.5	10	9	9		14	11	11
2.40≤d<2.70		9	7	7		12	10	10
2.70≤d<3.00		8	6	6		11	9	9
3.00≤d<3.50	10	9	6	6		9	8	8
3.50≤d<4.00		8	4	4		8	6	6
4.00≤d<4.20	15	7	4	4		7	5	5
4.20≤d<4.80		6	4	—		6	4	—
4.80≤d<5.00		5	3	—		5	4	—
5.00≤d<5.50		5	3	—		5	4	—

7.5.3 镀层质量

7.5.3.1 钢绞线拆股钢丝镀层质量应符合表 5 的规定。

表 5 钢绞线拆股钢丝镀层质量

钢丝公称直径 d mm	镀层重量 g/m^2 不小于	芯棒直径为钢丝公称 直径倍数
1.60≤d<2.25	180	12
2.25≤d<3.00	200	13
3.00≤d<3.50	220	
3.50≤d<4.25	245	14
4.25≤d<4.75	255	
4.75≤d≤5.50	275	

7.5.3.2 钢绞线拆股钢丝镀层附着力应达到钢丝在表 5 规定的芯棒上以不超过 15 r/min 的速度紧密缠绕 6 圈,镀层不得开裂或起层到用裸手指能够擦掉的程度。

7.5.3.3 钢绞线内钢丝镀层中的铝含量不小于 4.2%。

8 检验方法

8.1 外观

钢绞线外观质量检查可采用目视检查。

8.2 尺寸

8.2.1 长度允许偏差

钢绞线长度测量，采用最小分度不大于 1 mm 的标准钢卷尺直接测量。

8.2.2 直径允许偏差

钢绞线直径应采用带有宽钳口游标卡尺测量，钳口宽度要足以跨越两根相邻的钢丝(见图 1)。测量时应在无张力状态下，在距钢绞线端头 15 m 外的直线部位上进行，在相距至少 1 m 的两位置上，并在任一相互垂直的两个方向上测取两个数据。

四个测量结果的算术平均值作为钢绞线的实测直径，任一位置两个测量结果之差与公称直径之比应符合 7.3.2 规定。

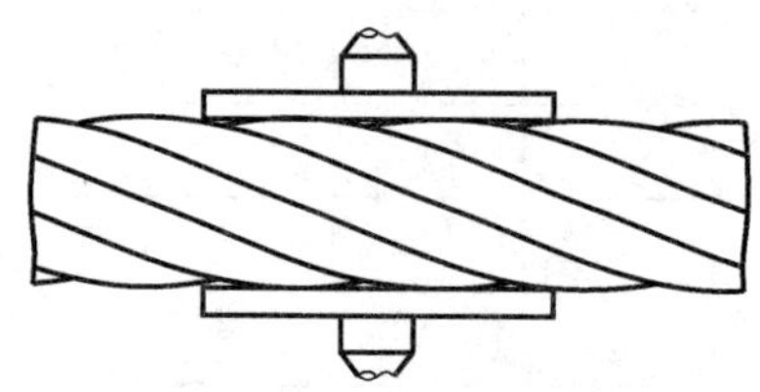

图 1　钢绞线直径测量

8.3 力学性能

8.3.1 弹性模量

钢绞线弹性模量测量应按 GB/T 24191 规定进行。

8.3.2 钢绞线最小破断拉力

钢绞线实测最小破断拉力不应小于最小理论破断拉力的 95%，测量应按 GB/T 8358 规定进行。

8.4 钢绞线拆股钢丝

8.4.1　钢绞线拆股钢丝抗拉强度测量应按 GB/T 228.1 规定进行。

8.4.2　钢绞线拆股钢丝反复弯曲试验测量应按 GB/T 238 规定进行，拆股钢丝扭转试验测量应按 GB/T 239.1 规定进行。

8.4.3　钢绞线拆股钢丝镀层重量测量应按 GB/T 1839 规定进行。

8.4.4　镀层附着力测量应按 GB/T 2976 规定进行。

8.4.5　钢丝镀层中铝含量的化学分析方法参照附录 B 进行。

9 检验规则

9.1 检验分类

产品检验分为出厂检验和型式检验。

9.2 出厂检验

9.2.1 检验项目

钢绞线出厂检验项目应符合表 6 的规定。

表 6　检验项目

序号	检验项目		出厂检验	型式检验	检验要求	检验方法
1	外观		√	√	7.2	8.1
2	尺寸		√	√	7.3	8.2
3	弹性模量		—	√	7.4.1	8.3.1
4	最小破断拉力试验		—	√	8.3.2	8.3.2
5	拆股钢丝试验	抗拉强度	√	√	7.5.1	8.4.1
		反复弯曲	√	√	7.5.2	8.4.2
		扭转试验	√	√	7.5.2	
		镀层质量	√	√	7.5.3.1	8.4.3、8.4.4
		镀层铝含量试验[a]	√	√	7.5.3.2	8.4.5
注：“—”为非检验项目，“√”为检验项目。						
[a] 适用于镀锌-5%铝-稀土合金钢绞线拆股钢丝的测定。						

9.2.2　组批规则

以同一截面结构、同一公称直径、同一公称抗拉强度、同一镀层类别、同一生产工艺捻制的钢绞线200 t 为一批，不足 200 t 的按一批计算。

9.2.3　抽样方法

9.2.3.1　钢绞线应逐盘进行外观和尺寸检验。

9.2.3.2　钢绞线拆股钢丝可从钢绞线任意一端取样。拆股钢丝试验数量为钢绞线中钢丝总数的 5%，但不应少于 3 根，中心钢丝必须检验。

9.2.4　判定与复验规则

经试验的钢绞线，如果其中某项试验不合格时，则该盘判为不合格产品。另从该批其他盘中抽取双倍数量的盘复验其中不合格项目。若复验仍不合格，则该批判为不合格产品，但允许逐盘检验，合格者予以交货。

9.3　型式检验

9.3.1　检验条件

有下列情况之一时，应进行型式检验。

a)　新产品或老产品转厂生产定型鉴定时；

b)　正式定型后，当结构、材料、工艺等有重大变更时；

c)　正常生产后，每隔两年时；

d)　停产半年或半年以上，恢复生产时；

e)　出厂检验结果与上次型式检验结果有较大差异时；

f)　合同要求进行检验时。

9.3.2 检验项目

钢绞线型式检验项目应符合表6的规定。

9.4 数值修约

钢绞线检验结果的数值修约和判定原则应符合GB/T 8170的规定。

10 标志、包装、质量证明书、运输和贮存

10.1 标志、包装和质量证明书

10.1.1 钢绞线的标志、包装和质量证明书应符合GB/T 2104的规定。

10.1.2 钢绞线采用成盘包装或成圈包装，其圈径不应小于20倍的钢绞线公称直径，最大外形尺寸应满足运输条件的要求。

10.2 运输和贮存

10.2.1 在运输和装卸过程中，应防潮防雨，防止碰伤钢绞线。

10.2.2 产品宜贮存在仓库中，露天存放则宜采用木板垫起并进行遮盖，应防潮防雨。

10.2.3 贮存和运输方式如有特殊要求可由供需双方协商确定。

附 录 A
（资料性附录）
钢绞线典型结构与性能参数

钢绞线典型结构与性能参数见表 A.1。

表 A.1 钢绞线典型结构与性能参数表

钢绞线公称直径 mm	参考重量 kg/100 m	钢绞线有效截面积 mm^2	钢绞线结构	钢绞线最小理论破断拉力 kN		
				1 570 级	1 670 级	1 770 级
12	69.8	93.0	1×19	131	140	148
14	102	125	1×19	177	188	199
16	124	158	1×19	223	237	252
18	157	182	1×37	251	267	283
20	193	244	1×37	337	359	380
22	234	281	1×37	388	413	438
24	278	352	1×61	486	517	548
26	327	403	1×61	557	592	628
28	379	463	1×61	640	680	721
30	434	525	1×91	725	772	818
32	493	601	1×91	830	883	936
34	557	691	1×91	955	1 020	1 080
36	624	755	1×91	1 040	1 110	1 180
38	681	839	1×127	1 160	1 230	1 310
40	783	965	1×127	1 330	1 420	1 500
42	855	1 050	1×127	1 450	1 540	1 640
44	933	1 140	1×91	1 580	1 680	1 780
46	1 020	1 260	1×91	1 740	1 850	1 960
48	1 110	1 380	1×91	1 910	2 030	2 150
50	1 200	1 450	1×91	2 000	2 130	2 260
52	1 300	1 600	1×127	2 210	2 350	2 490
56	1 510	1 840	1×127	2 540	2 700	2 870
59	1 640	2 020	1×127	2 790	2 970	3 150
60	1 730	2 120	1×169	2 930	3 120	3 300
63	1 900	2 340	1×169	3 230	3 440	3 650
65	1 990	2 450	1×169	3 390	3 600	3 820
68	2 230	2 690	1×169	3 720	3 950	4 190

表 A.1（续）

钢绞线公称直径 mm	参考重量 kg/100 m	钢绞线有效截面积 mm^2	钢绞线结构	钢绞线最小理论破断拉力 kN		
				1 570 级	1 670 级	1 770 级
71	2 430	3 010	1×217	4 160	4 420	4 690
73	2 560	3 150	1×217	4 350	4 630	4 910
75	2 680	3 300	1×217	4 560	4 850	5 140
77	2 860	3 450	1×217	4 770	5 070	5 370
80	3 080	3 750	1×271	5 180	5 510	5 840
82	3 240	3 940	1×271	5 440	5 790	6 140
84	3 400	4 120	1×271	5 690	6 060	6 420
86	3 560	4 310	1×271	5 960	6 330	6 710
88	3 730	4 590	1×331	6 340	6 750	7 150
90	3 900	4 810	1×331	6 650	7 070	7 490
92	4 080	5 030	1×331	6 950	7 390	7 840
95	4 290	5 260	1×331	7 270	7 730	8 190
97	4 480	5 500	1×397	7 600	8 080	8 570
99	4 700	5 770	1×397	7 970	8 480	8 990
101	4 920	6 040	1×397	8 350	8 880	9 410
104	5 210	6 310	1×397	8 720	9 270	9 830
105	5 300	6 500	1×469	8 980	9 550	10 120
108	5 620	6 810	1×469	9 410	10 010	10 610
110	5 830	7 130	1×469	9 850	10 480	11 110
113	6 080	7 460	1×469	10 310	10 960	11 620
116	6 480	7 940	1×547	10 970	11 670	12 370
119	6 780	8 320	1×547	11 500	12 230	12 960
122	7 170	8 700	1×547	12 020	12 790	13 550
125	7 470	9 160	1×631	12 370	13 160	13 940
128	7 890	9 590	1×631	12 950	13 770	14 600
131	8 180	10 040	1×631	13 560	14 420	15 280
133	8 540	10 470	1×721	14 140	15 040	15 940
136	8 940	10 960	1×721	14 800	15 740	16 680
140	9 350	11 470	1×721	15 490	16 470	17 460

附　录　B
（资料性附录）
钢丝镀层中铝含量的测定

B.1　原理

在微酸性溶液中加入过量的 EDTA 标准溶液，使铁、锌、铜等元素与之形成络合物，然后在乙酸存在下，煮沸使铝也全部形成络合物，以二甲酚橙为指示剂，用硝酸铅标准溶液回滴过量的 EDTA。加入氟化物使 Al-EDTA 解蔽，释放出与铝等量的 EDTA，再用硝酸铅标准滴定溶液滴定，由此计算铝的重量百分含量。

B.2　试剂

B.2.1　氟化钾（$KF \cdot 2H_2O$）。

B.2.2　去镀层盐酸缓蚀液：HCl（1＋1）与六次甲基四胺（3%）等体积混合。

B.2.3　盐酸（1＋1）。

B.2.4　氨水（1＋1）。

B.2.5　乙酸铵溶液（50%）。

B.2.6　乙酸-乙酸钠缓冲溶液（pH＝5.5）：称取 200 g 乙酸钠（含 3 个结晶水），用水溶解，加入 9 mL 冰乙酸，然后以水稀释至 1 000 mL。

B.2.7　EDTA 标准溶液，c(EDTA)＝0.05 mol/L：称取 19 g EDTA（含 2 个结晶水）于 500 mL 烧杯中，加水溶解后，移入 1 000 mL 容量瓶中，以水稀至刻度。

B.2.8　硝酸铅标准滴定溶液，$c[Pb(NO_3)_2]$＝0.025 mol/L：称取硝酸铅 8.3 g，以水溶解，移至 1 000 mL 容量瓶中，稀至刻度，标定。

B.2.9　刚果红试纸。

B.2.10　二甲酚橙指示剂（0.25%）。

B.3　分析步骤

B.3.1　试样制取

按式（B.1）剪取试样总长度，检测需要可分成若干小段。

$$L=(0.6\times10^5)/(D\times\pi\times G) \qquad \cdots\cdots(\text{B.1})$$

式中：

L ——试样总长度，单位为厘米（cm，计算结果保留整数）；

D ——钢丝直径，单位为毫米（mm）；

G ——钢丝镀层重量，单位为克每平方米（g/m^2）。

B.3.2　试样溶解

将试样表面先用汽油擦净晾干，再用无水乙醇擦净晾干，放入烘箱内以 105 ℃烘 30 min，放在干燥器内冷却 30 min，称重得 g_1，随后放入 100 mL 去镀层液（B.2.2）中去除镀层，再用蒸馏水洗净试样，再用无水乙醇擦净试样用电热风吹干，称重得 g_2，合金重量为 g_1-g_2，随后把去镀层液移入 200 mL 容量瓶中，以水稀至刻度，摇匀备用。

B.3.3 测定

移取 25.00 mL 试液(B.3.2)于 250 mL 锥形瓶中，加入一小块刚果红试纸，滴加氨水(B.2.4)至试纸变红，再滴加盐酸(B.2.3)至试纸变蓝，然后加入 35 mL EDTA 标准溶液(B.2.7)，摇匀。加 3 mL 乙酸铵溶液(B.2.5)，煮沸 3 min，冷却，加 10 mL 缓冲溶液(B.2.6)，4～5 滴二甲酚橙指示剂(B.2.10)，以硝酸铅标准滴定溶液(B.2.8)滴定至溶液恰呈红色(不计数，但不能过量)。加入 1 g 氟化钾(B.2.1)，煮沸 2 min～3 min，冷后补加一滴二甲酚橙指示剂(B.2.10)，用硝酸铅标准滴定溶液(B.2.8)滴定至红色为终点。分析结果按式(B.2)计算铝的百分含量 $w(\mathrm{Al})$，以百分数(%)表示：

$$w(\mathrm{Al})=(c\cdot V\times 0.026\,98)/(\Delta G\times 25/200)\times 100\% \qquad \text{(B.2)}$$

式中：

c ——硝酸铅标准滴定溶液(B.2.8)的实际浓度，单位为摩尔每升(mol/L)；

V ——滴定释放出的 EDTA 消耗硝酸铅标准滴定溶液(B.2.8)的体积，单位为毫升(mL)；

ΔG ——合金的重量，单位为克(g)；

0.026 98——与 1.00 mL 硝酸铅标准滴定溶液{$c[\mathrm{Pb(NO_3)_2}]=1.00$ mol/L}相当的铝的重量，单位为克(g)；

25/200 ——分液率。

注： ΔG 为(g_1-g_2)其差值中含有退镀层时带入的铁，计算时扣除。

ICS 77.140.60
H 44

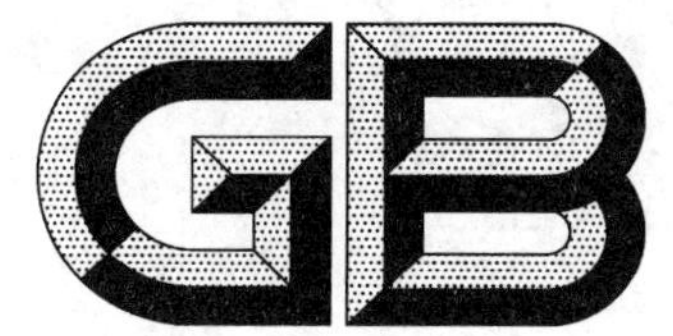

中华人民共和国国家标准

GB/T 33279—2017

轨道板用钢筋

Ribbed bars for track panel

2017-02-28 发布　　2017-11-01 实施

中华人民共和国国家质量监督检验检疫总局
中国国家标准化管理委员会　发布

前　言

本标准按照 GB/T 1.1—2009 给出的规则起草。

本标准由中国钢铁工业协会提出。

本标准由全国钢标准化技术委员会(SAC/TC 183)归口。

本标准起草单位:中冶建筑研究总院有限公司、福建省三钢(集团)有限责任公司、永舟物流(张家港)有限公司、北京铁科首钢轨道技术股份有限公司、天津银龙预应力材料股份有限公司、江苏省镔鑫钢铁集团有限公司、首钢总公司、冶金工业信息标准研究院。

本标准主要起草人:张莹、刘建丰、郭森、黄秀伟、王舒毅、谢铁桥、吴建中、邸全康、王玉婕、张楠、屈小波、赵海凤、艾铁岭、林志旺、刘宝石、赵英杰。

轨道板用钢筋

1 范围

本标准规定了轨道板用精轧螺纹钢筋和螺旋肋预应力钢筋的术语和定义、牌号、订货内容、尺寸、外形、重量及允许偏差、技术要求、试验方法、检验规则、包装、标识和质量证明书等。

本标准适用于轨道板用精轧螺纹钢筋(以下简称精轧螺纹钢筋)和螺旋肋预应力钢筋(以下简称螺旋肋钢筋)。

2 规范性引用文件

下列文件对于本文件的应用是必不可少的。凡是注日期的引用文件,仅注日期的版本适用于本文件。凡是不注日期的引用文件,其最新版本(包括所有的修改单)适用于本文件。

GB/T 222 钢的成品化学成分允许偏差
GB/T 223.5 钢铁 酸溶硅和全硅含量的测定 还原型硅钼酸盐分光光度法
GB/T 223.11 钢铁及合金 铬含量的测定 可视滴定或电位滴定法
GB/T 223.12 钢铁及合金化学分析方法 碳酸钠分离-二苯碳酰二肼光度法测定铬量
GB/T 223.14 钢铁及合金化学分析方法 钽试剂萃取光度法测定钒含量
GB/T 223.19 钢铁及合金化学分析方法 新亚铜灵-三氯甲烷萃取光度法测定铜量
GB/T 223.23 钢铁及合金 镍含量的测定 丁二酮肟分光光度法
GB/T 223.26 钢铁及合金 钼含量的测定 硫氰酸盐分光光度法
GB/T 223.37 钢铁及合金化学分析方法 蒸馏分离-靛酚蓝光度法测定氮量
GB/T 223.40 钢铁及合金 铌含量的测定 氯磺酚S分光光度法
GB/T 223.59 钢铁及合金 磷含量的测定 铋磷钼蓝分光光度法和锑磷钼蓝分光光度法
GB/T 223.63 钢铁及合金化学分析方法 高碘酸钠(钾)光度法测定锰量
GB/T 223.83 钢铁及合金 高硫含量的测定 感应炉燃烧后红外吸收法
GB/T 223.86 钢铁及合金 总碳含量的测定 感应炉燃烧后红外吸收法
GB/T 2101 型钢验收、包装、标志及质量证明书的一般规定
GB/T 2103 钢丝验收、包装、标志及质量证明书的一般规定
GB/T 4336 碳素钢和中低合金钢 火花源原子发射光谱分析方法(常规法)
GB/T 20066 钢和铁 化学成分测定用试样的取样和制样方法
GB/T 20123 钢铁 总碳硫含量的测定 高频感应炉燃烧后红外吸收法(常规方法)
GB/T 20125 低合金钢 多元素含量的测定 电感耦合等离子体原子发射光谱法
GB/T 21839 预应力混凝土用钢材试验方法
GB/T 28900 钢筋混凝土用钢材试验方法
YB/T 081 冶金技术标准的数值修约与检测数值的判定

3 术语和定义

下列术语和定义适用于本文件。

3.1

精轧螺纹钢筋 finishing rolling screw-thread steel bars

是一种热轧成带有不连续的外螺纹的直条钢筋，该钢筋在任意截面处，均可用带有匹配形状的内螺纹的连接器或锚具进行连接或锚固。

3.2

螺旋肋预应力钢筋 helical ribbed prestressing bars

是一种沿着表面纵向，具有规则间隔的连续螺旋凸肋的预应力钢筋。

3.3

公称截面面积 nominal circle area

精轧螺纹钢筋的公称截面面积是指不含螺纹的钢筋截面面积。螺旋肋钢筋的公称截面面积是指钢筋截面面积。

3.4

有效截面系数 coefficient of efficiency section

钢筋公称截面面积与理论截面面积(含螺纹的截面面积)的比值。

注：只适用于精轧螺纹钢筋。

4 牌号表示方法

4.1 精轧螺纹钢筋

精轧螺纹钢筋的牌号构成及其含义如表1所示。

表 1

类别	牌号	牌号构成	英文字母含义
精轧螺纹钢筋	TPBH500	由TPBH＋屈服强度特征值构成	TPB—轨道板用钢筋的英文缩写 H—热轧状态的英文缩写

4.2 螺旋肋钢筋

螺旋肋钢筋的牌号构成及其含义如表2所示。

表 2

类别	牌号	牌号构成	英文字母含义
螺旋肋钢筋	TPBP1570	由TPBP＋抗拉强度特征值构成	TPB—轨道板用钢筋的英文缩写 P—预应力状态的英文缩写

5 订货内容

按本标准订货的合同至少应包括下列内容：

a） 本标准编号；

b） 产品名称；

c） 牌号；

d) 规格(公称直径);

e) 数量或重量;

f) 其他特殊要求。

6 尺寸、外形、重量及允许偏差

6.1 精轧螺纹钢筋

6.1.1 公称直径范围

精轧螺纹钢筋的公称直径范围为 18 mm～32 mm。可根据用户要求提供其他规格的钢筋。

6.1.2 公称直径、公称横截面面积、理论重量

精轧螺纹钢筋的公称直径、公称横截面面积、理论重量见表 3。

表 3

公称直径/mm	公称横截面面积/mm^2	有效截面系数	理论截面面积/mm^2	理论重量/(kg/m)
18	255	0.95	268	2.11
20	314	1.00	314	2.47
25	491	0.94	522	4.10
28	616	1.00	616	4.83
32	804	0.95	846	6.65
注:表中理论重量按密度为 7.85 g/cm^3 计算。				

6.1.3 外形

精轧螺纹钢筋外形为螺纹状无纵肋且钢筋两侧螺纹在同一螺旋线上,其外形如图 1 所示。

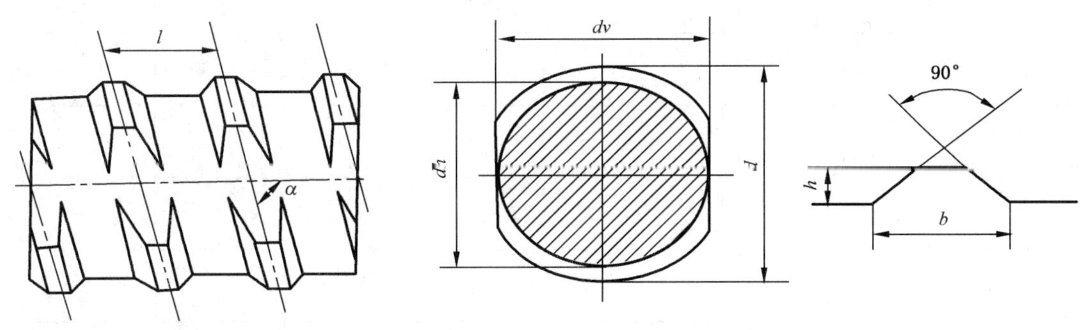

a) 右旋图

图 1 精轧螺纹钢筋的表面及截面形状

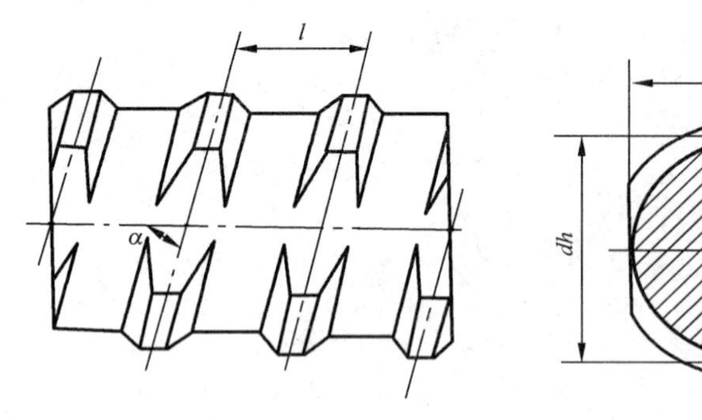

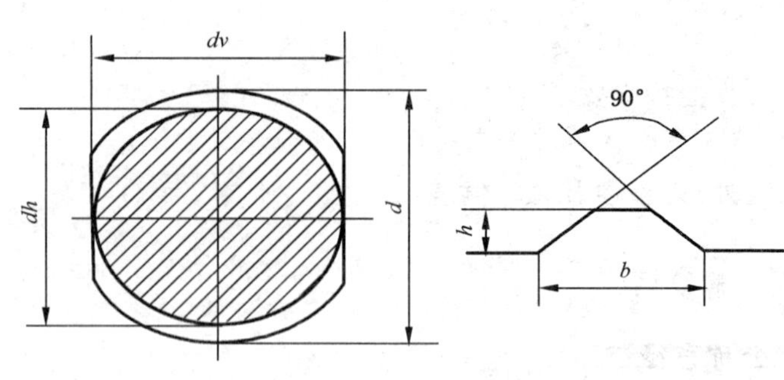

b） 左旋图

说明：

dh ——基圆直径；

dv ——基圆直径；

h ——螺纹高；

b ——螺纹底宽；

l ——螺距；

α ——导角。

图 1（续）

6.1.4 外形尺寸及允许偏差

精轧螺纹钢筋外形尺寸及允许偏差应符合表 4 的规定。

表 4

单位为毫米

公称直径 d	基圆直径				螺纹高		螺纹底宽		螺距		导角 α/(°)
	dh		dv		h		b		l		
	公称尺寸	允许偏差	公称尺寸	允许偏差	公称尺寸	允许偏差	公称尺寸	允许偏差	公称尺寸	允许偏差	
18	18.0	±0.4	18.0	$^{+0.4}_{-0.8}$	1.2	±0.3	4.5	±0.5	10.0	±0.2	80.5
20	19.5	±0.4	19.1	$^{+0.5}_{-0.5}$	1.3	$^{+0.2}_{0}$	4.8	$^{0}_{-0.2}$	10.0	±0.3	81.5
25	25.0	±0.4	25.0	$^{+0.4}_{-0.8}$	1.6	±0.3	6.0	±0.5	12.0	±0.2	81
28	27.3	±0.5	27.0	$^{+0.4}_{-1.0}$	1.7	±0.4	6.5	±0.5	14.0	±0.3	81.0
32	32.0	±0.5	32.0	$^{+0.4}_{-1.2}$	2.0	±0.4	7.0	±0.5	16.0	±0.2	80.5

6.1.5 长度及允许偏差

6.1.5.1 精轧螺纹钢筋通常按定尺长度交货，具体交货长度应在合同中注明。可按需方要求长度进行锯切再加工。

6.1.5.2 精轧螺纹钢筋按定尺或倍尺长度交货时，剪切长度允许偏差为$^{+50}_{0}$ mm、锯切长度允许偏差为$^{+20}_{0}$ mm。

6.1.6 弯曲度和端部

精轧螺纹钢筋的弯曲度应不影响正常使用，每米弯曲度不应大于 4 mm。钢筋端部应正直，局部变形应不影响使用。

6.1.7 重量及允许偏差

6.1.7.1 精轧螺纹钢筋按实际重量或理论重量交货。

6.1.7.2 精轧螺纹钢筋实际重量与理论重量的允许偏差应不大于表 3 规定的理论重量的±4%。

6.2 螺旋肋钢筋

6.2.1 公称直径

螺旋肋钢筋的公称直径为 10 mm。可根据用户要求提供其他规格的钢筋。

6.2.2 公称直径、公称横截面面积、理论重量

螺旋肋钢筋的公称直径、公称横截面面积、理论重量列于表 5。

表 5

公称直径/mm	公称横截面积/mm^2	理论重量/(kg/m)
10	78.54	0.617
注：计算钢筋理论重量时钢的密度为 7.85 g/cm^3。		

6.2.3 外形

螺旋肋钢筋的外形如图 2 所示。

说明：

D_1——基圆直径；

D ——外轮廓直径；

a ——单肋宽度；

b ——单肋高度；

c ——导程。

图 2 螺旋肋钢筋的表面及截面形状

6.2.4 外形尺寸及允许偏差

螺旋肋钢筋的外形尺寸及允许偏差应符合表 6 的规定。

表 6

单位为毫米

<table>
<tr><td rowspan="2">公称
直径
d</td><td rowspan="2">允许
偏差</td><td colspan="2">基圆尺寸</td><td colspan="2">外轮廓尺寸</td><td colspan="2">单肋尺寸</td><td rowspan="2">导程
c</td></tr>
<tr><td>基圆
直径
D_1</td><td>允许
偏差</td><td>外轮廓
直径
D</td><td>允许
偏差</td><td>单肋
宽度
a</td><td>单肋
高度
b</td></tr>
<tr><td>10</td><td>±0.05</td><td>9.75</td><td>±0.05</td><td>10.60</td><td>±0.10</td><td>1.6～2.0</td><td>0.42～0.45</td><td>42～51</td></tr>
<tr><td colspan="9">经需方同意，单肋宽度可按 1.6 mm～2.2 mm，单肋高度可按 0.40 mm～0.45 mm 交货。
螺旋肋钢筋根据需方要求可供应图 2、表 6 以外规格与形状的钢筋。</td></tr>
</table>

6.2.5 盘重

螺旋肋钢筋应由一根组成，其盘重不小于 1 000 kg，不小于 10 盘时允许有 10%的盘数不足 1 000 kg，但不小于 300 kg。

6.2.6 长度及允许偏差

螺旋肋钢筋机械切断长度应满足设计要求，偏差不应大于±2 mm。

7 技术要求

7.1 精轧螺纹钢筋

7.1.1 牌号和化学成分

精轧螺纹钢筋牌号及化学成分(熔炼分析)和碳当量应符合表 7 的规定。根据需要，钢中还可加入 V、Nb、Ti 等元素。

表 7

<table>
<tr><td rowspan="2">牌号</td><td colspan="5">化学成分(质量分数)/%
不大于</td><td rowspan="2">碳当量 Ceq/%
不大于</td></tr>
<tr><td>C</td><td>Si</td><td>Mn</td><td>P</td><td>S</td></tr>
<tr><td>TPBH500</td><td>0.25</td><td>0.80</td><td>1.60</td><td>0.045</td><td>0.045</td><td>0.50</td></tr>
</table>

7.1.2 成品化学成分允许偏差

精轧螺纹钢筋的成品化学成分允许偏差应符合 GB/T 222 的规定，碳当量 Ceq 的允许偏差为 +0.02%。

碳当量 Ceq(百分比)值可按式(1)计算：

$$Ceq = C + Mn/6 + (Cr + V + Mo)/5 + (Cu + Ni)/15 \qquad \cdots\cdots(1)$$

7.1.3 冶炼方法

钢以氧气转炉或电炉冶炼。

7.1.4 交货状态

精轧螺纹钢筋以热轧状态按直条交货。

7.1.5 力学性能

7.1.5.1 精轧螺纹钢筋的屈服强度 R_{eL}、抗拉强度 R_m、断后伸长率 A、最大力总延伸率 A_{gt} 等力学性能特性值应符合表 8 的规定。

表 8

牌号	屈服强度 R_{eL}/MPa	抗拉强度 R_m/MPa	断后伸长率 A/%	最大力总延伸率 A_{gt}/%
	不小于			
TPBH500	500	550	15.0	8.0
对于没有明显屈服的精轧螺纹钢筋，屈服强度特征值 R_{eL} 应采用规定塑性延伸强度 $R_{p0.2}$。				

7.1.5.2 精轧螺纹钢筋应进行反向弯曲试验，钢筋受弯曲部位表面不得产生裂纹。

7.1.6 疲劳性能

精轧螺纹钢筋应能经受 2×10^6 次脉动负荷后而不断裂。试验最大应力为不大于 0.6 倍屈服强度特征值，通常取 0.45 倍屈服强度特征值，试验应力范围见表 9，试验频率不超过 120 Hz。

表 9

公称直径/mm	应力范围/MPa
≤28	175
>28	145

7.1.7 表面质量

7.1.7.1 精轧螺纹钢筋应无有害的表面缺陷(裂纹、折叠、结疤等)。
7.1.7.2 精轧螺纹钢筋表面可有浮锈，但不得有锈皮及目视可见的麻坑等腐蚀现象。

7.2 螺旋肋钢筋

7.2.1 制造方法

7.2.1.1 螺旋肋钢筋应以热轧盘条为原料，经冷加工后进行连续的稳定化处理制成。
7.2.1.2 成品螺旋肋钢筋不得存在电焊接头，在生产时为了连续作业而焊接的电焊接头应切除掉。

7.2.2 交货状态

螺旋肋钢筋可按盘卷或直条交货。

7.2.3 力学性能

7.2.3.1 螺旋肋钢筋力学性能应满足表 10 的要求。

表 10

序号	项目	单位	技术指标	
1	抗拉强度(R_m)	MPa	≥1 570	
2	规定塑性延伸强度($R_{p0.2}$)	MPa	≥1 420	
3	断后伸长率($A_{100\ mm}$)	%	≥6.0	
4	最大力总延伸率(A_{gt}/% (L_0=200 mm))	%	≥3.5	
5	反复弯曲次数 (弯曲半径,R=25 mm)	次	≥4	
6	松弛性能试验 初始力相当于70%F_m	—	1 000 h后应力松弛不大于2.5%	
7	疲劳性能	—	2×10^6 次脉动负荷后不断裂	
8	应力腐蚀性能(断裂时间,试验力为70% F_m)	h	最小	中值平均
			≥2.0	≥5.0
9	弹性模量	GPa	205±10	

7.2.3.2 根据需方要求,可以提供表10以外其他强度级别的钢筋。

7.2.3.3 允许使用推算法确定1 000 h松弛值。应进行初始力为70%的最大力特征值或实际最大力1 000 h松弛试验。

7.2.4 疲劳性能

经供需双方协商,合同中注明,可对螺旋肋钢筋进行疲劳性能试验。

7.2.5 表面质量

7.2.5.1 螺旋肋钢筋表面不得有裂纹和油污,也不允许有影响使用的拉痕、机械损伤等。允许有深度不大于钢筋公称直径4%的不连续纵向表面缺陷。

7.2.5.2 除非供需双方另有协议,否则螺旋肋钢筋表面只要没有目视可见的锈蚀凹坑,但表面浮锈不应作为拒收的理由。

7.2.5.3 螺旋肋钢筋应采用机械定长切断,不应采用电气焊切割。

8 试验方法

8.1 精轧螺纹钢筋

8.1.1 检验项目

每批精轧螺纹钢筋的检验项目、取样方法和试验方法应符合表11的规定。

表 11

序号	检验项目	取样数量	取样方法	试验方法
1	化学成分[a] (熔炼分析)	每炉 1 个	GB/T 20066	GB/T 223 GB/T 4336 GB/T 20123 GB/T 20125
2	拉伸	2 个	不同根钢筋切取	GB/T 28900、8.1.3
3	反向弯曲	2 个	不同根钢筋切取	GB/T 28900、8.1.3
4	疲劳	每合同批不少于 1 个	任意 1 根钢筋切取	GB/T 28900、8.1.4
5	尺寸	逐根	—	8.1.5
6	表面	逐根	—	目视
7	重量偏差	1 个	任意 1 根钢筋切取	8.1.6
经供需双方协商,可进行疲劳试验,取样数量双方协商。 注:合同批为一个订货合同的总量。在特殊情况下,可以由工厂连续检验提供同一种原料、同一生产工艺的数据所代替。				
[a] 对化学分析结果有争议时,仲裁试验分别按 GB/T 223、GB/T 20123、GB/T 20125 进行。				

8.1.2 **拉伸、反向弯曲试验**

8.1.2.1 拉伸、反向弯曲试验试样不允许进行车削加工。

8.1.2.2 计算精轧螺纹钢筋强度用截面面积采用表 3 所列公称横截面面积。

8.1.2.3 最大力总延伸率 A_{gt} 的检验,按表 11 规定方法执行。如有争议,应采用手工方法,见附录 A。

8.1.2.4 反向弯曲试验应按下列规定进行:

a) 反向弯曲试验时,经正向弯曲后的试样,应在 100 ℃±10 ℃温度下保温不少于 60 min,经自然冷却后再反向弯曲。当供方能保证钢筋经人工时效后的反向弯曲性能时,正向弯曲后的试样亦可在室温下直接进行反向弯曲。

b) 反向弯曲试验:先正向弯曲 90°后再反向弯曲至少 20°。两个弯曲角度均应在保持载荷时测量,弯芯直径见表 12。

表 12

单位为毫米

公称直径 d	弯芯直径
≤25	$8d$
>25	$10d$

8.1.3 **疲劳试验**

试样最小自由长度 $10d$(d 为试样的公称直径)。疲劳试验按 GB/T 28900 的规定执行。

8.1.4 **尺寸测量**

精轧螺纹钢筋的外形除尺寸测量检验外,还应采用匹配形状的连接器检验旋进情况。

8.1.5 重量偏差的测量

8.1.5.1 测量精轧螺纹钢筋重量偏差时，试样长度不小于500 mm，长度测量精确到1 mm，重量测定应精确到1 g。

8.1.5.2 精轧螺纹钢筋实际重量与理论重量的偏差(%)按式(2)计算：

$$重量偏差=\frac{试样实际总重量-(试样总长度\times 理论重量)}{试样总长度\times 理论重量}\times 100 \qquad (2)$$

8.2 螺旋肋钢筋

8.2.1 检验项目

每批螺旋肋钢筋的检验项目、取样方法和试验方法应符合表13的规定。1 000 h应力松弛试验、疲劳性能试验、应力腐蚀性能只进行型式试验，型式检验的检验项目、取样数量、取样方法和试验方法应符合表14的规定。

表 13

<table>
<tr><th>序号</th><th>检验项目</th><th>取样数量</th><th>取样方法</th><th>试验方法</th></tr>
<tr><td>1</td><td>表面</td><td>逐盘/逐根</td><td>—</td><td>目视</td></tr>
<tr><td>2</td><td>外形尺寸</td><td>逐盘/逐根</td><td>—</td><td>8.2.3</td></tr>
<tr><td>3</td><td>抗拉强度</td><td rowspan="6">3个</td><td rowspan="7">在每(任一)盘中任意一端截取</td><td>GB/T 21839、8.2.4.1</td></tr>
<tr><td>4</td><td>规定塑性延伸强度</td><td>GB/T 21839、8.2.4.2</td></tr>
<tr><td>5</td><td>断后伸长率</td><td>GB/T 21839、8.2.4.3</td></tr>
<tr><td>6</td><td>最大力总延伸率</td><td>8.2.4.2</td></tr>
<tr><td>7</td><td>弹性模量[a]</td><td>GB/T 21839、8.2.4.5</td></tr>
<tr><td>8</td><td>反复弯曲</td><td>GB/T 21839、8.2.5</td></tr>
<tr><td>9</td><td>应力松弛性能</td><td>每合同批不少于1根</td><td>GB/T 21839、8.2.6</td></tr>
<tr><td colspan="5">注：合同批为一个订货合同的总量。在特殊情况下，可以由工厂连续检验提供同一种原料、同一生产工艺的数据所代替。</td></tr>
<tr><td colspan="5">[a] 当需方要求时测定。</td></tr>
</table>

表 14

<table>
<tr><th>序号</th><th>检验项目</th><th>取样数量/个</th><th>取样方法</th><th>试验方法</th></tr>
<tr><td>1</td><td>应力松弛性能试验</td><td>1</td><td>任选1盘切取</td><td rowspan="3">GB/T 21839</td></tr>
<tr><td>2</td><td>疲劳性能试验</td><td>1</td><td>任选1盘切取</td></tr>
<tr><td>3</td><td>应力腐蚀性能试验</td><td>6</td><td>任选1盘切取</td></tr>
</table>

8.2.2 表面质量

表面质量用目视检查。

8.2.3 外形尺寸检验

8.2.3.1 螺旋肋钢筋直径应用分度值为 0.01 mm 的量具测量，在任何部位同一截面两个垂直方向上测量。

8.2.3.2 螺旋肋钢筋的导程应沿钢筋轴向方向测量，单肋宽度应在螺旋肋法向上测量，单肋高度应沿钢筋截面方向测量。

8.2.4 拉伸试验

8.2.4.1 计算强度时取钢筋的公称横截面积值。

8.2.4.2 使用计算机采集数据或使用电子拉伸设备的，测量总延伸率时预加负荷对试样所产生的延伸应加在总延伸内。

8.2.4.3 如试样在夹头内或距钳口 $2d$ 以内断裂而性能达不到本标准规定时，试验无效。

8.2.5 应力松弛性能试验

8.2.5.1 试样标距长度不小于公称直径的 60 倍。

8.2.5.2 试样制备后不得进行任何热处理和冷加工。

8.2.5.3 允许用不少于 120 h 的测试数据推算 1 000 h 的松弛值。

8.2.6 疲劳试验

疲劳试验所用试样应从成品螺旋肋钢筋上直接截取，试样长度应保证两夹具之间的距离不小于 140 mm。

螺旋肋钢筋应能经受 2×10^6 次 $0.7F_m \sim (0.7F_m - F_r)$ 脉动负荷后而不断裂。

$$\text{螺旋肋钢筋}: F_r / S_n = 180\ \text{MPa} \quad\quad (3)$$

式中：

F_m ——螺旋肋钢筋最大力的特征值，单位为牛(N)；

F_r ——应力范围的等效负荷值，单位为牛(N)；

S_n ——螺旋肋钢筋的公称截面积，单位为平方毫米(mm^2)。

疲劳试验应力频率不大于 120 Hz，按 GB/T 21839 的规定进行。

8.3 数值修约

精轧螺纹钢筋和螺旋肋钢筋检验结果的数值修约与判定应符合 YB/T 081 的规定。

9 检验规则

9.1 检验分类

精轧螺纹钢筋的检验分为特征值检验、机械连接检验和交货检验。螺旋肋钢筋的检验分特征值检验和交货检验。

9.2 特征值检验

特征值检验应按附录 B 规则进行。特征值检验适用于下列情况：

a) 供方对产品质量控制的检验；

b) 需方提出要求，经供需双方协议一致的检验；

c) 第三方产品认证及仲裁检验。

9.3 机械连接检验

精轧螺纹钢筋允许用螺旋型连接器连接,成品钢筋生产厂应负责证明在沿钢筋长度上任一点切割的钢筋都可以与任何其他长度钢筋相连接。连接器及锚具可由成品钢筋生产厂配套提供。

9.4 交货检验

9.4.1 精轧螺纹钢筋

9.4.1.1 检查和验收

交货检验适用于精轧螺纹钢筋验收批的检验。

9.4.1.2 组批规则

9.4.1.2.1 精轧螺纹钢筋应按批进行检查和验收,每批由同一牌号、同一炉罐号、同一规格的钢筋组成。每批重量通常不大于 60 t。超过 60 t 的部分,每增加 40 t(或不足 40 t 的余数),增加一个拉伸试验试样和一个反向弯曲试验试样。

9.4.1.2.2 允许由同一牌号、同一冶炼方法、同一浇注方法的不同炉罐号组成混合批,但各炉罐号含碳量之差不大于 0.02%,含锰量之差不大于 0.15%。混合批的重量不大于 60 t。

9.4.1.3 检验项目和取样数量

精轧螺纹钢筋检验项目和取样数量应符合表 11 及 9.4.1.2.1 的规定。

9.4.1.4 检验结果

各检验项目的检验结果应符合第 6 章、第 7 章的有关规定。

9.4.1.5 复验与判定

精轧螺纹钢筋的复验与判定应符合 GB/T 2101 的规定。钢筋的重量偏差项目不准许复验。

9.4.2 螺旋肋钢筋

9.4.2.1 检查和验收

产品的工厂检查由供方质量检验部门按表 13 进行,需方可按本标准进行检查验收。

9.4.2.2 组批规则

螺旋肋钢筋应成批检查和验收,每批钢筋由同一规格、同一生产工艺的钢筋组成,每批重量不大于 60 t。

9.4.2.3 检验项目和取样数量

螺旋肋钢筋检验项目和取样数量应符合表 13 的规定。

9.4.2.4 检验结果

各检验项目的检验结果应符合第六章、第七章的有关规定。

9.4.2.5 **复验与判定**

螺旋肋钢筋的复验与判定按 GB/T 2103 的规定执行。

10 包装、标识和质量证明书

10.1 精轧螺纹钢筋的包装、标识和质量证明书应符合 GB/T 2101 标准的有关规定。

10.2 螺旋肋钢筋的包装、标识及质量证明书应符合 GB/T 2103 的规定。

附 录 A
（规范性附录）
钢筋在最大力下总延伸率的测定方法

A.1 试样

A.1.1 长度

试样夹具之间的最小自由长度应符合表 A.1 的要求。

表 A.1

单位为毫米

钢筋公称直径	试样夹具之间的最小自由长度
$d \leqslant 25$	350
$25 < d \leqslant 32$	400
$32 < d \leqslant 50$	500
$50 < d \leqslant 75$	750

A.1.2 原始标距的标记和测量

在试样自由长度范围内，均匀划分为 10 mm 或 5 mm 的等间距标记，标记的划分和测量应符合 GB/T 28900 的有关要求。

A.2 拉伸试验

按 GB/T 28900 规定进行拉伸试验，直至试样断裂。

A.3 断裂后的测量

选择 Y 和 V 两个标记，这两个标记之间的距离在拉伸试验之前至少应为 100 mm。两个标记都应当位于夹具离断裂点最远的一侧。两个标记离开夹具的距离都应不小于 20 mm 或钢筋公称直径 d（取二者之较大者）；两个标记与断裂点之间的距离应不小于 50 mm 或 $2d$（取二者之较大者）。见图 A.1。

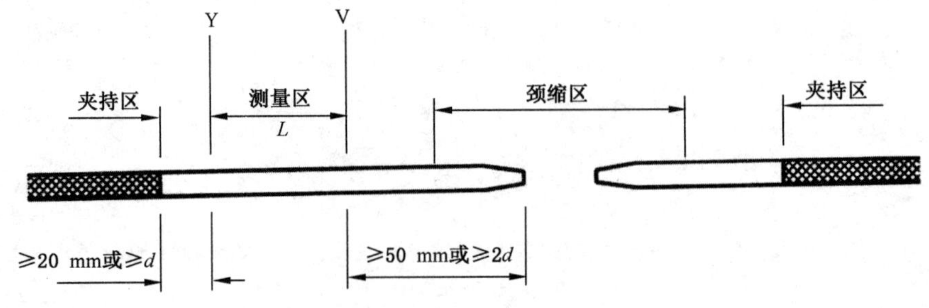

图 A.1 断裂后的测量

在最大力作用下试样总延伸率A_{gt}(%)可按式(A.1)计算：

$$A_{gt}=\left[\frac{(L-L_0)}{L_0}+\frac{R_m}{E}\right]\times 100 \qquad \text{(A.1)}$$

式中：

L ——图 A.1 所示断裂后的距离，单位为毫米(mm)；

L_0 ——试验前同样标记间的距离，单位为毫米(mm)；

R_m ——抗拉强度，单位为兆帕(MPa)；

E ——弹性模量，其值可取为 2×10^5，单位为兆帕(MPa)。

附 录 B
（规范性附录）
特征值检验规则

B.1 试验组批和取样数量

B.1.1 精轧螺纹钢筋

B.1.1.1 试验组批

为了试验，交货应细分为试验批。组批规则应符合 9.4.1.2.1 的规定。

B.1.1.2 每批取样数量

B.1.1.2.1 化学成分(成品分析)，应从不同根钢筋取 2 个试样。

B.1.1.2.2 性能试验，应从不同钢筋取 15 个试样(如果适用 60 个试样时，见 B.2.1 规定)进行拉力试验。

B.1.1.2.3 疲劳试验取 3 支试样。

B.1.2 螺旋肋钢筋

B.1.2.1 试验组批

试验批可依据实际要求决定，一般为产品批组成的合同批。

B.1.2.2 每批取样数量

B.1.2.2.1 性能试验，应从不同钢筋上取 15 个试样(如果适用 60 个试样时，见 B.2.1 规定)进行拉力试验。

B.1.2.2.2 120 h 松弛试验取 2 个试样。

B.1.2.2.3 疲劳试验取 3 个试样。

B.1.2.2.4 应力腐蚀试验取 2 组共 12 个试样。

B.2 试验结果的评定

B.2.1 参数检验

为检验规定的性能，如特性参数 R_{el}、R_m、A_{gt}或 A，应确定以下参数：

a) 15 个试样的所有单个值 X_i($n=15$)；

b) 平均值 m_{15}($n=15$)；

c) 标准偏差 S_{15}($n=15$)。

如果所有性能满足式(B.1)给定的条件则该试验批符合要求。

$$m_{15}-2.33\times S_{15}\geqslant f_k \qquad \text{(B.1)}$$

式中：

f_k ——要求的特征值；

2.33 ——当 $n=15$，90%置信水平($1-a=0.90$)，不合格率 5%($P=0.95$)时验收系数 K 的值。

如果上述条件不能满足，系数 $k'=\dfrac{m_{15}-f_k}{S_{15}}$由试验结果确定。式中 $k'\geqslant 2$ 时，试验可继续进行。在此情况下，应从该试验批的不同根钢筋上切取 45 个试样进行试验，这样可得到总计 60 个试验结果（$n=60$）。

如果所有性能满足式（B.2）条件，则应认为该试验批符合要求。

$$m_{60}-1.93\times S_{60}>f_{k} \quad \cdots\cdots\text{(B.2)}$$

式中：

1.93——当 $n=60$，90%置信水平（$1-a=0.90$），不合格率 5%（$P=0.95$）时验收系数 K 的值。

B.2.2 属性检验

当试验性能规定为最大或最小值时，15 个试样测定的所有结果应符合 B.2.1 的要求，此时，应认为该试验批符合要求。

当最多有两个试验结果不符合条件时，应继续进行试验，此时，应从该试验批的不同根钢筋上，另取 45 个试样进行试验，这样可得到总计 60 个试验结果，如果 60 个试验结果中最多有 2 个不符合条件，该试验批符合要求。

B.2.3 化学成分

2 个试样均应符合表 7 的要求。

B.2.4 疲劳试验

3 个试样均应符合 7.1.6 或 7.2.4 的要求。

B.2.5 松弛试验

2 个试样均应符合表 10 的要求。

B.2.6 应力腐蚀试验

12 个试样均应符合表 10 的要求。

ICS 77-010
H 04

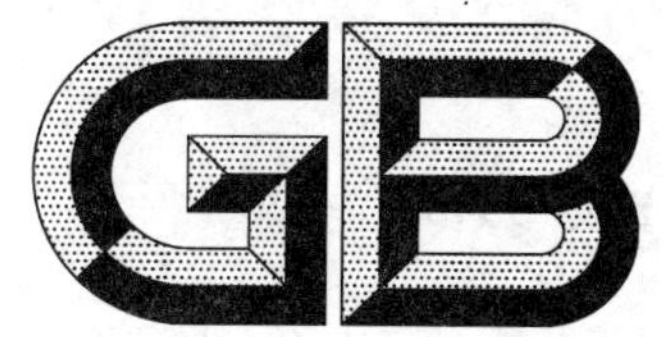

中华人民共和国国家标准

GB/T 33463.1—2017

钢铁行业海水淡化技术规范 第1部分:低温多效蒸馏法

Technical specification of seawater desalination for iron and steel industry—Part 1: Low temperature multiple effect distillation

2017-02-28 发布 　　　　　　　　 2017-11-01 实施

中华人民共和国国家质量监督检验检疫总局
中国国家标准化管理委员会 　发布

前　言

本部分为 GB/T 33463 的第 1 部分。

本部分按照 GB/T 1.1—2009 给出的规则起草。

本部分由中国钢铁工业协会提出。

本部分由全国钢标准化技术委员会(SAC/TC 183)归口。

本部分起草单位:首钢京唐钢铁联合有限责任公司、中冶海水淡化投资有限公司、北京首钢国际工程技术有限公司、冶金工业信息标准研究院。

本部分主要起草人:吴礼云、仇金辉、张波、孙雪、樊雄、徐升、王姜维、唐智新、吴冰、朱泓、张岩岗、吴琳琳、寇彦德。

钢铁行业海水淡化技术规范
第1部分:低温多效蒸馏法

1 范围

GB/T 33463的本部分规范了钢铁行业低温多效蒸馏海水淡化系统的术语和定义、介质要求、系统要求、材料及设备要求、运行、维护与监测、检验方法。

本部分适用于钢铁行业采用低参数蒸汽通过低温多效蒸馏海水淡化系统制取淡水,其他行业也可参照执行。对低温多效蒸馏-海水反渗透耦合系统(MED-SWRO)中"低温多效蒸馏系统(MED)"也适用。

2 规范性引用文件

下列文件对于本文件的应用是必不可少的。凡是注日期的引用文件,仅注日期的版本适用于本文件。凡是不注日期的引用文件,其最新版本(包括所有的修改单)适用于本文件。

GB/T 1576 工业锅炉水质

GB 3097 海水水质标准

GB 5749 生活饮用水卫生标准

GB/T 5750 生活饮用水标准检验方法(全部)

GB 17323 瓶装饮用纯净水

GB 17378.3 海洋监测规范 第3部分:样品采集、贮存与运输

GB 17378.4 海洋监测规范 第4部分:海水分析

GB 19298—2014 食品安全国家标准 包装饮用水

GB 50050 工业循环冷却水处理设计规范

3 术语和定义

下列术语和定义适用于本文件。

3.1

盐水顶值温度 top temperature of brine;TTB

低温多效蒸馏海水淡化系统中的最高盐水温度。

3.2

多效蒸馏热压缩模式(T模式) MED-TVC running mode

通过热压缩器将二次蒸汽压缩后再进入第1效的模式。

3.3

多效蒸馏模式(E模式) MED running mode

关闭热压缩器,第1效直接采用低低压蒸汽的模式。

3.4

冷态循环模式 cool running mode

不生产产品水,除低压蒸汽以外的其他系统均正常运行。

3.5

浓含盐海水 brine

经过海水淡化系统浓缩后的海水。

4 介质要求

4.1 多效蒸馏装置喷淋海水水质

多效蒸馏装置的喷淋海水水质应符合表1规定。当换热管采用铝合金材质时,应监测铝、铜、镍、锰、铁等离子的含量,建议进水中这五种物质的含量之和不高于0.5 mg/L。

表1 多效蒸馏装置喷淋海水水质

项目	建议值	允许值
悬浮物(SS)/(mg/L)	≤20	≤50
悬浮性颗粒物直径/μm	—	≤100
浊度/NTU	≤5	<10
水温/℃	30~40	2~40
石油类/(mg/L)	≤0.50	<1
盐度/%	2.0~4.0	—
游离氯/(mg/L)	—	0.01~0.1
总铁/(mg/L)	≤0.05	≤0.1

4.2 换热用海水水质

换热用海水水质应符合表2规定。

表2 换热用海水水质

序号	项目	单位	建议值	允许值
1	悬浮物(SS)	mg/L	≤20	≤30
2	悬浮性颗粒物直径	μm	≤100	
3	浊度	NTU		≤10
4	甲基橙碱度(以 $CaCO_3$ 计)	mg/L		≤350
5	钙离子(Ca^{2+})	mg/L		≤1 000
6	镁离子(Mg^{2+})	mg/L		≤3 200
7	总铁	mg/L		<1.0
8	氯化物(Cl^-)	mg/L		≤42 000
9	硫酸盐(SO_4^{2-})	mg/L		≤6 000
10	石油类	mg/L		<5
11	pH	无量纲		6.8~8.8
12	水温	℃		4~40
13	异氧菌总数	CFU/mL	$<10^3$	$<5\times10^5$

4.3 低温多效蒸馏海水淡化用蒸汽条件

4.3.1 加热蒸汽参数应根据钢铁厂可以经济、稳定提供的蒸汽参数确定，宜优先采用低参数余热蒸汽。

4.3.2 低温多效蒸馏海水淡化加热蒸汽参数要求：

a) 钢铁厂低低压蒸汽绝压 0.02 MPa～0.04 MPa，温度 60 ℃～76 ℃；

b) 钢铁厂低压蒸汽，绝压 0.3 MPa～1.2 MPa，经过减压、减温或其他稳压装置调节后进入热压缩器，来自蒸汽管网或汽轮机抽汽。

4.3.3 低温多效蒸馏海水淡化蒸汽汽源的供应方式按以下原则确定：

a) 为避免海水淡化系统停机，可设置并列双母管、环形双母管或其他类似功能的供汽系统，系统的最低供汽量需要满足海水淡化系统的最低制水蒸汽需求量。供汽汽源宜采用多汽源并列供汽方式，在汽源数量较少的情况下，如条件允许可将钢铁厂启动锅炉作为调试及应急供汽汽源。

b) 有备用水源的钢铁厂低温多效蒸馏海水淡化系统可以设置单母管供汽系统。

4.4 产品水质要求

4.4.1 低温多效蒸馏海水淡化制取产品水的含盐量可根据用水要求确定，不宜超过 5 mg/L。

4.4.2 低温多效蒸馏海水淡化制取的产品水温度如进入钢铁厂循环冷却水系统应低于 33 ℃；需进行进一步精除盐处理时，产品水温应低于 40 ℃。

4.4.3 产品水应根据不同用途满足相应的水质要求：

a) 当产品水用于一般压力锅炉给水时，应满足 GB/T 1576 要求；

b) 当产品水用于水内冷发电机的冷却水和钢铁厂闭式系统补充水时，应满足 GB 50050 的要求。产品水直接用作工业水时，应考虑 pH 的调节措施；

c) 当产品水用于高品质要求的场合时，需要进行后处理；

d) 当产品水用作生活饮用水时，应符合 GB 5749 的要求；

e) 当产品水用于瓶装饮用纯净水时，应符合 GB 17323 和 GB 19298—2014 要求。

5 系统要求

5.1 海水水源及取水系统

5.1.1 应了解取排水海域海水水质特点、变化规律，以及周边海洋环境要求。

5.1.2 工程项目应取得近年足够的潮汐数据、水温数据和水质全分析资料：

a) 潮汐数据包括当地海域的历年最高、最低潮位的有关数据(包括盐度、悬浮物、COD_{Mn}等)，以及近几年每个月的最高潮位、最低潮位和出现的时间数据；

b) 设计前应取得海水水源的全年各季水质全分析资料，不少于 4 份，还应取得取水口全年海水的温度监测数据，对于北方地区的海水淡化工程，尤其应注意冬季海水温度。海水水质分析应包括含沙量和颗粒粒径分布，见附录 A。

5.1.3 低温多效蒸馏海水淡化系统的取水方式应根据淡化工艺的具体要求、机组的供水方式以及冷热季的水温差别，并综合考虑近、远期工程的取水要求等因素合理选择。末效冷却用海水应使用温度较低的原海水，以降低末效换热面积；喷淋海水可以使用经末效升温后的原海水或温度较高的钢铁厂海水冷却水系统排水。

5.1.4 低温多效蒸馏海水淡化取水应根据选定的方案分别按以下原则设计：

a) 直接取用原海水时，取水设施宜与钢铁厂海水冷却水或补充水系统的取水设施一并考虑。一般采用岸边取水、引潮沟和管涵取水等方式。取水构筑物应符合相关规范的规定；

b) 取用钢铁厂海水循环冷却水时，可由钢铁厂循环海水供回水管道上直接引管。

5.1.5 原海水取水工程的设置应全面考虑泥沙、冰凌、风浪、海生物、赤潮及其他海洋水文条件对取水设施的影响，海水取水流道内需设置滤网拦截海生物，并添加杀菌剂抑制海生物的生长。

5.1.6 海水淡化水源的输送应根据取水量及输送距离，与钢铁厂海水取水系统统一考虑。海水淡化用水输水管道在达到规划容量时，不应少于2条，当其中一条停用时，其余管道应能通过最大计算用水量的70%。

5.2 海水预处理系统

5.2.1 对于低温多效蒸馏海水淡化工艺，应根据设备制造厂商的进水水质要求和当地海域的海水水质，考虑是否需要设置预处理装置。

5.2.2 如采用澄清系统，应根据海水水质、处理水量、后续装置进水水质要求等，并结合当地条件，选用具有反应、混凝功能的澄清(或沉淀)池，以及平流沉淀池等。

5.3 低温多效蒸馏海水淡化系统

5.3.1 钢铁厂蒸汽种类较多，低温多效蒸馏宜选用带蒸汽热压缩的工艺(LT-MED-TVC)。

5.3.2 低温多效蒸馏海水淡化的造水比(GOR)应按如下范围选取：

a) 低温多效蒸馏(MED)：3～7；

b) 带蒸汽热压缩的低温多效蒸馏(MED-TVC)：6～14。

5.3.3 低温多效蒸馏装置的盐水顶值温度(盐水最高工作温度)应根据 $CaSO_4$ 溶解度特性合理确定。低温多效蒸馏海水淡化装置最高操作温度应低于66 ℃。

5.3.4 低温多效蒸馏海水淡化的负荷变化范围宜按50%～110%设计，设计负荷调节范围应根据海水淡化的制水要求、设备及外部条件确定。

5.3.5 计算低温多效蒸馏海水淡化的产品水量时，应扣除加热蒸汽及抽真空蒸汽的凝结水量。

5.3.6 低温多效蒸馏装置应按以下原则设计：

a) 低温多效蒸馏装置应优先利用钢铁厂的低压余热蒸汽；

b) 加热蒸汽压力较低，不能满足真空设备对蒸汽压力要求时，可另设置真空设备供汽系统；

c) 采用有铝制部件的低温多效蒸馏装置应在喷淋海水进入蒸发器前设置离子阱装置，以去除铜、镍、汞等金属离子；

d) 真空系统采用蒸汽喷射器时，需设置启动喷射器和真空喷射器。启动喷射器出口蒸汽可直接排放，真空喷射器应带有换热器，对出口蒸汽进行冷凝并将海水预热，真空喷射器蒸汽冷凝水应进行回收。启动抽汽系统容量宜在40 min～60 min内达到蒸发器启动条件，正常运行真空喷射器宜按2级～3级喷射器设置，如真空系统入口蒸汽压力不稳定，需设置稳压装置；

e) 海水淡化装置作为汽轮机凝汽器时，抽真空装置需同时考虑汽轮机的真空需求；

f) 喷淋海水进入装置前，应设置海水自动清洗过滤器，过滤器的过滤精度根据装置要求和进水的水质确定；

g) 输水管道上需在高点设置排气装置。

5.3.7 低温多效蒸馏装置应设置酸洗系统，并预留酸洗接口。酸洗系统可以采用固定式设备，也可以采用临时的移动式设备。

5.3.8 低温多效蒸馏海水淡化应有失去蒸汽时的真空保护系统。

5.3.9 低温多效蒸馏海水淡化应设有加热蒸汽超压保护装置和蒸汽超压排放装置。

5.3.10 产品水和加热蒸汽凝结水的管路上，应设置不合格产品水排放管，排水应回收利用。

5.3.11 海水管路上的过滤器应按最大海水量设计。喷淋海水和换热海水分开的供水系统宜分别按供水要求设置过滤器。

5.3.12 海水淡化装置使用汽轮机排汽制水时，应在蒸汽连通管道上设置可靠的隔断装置，以便于实现蒸发器的运行模式转换。

5.3.13 海水淡化装置使用汽轮机排汽制水时，应设置汽轮机主汽阀关闭与海水淡化喷淋海水流量、海水淡化真空度的相关联锁程序。

5.4 产品水储存、处理及水质调整

5.4.1 产品水储存

产品水储存应符合下列要求：

a） 产品水储存池（罐）的总有效容积应满足钢铁厂各用户及外供用户对产品水的需求量、供应方式和用途的要求：

——成品水作为钢铁厂除盐水需求时，储存池（罐）总有效容积应满足在一套淡化装置停运检修期间钢铁厂除盐水的供水要求。

——成品水作为钢铁厂淡水需求和厂外用户需求时，储存池（罐）总有效容积应满足在一套淡化装置停运检修期间钢铁厂内及厂外的供水要求。

b） 储水池（罐）的存水停留时间不宜超过 3 d。

c） 产品水储存池（罐）应不少于 2 格（座），宜靠近淡化装置布置。

d） 根据设计、运行要求，应确定和控制储水池（罐）的最高水位和最低水位，并设置明显的水位尺、水位仪及液位报警装置。

e） 储水池（罐）的通气孔、检修人孔，均应有卫生和安全的防护措施。

5.4.2 产品水处理及水质调整

产品水处理及水质调整应符合下列要求：

a） 产品水应根据其处理工艺、用途进行进一步的处理和水质调整时，需满足相关国家规范要求；

b） 产品水作为工业用水时，pH 调整宜采用加氨或氢氧化钠溶液处理，pH 宜按 6.0～9.0 控制。

5.5 废水处理

海水淡化系统产生的废水经处理后应达到国家环保等要求。

5.6 浓含盐海水处理

5.6.1 浓含盐海水适宜进行综合利用。

5.6.2 当排水排至海域时，应满足排放海域的环保要求。

5.7 加药系统

5.7.1 加药装置附近必须设置事故池及安全洗眼淋浴器等防护设施。

5.7.2 每个溶液箱应配置液位计及隔离阀，还应考虑液位报警装置；药箱应考虑底部排液措施，以便排空箱内部残存液。

5.7.3 加药方式应采用计量泵设备，可采用单元制加药或母管加药。在泵的进口处设过滤装置，出口应装设稳压器及安全阀。

5.7.4 海水淡化系统进水的杀菌剂应采用电解海水制备的次氯酸钠溶液，电解制氯用原料水可采用原

海水或海水淡化系统的浓含盐海水。

5.7.5 当采用电解海水制备次氯酸钠方式时，应按照以下原则设置：

a) 如使用原海水，进入电解槽前的海水应经过滤处理；

b) 次氯酸钠贮槽及储罐应采用可靠的排氢气措施；

c) 应根据电解槽的结构要求配备辅助除垢的电解槽酸洗设施。

6 材料及设备要求

6.1 防腐蚀及材料选择

6.1.1 凡接触腐蚀性介质或对出水质量有影响的设备、管道、阀门及构筑物的内表面均应衬涂合适的防腐层或采用耐腐蚀材料。受腐蚀环境影响的设备、管道、阀门及构筑物的外表面应衬涂合适的防腐层。海水预处理设备的防腐蚀可参考附录B的表B.1，泵、阀、管道的防腐蚀可参考表B.2。

6.1.2 低温多效蒸馏海水淡化装置的材质应耐海水的腐蚀，并考虑操作温度、海水的pH、O_2和CO_2含量及海水被污染(S^{2-}、NH_4^+等)的情况。根据耐蚀要求，其热交换管可选择不锈钢、Cu合金、Al合金或Ti合金；容器可选择不锈钢或采用碳钢涂防腐层、阴极保护的方式。蒸发器换热管的顶部的3排宜采用钛管。低温多效蒸馏系统主体设备的防腐蚀可参考表B.3。

6.1.3 药品储存箱、溶液箱宜采用碳钢衬胶、玻璃钢或聚乙烯材料。

6.2 泵、管道、阀门

6.2.1 为了经济运行和操作方便，工作泵分组应与处理单元相匹配，在某套单元检修停运时便于水量调配。

6.2.2 产品水系统的输水管道应采用不锈钢管、玻璃钢管、塑料管、钢塑复合管等具有防腐性能的管道。

6.2.3 对于室外布置的，最低环境温度低于0 ℃地区的汽、水取样仪表管路及液位计应考虑防冻措施。

7 运行、维护与监测

7.1 运行

7.1.1 装置启动步骤为：启动海水系统—建立真空—投入蒸汽；装置停机步骤为：逐步降低投入蒸汽量至0—关闭真空系统—关闭海水系统。

7.1.2 启动海水系统前，需打开装置真空破坏阀，并确认海水管道上排气装置的一次阀处于开启状态。通入海水时应先将进水阀开启少许，待排气完成后再加大海水流量。

7.1.3 启动海水系统后，需对海水喷淋效果进行检查，确认海水喷头无堵塞、歪斜、脱落等现象。

7.1.4 采用海水淡化作为汽轮机凝汽器的运行模式时，建立真空前应打开汽轮机排汽管道的隔断装置。

7.1.5 如使用蒸汽喷射器抽真空，应先关闭启动喷射器抽气阀，打开启动喷射器蒸汽阀，再对蒸汽管道进行暖管。

7.1.6 抽真空时，逐步提高启动喷射器入口蒸汽压力，当达到额定参数时，再开启启动喷射器抽气阀。

7.1.7 当蒸发器真空度达到额定参数时，需转真空喷射器，将抽真空蒸汽冷却为冷凝水进行回收，转换步骤为：打开真空喷射器蒸汽阀—关闭启动喷射器抽气阀—打开真空喷射器抽气阀—关闭启动喷射器蒸汽阀。

7.1.8 通入加热蒸汽前，需在海水中加入适量的阻垢剂及消泡剂。

7.1.9 在浓含盐海水含盐量小于 70 000 mg/L 时，为避免结垢，蒸发器第一效浓含盐海水温度不宜超过 66 ℃。

7.1.10 装置正常产水后，应使用蒸发器自产的产品水或冷凝水对蒸汽器降温。

7.1.11 装置正常产水后，应保持每一效海水喷淋量均达到或超过额定值，以维持每一效中良好的喷淋效果。如果无法使海水喷淋量达到额定值，应将蒸发器停机进行检查。

7.1.12 原海水温度变化时，应对冷凝器冷却海水量进行调整，确保装置真空度正常。

7.1.13 在海水取水口应进行连续及冲击加氯，在淡化装置的海水进口处应对余氯进行监测，以证实向海水中加氯的操作正常。

7.1.14 如果装置其他参数符合设计条件，第一效浓含盐海水温度超过额定值但产量反而无法达到额定产量时，应对换热管的结垢情况进行检查。

7.1.15 当各效海水流量与设计值偏离较大时，需对流量计进行校验，并检查海水通道堵塞情况。

7.1.16 装置停机时间较短时，宜采用冷态循环模式，使海水和浓含盐海水系统维持运行状态。

7.1.17 应制定并实施设备点检制度，判断海水淡化主要设备的运行状况。

7.1.18 消泡剂及阻垢剂的投加，应配置计量器具进行监测和记录。

7.2 维护

7.2.1 如果停机时间较短，宜采用冷态循环模式，在真空环境下使海水和浓含盐海水系统维持运行状态。

7.2.2 每次计划停机在一周之内且超过 2 d 时，如果不能够维持真空系统和海水补给水系统的运行，应用产品水对淡化装置进行冲洗，废水中的氯离子含量小于 50 mg/L 时冲洗完成。

7.2.3 长时间停机，应将蒸发器排空并进行冲洗，然后将蒸发器打开并使其彻底干燥，有必要时应使用风扇以热空气吹干。残留的积水应使用吸水布进行彻底清除。

7.2.4 在重新启动海水淡化蒸发器之前，应对蒸发器进行彻底的检查，对所有的锈蚀点进行酸洗和钝化处理去除。

7.2.5 每 6 个月需对蒸发器内部进行检查，检查内容包括换热管的结垢情况、不锈钢钝化层完好情况、各种垫圈的密封性、除雾器的清洁度、减温水喷嘴，存在问题时进行处理。如装置带有牺牲阳极块的防腐保护，当检查发现阳极块损耗超过 50%时应进行更换。

7.2.6 对蒸发器换热管进行酸洗除垢时，酸洗药剂 pH 不宜低于 2，且应在酸洗药液中添加足量的缓蚀剂，酸洗结束后需对换热管进行循环冲洗。酸洗废液与碱中和后达到环保要求再排放。

7.2.7 每年需对海水淡化装置板式换热器、管式换热器进行清理，保证换热器的清洁度，海水水质劣化时缩短清理周期。

7.2.8 在任何情况下，对蒸发器进行检查时均应采取必要的安全措施，蒸汽管道、海水管道、冷凝水管道、产品水管道应与蒸发器完全隔离。

7.3 监测

7.3.1 对海水淡化生产工艺中的主要工序，必须进行工序参数检测和动态控制。多效蒸馏装置进水水温、各效进水流量、进水浊度、进水余氯浓度、蒸汽温度、蒸汽压力、蒸汽流量、淡化设备的真空度、产品水电导率、产品水水温、产品水流量、浓含盐海水温度，应配置仪表进行监测和记录，监测项目和频率按表 3 规定。

7.3.2 海水淡化系统的在线监测仪表应根据工艺需要优化设置，对用于保护、重要调节参数的仪表可双重化设置。

表 3 监测项目和频率

监测点	监测项目	监测频率
低温多效蒸馏装置海水进水管	水温、悬浮物、浊度、电导率、游离氯、流量、压力、悬浮物粒径分布、盐度、石油类、铁	悬浮物粒径分布一月一次，悬浮物、总铁一天一次，其余在线
低温多效蒸馏装置换热海水管	水温、悬浮物、悬浮物粒径分布、浊度、甲基橙碱度、钙、镁、总铁、氯化物、硫酸盐、石油类、pH、异氧菌总数、流量、压力	悬浮物粒径分布、异氧菌总数一月一次，甲基橙碱度、钙、镁、总铁、氯化物、硫酸盐、pH 一天一次，其余在线
低温多效蒸馏装置蒸汽管	蒸汽量、蒸汽压力、蒸汽温度	在线
TVC 装置蒸汽管	蒸汽量、蒸汽压力、蒸汽温度	在线
MVC 装置蒸汽管	蒸汽量、蒸汽压力、蒸汽温度	在线
低温多效蒸馏装置各效	水温、喷淋水量、海水压力、蒸汽温度、效内真空度	在线
工艺泵出口	水温、流量、压力	在线
效间盐水管	水温、流量、压力、电导率	在线
冷凝水管	水温、流量、压力、电导率	在线
产品水管	水温、流量、压力、pH、电导率、铁、铝、铜	铁、铝、铜一天一次，其余在线
产品水储罐	水温、水位、pH、电导率、硼、COD_{Mn}	硼、COD_{Mn}一天三次，其余在线
换热海水排放口	水温、流量、压力	在线
浓含盐海水管道	水温、流量、压力、pH、电导率、盐度、溶解氧、石油类、铁、铝、铜	铁、铝、铜一天一次，其余在线
水和蒸汽的温度、压力、流量应在装置或设备管道的额定范围内 注：表中监测项目可根据各淡化系统水质变化和实际需要，自行确定监测项目和监测频率。		

8 检验方法

8.1 取样检测

8.1.1 海水取样检测应符合 GB 3097、GB 17378.3、GB 17378.4 的相关规定。

8.1.2 产品水取样检测应符合如下规定：

a) 当产品水用于锅炉给水时，其水质检测按 GB/T 1576 的相关检测要求；

b) 当产品水用于水内冷发电机的冷却水和钢铁厂闭式系统补充水时，其水质检测按 GB 50050 的相关检测要求；

c) 当产品水用于品质要求较高的场合时，其水质检测应符合相关检测要求；

d) 当产品水用作生活饮用水时，其水质检测按 GB 5749、GB/T 5750 的相关检测要求；

e) 当产品水用作瓶装饮用纯净水时，其水质检测按 GB 17323、GB 19298—2014 的相关检测要求。

8.2 自动监测

8.2.1 自动监测应符合国家相关标准和规范的要求。

8.2.2 自动监测仪应经过相关部门的鉴定和各级计量检定部门的测试。

8.2.3 在使用自动监测仪之前，应通过国家标准监测分析方法的对比试验，满足自动监测仪的技术要求。

8.2.4 应取得计量合格证书，运行期间必须按规定定期校验。

8.2.5 检测用水和试剂要保证纯度要求，并在有效期内使用。

8.2.6 各种计量器具要按规定定期检定。

8.2.7 要注意标准溶液的准确性和有效期限。

8.2.8 每次开机应自动进行仪器的空白试验和仪器校准。对自动监测的测量值有疑义时，应进行质控样的分析和水样的实验室内的对比试验，其相对误差应在允许范围以内(见附录C)。

8.2.9 应定期检查自动监测仪器或仪表，及时进行修复、校验和维护。

附 录 A
（规范性附录）
海水水质分析检测

海水水质分析检测见表 A.1。

表 A.1 海水水质分析检测表

<table>
<tr><td colspan="4">水样种类：
取水地点：
取水时气温：　　　℃
取水时水温：　　　℃</td><td colspan="4">化验编号：
取水部位：
取水日期：　　年　　月　　日
取样人：</td></tr>
<tr><td>透明度</td><td></td><td>色度</td><td></td><td>嗅</td><td></td><td>味</td><td></td></tr>
<tr><td colspan="2">项目</td><td>mg/L</td><td>mmol/L</td><td colspan="2">项目</td><td>单位</td><td>数值</td></tr>
<tr><td rowspan="12">阳离子</td><td>钾、钠($K^{+}+Na^{+}$)</td><td></td><td></td><td rowspan="4">硬度
（以 $CaCO_3$ 计）</td><td>总硬度</td><td>mg/L</td><td></td></tr>
<tr><td>钙离子(Ca^{2+})</td><td></td><td></td><td>暂时硬度</td><td>mg/L</td><td></td></tr>
<tr><td>镁离子(Mg^{2+})</td><td></td><td></td><td>钙硬</td><td>mg/L</td><td></td></tr>
<tr><td>铁离子(Fe^{2+})</td><td></td><td></td><td>负硬度</td><td>mg/L</td><td></td></tr>
<tr><td>亚铁离子(Fe^{3+})</td><td></td><td></td><td rowspan="4">酸碱度
（以 $CaCO_3$ 计）</td><td>甲基橙碱度</td><td>mg/L</td><td></td></tr>
<tr><td>铝离子(Al^{3+})</td><td></td><td></td><td>酚酞碱度</td><td>mg/L</td><td></td></tr>
<tr><td>铜离子(Cu^{2+})</td><td></td><td></td><td>酸度</td><td>mg/L</td><td></td></tr>
<tr><td>镍离子(Ni^{3+})</td><td></td><td></td><td>pH 值</td><td>无量纲</td><td></td></tr>
<tr><td>汞离子(Hg^{2+})</td><td></td><td></td><td rowspan="12">其他指标</td><td>悬浮物</td><td>mg/L</td><td></td></tr>
<tr><td>硼离子(B^{3+})</td><td></td><td></td><td>浊度</td><td>NTU</td><td></td></tr>
<tr><td>氨根(NH_4^{2+})</td><td></td><td></td><td>游离 CO_2</td><td>mg/L</td><td></td></tr>
<tr><td>合计</td><td></td><td></td><td>盐度</td><td>无量纲</td><td></td></tr>
<tr><td rowspan="10">阴离子</td><td>氯化物(Cl^{-})</td><td></td><td></td><td>溶解固形物</td><td>mg/L</td><td></td></tr>
<tr><td>硫酸盐(SO_4^{2-})</td><td></td><td></td><td>全固形物</td><td>mg/L</td><td></td></tr>
<tr><td>碳酸氢根(HCO_3^{-})</td><td></td><td></td><td>含砂量</td><td>mg/L</td><td></td></tr>
<tr><td>碳酸根(CO_3^{2-})</td><td></td><td></td><td>全硅(SiO_2)</td><td>mg/L</td><td></td></tr>
<tr><td>硝酸根(NO_3^{-})</td><td></td><td></td><td>高锰酸盐指数(COD_{Mn})</td><td>mg/L</td><td></td></tr>
<tr><td>亚硝酸根(NO_2^{-})</td><td></td><td></td><td>生化需氧量(BOD_5)</td><td>mg/L</td><td></td></tr>
<tr><td>氢氧根(OH^{-})</td><td></td><td></td><td>总有机碳(TOC)</td><td>mg/L</td><td></td></tr>
<tr><td>硫化物(S^{2-})</td><td></td><td></td><td></td><td>异氧菌总数</td><td>cfu/mL</td><td></td></tr>
<tr><td></td><td></td><td></td><td></td><td>油</td><td>mg/L</td><td></td></tr>
<tr><td>合计</td><td></td><td></td><td></td><td>溶解氧(DO)</td><td>mg/L</td><td></td></tr>
<tr><td colspan="2">离子分析误差</td><td colspan="2"></td><td colspan="2">pH 值分析误差</td><td colspan="2"></td></tr>
<tr><td colspan="2">溶解固体误差</td><td colspan="2"></td><td colspan="2"></td><td colspan="2"></td></tr>
<tr><td colspan="8">海水水质采样分析执行 GB 17378.3～17378.4 的规定。
对于低温多效蒸馏海水淡化系统，有条件时应定期进行海水悬浮物粒径分布测试。</td></tr>
</table>

检测单位：　　　　负责人：　　　　校核：　　　　检测：

附 录 B
（规范性附录）
低温多效蒸馏海水淡化系统主要设备的防腐蚀要求

B.1 海水预处理设备防腐蚀技术要求见表 B.1。

表 B.1 海水预处理设备防腐蚀技术要求

序号	设备	部件	防腐方法及材料
1	澄清（沉淀）池	池体	耐海水混凝土、钢衬胶、钢衬玻璃钢、钢涂防腐材料
		机械搅拌机、刮泥机	耐海水腐蚀不锈钢、钢衬橡胶、钢涂 Halar 或尼龙
		出水槽	PVC 塑料、玻璃钢
		内部支撑件	耐海水腐蚀不锈钢
		斜管（板）	乙丙共聚塑料、聚苯乙烯、聚丙烯
2	污泥离心式脱水机	转鼓	碳钢镀钛、耐海水腐蚀不锈钢
3	污泥压滤式脱水机	板框	碳钢镀钛、碳钢衬耐海水腐蚀不锈钢
4	水泵	泵壳、叶轮等过流部件	耐海水腐蚀不锈钢
5	污泥泵	泵壳	耐海水腐蚀不锈钢、钢衬胶
		叶轮	耐海水腐蚀材料

B.2 低温多效蒸馏系统主体设备防腐蚀技术要求见表 B.2。

表 B.2 低温多效蒸馏系统主体设备防腐蚀技术要求

序号	设备	部件	防腐方法及材料
1	低温多效蒸馏蒸发器	换热管	钛合金、铜合金、特种铝合金
		壳体	超级不锈钢、不锈钢 S31603、碳钢涂环氧涂料加阴极保护
		管板	超级不锈钢、不锈钢 S31603、铜合金、铝合金
		壳体外加强板	不锈钢 S30403、碳钢
		叶片式除雾器	聚丙烯塑料、玻璃钢、不锈钢 S25073 或 S31252
		网式除雾器	超级不锈钢、不锈钢 S31603
		内部支撑件	超级不锈钢、不锈钢 S31603
2	凝汽器	换热管	钛材、铜合金、特种铝合金
		壳体	超级不锈钢、不锈钢 S31603、碳钢涂环氧涂料加阴极保护
		壳体外加强板	不锈钢 S30403、碳钢
		管板	超级不锈钢、不锈钢 S31603、铜合金、特种铝合金
		内部支撑件	超级不锈钢、不锈钢 S31603
		水箱	碳钢衬 S31603、碳钢衬铜镍合金

表 B.2（续）

序号	设备	部件	防腐方法及材料
3	蒸汽喷射器		不锈钢 S31603
4	热压缩机(TVC)		超级不锈钢、不锈钢 S31603
5	机械压缩机(MVC)		超级不锈钢、不锈钢 S31603
6	脱气器		碳钢衬橡胶

B.3 泵、阀、管道的防腐蚀技术要求见表 B.3。

表 B.3 泵、阀、管道的防腐蚀技术要求

<table>
<tr><th>序号</th><th>设备</th><th>部件</th><th>防腐方法及材料</th><th>技术要求</th></tr>
<tr><td>1</td><td>海水泵、盐水泵</td><td>泵壳、叶轮等过流部件</td><td>超级不锈钢</td><td></td></tr>
<tr><td>2</td><td>产品水泵、凝结水泵</td><td>泵壳、叶轮等过流部件</td><td>不锈钢 S31603 等</td><td></td></tr>
<tr><td>3</td><td>加药泵</td><td>泵头及过流部件</td><td>不锈钢 S31603、塑料</td><td></td></tr>
<tr><td rowspan="2">4</td><td rowspan="2">污泥泵</td><td>泵壳</td><td>超级不锈钢、钢衬胶</td><td></td></tr>
<tr><td>叶轮</td><td>超级不锈钢</td><td></td></tr>
<tr><td rowspan="5">5</td><td rowspan="5">管道</td><td>海水管、低温盐水管</td><td>玻璃钢工艺管、
碳钢衬塑、塑料</td><td></td></tr>
<tr><td>盐水管(80 ℃以上)</td><td>玻璃钢工艺管、
不锈钢 S31603</td><td></td></tr>
<tr><td>蒸汽管</td><td>碳钢、不锈钢 S30403</td><td></td></tr>
<tr><td>淡水管</td><td>不锈钢 S30403、碳钢衬塑、
玻璃钢</td><td></td></tr>
<tr><td>压缩空气管</td><td>不锈钢 S30403</td><td></td></tr>
<tr><td rowspan="2">6</td><td rowspan="2">蝶阀、闸阀
(海水介质)</td><td>阀板</td><td>超级不锈钢、不锈钢
S31603 表面喷涂
Halar 等</td><td></td></tr>
<tr><td>密封圈</td><td>橡胶</td><td rowspan="2">水中余氯超过 5 mg/L 时，宜采用氯磺化聚乙烯橡胶(Hypalon)或聚四氟乙烯(PTFE)</td></tr>
<tr><td>7</td><td>衬胶隔膜泵</td><td></td><td>衬橡胶</td></tr>
<tr><td>8</td><td>其余型式阀门
(海水介质)</td><td>阀体及过流部件</td><td>超级不锈钢、塑料等</td><td></td></tr>
<tr><td>9</td><td>阀门
(淡水和凝结水介质)</td><td>阀体及过流部件</td><td>不锈钢 S30403、
不锈钢 S31603</td><td>除衬胶隔膜阀、蝶阀外</td></tr>
</table>

附　录　C
（规范性附录）
水质连续自动监测系统检测项目及技术要求

水质连续自动监测系统检测项目及技术要求见表 C.1。

表 C.1　水质自动监测系统检测项目及技术指标

性能指标	COD	石油类	浊度	TOC	流量	pH
重复性误差/%	±5	±10	±5	±5	—	±0.1pH
零点漂移/%	±5	±10	±3	±5	—	±0.1pH
量程漂移/%	±5	±10	±5	±5	—	±0.1pH
直线性/%	—	±10	±5	±5	—	—
响应时间/s	—	—	—	间歇式：≤300 连续式：≤900	—	≤30
温度补偿精度	—	—	—	—	—	±0.1pH
MTBF/(h/次)	≥720	≥720	≥720	≥720	—	≥720
实际水样比对试验/%	±10	±10	±10	±5	—	±0.1pH
电压稳定性/%	±10	±10	±3	±5	—	±0.1pH
绝缘阻抗/MΩ	≥20	≥5	≥5	≥20	—	≥5
邻苯二甲酸氢钾试验/%	±5	—	—	—	—	—
精密度/%	—	—	—	—	≤5.0	—
相对误差/%	—	—	—	—	±10	—

注：MTBF 为平均无故障连续运行时间。